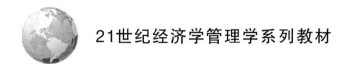

21世纪经济学管理学系列教材

博弈论

第二版

GAME THEORY

范如国 编著

WUHAN UNIVERSITY PRESS

武汉大学出版社

图书在版编目(CIP)数据

博弈论/范如国编著. —2版. —武汉:武汉大学出版社,2019.12(2024.1 重印)

21世纪经济学管理学系列教材

ISBN 978-7-307-21243-5

Ⅰ.博…　Ⅱ.范…　Ⅲ.博弈论—高等学校—教材　Ⅳ.O225

中国版本图书馆CIP数据核字(2019)第232076号

责任编辑:范绪泉　　　责任校对:李孟潇　　　版式设计:马　佳

出版发行:**武汉大学出版社**　　(430072　武昌　珞珈山)

(电子邮箱:cbs22@ whu.edu.cn 网址:www.wdp.com.cn)

印刷:武汉中科兴业印务有限公司

开本:787×1092　1/16　印张:21.5　字数:510千字　插页:2

版次:2011年4月第1版　　2019年12月第2版

　　2024年1月第2版第2次印刷

ISBN 978-7-307-21243-5　　　定价:45.00元

21世纪经济学管理学系列教材

编委会

顾问

谭崇台　郭吴新　李崇淮　许俊千　刘光杰

主任

周茂荣

副主任

谭力文　简新华　黄　宪

委员 （按姓氏笔画为序）

王元璋　王永海　甘碧群　张秀生　严清华

何　耀　周茂荣　赵锡斌　郭熙保　徐绪松

黄　宪　简新华　谭力文　熊元斌　廖　洪

颜鹏飞　魏华林

第二版前言

博弈论(Game Theory)又叫对策论,是一门以数学为基础、研究对抗冲突中最优解问题的学科。它是现代数学的一个新分支,也是运筹学的重要构成内容。

博弈论作为一门学科,是在 20 世纪 50 至 60 年代发展起来的,之后非零和博弈理论,特别是不完全信息博弈理论得到充分发展。到 20 世纪 70 年代,博弈论正式成为主流经济学研究的重要方法之一。1994 年诺贝尔经济学奖将这一奖项同时授予了纳什(John F. Nash)、泽尔腾(Reinhard Selten)、海萨尼(John C. Harsanyi)三位博弈论学者,因为他们在非合作博弈均衡分析理论方面做出了开创性的贡献,对博弈论和经济学产生了重大影响。1996 年詹姆斯·莫里斯(James A. Mirrlees)、威廉·维克瑞(William Vickrey)两位博弈论学者因在信息经济学理论领域做出的重大贡献而获得诺贝尔经济学奖。2001 年乔治·阿克尔洛夫(George A. Akerlof)、迈克尔·斯宾塞(A. Michael Spence)、约瑟夫·斯蒂格利茨(Joseph E. Stiglitz)三位学者作为不对称信息市场理论的奠基人被授予诺贝尔经济学奖,以表彰他们分别在柠檬品市场等不对称信息理论研究领域做出的基础性贡献。这些贡献发展了博弈论方法体系,拓宽了其经济解释范围。2005 年该奖授予了美国经济学家托马斯·谢林(Thomas Schelling)和以色列经济学家罗伯特·奥曼(Robert Aumann),以表彰他们在合作博弈方面的巨大贡献。2007 年度诺贝尔经济学奖授予赫维茨(Leonid Hurwicz)、马斯金(Eric S. Maskin)、罗杰·迈尔森(Roger B. Myerson),他们因机制设计理论而获此殊荣。2012 年罗伊德·夏普利(Lloyd Shapley)、埃尔文·罗斯(Alvin Roth)因在合作博弈论方面的贡献而共同分享诺贝尔经济学奖。2014 年法国人让·梯若尔(Jean Tirole)因在市场力量以及规则分析方面的成就获诺贝尔经济学奖。20 世纪 80 年代前后,以梯若尔为代表的经济学家将博弈论和激励理论的基本方法引入产业组织理论研究,颠覆了传统的理论分析框架。

博弈论是人们深刻理解诸如经济行为和社会问题的基础。保罗·萨缪尔森说,"要想在现代社会做一个有文化的人,你必须对博弈论有一个大致了解。"对于人类而言,博弈论最重要的贡献就在于它能够促进人类思维的发展,促进人类的相互了解与合作。博弈论告诉人们,每个人都有自己的思想,每个个体都是理性的,所以必须了解竞争对手的策略。博弈论在很多领域中都有应用,在政治、军事学领域,博弈论被用于分析选举策略、竞争问题、战争起因等重大事宜。

现在人们所说的博弈论,一般指非合作博弈论。非合作博弈强调的是个人理性、个人最优决策,其结果可能是有效率的,也可能是无效率的。它的特征是:人们行为相互作用时,行为人不能达成一个有约束力的协议。或者说,行为人之间的合约对于签约人没有实质性约束力。然而,在各种生活行为中,人与人之间除了竞争关系,还存在合作关系,常常是两种关系并存,合理的合作能够给双方带来共同利益。这是合作博弈论研究的范畴。

此外，非合作博弈的理性人假设与现实经济活动有很大的不一致，现实中博弈者只有有限理性，博弈者的有限理性及能力上的任何缺陷，都可能导致纳什均衡不能实现。因此，基于有限理性（bounded rationality）的演化博弈理论就格外有其价值。

在过去二三十年中，博弈论已成为社会科学研究的一个重要方法。有人说，如果未来社会科学还有纯理论的话，那就是博弈论。无论是合作博弈还是非合作博弈都给我们提供了一种系统的分析方法，使人们在其命运取决于他人的行为时制定出相应的战略。特别是当许多相互依赖的因素共存，没有任何决策能独立于其他决策之外时，博弈论更是价值巨大。

进入20世纪80年代，博弈论发展更加迅速。在经济学中，博弈论作为一种重要的分析方法已渗透到几乎所有的经济学领域，与博弈论相关的诺贝尔经济学奖获得者就有10位以上。许多优秀的经济学家和数学家投身于经济博弈论的研究，并且以主流经济学的面貌出现。博弈论的出现是对西方经济学的补充，也是对它的颠覆。按照亚当·斯密的理论，在市场经济中，每个人都从个人理性的目的出发，最终全社会达到利他的效果。但"囚徒困境"给出了一个悖论：从个人理性目的出发，结果损人不利己。从这个意义上说，纳什均衡提出的悖论实际上动摇了西方经济学的基石。最近十几年来，博弈论在经济学尤其是微观经济学中得到了广泛的运用，博弈论在许多方面改写了微观经济学的基础，正在成为微观经济学新的基础。经济学家们已经把研究策略相互作用的博弈论当作最合适的分析工具来分析各类经济问题，诸如公共经济、国际贸易、自然资源、企业管理等。在现代经济学里，博弈论已经成为十分标准的分析工具，每一领域的最新进展都应用了博弈论。博弈论已经成为主流经济学的一部分，对经济学理论与方法正产生越来越重要的影响。

除经济学以外，博弈论目前在生物学、管理学、国际关系、计算机科学、政治学、军事战略和其他很多学科都有广泛应用。现在已经有愈来愈多的人开始关注、了解并学习博弈理论。

本书共分十一章，涵盖了非合作博弈理论、合作博弈理论和演化博弈理论。主要介绍博弈论的基本理论、静态及动态博弈理论、重复博弈、合作博弈理论、演化博弈和博弈实验等理论，这些内容选择的难度和写作结构对于博弈理论的初学者来说是比较合适的，通过对这些相关内容的了解和学习，可以把握博弈理论的主要内容。

本书在给出理论的同时，给出了大量的经济应用模型，如在产业组织理论、国际贸易和工资理论等。一些属于当代经济学分支的专题，如拍卖理论、机制设计、道德风险、信号博弈等也都有详细的介绍。

本书在写作过程中，李星参加了第八、第九两章内容的编写，李丹参与了第十章内容的编写，蔡海霞、黎玉英参与了资料收集与文字处理工作。同时，本书参阅了大量中外专业资料、著作和论文，在此谨向作者表示深深的谢意。武汉大学出版社的范绪泉博士对本书的写作和出版给予了大力的支持和帮助，在此也向他们表示感谢。由于编者水平有限，加之时间仓促，书中错误和不妥之处在所难免，恳请广大读者和同行批评指正。

编　者
2019 年 10 月

目　录

第一章　什么是博弈论

第一节　博弈论基本概念

一、关于博弈

"博弈论"（Game Theory）是一种关于游戏的理论，又叫对策论，"Game"的基本意义是游戏，因此"Game Theory"就是一种"游戏理论"。

古语云："世事如棋。"生活中的每个人就如同棋手一样，在一张张看不见的棋盘上布设一颗颗棋子，努力争胜。看一下对弈的情景，精明谨慎的棋手们相互揣摩、相互牵制，人人争赢，下出诸多精彩纷呈、变化多端的棋局。博弈论就是研究棋手们"出棋"时进行策略选择时的理性化、逻辑化行为，并将其系统化为一门科学。换句话说，博弈论就是研究个体如何在错综复杂且相互影响中得出最合理的策略的选择。事实上，博弈论也正是衍生于古老的游戏，如象棋、围棋、扑克等。数学家们将诸如象棋、围棋、扑克等这些具体的问题抽象化，通过建立完备的逻辑框架和体系来研究其变化及其规律。

在我国把"Game"和"Game Theory"译成"博弈"和"博弈论"，学术味很是浓郁。虽然"博弈"的通俗意思不过是对弈，但它毕竟是一个不常用、有些文言色彩的词，因此给人以较强的理论色彩，甚至有点高深莫测的感觉。这又可能会使得一些博弈论的爱好者有些不敢去接触关于博弈论的书。不过，对更多的具有探讨求新精神的读者来说，用"博弈"和"博弈论"这种学术味很浓的名称，而不是"游戏"和"游戏理论"等容易让人觉得过于平常的称呼，更可能会让他们觉得值得一读，进而去做全面的学习和了解，不至于错过掌握其精髓的机会。事实上，博弈论对于那些对决策问题有着浓厚兴趣的读者，对于所有想要从事商务、政治、外交、法律工作的人，或者在比赛竞技中取胜、开拓思路提高决策水平的人，都是非常有价值的工具，学习、了解它的理论和方法是非常值得的。

博弈论主要研究人们策略的相互依赖行为。博弈论认为，人是理性的，即人人都会在一定的约束条件下最大化自身的利益，同时人们在交往合作中利益有冲突，行为互相影响，而且信息常常是不对称的。博弈论也研究人们的行为，在直接相互作用时的决策，以及决策的均衡等问题。

博弈论是人们深刻理解诸如经济行为和社会问题的基础。现在人们说的博弈论，一般指非合作博弈理论。非合作博弈强调的是个人理性、个人最优决策，其结果可能是有效率的，也可能是无效率的。它的特征是：人们相互作用时，当事人不能达成一个有约束力的协议，或者这种合约对于签约人没有实质性的约束力。亚当·斯密在《国富论》中说，个人通过追求自身利益，他常常会比其实际上想做的那样更有效地促进社会利益。然而，非合作博弈论认为，从利己目的出发，结果是损人不利己，既不利己也不利他。例如，石油卡特尔欧佩克（OPEC）的产量协议，对于其成员国就没有约束力，因此，协议经常不能坚持到底，总有一国率先增产降价以谋求自己更高的利润。但是，如果借助纳什均衡的概念，我们就能够很好地解决这一问题。纳什均衡是一种策略组合，给定对手的策略，每个参与人选择自己的最优策略。也就是说，纳什均衡是一种困局，其他参与人的策略一定，没有任何人有积极性偏离这种均衡的局面。经济学中的完全竞争均衡，就是纳什均衡，因为买卖双方都是按照既定的价格进行交易量的选择，结果导致了零利润。把上述思想应用于现实经济、外交、政治、军事等情况，可以得出许多有启示性的结论，加深我们对人们的社会行为的认识。

现代博弈论还有另一个重要的理论方面，就是合作博弈。2005 年诺贝尔经济学奖就是授予了美国经济学家托马斯·谢林（Thomas Schelling）和以色列经济学家罗伯特·奥曼（Robert Aumann），以表彰他们在合作博弈方面的巨大贡献。托马斯·谢林和罗伯特·奥曼将非合作博弈纳什均衡上升到合作均衡。合作博弈强调的是集体主义、团体理性（Collective Rationality）、效率（Efficiency）、公平（Equality）、公正（Fairness）。合作博弈在经济、政治、军事、国际关系等应用领域有广泛的应用。

由于博弈论研究的问题大多是在各博弈方之间的策略对抗、竞争，或面对一种局面时的对策选择，因此博弈论在我国也被称为"对策论"，具体的博弈问题则被称为"对策问题"。其实，用"对策"和"对策论"称呼博弈和博弈论并不是很恰当，因为"对策"在实际中常被用来表示具体的应对方案，而博弈论所研究的决策问题却是有开始、有结束、有结果的完整过程，在这种过程中常常包含多个面对一定局面的对策选择，而问题的解则常常是由一组对策构成的一个完整的行动计划。

此外，在博弈论中，虽然每一方都要最大化自己的利益，但博弈理论和优化理论也有较大的差别。优化理论可以看成是单人决策，而博弈理论则是多人决策。

在优化理论中，影响结果的所有变量都控制在决策者自己手里；而在博弈中，影响结果的变量是由多个博弈者操纵的。如企业在追求自身成本最小化、利润最大化的过程中总是假定外部的条件是不变的，这是一个优化问题，而不是博弈问题，因为除了给定的外部条件外，剩下的因素都由决策者来控制，决策者自己就能控制决策的结果；如果外部条件是可变的，有其他主体参与，这时的决策过程就变成一个博弈过程了，因为决策的最终结果不但取决于决策者本身，而且也取决于其他决策者的决策。

而且，优化过程是一个确定性过程，因为做出决策后，确定的结果就出来了。博弈过程也有确定性，因为决策各方的决策做出后，每一方的收益就确定了；但博弈过程更多的是不确定性的，因为在一方做出决策后，影响结果的变量还有众多的其他博弈者的决策，在不知道其他博弈者决策的情况下，结果就不确定。例如，在产品降价博弈中，某一方发起降价是一个决策。如果发起降价竞争，其他企业肯定会有反应，必然会有一个确定的结果存在，这是确定性的表现，但是最后的结果如何，取决于其他企业如何应对，所以在发起降价竞争时，并不能知道确切的结局会怎样，这就是不确定性表现。由此可以看出，现实生活中博弈无所不在，我们在做任何决策时，实际上都受到其他人决策的影响，并对我

们做决策产生一定的影响，决策的结果除了由我们自己决定外还要受到其他主体决策的
影响。

二、博弈的定义

下面我们给出一个关于博弈的定义。

博弈定义：博弈是指一些个人、团队或其他组织，面对一定的环境条件，在一定的约
束条件下，依靠所掌握的信息，同时或先后，一次或多次，从各自可能的行为或策略集合
中进行选择并实施，各自从中取得相应结果或收益的过程。

博弈是一种非常普遍的现象。在经济学中，博弈论是研究当某一经济主体的决策受到
其他经济主体决策的影响，同时，该经济主体的相应决策又反过来影响其他经济主体选择
的决策问题和均衡问题。

从上述定义中可以看出，一个标准的博弈应当包括：博弈方、行为、信息、策略、次
序、收益、结果、均衡 8 个方面。

1. 博弈的参与人（Player），又称"博弈方"，是指博弈中独立决策、独立承担后果，
以自身利益最大化来选择行动的决策主体（可以是个人，也可以是团体，如厂商、政府、
国家），博弈方以最终实现自身利益最大化为目标。在一个博弈中，不管一个组织有多
大，哪怕是一个国家，都可以作为博弈中的一个博弈方。一旦博弈的规则确定之后，各参
加方都是平等的，大家都必须严格按照博弈规则行动。为统一起见，本书将博弈中的每个
独立参加人都称为一个"博弈方"。

2. 博弈行为（Action），是指参与人所有可能的策略或行动的集合，如消费者效用最大
化决策中的各种商品的购买量；厂商利润最大化决策中的产量、价格等。根据该集合是有
限还是无限，可分为有限次博弈和无限次博弈，后者表现为连续对策、重复博弈和微分对
策等。

3. 博弈信息（Information），是指参与人在博弈过程中所掌握的对选择策略有帮助的知
识，特别是有关其他参与人（对手）的特征和行动的知识。信息在博弈中是一个重要的变
量，信息结构变化了，博弈的一切结果都可能发生改变。比如人们在经济活动中之所以要
签订合同，就是为了防止因为信息结构变化而带来的损失。

4. 博弈策略（Strategies），又称战略，是指博弈方可选择的全部行为（Actions）或策略
的集合，也就是指博弈方应该在什么条件下选择什么样的行动，即规定每个博弈方在进行
决策时，可以选择的方法、做法或经济活动的水平等，以保证自身利益最大化。在不同的
博弈中可供博弈方选择的策略或行为的数量很不相同，在同一个博弈中，不同博弈方的可
选策略或行为的内容和数量也常常不相同，有的只有有限的一种或几种可选策略或行为，
有的可能有许多种，甚至无限多种可选策略或行为。

5. 博弈次序（Order），即博弈方做出策略选择的先后顺序。在现实的各种决策活动
中，当存在多个独立决策方进行决策时，有时候需要这些博弈方同时做出选择，这样可以
保证公平合理，而且许多博弈中博弈方的决策也有先后之分，并且有时一个博弈方的选择
往往不止一次，这就存在博弈的次序问题。因此，在分析博弈时必须规定博弈中博弈各方
进行策略选择的次序，策略选择次序不同就是不同的博弈，即使博弈的其他方面都相同。

6. 博弈方收益(Payoff)，又称支付，是指博弈方从博弈中做出决策后的所得或所失，它是所有博弈方策略或行为的函数，是每个博弈方真正关心的东西，如消费者最终所获得的效用、厂商最终所获得的利润。由于我们对博弈的分析主要是通过数量关系的比较进行的，因此我们研究的绝大多数博弈，本身都有数量关系的结果或可以量化为数量的结果，例如收入、利润、损失、个人效用和社会效用、经济福利等，即"得益"。得益可以是正值，也可以是负值，它们是分析博弈模型的标准和基础。

7. 博弈结果(Outcome)，是指博弈者感兴趣的要素集合，例如选择的策略、得到的相关得益、策略路径等。

8. 博弈均衡(Equilibrium)，是指所有博弈方的最优策略或行动的组合。这里的"均衡"特指博弈中的均衡，一般称为"纳什均衡(Nash Equilibrium)"。

均衡是经济学中的重要概念。均衡即是平衡的意思。在经济学中，均衡意指相关量处于稳定状态。均衡分析是经济学中的重要分析。

博弈中的均衡，是指一种稳定的博弈结果。但不是说博弈的结果都能成为均衡。博弈的均衡是稳定的，是可以预测的。

以上八个方面是定义一个博弈时必须首先设定的，确定了上述八个方面就确定了一个博弈。博弈论就是系统研究可以用上述方法定义的各种博弈问题，寻求在各博弈方具有充分或者有限理性(Full or Bounded Rationality)、能力的条件下，合理的策略选择和合理选择策略时博弈的结果，并分析这些结果的经济意义、效率意义的理论和方法。

三、博弈论的基本特征

博弈论已形成一套完整的理论体系和方法论体系。博弈论分析具有下列特征：

(1)假设的合理性。博弈论的基本假设有两个：一是个人理性，假设博弈者在进行决策时能够充分考虑到博弈者之间行为的相互作用及其可能影响，能够做出合乎理性的选择；二是博弈者最大化自己的目标函数，选择使自身收益最大化的策略。这两个假设条件与现实中人的行为特征基本相符，因此，具有较好的合理性。虽然，演化博弈放松了这一假设条件，但并不能就此否定理性人假设的合理性价值。

(2)研究方法的独特性。作为一种重要的方法论体系，博弈论有其独特的研究方法，主要运用集合论、泛函分析、实变函数、微分方程等现代数学知识和分析工具来分析博弈问题，具有明显的数学公理化方法特征，使博弈论所分析的问题更为精确。同时，其研究方法还具有抽象化、模式化特征，涉及经济学、管理学、心理学和行为科学等多学科的理论和方法。

(3)研究内容和应用范围的广泛性。博弈论的研究内容和应用范围十分广泛，涉及政治学、社会学、外交学、生物学、伦理学、经济学、管理学、工程学、军事学等许多领域，在经济学、管理学和政治学中的应用尤为突出。博弈论中的最佳策略就是指经济学意义上的最优化。

(4)研究结论的真实性。博弈论分析强调当事人之间行为的相互依赖和影响，同时把信息的完全性程度作为博弈分析的重要条件。这使得博弈论所研究的问题及所给出的结论与现实非常接近，具有真实性。

第二节　博弈论的典型模型

在进行博弈论的相关理论分析之前，我们首先来接触博弈论中一些典型的例子或模型。

【例1】

"囚徒困境"（Prisoner's Dilemma）

关于博弈论，流传最广的是 1950 年数学家阿尔伯特·塔克（Albert Tucker）提出的"囚徒困境"的故事。凡是讲博弈论，都会说到这个经典的博弈模型。

有一天，一位富人家中被害，财物被盗。警察在此案的侦破过程中，抓到两个小偷，并从他们的住处搜出了富人家中丢失的财物。但是，他们矢口否认曾杀过人，辩称是先发现富翁被杀，然后只是顺手拿了点儿东西。为了弄清真相，警察将两人隔离，分别关在不同的房间进行审讯。警察说："由于你们的偷盗罪已有确凿的证据，所以如果你们都坦白交代，可以判你们 8 年刑期。如果你单独坦白杀人的罪行，判你无罪，但你的同伙要被判9 年刑。如果你拒不坦白，而被同伙检举，那么你就将被判 9 年刑，他判无罪。"但是，如果两人都抗拒，那么，他们最多被判 1 年刑。

如果分别用-8、-9 和-1 表示罪犯被判刑 8 年、9 年和 6 年的得益，用 0 表示罪犯被立即释放的得益，则我们可以用一个矩阵将这个博弈表示出来（见图 1.1）。这种矩阵是表示博弈问题的一种常用方法，我们称这种矩阵为一个博弈的"得益矩阵"（Payoff Matrix）。

囚徒 2

		坦白	不坦白
囚徒 1	坦白	-8, -8	0, -9
	不坦白	-9, 0	-1, -1

图 1.1

图 1.1 中"囚徒 1""囚徒 2"代表本博弈中的两个博弈方，他们各自都有"不坦白"和"坦白"两种可选择的策略，因为这两个囚徒被隔离开，其中任何一人在选择策略时都不会知道另一人的选择是什么，因此不管他们决策的时间是否真正同时，我们都可以把他们的决策看做是同时作出的；矩阵中的每个元素都是由两个数字组成的数组，表示两个博弈方所选策略组合下双方的得益，其中第一个数字为选择行策略的囚徒 1 的得益，第二个数字为选择列策略的囚徒 2 的得益。

对该博弈中的两个博弈方来讲，各自都有两种可选择的策略，因此该博弈共有四种可能的结果。在这些结果中，每个博弈方可能取得的最好得益是 0，最坏得益是-9。两个博弈方的目标都是要实现自身最大利益。那么他们该怎样选择策略？博弈的结果又会如何呢？

　　例如对囚徒1来说，囚徒2有"坦白"和"不坦白"两种可能的选择，假设囚徒2选择的是"不坦白"，则对囚徒1来说，"不坦白"得益为-1，被判1年刑，"坦白"得益为0，被判0年刑，他应该选择"坦白"（因为根据参与者理性的原则，囚徒1只是根据自身利益最大的原则行事，不会关心此时另一方会被重判9年刑的问题）；假设囚徒2选择的是"坦白"，则囚徒1"不坦白"得益为-9，被判9年刑，"坦白"得益为-8，被判8年刑，他还是应该选择"坦白"。因此，在本博弈中，无论囚徒2采用何种策略，只考虑自身利益的囚徒2的选择是唯一的，那就是"坦白"，因为在另一方的两种可能选择的情况下，"坦白"给他自己带来的得益都是最大的。我们说"坦白"是囚徒1的一个"上策"（Dominant Strategy）。

　　同样地，因为囚徒2与囚徒1的情况完全相同，因此囚徒2的决策思路和选择也与囚徒1完全相同，囚徒2在这个博弈中唯一合理的选择也是"坦白"，或者说"坦白"也是囚徒2的"上策"。所以该博弈的最终结果必然是两博弈方都选择"坦白"策略，都获得益-8，即都被判8年徒刑。

　　然而，仔细分析"得益矩阵"后我们可以发现，在这个博弈中，对这两个囚徒来讲，最佳的结果不是"坦白"，而是"不坦白"，因为都"不坦白"各得-1，被判1年刑，显然比都"坦白"各得-8好得多。然而，由于这两个囚徒之间不能共谋，并且各人都追求自己的最大利益而不会顾及对方的利益，双方又都不敢相信或者说指望对方有合作精神，因此只能实现并不是最理想的结果。由于这种结果在博弈中又必然会发生，很难摆脱，因此这个博弈被称为"囚徒困境"。上述结果，对警察来说是非常理想的，因为罪犯都受到了惩罚。然而对博弈中两个囚徒来说，他们各自从自身利益最大化出发选择的行为，却是既没有实现两人总体的最大利益，也没有真正实现自身的个体最大利益。

　　该博弈揭示了个体实现的总体的最大利益，但不是真正的个体的最大利益。而且，因为个体为了自己的利益最大，而不愿意改变决策（改变决策的结果是不划算），结果导致整体利益最小。该博弈揭示了个体理性与集体理性之间的矛盾（从个体利益出发的行为最终不一定能真正实现个体的最大利益，甚至会得到相当差的结果）。我们知道，微观经济学的基本观点之一，是通过市场机制这只"看不见的手"，在人人追求自身利益最大化的基础上可以达到全社会资源的最优配置。"囚徒困境"对此提出了新的挑战。

　　"囚徒困境"的表示方法叫做标准型（Normal Form）。在标准式中，博弈过程以数字矩阵表示，矩阵两侧为参与者的不同策略选择。"囚徒困境"的问题是博弈论中的一个基本的、典型的事例，类似问题在许多情况下都会出现，如寡头竞争、军备竞赛、团队生产中的劳动供给、公共产品的供给等。

【例2】

猜硬币游戏

　　猜硬币是我们经常玩的一种游戏，两人通过猜硬币的正反面赌输赢，其中一人用手盖住一枚硬币，由另一方猜是正面朝上还是反面朝上，若猜对，则猜者赢1元，盖硬币者输

1 元；否则，猜者输 1 元，盖硬币者赢 1 元。如果赢 1 元得益为 1，输 1 元得益为 -1，我们可用图 1.2 中的得益矩阵表示这个猜硬币博弈问题。

猜方

		正面	反面
盖	正面	-1, 1	1, -1
方	反面	1, -1	-1, 1

图 1.2

图 1.2 中"盖方"和"猜方"为本博弈的两个博弈方；他们各有"正面"和"反面"两种可选择的策略；由于每一方都不会让对方在选择之前知道自己的选择，因此可看做两博弈方是同时作决策的；矩阵中数组元素表示所处行列对应的两博弈方的策略组合下双方各自的得益，其中前一个数字表示盖硬币方的得益，后一个数字表示猜硬币方的得益。

【例 3】

寡头竞价模型

在市场竞争中寡头之间通过竞价，尤其是通过降价争夺市场是十分普遍的行为。但削价竞争并不一定是成功的策略，因为一个寡头的降价往往会引起竞争对手的报复，此时降价不仅不能扩大销量，而且还可能会降低利润率。下面我们用一个双寡头两种价格的价格竞争模型来说明上述现象。

设寡头 1 和寡头 2 是双寡头市场上的两个寡头，它们共同用相同的价格销售相同的产品。现在假设这两个寡头不满足它们各自的市场份额和利润，都想通过降价来争夺更大的市场份额和更多的利润。如果只有一方降价而另一方维持原来的高价，则降价方的目的显然是可以达到的。然而当一方的降价引起对手的报复时，这种目的就不一定能达到。假设两寡头在原来的"高价"策略下各可以获得 80 万元的利润；如果某个寡头单独降价，那么它可以获得 130 万元利润，此时另一寡头由于市场份额缩小，利润也下降到 20 万元；如果另一寡头也跟着降价，则两寡头都只能得到 60 万元利润。用图 1.3 表示该博弈的得益矩阵。

寡头 2

		高价	低价
寡头	高价	80, 80	20, 130
1	低价	130, 20	60, 60

图 1.3

假设寡头 2 采用"高价"策略，若寡头 1 采用"高价"策略，则寡头 1 采用"高价"得 80 万元，采用"低价"策略得 130 万元，显然寡头 1 应该采用"低价"。假设寡头 2 采用"低价"策略，那么寡头 1 采用"高价"策略得益为 20 万元，采用"低价"策略得益 60 万元，显然寡头 1 也应该采用"低价"策略。用同样的方法分析寡头 2 的情况，也可知道不管寡头 1 的策略是什么，寡头 2 都应该选择"低价"策略。因此，这个博弈的最终结果一定是两寡头都采用"低价"策略，各得到 60 万元的利润。

由于本博弈是一个非合作博弈问题，且两博弈方都肯定对方会按照个体行为理性原则决策，因此虽然双方采用"低价"策略的均衡对两个博弈方来说都不是理想的结果，但因为两博弈方都无法信任对方，都必须防备对方利用自己的信任(如果有的话)谋取利益，所以双方都会坚持采用"低价"策略，各自得到 60 万元的利润，各得 80 万元利润的结果是无法实现的。因此这种双寡头竞价博弈也是一种囚徒困境式的博弈关系。

【例 4】

诺曼底登陆

这是美国普林斯顿大学 1981 年的博弈论课程中的一个实验，模拟诺曼底登陆。

1944 年，以美国的艾森豪威尔为总司令的盟国远征军在英国集结了强大的军事力量，准备横渡英吉利海峡，在欧洲开辟第二战场。

当时可供盟军选择的登陆地点有两个，一是塞纳河东岸的某个地方，这里海峡最狭窄的地方只有几十公里，是一个理想的登陆地点；另一个地点是塞纳河西岸的诺曼底半岛，这里海面宽阔，渡海时间较长，容易被敌人发现。

当时德军的总兵力是 58 个师，比盟军略多。情报表明，德军在东岸一带的防守兵力多于在诺曼底的防守兵力，盟军拟以诺曼底为登陆点。

诺曼底登陆战本来是计划在 6 月 5 日打响的，但这一天遇上了暴风雨。盟军参谋部预测在 6 月 6 日可能有一段时间的好天气，艾森豪威尔当机立断，决定冒险抓住这个机会，发起进攻。

6 月 6 日凌晨两点，盟军的 2 个伞兵师空降到德军的防线后面，接着，飞机和军舰猛烈轰击德军的防御阵地，凌晨 6 点半，第一批地面部队成功登陆。

现在回到普林斯顿的博弈实验。

设我方 2 个师的兵力，敌方 3 个师的兵力，只能整师调动。我方兵力若超过敌方，则获胜；我方兵力若小于或等于敌方兵力，则我方负。该如何决策呢？

敌方有四种选择方案：(1) 方案 A：三个师都驻守甲方向；(2) 方案 B：三个师都驻守乙方向；(3) 方案 C：两个师驻守甲方向，一个师驻守乙方向；(4) 方案 D：一个师驻守甲方向，两个师驻守乙方向。

我方有三种选择方案：(1) 方案 a：两个师从甲方向进攻；(2) 方案 b：两个师从乙方向进攻；(3) 方案 c：兵分两路，两个方向各派一个师进攻。

下面，我们用"1"表示获胜，用"0"表示失败，其得益矩阵见图 1.4。

敌　　　方

	A	B	C	D
a	0, 1	1, 0	0, 1	1, 0
b	1, 0	0, 1	1, 0	0, 1
c	1, 0	1, 0	0, 1	0, 1

我方

图 1.4

对敌方而言，显然 A 方案不如 C 方案，B 方案不如 D 方案。所以，敌方不会选择 A、B 方案，于是，剔除掉这两个方案，得到如图 1.5 的得益矩阵。

敌　　　方

	C	D
a	0, 1	1, 0
b	1, 0	0, 1
c	0, 1	0, 1

我方

图 1.5

在剩下的对策矩阵中，对我方而言，c 方案比 a、b 方案都要差，所以，要将 c 方案剔除，得到如图 1.6 的得益矩阵。

敌　　　方

		C	D
我	a	0, 1	1, 0
方	b	1, 0	0, 1

图 1.6

最后的均衡是：敌方不可能把所有兵力都驻守在一个方向，我方也不可能兵分两路进攻，在两个进攻方向上，如果我方攻击敌方的薄弱之处，我方取胜；若攻击敌方的强大之处，我方失败。可见，在博弈中信息非常重要。

在博弈中不仅信息重要，而且信号传递等因素也非常重要，这些问题我们在后面的章节中都会进行分析。

【例5】

"田忌赛马"

"田忌赛马"是我国古代一个非常有名的故事，这个故事讲的其实是一个很典型的博弈问题。

赛马规则是这样的：每次双方各出3匹马，一对一比赛3场，每一场的输方要赔100匹马给赢方。齐威王的3匹马和田忌的3匹马按实力都可以分为上、中、下三等，但齐威王的上、中、下3匹马分别比田忌的上、中、下3匹马略胜一筹，因为总是同等次的马进行比赛，因此田忌每次都是连输3场，连输300匹马。显然，田忌的上等马是赢不过齐威王的上等马的，但比齐威王的中等马和下等马要好，而田忌的中等马却比齐威王的下等马要好。

于是谋士孙膑给田忌出了个主意。孙膑让田忌不要用自己的上等马去对抗齐威王的上等马，而是用自己的下等马去对抗齐威王的上等马，上等马则去对抗齐威王的中等马，中等马对抗齐威王的下等马。这样，虽然第一场田忌必输无疑，但后两场却都能获胜，二胜一负，田忌反而赢得齐威王100匹马。

显然，在田忌策略改变的情况下，齐威王不会一直无动于衷。相反，一旦齐威王发觉田忌在使用计谋，明白了自己为什么输时，他必然也会改变自己3匹马的出场次序，以免再落入田忌的圈套，从而使赛马变成一个具有策略依存特性的决策较量，构成典型的博弈问题。

此时赛马问题变成：齐威王和田忌双方都清楚各自马的实力，即齐威王的3匹马分别比田忌的3匹马略强一些且一旦改变出场次序，输赢的结果就可能会改变，也都明白输赢的关键，是双方马的出场次序比较有利于哪一方。

由于齐威王的赢就是田忌的输，因此对齐威王最好的情况就是对田忌最坏的情况，对齐威王最坏的情况就是对田忌最好的情况，可见双方的得益是严格对立的。

"田忌赛马"用标准的博弈来表示就是：（1）该博弈中有两个博弈方，即齐威王和田忌；（2）两博弈方可选择的策略是己方马的出场次序，因为3匹马的排列次序共有3！=3×2=6种，因此双方各有6种可选择的策略；（3）由于双方在决策之前都不能预先知道对方的决策，因此可以看做是同时选择策略的，决策没有先后次序关系；（4）如果把赢100匹马记成得益1，输100匹马记成得益−1，则两博弈方在双方各种策略的组合下的得益如图1.7所示，其中前一个数字表示齐威王的得益，后一个数字表示田忌的得益。

在这个博弈中齐威王和田忌应该怎样选择自己的策略？

首先，作为博弈方的齐威王和田忌不能让对方知道或猜中自己的策略，从而导致自己输掉比赛。这也意味着任何一方的策略选择不能一成不变，或者不能有规律性地变动，即必须以随机的方式选择策略，否则一旦对方捕捉到这种规律性的变动，就可以针对性地采取应对措施。

其次，无论对齐威王还是对田忌，可选择的6种策略之间没有优劣之分。从图1.7可以看出，对齐威王来说，每一种策略都可能有6种不同的结果，究竟最终得到哪种结果，主要看对方策略与自己策略的对应状况，而不是自己的策略本身。同样地，对田忌来讲 6 种策略本身也无好坏之分。因此，两博弈方在决策时对自己的可选策略并无偏好，应以相同的概率选用。

田　　忌

	上中下	上下中	中上下	中下上	下上中	下中上
上中下	3，−3	1，−1	1，−1	1，−1	−1，1	1，−1
上下中	1，−1	3，−3	1，−1	1，−1	1，−1	−1，1
中上下	1，−1	−1，1	3，−3	1，−1	1，−1	1，−1
中下上	−1，1	1，−1	1，−1	3，−3	1，−1	1，−1
下上中	1，−1	1，−1	1，−1	−1，1	3，−3	1，−1
下中上	1，−1	1，−1	−1，1	1，−1	1，−1	3，−3

齐威王

图 1.7

根据以上讨论，我们可以得到以下结论：这种博弈如果只进行一次，双方的策略选择和最终的博弈结果是无法确定的，输赢主要取决于机会和运气。

【例 6】

剪刀·石头·布

话说唐僧和孙悟空、猪八戒一起去西天取经，一日来到了火焰山，当时天气酷热难当，孙悟空和猪八戒二人必须有一人去寻找淡水，否则唐僧师徒将止步于火焰山。但唐僧师徒经过长途跋涉已非常劳累，在火焰山找水更是难上加难，孙悟空和猪八戒谁都不想做这份苦差事。一个较好的解决办法就是让唐僧当裁判，孙悟空和猪八戒通过石头、剪刀、布的博弈游戏来决定胜负，谁输谁去寻找淡水。由于双方赢的概率一样，因而无论谁输，都会输得心服口服。游戏规则如下：孙悟空和猪八戒必须同时出招，谁后出算谁输；石头胜剪刀，石头得 1 分，剪刀输 1 分；剪刀胜布，布胜石头，得益和上面一样；如果同时出一样的石头或剪刀或布，不输也不赢，重新再来一次。例如，孙悟空出剪刀，猪八戒出布，孙悟空赢。如果孙悟空和猪八戒都出剪刀，则重新开始游戏。根据上面所给出的信息，可以把孙悟空和猪八戒两人可能的策略和输赢列成矩阵形式，如图 1.8 所示。

猪　八　戒

		石头	剪刀	布
孙悟空	石头	0, 0	1, -1	-1, 1
	剪刀	-1, 1	0, 0	1, -1
	布	1, -1	-1, 1	0, 0

图 1.8

其中，0 表示不输不赢；1 表示赢；-1 表示输。

从这个游戏可以看出，无论是孙悟空还是猪八戒，他们出什么东西，关键在于他们对对手可能出什么东西的"推测"上。如果孙悟空推测猪八戒可能出石头，孙悟空的最优策略是出布，其他策略都是下策；如果孙悟空推测猪八戒可能出布，孙悟空的最优策略是出石头。其他策略也都是下策。如果孙悟空推测猪八戒可能出布，孙悟空的最优策略是出剪刀，其他策略是下策。同理，对于猪八戒的选择也是一样。因此，孙悟空采取什么策略，关键取决于猪八戒的策略，而猪八戒采取什么策略反过来又取决于孙悟空的策略。这表明孙悟空和猪八戒的策略具有相互依存性。

该博弈的性质和田忌赛马，以及猜硬币博弈等都是相似的。

【例 7】

古诺（Cournot）模型

再介绍一个经典的经济博弈模型，即寡头之间通过产量进行竞争的古诺博弈模型，这一模型同时也是产业组织理论的重要里程碑。古诺模型可以有多种不同的变型，这里先介绍一种离散产量的三厂商产量博弈和一种连续产量的 n 个厂商博弈。

1. 离散模型

假设有三个厂商在同一个市场上生产销售完全相同的产品，它们各自的产量分别用 q_1、q_2 和 q_3 表示。再假设 q_1、q_2 和 q_3 只能取 1，2，3，…等正整数，即产量是离散的而不是连续变化的。市场总产量为 $Q = q_1 + q_2 + q_3$，价格是市场总产量 $Q = q_1 + q_2 + q_3$ 的函数，假设该函数为：

$$P = P(Q) = 20 - Q = \begin{cases} 20 - (q_1 + q_2 + q_3), & Q < 20 \\ 0, & Q \geqslant 20 \end{cases}$$

它表示市场出清时的价格。为了简化分析和突出博弈关系。假设各厂商的生产都无成本。

由于三个厂商的产量之和超过 20 单位时价格和利润都会降到 0，因此我们假设它们的总产量始终不会大于 20。此时厂商 i 的利润函数为

$$\pi_i = P \cdot q_i = [20 - (q_1 + q_2 + q_3)] \cdot q_i$$

该利润函数明确反映了三个厂商策略和利益之间的依存关系，即每个厂商的利润都与所有厂商的产量有关，而不是只跟自己的产量有关。根据上面的价格函数和这个利润公式，我们首先计算出在产量组合为（4，8，6）时，市场价格为 2，三个厂商的利润分别为 8、16

和12的情况，见表1.1的第一行。同时计算其他几种可能的产量组合下的市场价格及其利润，均列于表1.1中。

表1.1　　　　　　　　　　离散产量组合对应的价格和利润

q_1	q_2	q_3	P	π_1	π_2	π_3
4	8	6	2	8	16	12
4	5	6	5	20	25	30
5	5	6	5	20	20	24
5	5	5	4	25	25	25
3	3	3	11	33	33	33
7	3	3	7	49	21	21

　　显然三个厂商不会满意(4，8，6)的产量组合及其利润。因为此时的总产量水平太高，任何一个厂商降低自己的产量都会使所有厂商的利润增加。假设厂商2将产量降低3单位，则市场价格上升为5，三个厂商利润分别升到20、25和30单位。结果见表1.1中数字的第二行。

　　对该产量水平三厂商仍不满意，而且不具有稳定性。虽然厂商2和厂商3都会满意于这个产量组合，因为它们无论是提高还是降低产量都只会降低自己的利润，但厂商1可能并不一定满意，因为在三个厂商中它的利润最低，如果它提高1单位产量利润并不会降低，而且对改善它的相对地位很有好处，就可以预计它会将产量从4单位提高到5单位。这样市场价格将降低到4，三厂商的利润将分别为20、20和24，如表1.1中第三行数字所示。

　　同样地，产量组合(5，5，6)仍然不是一个稳定的产量组合。

　　只有产量组合(5，5，5)是很稳定的。因为在这个产量组合下，任何一个厂商单独提高或降低产量，都只会减少利润而不会增加利润，因此该产量组合是一个均衡。然而该产量组合给各个厂商带来的利润并不是最大的。因为如果这三个厂商各生产3单位产量，市场价格将是11，三个厂商的利润都能达到33，明显高于它们各生产5单位产量时的各25单位利润。结果见表1.1的倒数第二行。

　　然而，三个厂商却不会采用各生产3单位产量的策略，因为在其他两个厂商都只生产3单位产量时，某个厂商单独提高产量，如果提高到7单位，能够大大提高利润，而坚持生产3单位产量的厂商则只能得到低得多的利润(结果见表1.1最后一行)，因此三个厂商各生产3单位的产量组合是绝对不稳定的，即使它是给三个厂商都带来最大的利益的产量组合。因此，该博弈的均衡结果只能是三个厂商各生产5单位产量，市场价格为5，三厂商各得利润25单位。

　　2. 连续模型

　　下面再考虑一个 n 个厂商销售相同产品的寡头市场产量连续选择的博弈问题。市场容量同样是有限的，市场出清价格是投放到该市场上产品总量的减函数，产品总量就是这 n

个厂商各自产量的总和。假设这 n 个厂商可各自自由选择自己有能力生产的任何产量,厂商之间既不存在相互协商,也不受相互限制,并且它们是在同一时间决定生产的产量。此时,这 n 个厂商该如何作这个产量决策呢?

如果我们将上述决策问题看做一个博弈,那么 n 个厂商就是其中的 n 个博弈方。它们可以选择的策略就是自己要生产和投放市场的产量,如果我们假设产量是连续可分的,则每个厂商都有无限多种可供选择的产量,也就是该博弈中各博弈方的可选策略数都是无穷大,此时我们不可能用罗列的方法或者矩阵、图表的形式把它们表达出来。

对生产厂商来说,其得益就是生产的利润,即销售收益减去成本后的余额。设厂商 i 的产量为 q_i,则 n 个厂商的总产量就是 $\sum_{i=1}^{n} q_i$。根据前面的讨论,我们已知市场出清价格 P 是总产量的减函数,即 $P = P(Q)$,因此 $P = P(Q) = P\left(\sum_{i=1}^{n} q_i \right)$。这样,厂商 i 的收益就为 $q_i \cdot P = q_i \cdot P\left(\sum_{i=1}^{n} q_i \right)$。再假设没有不变成本,厂商 i 生产单位产量的成本为固定的 c,则它生产 q_i 单位产量的总成本为 cq_i。因此,厂商 i 生产 q_i 产量的得益为 $q_i \cdot P\left(\sum_{i=1}^{n} q_i \right) - cq_i = q_i \left[P\left(\sum_{i=1}^{n} q_i \right) - c \right]$。

由此可以看出,厂商 i 的得益不仅取决于其单位成本 c 和自己的产量决策 q_i,还通过价格取决于其他厂商的产量决策。因此,厂商 i 在决策时必须考虑到其他厂商的决策方式和它们对自己的决策的可能反应。换句话说,其他厂商的产量决策本身又是厂商 i 产量的函数。因此,厂商 i 的产量决策与其他厂商的产量决策之间有一种复杂的相互依存关系,绝对没有表面上看起来的这么简单。

第三节 博弈的分类及其要素

一、博弈的分类(Types)

在上面关于博弈例子的分析中,我们可以看到,博弈论非常强调时间顺序和信息的重要性,时间顺序和信息是影响博弈均衡的主要因素。在博弈过程中,博弈者之间的信息传递决定了其行动空间和最优战略的选择;同时,博弈过程中始终存在一个先后时间顺序(Sequence 或 Order),博弈者的行动次序对博弈最后的均衡有直接的影响。

因此,博弈的分类可以从博弈者行动的次序和博弈者对其他参与人的特征、策略空间和得益的信息是否了解角度进行。从不同的角度,对博弈可以有不同的分类。

1. 如果按照博弈者的先后顺序、博弈持续的时间和重复的次数进行分类,博弈可以划分为静态博弈(Static Game)和动态博弈(Dynamic Game)。

静态博弈是指博弈者同时采取行动,同时进行策略决定,博弈者所获得的支付依赖于他们所采取的不同的策略组合的博弈行为。因此,我们也把静态博弈称为"同时行动的博弈"(Simultaneous-Move Games)。或者尽管博弈者的行动有先后顺序,但后行动的人不知道先行动的人采取的是什么行动。"囚徒困境"就是如此。再比如工程招标，不同的投标者投标的时间也许不同，但只要互相不知道对方的报价，则是同时行动，是一种静态博弈。

动态博弈是指在博弈中，博弈者的行动有先后顺序（Sequential-Move），且后行动者能够观察到先行动者所选择的行动或策略，因此，动态博弈又叫做序贯博弈。

2. 如果按照博弈者对其他博弈者所掌握的信息的完全与完备程度进行分类，博弈可以划分为完全信息博弈（Game with Complete Information）与不完全信息博弈（Game with Incomplete Information），以及完美信息博弈（Game with Perfect Information）与不完美信息博弈（Game with Imperfect Information），确定的博弈（Game of Certainty）与不确定的博弈（Game of Uncertainty），对称信息博弈（Game of Symmetric Information）与非对称信息博弈（Game of Asymmetric Information）等。

信息是博弈论中重要的内容。完全信息博弈是指在博弈过程中，每一位博弈者对其他博弈者的特征、策略空间及收益函数有准确的信息。完全信息是指博弈者的策略空间得益集（Pay offs）是博弈中所有博弈者的"公共知识"（Commom Knowledge）。

完美信息是指博弈者完全了解到他决策时所有其他博弈者的所有决策信息，或者说，了解博弈已发生过程的所有信息。因此，完美信息是针对记忆而言的。如果一个博弈者在行动时观察到其所处的信息节点是唯一的，那么可形象地称他对在他之前的其他博弈者的行动有完美的记忆；如果所处的信息节点是不唯一的，则他对在他之前的其他博弈者的行动就没有完美记忆。很显然，完全信息不一定是完美的；不完全信息必定是不完美的。

3. 如果博弈者对其他博弈者的特征、策略空间及收益函数信息了解得不够准确，或者不是对所有博弈者的特征、策略空间及收益函数有准确的信息，在这种情况下进行的博弈叫做不完全信息博弈。对于不完全信息博弈，博弈者所做的是努力使自己的期望效用最大化。

在不完全信息的博弈中，首先行动的是自然（Nature），自然决定了博弈者以多大的可能性采取某种行动，由自然决定的每个博弈者以多大的可能性采取某种行动的情况只有每个博弈者个人知道，其他博弈者都不知道。确定的博弈是指不存在由自然作出行动的博弈，否则就是不确定的博弈。

4. 如果按照博弈者之间是否存在合作进行分类，博弈可以划分为合作性博弈（Cooperative Game）和非合作性博弈（Non-Cooperative Game）。合作博弈性是指博弈者之间有着一个对各方具有约束力的协议，博弈者在协议范围内进行的博弈。人们分工与交换的经济活动就是合作性博弈。如果博弈者无法通过谈判达成一个有约束的契约来限制博弈者的行为，那么这个博弈为非合作博弈。典型的合作博弈是寡头企业之间的串谋（Collusion）。串谋是指企业之间通过公开或暗地里签订协议，对各自的价格或产量进行限制，以达到获取更多垄断利润的行为。后面将会继续讨论的囚徒困境和将要讨论的公共资源悲剧都是非合作性博弈。

根据上述分类，非合作博弈可以分为四种不同的类型：完全信息静态博弈、完全信息动态博弈、不完全信息静态博弈、不完全信息动态博弈。与上述四种博弈相对应，有四种均衡概念，即：纳什均衡(Nash Equilibrium)、子博弈精练纳什均衡(Subgame Perfect Nash Equilibrium)、贝叶斯纳什均衡(Bayesian Nash Equilibrium)、精练贝叶斯纳什均衡(Perfect Bayesian Nash Equilibrium)。非合作博弈及对应的均衡概念见表 1.2。

表 1.2   非合作博弈的分类及对应的均衡概念

信　　息　　　　　　行动顺序	静　　　态	动　　　态
完全信息	完全信息静态博弈 (纳什均衡)	完全信息动态博弈 (子博弈精练纳什均衡)
不完全信息	不完全信息静态博弈 (贝叶斯纳什均衡)	不完全信息动态博弈 (精练贝叶斯纳什均衡)

　　现代博弈论研究的重点是非合作博弈。非合作博弈中博弈者在选择自己的行动时，优先考虑的是如何维护自己的利益。合作博弈强调的是集体主义、团体理性(Collective Rationality)，是效率、公平、公正；而非合作博弈则强调个人理性、个人最优决策，其结果是有时有效率，有时完全无效率。

　　另外，根据博弈者支付的情况，又有以下分类：

　　5. 零和博弈(Zero-Sum Game)和非零和博弈(Non-Zero-Sum Game)。如果一个博弈在所有情况下全体参与人的得益之和总为 0，这个博弈就叫做零和博弈。如果不为 0，这个博弈就叫做非零和博弈。

　　6. 常和博弈(Constant-Sum Game)和变和博弈(Variable-Sum Game)。如果一个博弈在所有情况下全体参与人的得益之和总为一个常数，这个博弈就叫做常和博弈，如果得益之和不总是一个常数，这个博弈就叫做变和博弈。

二、博弈中的博弈方(Players)

1. 单人博弈

　　单人博弈即只有一个博弈方的博弈。单人博弈由于不存在其他博弈方对博弈中唯一的博弈方的反应和反作用，因此相比人数较多的博弈要简单得多。单人博弈已经退化为一般的最优化问题，即一个博弈者面对一个既定的条件和情况如何进行决策，因此严格来说它不属于博弈论研究的对象。不过对单人博弈进行分析还是非常有价值的：一是包括单人博弈可以使博弈理论的结构更加完整，分析单人博弈可以给分析复杂的多人博弈提供启示；再就是两人、多人博弈，包括后面介绍的多阶段动态博弈等，常要转化为多个、多层次的单人博弈进行分析。

　　我们介绍一个单人博弈的例子。

【例 1】

运 输 问 题

有一个供应商需要将一批商品从武汉运往上海，从武汉到上海有水、陆两条路线，走陆路运输成本为 1.0 万元，走水路的运输成本为 0.6 万元。走陆路比较安全，走水路则有一定的风险，如果遇到恶劣天气将会造成这批货物总价值 10% 的损失。假设已知该批货物的总价值为 10 万元，运输期间出现暴风雨天气的概率为 20%，问该供应商该选择哪条运输路线？

对这个博弈我们可用得益矩阵方法来表示。为了把天气因素放进博弈中加以考虑，我们引进一个代表随机选择作用的博弈方，博弈中的真正决策者供应商为"博弈方 1"。显然另一博弈方是虚拟的，并不真正存在，只是为了使这个问题变成一个博弈问题，我们虚构了一个与供应商博弈的博弈者，即"自然"。博弈方 0 的任务分别以 80% 的概率和 20% 的概率随机选择好天气和坏天气。显然博弈方 0 不会有追求"自身利益"的愿望。

如果我们以供应商的运输成本加上损失作为供应商的得益，由于成本是一种负的得益，因此用负号表示，于是可用图 1.9 中的得益矩阵表示该博弈。

图 1.9 中供应商和自然为两个博弈方；供应商有水路、陆路两种可选策略，自然则有好天气、坏天气两种可能的选择；由于供应商决策时不知道未来天气的实际情况（即使自然对天气的选择可以被看做在供应商决策前早就作出），而自然在选择天气时当然更不会去管供应商做了怎样的决策，因此该博弈中的两博弈方可以看做是同时决策的；矩阵中的四个元素分别代表供应商在四种可能情况下的得益（成本和损失的负值），自然的得益则不用考虑。

		自 然	
		好天气(80%)	坏天气(20%)
供应商	水路	-0.6	-1.6
	陆路	-1.0	-1.0

图 1.9

下面我们用一种新的博弈表示法——"扩展形"（Extensive Form）来表示该博弈，如图 1.10 所示。

这种图形称为"扩展形"，其中圆圈称为两个"选择节点"或"节点"（Nodes），也称为"信息集"（Information Set），"武汉""上海"分别表示两节点对应的博弈方的两种选择，数字 1 表示博弈中唯一的博弈方。图中从两个信息集引出的线条代表博弈方在该处可选择的各种行动或方向，四个黑点表示博弈的终端，括号中的数字表示博弈方选择相应的"行动路径"到达这些终端时所得到的得益。

博弈的扩展形表示法有直观明了的好处，能比较形象地反映博弈中实现每个得益的策

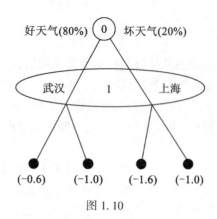

图 1.10

略路径。与得益矩阵图相比，由于它能反映出博弈过程中选择、行为的先后次序，因此它特别适合于表示我们后面将要介绍的博弈方非同时选择的"动态博弈"。

图 1.10 中第一个信息集为博弈方 0，即自然的选择节点。因为博弈方 1 决策时无法知道自然已作出的选择，因此虽然自然的选择有两条路径，分别到达两个不同的节点，但博弈方 1 却仍然只作一个选择，而不是针对两个节点分别作选择。当然，对应博弈方 1 的两种策略，事实上仍然有四种不同的结果，即他的两种策略与两个不同的节点(对应自然的不同选择)组合。如图 1.10 中四个黑点表示的终端所示，每个终端的数字表示沿相应的决策路径到达终端时，博弈方 1，也即供应商的得益。

这样，我们就用得益矩阵和扩展形两种方法，将供应商关于运输路线的决策问题表示为一个实质上的单人博弈、形式上的两人博弈。在本博弈中，供应商走水路时，得益为 -0.6 的概率为 80%(好天气)，得益为 -1.6 的概率为 20%(坏天气)，因此走水路的期望得益为 $(-0.6) \times 80\% + (-1.6) \times 20\% = -0.8$；走陆路时，得益是确定的 -1。因为 $-0.8 > -1$，即走水路的期望费用 0.8 小于走陆路的费用 1，所以供应商还是应该选择走水路。若多次碰到同样的决策选择并每次都作这样的选择，则平均每次的运输成本应接近 0.8。

单人博弈实质上是个体的最优化问题。显然，此时博弈方拥有的信息越多，即对环境条件了解得越多，决策的准确性就越高，得益也就越好。不过当博弈方数量达到两个以上后，信息越多得益越大的结论就未必成立了。信息拥有量与得益具有正相关性，是单人博弈区别于两人或多人博弈的重要特性之一。

2. 双人博弈

双人博弈就是两个各自独立决策，但策略和利益具有相互依存关系的博弈方的决策问题。双人博弈是博弈问题中最常见，也是研究得最多的博弈类型。

3. 多人博弈

多人博弈是指有三个或三个以上的博弈方参加的博弈。在多人博弈中，各博弈方也是在意识到其他博弈方的存在，以及其他博弈方存在对自己决策的反应和反作用的情况下，寻求自身最大利益的决策活动，只是现在其他博弈方不止一个，而是有两个或更多。多人博弈的基本性质和特征与两人博弈很相似，我们常常可以用研究两人博弈同样的思路和方法来研究它们，或将两人博弈分析中得到的结论直接推广到多人博弈。

但是这种做法并不总是有效的，由于多人博弈中有比两人博弈更多的追求自身利益的独立决策者，因此多人博弈中策略和利益的相互依存关系也更为复杂，任一博弈方的决策及其所引起的反应比两人博弈要复杂得多。比如，在多人博弈中，其存在一个与双人博弈有显著区别的特点，就是多人博弈可能存在所谓的"破坏者"，即具有"破坏者"特征的博弈方，"破坏者"的策略选择对自身的利益并没有影响，但却会对其他博弈方的得益产生很大的，有时甚至是决定性的影响。

【例2】

政治博弈中的"拆台者"

以选举国会议长为例，由110个国会议员投票来决定议长，得票最多者得到议长位置，候选人有3个。根据投票的活动情况和调查，估计3个候选人所得票数基本上是这样的：A得到43票，B得到39票，C得到28票。如果3个候选人都坚持参加竞选，则A将获胜，但是，如果C在明知自己无望获胜的情况下主动退出，则情况就可能发生戏剧性变化。如果候选人C退出后，在支持候选人C的28名委员中有17人以上转而支持候选人B，则最后获胜的将是候选人B而不是候选人A。因此，如果我们把争夺国会议长的活动看做一个三人博弈，各博弈方可以选择的策略都是"竞争"或者"退出竞争"，则候选人C就很可能是这个博弈问题中的一个"拆台者"，因为他的选择对他自己的利益没什么影响，却对另外两个博弈方，候选人A和候选人B的利益有决定性的影响。

"拆台者"的存在使得不少多人博弈的结果难以确定，因为"拆台者"的行为选择很难用给定环境条件下的经济规律和逻辑推理来判断。这也就需要我们在分析多人博弈时要特别小心，注意是否存在这种破坏者。此外，由于博弈方的数量较多，多人博弈在表示方法方面也与两人博弈有所不同。得益矩阵一般只适合表示单人博弈和两人博弈。少数离散策略的三人博弈还可用两个或多个得益矩阵合起来表示。

三、博弈中的策略(Strategies)

在博弈活动中，各博弈方依据博弈的条件所作决策的内容称为"策略"(Strategies)。根据博弈的定义可以看出，给出各博弈方可以选择的全部策略或策略选择的范围即"策略空间"(Strategies Set)，是定义一个博弈时需要确定的最重要的基本方面之一。

根据所研究问题的内容和性质，不同博弈中各博弈方可选策略的数量有多有少。一般地，如果一个博弈中每个博弈方的策略数都是有限的，则称为"有限次博弈"(Finite Games)，如果一个博弈中至少有某些博弈方的策略有无限多个，则称为"无限次博弈"(Infinite Games)。

有限次博弈和无限次博弈之间有着很大的差别。因为有限次博弈只有有限种可能的结果，因此理论上有限次博弈总可以用得益矩阵法、扩展形法或简单罗列的方法，将所有的策略、结果及对应的得益列出，而无限次博弈就不可能用这些列举方法来表示博弈的全部策略、结果，一般只能用数集或函数形式表示。这使得这两类博弈的分析方法也常常表现出很大的差异。此外，策略数的有限和无限对各种均衡解的存在性也有非常关键的影响。因此，注意有限次博弈和无限次博弈的区别，对于理解和掌握博弈分析方法是很有意义的。

四、博弈中的得益(Payoffs)

博弈中的得益(Payoffs)是指参加博弈的各博弈方从博弈中所获得的利益。得益可以表现为一定数量的利润、收入，也可以是量化的荣誉、时间、效用、社会效益、福利，等等。得益常常用得益矩阵(Payoffs Matrix)表示。

1. 零和博弈(Zero-Sum Game)

零和博弈是比较常见的博弈类型。在零和博弈问题中，一方的得益必定是另一方的损失，某些博弈方的赢肯定是来源于其他博弈方的输，双方的得益之和为0。零和博弈的博弈方之间利益始终是对立的，偏好通常是不一致的，是一种"你死我活"的关系，因而零和博弈的博弈方之间无法和平共处，称为"严格竞争博弈"(Strictly Competitive Games)。

【例3】

"猜硬币"(Matching Pennies)博弈

我们考虑下面"猜硬币"的游戏。在这个博弈中，两个博弈方一个是王佳，一个是张奇，每个人同时出示一个硬币，可以展示硬币的正面或反面。如果两人展示出硬币的同一面，则王佳将赢得张奇的硬币，反之如果他们展示出硬币不同的币面，则张奇将赢得王佳的硬币。图1.11是该博弈的得益图示。

张　奇

		正面	反面
王	正面	1, −1	−1, 1
佳	反面	−1, 1	1, −1

图1.11

如果我们加总两个博弈方的赢利，我们会得到1−1=0。这就是"零和博弈"。

2. 常和博弈(Constant-Sum Game)

常和博弈也是普遍的博弈类型。在许多博弈中，博弈双方的得益之和不为0，但是一个常数，如在几个人之间分配固定数额的奖金、财产或利润的讨价还价，都是这种博弈问题。常和博弈可以看做零和博弈的扩展。零和博弈则可以看做常和博弈的特例。与零和博弈一样，常和博弈中各博弈方之间利益关系也是对立的，博弈方之间的基本关系也是竞争关系。

3. 变和博弈(Variable-Sum Game)

零和博弈和常和博弈以外的所有博弈都可称为"变和博弈"。如前面介绍的囚徒困境和关于产量决策的古诺模型都是变和博弈。变和博弈是最一般的博弈类型，常和博弈和零和博弈是它的特例。变和博弈的结果使得社会总得益的大小可能产生巨大差别。这表示在博弈中博弈方可能在利益驱动下通过各自自觉、独立采取的合作态度和行为，以争取较大的社会总利益和个人利益。因此，这种博弈的结果可以从社会总得益的角度分为"有效率的"或"无效率的""低效率的"，即可以站在社会利益的立场上对它们作效率方面的评价。

五、博弈的过程(Process)

博弈过程也是博弈研究的重要内容。大量的博弈问题都具有先后、反复或者重复的策略对抗过程。根据博弈过程的特点，我们又可以把一个博弈问题分为"静态博弈""动态博弈"和"重复博弈"。

1. 静态博弈(Static Games)

在一个博弈问题中，为了博弈之间的公平性，也为了使决策对抗更有意义，更有针对性，许多博弈常常要求或者说设定各博弈方是同时决策的，或者虽然各博弈方决策的时间不一定真正一致，但在他们作出选择之前不允许知道其他博弈方的策略，在知道其他博弈方的策略之后则不能改变自己的选择，从而各博弈方的选择仍然可以看做是同时作出的。这种博弈叫做静态博弈。

2. 动态博弈(Dynamic Games)

与各博弈方同时决策的静态博弈相反，现实决策活动构成的大量博弈问题中，各博弈方的选择和行动不仅有先后次序，而且后选择、后行动的博弈方在自己选择、行动之前，可以看到其他博弈方的选择、行动，甚至还包括自己的选择和行动。这种博弈称为"动态博弈"(Dynamic Games)，或叫做"多阶段博弈"(Multistage Games)。在动态博弈中，各博弈方轮流选择的可能是方向、大小、高低等，也可能是各种其他的具体"行动"，如产量、价格。

【例4】

"稀土市场阻击"博弈

中国拥有宝贵的稀土资源。在我国稀土市场上，有一批较早进入的企业，经过发展和稳定后，它们获得了相当大的稀土市场份额及利润。在市场上，有一批企业看到别人赚钱了，为追求丰厚利润也想踏入这一行业。

设容量有限的稀土市场已经被企业 A 抢先占领，而另一个稀土企业 B 也很想加入该市场发展，分享一定的利润。企业 B 知道一旦自己进入该市场，先占领市场的企业 A 有可能通过降价等竞争手段来打击它，并且如果企业 A 果真不肯善罢甘休，采取打击排挤态度的话，企业 B 不但不能赢利，而且肯定还会亏损。由于在这个博弈中必须是企业 B 行为在先，企业 A 要等企业 B 行为以后才知道是否有行为的必要，才需要采取针对性的行为。企业 A 有两种选择，一个选择是拼命阻止企业 B 的进入；另一个选择是和平共处，互不干涉。选择哪种策略取决于对自身可能获得利益的衡量。因此，这个博弈是一个动态博弈。

我们进一步假设 A 独占市场时利润为 8；与 B 和平共处分享市场则双方各得 4；如 B 进市场而 A 进行反击，则 B 要亏损 2，A 的利润则降为 3，如图 1.12。

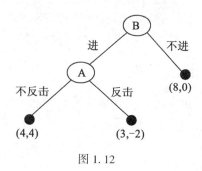

图 1.12

图 1.12 中的 B 圈和 A 圈分别是企业 B 和企业 A 的选择信息集。这是一个两博弈方的两阶段动态博弈，是动态博弈中最基本的一种类型。

由于动态博弈中各博弈方的行为有先有后，因此在博弈方之间肯定有某种不对称性。先行动的博弈方可以利用先行之便获得利益，后行动者可能会吃亏。但反过来后行动的博弈方可根据先行动方的行为作针对性选择，而先行动方却在自己决策选择时，非但不能看到后行动方的选择，而且还要顾忌、考虑到后行动方的反应。因此，与博弈方同时行动的静态博弈相比，动态博弈肯定会有不同的特点和结果。

3. 重复博弈(Repeated Games)

所谓"重复博弈"(Repeated Games)是指同一个博弈反复进行所构成的博弈过程。构成重复博弈的一次性博弈(One Shot Games)也称为"原博弈"或"阶段博弈"。我们研究的多数重复博弈的原博弈都是静态博弈，或者说是由静态博弈构成的。这种由一些博弈方在完全同样的环境和规则下重复进行的博弈，在现实中有很多实际的例子。如体育竞技中的多局制比赛、商业中的回头客问题、企业之间的长期合作或竞争等，都可以看做是重复博弈问题。

只要两次重复同一个博弈就可以构成一个重复博弈，因此重复博弈的最少重复次数是两次。许多重复博弈问题都是经过一定次数的重复就会结束，如下棋、球类比赛等。这种重复一定次数后肯定要结束的重复博弈称为"有限次重复博弈"(Finitely Repeated Games)。

但并不是所有重复博弈都有确定的重复次数，也就是有停止重复时间的，有些重复博弈似乎是会不断重复下去的。我们称这样的重复博弈为"无限次重复博弈"(Infinitely Repeated Games)。例如军备竞赛和在一个长期稳定市场上寡头企业之间的博弈，就是无限次重复博弈，只要军备竞赛的国家和竞争的企业不消亡。我们可以简单地认为，这样的博弈会永远进行下去。我们不妨把这种博弈理解成无限次重复博弈。

在大多数情况下，重复博弈的各次重复之间存在着相互影响和制约，因此不能把重复博弈割裂为一次一次的独立博弈进行分析，而是必须把重复博弈作为一个整体研究。重复博弈也是动态博弈，是特殊的动态博弈。另一方面，由于大多数重复博弈也是静态博弈，因此重复博弈与动态博弈和静态博弈都有关系，需要结合静态博弈和动态博弈来研究。

六、博弈中的信息(Information)

在一个博弈中，信息的价值是非常重要的，没有信息也就没有博弈的展开。掌握的信息是否完全，是否对称，直接决定着博弈的结果。

【例5】

"吉姆的礼物"

我们来看一个"吉姆的礼物"的故事。新婚的吉姆和德儿穷困潦倒。除了德儿那一头美丽的金色长发、吉姆那一只祖传的金怀表，两人再没有什么值钱的东西了。虽然日子过得很清苦，但两个人却非常恩爱。每个人关心对方都胜过关心自己。为了让对方高兴和过上好日子，他们都愿意奉献和牺牲自己最宝贵的东西。转眼圣诞节就要到了，为了让心爱的人过得开心一些，每个人都在悄悄给对方准备一份礼物，希望给对方一个惊喜。于是吉姆卖掉了心爱的怀表，买了一套漂亮发卡，去配德儿那一头金色长发。德儿剪掉心爱的长发，拿去卖钱，为吉姆的怀表买了条精美的表链。

圣诞节晚上，当两个人交换礼物的时候，他们伤心地发现，自己如此珍视的东西，对方已作为礼物的代价而卖掉了。花了如此巨大代价换回的东西，此时对心爱的人来说，已是无用之物了。

试想，如果双方在购买礼物之前，进行一下沟通，交换一下信息，这个伤心的故事也许就不会发生了。

博弈中信息的内涵是非常丰富的，主要是关于得益和过程的信息。

1. 关于得益的信息

博弈中最重要的信息之一是关于得益的信息，即每个博弈方在每种策略组合下的得益情况。在许多博弈问题中，各个博弈方不仅对自己的得益情况完全清楚，而且对其他博弈方的得益也都很清楚。如在囚徒困境的博弈中，两个博弈方都对双方在每种情况下的得益非常清楚；在田忌赛马、猜硬币等博弈中，也是如此。

但是，并不是所有博弈的博弈方都像上面这些博弈问题中那样，有关于各博弈方得益或了解各博弈方得益所需要的全部信息。例如在投标、拍卖活动构成的博弈中，由于各竞投、竞拍的博弈方对其他博弈方关于标的估价是很难了解的，因此即使最后的成交价是大家都能看到的，各个博弈方仍然无法知道其他博弈方中标、拍得标的物的真正得益究竟是多少。一般地，我们将各博弈方都完全了解所有博弈方各种情况下得益的博弈称为"完全信息博弈"(Complete Information Game)，而将至少有一部分博弈方不完全了解其他博弈方得益情况的博弈称为"不完全信息博弈"(Incomplete Information Game)。不完全信息通常也意味着博弈方之间在对得益信息的了解方面是不对称的，因此不完全信息博弈也是"不对称信息(Asymmetric Information)博弈"，其中不完全了解其他博弈方得益情况的博弈方称为"具有不完全信息的博弈方"。

显然，了解所有博弈方的得益状况对一个博弈方来讲是再重要不过了，因为这会影响到该博弈方对其他博弈方行为的判断，并最终影响各博弈方自己的决策和行为，影响博弈的最终结果。因此，在博弈中必须十分重视得益信息的差别。

2. 关于博弈过程(Process)的信息

动态博弈的根本特征是行为有先后次序。在许多动态博弈中，轮到行为的博弈方全部能看到在他行为之前行为的各个博弈方的所有行为，也即对前面的博弈过程有完美的知识。如在下棋这种双人动态博弈中，双方的每一步棋都是大家可以看见、一目了然的，各方在走每一步棋之前，都清楚此前的对局过程。但是在动态博弈中常常也会有某些轮到行为的博弈方，不完全清楚此前行为博弈方的选择，对前面阶段博弈过程没有完美知识的情况。如在企业之间争夺市场的"市场进入"竞争中，一方对于另一方究竟采取了哪些竞争策略或手段就不一定清楚，因为相互竞争的厂商往往会想方设法隐蔽自己的行为。动态博弈中在轮到行为时对博弈的进程完全了解的博弈方，称为具有"完美信息"(Perfect Information)的博弈方，如果动态博弈的所有博弈方都有完美信息，则称为"完美信息的动态博弈"。动态博弈中轮到行为的博弈方不完全了解此前全部博弈进程时，称为具有"不完美信息"(Imperfect Information)的博弈方，有这种博弈方的动态博弈则称为"不完美信息的动态博弈"。

七、博弈方的理性(Rationality)

在博弈中，博弈方的理性和能力是一个非常重要的问题。博弈论和新古典经济学之间的关键联系就是关于人的理性假设。新古典经济学是建立在理性人假设这样一个假设之上的，即人在其经济选择行为中是绝对理性的。也就是说，这个假设意味着每个人在其所面临的环境中都会最大化自身的报酬(利润、收入或主观利益)。在新古典经济学理论中，理性地进行选择就是要最大化自身的收益，这似乎是一个数学问题：在给定环境条件下选择最大化报酬的行动，因而我们可以把理性的经济选择当做一个数学问题的"解"。在博弈论中，情况就更复杂了。结局不仅依赖于自身的策略和"市场"条件，而且直接依赖于其他人所选择的策略。不过我们仍然可以把理性的策略选择当做一个数学问题，从而我们称理性的结果是博弈的"解"。

博弈论关于人的理性假设包括两个方面：一是他们决策行为的根本目标；二是他们追求目标的能力。以个体利益最大化为目标被称为"个体理性"(Individual Rationality)，有完美的分析判断能力和不会犯选择行为的错误称为"完全理性"。

1. 完全理性(Perfect Rationality)和有限理性(Limited Rationality)

博弈论中区别完全理性和有限理性的必要性在于，如果决策者是有限理性的，与完全理性的要求有差距，那么他们的策略行为和博弈结果通常与在博弈方有完全理性假设的基础上的预测有很大差距，以完全理性为基础的博弈分析就可能会失效。特别是由于博弈问题中博弈方之间都有很强的相互依赖和影响，因此只要个别或部分博弈方的理性能力有局限性，甚至只要博弈方相互对对方的能力和理性有怀疑，就会破坏整个博弈和博弈分析的基础，使得我们在所有博弈方有完全的能力和理性的前提下所作的理论分析全部失效。正是因为这些原因，虽然简单地假设各个博弈方都有完全的理性能够给分析带来很大的便利，并且这也是一般经济分析的通行做法，但我们在博弈分析中却不能回避博弈方的理性能力问题，必须对它们有所考虑。

2. 个体理性(Individual Rationality)和集体理性(Collective Rationality)

虽然在新古典经济学中，理性经济人假设人们的决策和行为是以个体自身利益最大化为根本目标的，但实际上，现实中的决策者并不都是根据个体利益最大化决策的，至少在局部问题上存在以集体利益为目标，追求集体利益最大化的情况。追求集体利益最大化称为"集体理性"(Collective Rationality)。

一般情况下，集体利益最大化本身不是博弈方的根本目标，人们在经济博弈中的行为准则是个体理性而不是集体理性。但是，如果我们允许博弈中存在"有约束力的协议"(Binding Agreement)，使得博弈方行为符合个体利益最大化则不符合集体利益最大化的矛盾就可以被克服。

我们将这种允许存在有约束力协议的博弈称为"合作博弈"(Cooperative Game)。将不存在有约束力协议的博弈称为"非合作博弈"(Uncooperative Game)。由于在合作博弈和非合作博弈两类博弈中，博弈方基本的行为逻辑和研究它们的方法有很大差别，因此它们是两类很不相同的博弈。事实上，"合作博弈理论"和"非合作博弈理论"正是博弈论最基本的一个分类，它们产生和发展的路径，在经济学中的作用、地位和影响等许多方面都有很大的差别。现代占主导地位，也是研究和应用较多较广泛的，主要是其中的非合作博弈理论。

非合作博弈之所以更受重视是因为：(1)人们的行为方式主要是个体理性而不是集体理性，或者说，竞争是一切社会、经济关系的根本基础，不合作是基本的，合作是有条件和暂时的，因此非合作博弈关系比合作博弈关系更普遍；(2)研究清楚了非合作博弈的各种关系和特点，合作博弈关系就比较容易理解了，在证明非合作博弈无效率或低效率的同时，也就自然说明了合作存在的可能性和必要性，因此从某种意义上说非合作博弈理论是合作博弈理论的基础；(3)集体理性是更高级和更复杂的理性，因此研究合作博弈的难度更大，更难找到分析的一般概念和系统方法。

第四节　博弈论的产生与发展

博弈论是一门以数学为基础、研究对抗冲突中最优解问题的学科，更确切地说是运筹学的一个分支，其开山鼻祖是数学家、计算机的发明者约翰·冯·诺依曼(John Von Neumann)。他是一位出生于匈牙利的天才数学家。他不仅创立了经济博弈论，而且发明了计算机，并极大地推动了自动机理论、量子力学的发展。冯·诺依曼还是最先认识到自复制和自组织的重要性的科学家之一，元胞自动机理论就是一个著名的例子。对具有博弈性质的决策问题的研究可以追溯到 18 世纪甚至更早，早在 20 世纪初，塞梅鲁(Zermelo)、鲍罗(Borel)和冯·诺依曼已经开始研究博弈的准确的数学表达方式，直到 1939 年，冯·诺依曼遇到经济学家奥斯卡·摩根斯特恩(Oskar Morgenstern)，并与其合作才使博弈论进入经济学的广阔领域。

1944 年冯·诺依曼和普林斯顿经济学家摩根斯特恩合写了一本《博弈论和经济行为》(*The Theory of Games and Economic Behaviour*)的书，正式奠定了现代博弈论的基础，标志着现代系统博弈理论的初步形成。尽管对具有博弈性质的问题的研究可以追溯到更早，例如，1838 年古诺（Cournot）提出了简单双寡头垄断博弈，1883 年伯特兰和 1925 年艾奇沃奇思研究了两个寡头的产量与价格垄断，2 000 多年前中国著名军事家孙武的后代孙膑帮助田忌赛马取胜等都属于早期博弈论思想的萌芽，但这些研究毕竟只是零星的、片断的，很不系统。冯·诺依曼和摩根斯特恩在《博弈论与经济行为》一书中提出的标准型、扩展型和合作型博弈模型解等概念和分析方法，奠定了这门学科的理论基础。冯·诺依曼和摩根斯特恩的研究主要是合作型博弈，合作型博弈在 20 世纪 50 年代达到了巅峰期。然而，冯·诺依曼的博弈论的局限性也日益暴露出来，两位作者企图以此理论来系统地研究人类的经济行为。不过他们所建立的是关于纯粹竞争的理论，它过于抽象，使应用范围受到很大限制，在很长时间里，人们对博弈论的研究知之甚少，只是少数数学家的专利，所以，影响力很有限，可以说现代博弈论与该书关系不大。正是在这个时候，非合作博弈——"纳什均衡"应运而生，它标志着博弈论的新时代的开始。

对于非合作博弈，冯·诺依曼所解决的只有二人零和博弈，如两个人下棋，或是打乒乓球，一个人赢另一个人必然输，净获利为零。在这里，抽象化后的博弈问题是：已知博弈者集合（两方）、策略集合（所有下棋可能的步骤）和赢利集合（赢子输子），能否且如何找到一个对博弈双方来说都最"合理""最优"的具体策略？对此问题，冯·诺依曼从数学上证明了，通过一定的线性运算，对于每一个二人零和博弈，都能够找到一个"最小最大解"。通过一定的线性运算，竞争双方以概率分布的形式随机使用某种最优策略中的各个步骤，就可以最终达到彼此赢利最大且赢利相当。虽然二人零和博弈的解决具有重大意义，但作为一个一般性理论来说，它应用于实践的范围极其有限。其局限性表现在：一是在各种社会活动中，常常有多方博弈者而不是只有两方；再就是博弈各方相互作用的结果并不一定有人得利就有人失利，整个群体可能具有大于 0 或小于 0 的净获利。

非零和博弈的一个典型例子就是囚徒困境。1950 年，数学家塔克（Tucker）任斯坦福大学客座教授。在给一些心理学家作讲演时，为了讲解博弈论的分析难点，他用两个囚徒的故事，将当时专家们正研究的一类博弈论问题，作了形象化的阐释。这个阐释非常成功。从此以后，类似的博弈问题便有了一个专门名称："囚徒困境"。借助这个生动的故事和名称，"囚徒困境"广为人知，在哲学、伦理学、社会学、政治学、经济学乃至生物学等学科中，获得了极为广泛的应用。对于多人参与、非零和的博弈问题，在纳什之前，无人知道如何求解，或者说怎样找到类似于最小最大解那样的"平衡"。如果找不到问题的解，从数学上来说，继续研究这一问题就是不可能的了。数学家纳什（John Nash）对博弈论的巨大贡献，就在于他天才性地提出了"纳什均衡"这一概念，为更加普遍、更加广泛的博弈问题找到了解。1950 年和 1951 年纳什天才的两篇关于非合作博弈论的重要论文《n 人博弈中的均衡点》和《非合作博弈》，彻底改变了人们对竞争和市场的看法。他证明了非合作博弈及其均衡解，并证明了均衡解的存在性，即著名的纳什均衡，从而揭示了博弈均衡与经济均衡的内在联系。纳什均衡的基本思想是，在这个策略组合中所有博弈者的策略都是对其他博弈者所采取策略的最佳反应，没有人能够通过单独改变自己的策略来提高自己的收益。纳什的研究与塔克于 1950 年定义的"囚徒困境"一起，奠定了现代非合作博弈论的基石，后来的博弈论研究基本上都是沿着这条主线展开的。然而，纳什的发现却遭到冯·诺依曼的断然否定，在此之前他还受到爱因斯坦的冷遇。但是，纳什骨子里挑战权威、藐视权威的本性，使他坚持自己的观点，终于成为博弈论的一代大师。纳什均衡的提出和不断完善，使得博弈论广泛应用于经济学、管理学、社会学、政治学、外交学、军事科学等领域，并奠定了坚实的理论基础。

博弈论作为一门学科，是在 20 世纪五六十年代发展起来的，当非零和博弈理论，特别是不完全信息博弈理论获得充分发展时，才成为现实。到 20 世纪 70 年代，博弈论正式成为主流经济学。1994 年的诺贝尔经济学奖同时授予了纳什、泽尔腾和海萨尼三位博弈论专家。到 2014 年，共有 7 次总计 10 多位学者因为博弈论领域的突出贡献而获奖。最近 20 多年，博弈论在经济学尤其是微观经济学中得到了广泛运用，博弈论在许多方面改写了微观经济学的基础，在现代经济学里，博弈论已经成为十分标准的分析工具。

在纳什的基础上，泽尔腾精练了纳什均衡概念，定义了完全信息动态博弈的"子博弈完备纳什均衡"，以及进一步刻画不完全信息动态博弈的"完备贝叶斯纳什均衡"。海萨尼则发展了刻画不完全信息静态博弈的"贝叶斯纳什均衡"。总之，他俩进一步将纳什均衡动态化，加入了接近实际的不完全信息条件。他们的工作为后人继续发展博弈论，提供了基本思路和模型，因此他们与纳什同时获得了诺贝尔经济学奖。

上面提到的博弈理论试图解决的都是非合作型问题，也就是博弈者之间除了决策结果相互影响，没有其他形式的信息交流。然而，在各种生活行为中，人与人之间除了竞争关系，还存在合作关系，常常是两种关系并存，合理的合作能够给双方带来共同利益。这是合作型博弈论研究的范畴。冯·诺依曼在《博弈论与经济行为》一书中建立了合作型博弈论的基本模型，但是对于其中极其重要的双向协商问题(即参与者如何"讨价还价")，没有能给出一个确定的解。纳什对这一领域同样做出了卓越贡献，他提出了讨价还价问题的公理化解法，还在理论上利用这个解法良好的预测性进一步提出了纳什方案。

博弈理论主要包括合作型博弈、非合作型博弈和演化博弈三大类。本书讨论的主要是非合作型博弈问题，对另外两类博弈也将进行简要分析。同时，对博弈实验方法也将进行介绍。

第五节　博弈论与经济

博弈论最重要的贡献就在于它能够促进人类思维的发展，促进人类的相互了解与合作。博弈论告诉人们，每个个体都是理性的，都有自己的思想，竞争与合作中必须了解竞争对手的思想。博弈论在很多领域中都有应用，在政治、军事、法律领域，博弈论被用于分析选举策略、竞争问题、战争起因、立法议程安排等重大事宜。在经济学领域，博弈论更是已经融入整个学科的主流，经济学教材和经济学杂志无不收入博弈论的内容，经济学家们已经把研究策略相互作用的博弈论当做最合适的分析工具分析各类经济问题，诸如公共经济、国际贸易、自然资源经济、工业管理等。近几年在经济学类文献中，出现频率最高的关键词之一就是 game theory。

博弈论自创立之日起就与经济分析密不可分，这是博弈论区别于其他数学理论的重要特点。传统的经济学理论范式是均衡分析和完全竞争假设，然而现实经济过程更多地表现为非均衡过程，博弈论较之其他数学工具可以更好更有力地处理非均衡问题。博弈论的出现，使经济学得以超越传统微观经济学均衡和完全竞争理论范式，从而能对更为现实的非均衡过程及寡头垄断进行描述。同时，博弈论突破了传统经济学完全竞争、完全信息的假定，强调不完全信息、不完全竞争条件下的经济分析，强调决策者之间的相互影响和相互作用，强调通过规则、机制设计和优化在个人理性得到满足的基础上达到个人理性和集体理性的一致。另外，现实经济中的各种行为主体之间在相互作用中往往存在着复杂的依存关系，如企业之间在进行市场竞争时，一方制定策略时都要同时考虑到另一方的预期反应，并将这种反应纳入策略的制定过程中。这种相互制约的互动关系往往导致其他数学工具难以处理的复杂行为，而博弈论正好为这种复杂过程建模提供了很好的思维方法和数学工具。经济博弈论还有助于形成宏观经济分析的微观基础。例如将宏观经济政策的作用过程看作一个政府与个体和组织之间的博弈过程，从而拓宽了宏观经济学的视野，加深了宏观经济分析的力度，从而有助于人们更加深刻和合理地揭示宏观经济机制的作用机理。

博弈论与经济学理论相结合形成了经济博弈论。经济博弈论是指将博弈论知识用于经济问题的分析，针对经济问题的种类、结构，通过构建相应的数学博弈模型来描述经济问题参与者的策略选择及其动机，以便寻找到己方关于问题的最优策略解。经济博弈论将经济分析的重点由个体的最优化决策转向决策个体之间的相互作用和影响，将经济分析动态化。经济博弈论既吸收了经典经济学基本假定前提和分析范式中的合理成分，同时又摒弃了其中不合理的成分，建立起了一个内容丰富、体系健全、逻辑合理和更加贴近现实的经济学分析体系。利用经济博弈论可以分析现实经济活动中的许多问题，如效率工资、公共资源的过度使用、国际关税等。在经济活动中，各经济主体(企业、消费者、政府、纳税人)之间存在着相互影响、相互依存和相互制约的关系，以这些经济主体间的竞争、依赖和合作为研究前提和出发点所进行的博弈研究更加具有现实意义。虽然这些结论都是建立在参与人是理性的假设条件上，但是其结论却有着深刻的经济学内涵。目前经济学中的委托—代理理论、激励理论、制度演化、机制设计、资源配置、低碳排放、创新管理等都可以用博弈论来分析。再比如，我们还可以将博弈论的思想引入到诸如商品、股票的定价过程和制度安排。

博弈论在过去二三十年中，是经济学理论中发展得最为成功的一部分，博弈论已成为整个经济学和社会科学的一个方法。有人说，如果未来社会科学还有纯理论的话，那就是博弈论。博弈论使经济学产生了革命性的变化。它在继承传统经济学理论的同时又突破和发展了经典经济学的基本假定前提和分析范式，使得一些传统经济领域的分析出现质的飞跃。无论是非合作博弈还是合作博弈都给我们提供了一种系统的分析方法。

显然，经济博弈论不但强化了经济学分析的深度，而且拓宽了经济学分析的广度，从而不但使经济学理论分析更加符合现实，正确地揭示经济活动的内在规律，而且也使一些举步维艰的经济学分支领域大踏步地前进，并导致一些新的分支学科的产生。

博弈论之所以在经济学领域会产生如此大的影响，是因为无论在宏观经济层面，还是在微观经济层面，博弈论都从一个独特的视角帮助我们更加深刻地理解和把握经济现象，并指导我们制订更加有效的经济政策。更为重要的是，对博弈论的学习，使我们在分析经济现象和协调经济利益时，能够懂得以战略的思维来分析、统领经济活动，以谋略的方式来做出我们的选择，在市场竞争中思路更加开阔，决策少犯错误，提高经济活动效率。此外，经济博弈论分析的是博弈均衡，它的核心在于决策个体之间的相互作用和影响，其落脚点在于决策个体相互之间的行动和策略选择达到一种相对稳定的状态。

　　除了经济学以外，博弈论目前在生物学、管理学、国际关系、计算机科学、政治学、军事战略和其他很多学科都有广泛的应用。比如生物学家使用博弈理论来理解和预测进化（论）的某些结果。例如，John Maynard Smith 和 George R. Price 在 1973 年发表于 Nature 上的论文中提出的"Evolutionarily Stable Strategy"的这个概念就是使用了博弈理论。还可以参见进化博弈理论（Evolutionary Game Theory）和行为生态学（Behavioral Eco-logy）。此外，博弈论也应用于数学的其他分支，如概率、统计和线性规划等。

第二章　完全信息静态博弈

第一节　静态博弈与占优策略均衡

博弈论是研究不同决策主体的策略彼此具有相互依赖性的理论，依据决策主体(博弈方)行动是否有时间上的先后，博弈可分为静态博弈和动态博弈。

一、静态博弈(Static Game)

博弈方同时作出决策，且各博弈方对对方的得益完全了解，或者虽然决策有先后，但是没有人在决策之前看到其他博弈方的决策行为，也没有交换信息，一旦决策做出之后，就只能等待结果，对博弈的发展再也不能产生任何影响，这种博弈叫做静态博弈，又叫做同时决策博弈(Simultaneous Move Game)。日常生活中静态博弈的例子很多，如前面介绍的"囚徒困境"，"剪刀·石头·布"都是静态博弈。

我们经常所说的无计可施、无可奈何，也是静态博弈的体现，就是说在一个静态博弈中，自己所能做的已经做完了，不能对博弈产生任何影响了，博弈的结果还要取决于其他博弈方的行为选择。比如说，学生参加期末考试，老师命题和学生考试虽然有先有后，但互相之间并不能沟通信息和相互影响。考生得分的多少和对考试难度的评价，只能等待考试结束之后才能知道。老师和学生的决策行为做出之后就再也不能影响博弈，而只能等待最后的结果。

博弈的表现形式有两种，一种是标准形式的博弈(Normal Form Game)；另一种是扩展形式的博弈(Extensive Form Game)。这两种只是博弈的表现形式而已，二者可以相互转换。

二、占优策略均衡(Dominant Strategies Equilibrium)

在对静态博弈展开分析之前，我们先对博弈者的行为做出如下假设：

1. 假定博弈者是理性的博弈者，即每个博弈者都力图使自己所获得的得益最大化。

2. 假定博弈者具有完全信息，即每个博弈者对于博弈所能够采取的策略，以及各种可能策略组合下给自己或竞争对手带来的得益完全了解。

3. 假定博弈者独立地进行决策而没有相互勾结，不管这种勾结是明的或暗的，即是静态的非合作博弈。

下面我们讨论占优策略均衡。

占优策略均衡是指这样一种特殊的博弈：某一博弈方的策略可能并不依赖于其他博弈

方的策略选择。换句话说，无论其他博弈方如何选择自己的策略，该博弈方的最优策略选择是唯一的。也就是说，无论所有其他博弈方采取什么策略，该博弈方的"某个策略"给他带来的得益始终高于其他策略，是最优反应的策略，至少不低于其他策略，这"某个策略"必然是该博弈方愿意选择的策略，我们称这种策略为该博弈方的一个"占优策略"（Dominant Strategy）或"上策"。或者说，占优策略是指让博弈中的博弈方单独地评估他面临的策略组合中的每一个策略时，该策略带来的盈利最大，而且对于每一个策略组合，该策略都是对其他博弈方策略选择的最佳应对策略，即从自己的所有战略中选择的使他赢利最多的策略。如果对于博弈方面临的每一个不同的策略组合，该博弈方都选择这同一个策略，这个被选择的策略就叫该博弈方在博弈中的"占优策略"。例如因徒困境博弈中的"坦白"就是这样的策略（对两个博弈方都成立）。

既然"坦白"是"占优策略"（Dominant Strategy），那么"抗拒"就是"下策"（Dominated Strategies），理性的博弈方决不会选择"下策"。如果无论其他博弈方如何选择自己的策略，某博弈方的"某个策略"给他带来的得益始终严格高于其他策略，是最优反应的策略，那么这样的策略就叫做"严格占优策略"（Strictly Dominant Strategy）。

下面我们给出"占优策略"的定义。在给出"占优策略"的定义之前，我们首先给出博弈的表示方法。

我们常用 G 表示一个博弈；如 G 有 n 个博弈方，每个博弈方的全部可选策略的集合我们称为"策略空间"，分别用 S_1，…，S_n 表示；$s_{ij} \in S_i$ 表示博弈方 i 的第 j 个策略，其中 j 可取有限个值（有限策略博弈），也可取无限个值（无限策略博弈）；博弈方 i 的得益则用 u_i 表示，u_i 是各博弈方策略的多元函数。n 个博弈方的标准式博弈 G 常写成 $G = \{S_1$，…，S_n；u_1，…，$u_n\}$。

有了博弈、博弈方的策略空间和得益的表示法，我们就可以给出"占优策略"的定义了。

"占优策略"定义：在标准式博弈 $G = \{S_1$，…，S_n；u_1，…，$u_n\}$ 中，如果用 s_i 和 s_j 表示博弈方 i 的两个可行的策略，如果对其他博弈方可能的策略组合，博弈方 i 选择 s_i 的得益大于选择 s_j 的得益，即 $u_i(s_1^*$，…，s_{i-1}^*，s_i，s_{i+1}^*，…，$s_n^*) \geqslant u_i(s_1^*$，…，$s_{i-1}^*$，$s_j$，$s_{i+1}^*$，…，$s_n^*)$，则称 s_i 为相对于 s_j 的"占优策略"。

进一步，如果一个博弈的某个策略组合（Strategies Profile 或 Strategies Combination）中的所有策略都是各个博弈方各自的上策，那么这个策略组合肯定是所有博弈方都愿意选择的，必然是该博弈比较稳定的结果。我们称这种由所有博弈中的博弈方的占优策略所组成的策略组合为该博弈的"占优策略均衡"（Dominant Strategy Equilibrium）或"上策均衡"。

"占优策略均衡"是博弈分析中最基本的均衡概念之一，"占优策略均衡"分析是最基本的博弈分析方法。因徒困境的博弈中的（坦白，坦白）实际上就是一个上策均衡，因为根据第一章的分析，"坦白"对该博弈的两个博弈方来说都是上策。

在"因徒困境"中，两个因犯都知道，如果他俩都能保持沉默的话，就都会被释放，因为只要他们拒不承认，警察无法给他们定罪。但警察也明白这一点，所以他们就给了这两个因徒一点刺激：如果他们中的某个人背叛，即告发他的同伙，那么他就可以被无罪释放，而他的同伙就会被按照重罪来处罚。当然，如果这两个因徒互相背叛的话，两个人都会被按照重罪来处罚。

那么，这两个囚徒应该怎么决策呢？是选择互相合作还是互相背叛？从表面上看，他们应该互相合作，保持沉默，因为这样他们俩都能得到最好的结果：无罪释放，但他们不得不仔细考虑对方可能采取什么选择。囚徒 1 是理性的，他马上意识到，他根本无法相信他的同伙不会向警察提供对他不利的证据，然后无罪释放出狱，让他独自坐牢。这种想法的诱惑力实在太大了。但他也意识到，他的同伙也是理性的，也会这样来设想他的决策。

所以，囚徒 1 的结论是，唯一理性的选择就是背叛同伙，选择坦白，而如果他的同伙也根据同样的思路向警察交代了，那么，囚徒 1 反正也是服刑。所以，其结果就是，这两个囚徒按照一致的思路得到了最糟糕的得益：徒刑。

正是因为"占优策略均衡"反映了所有博弈方的绝对偏好，因此非常稳定，根据占优策略均衡可以对博弈结果作出最肯定的预测。从数学的角度来看，占优策略均衡是博弈的一个解。它告诉我们博弈者将会怎样选择哪种战略，以及当博弈者做了"理性"的选择后，其得益将会是怎样的。所以，我们在进行博弈分析时，应该首先判断各个博弈方是否都有占优策略、博弈中是否存在占优策略均衡。如果能够找到一个博弈的占优策略均衡，那么就意味着该博弈的分析有了明确的结果，博弈分析的任务就基本上完成了。

但是并非每个博弈方都有这种绝对偏好的上策，而且常常是所有博弈方都没有上策，因为博弈问题的根本特征是博弈方的最优策略是随其他博弈方的策略的变化而变化的，因此"占优策略均衡"不是普遍存在的。例如在上一章介绍的"田忌赛马"博弈及古诺产量博弈中就都没有"占优策略均衡"，因为各个博弈方的任何策略都不是绝对最优的，每个博弈方都没有绝对偏好的上策。所以，"占优策略均衡"并不能解决所有的博弈问题，最多只是在分析少数博弈时有效。

其实"占优策略均衡"并不普遍存在正是博弈理论的价值所在。因为如果"占优策略均衡"在所有博弈问题中普遍存在，那么博弈问题与一般的个人最优化问题就没有任何实质性的区别，博弈分析也就不会有什么新意，就不可能成为一种独立的、重要的理论了。

"占优策略均衡"是一种非合作解（Noncooperative Solution），因为每一个博弈者所做的策略选择都是根据对方的策略选择所做的最优策略应对，都只是考虑自身得益的最大化，而不是考虑集体得益的最大化，这样就造成了社会的两难选择问题，即所谓的"囚徒困境"。不过"占优策略均衡"并非都不好，有些存在"占优策略均衡"的博弈却不是社会两难问题，"占优策略均衡"并不比其他策略均衡差，有时"占优策略均衡"与合作解甚至是重合的。

三、严格下策反复消去法（Iterated Elimination of Strictly Dominated Strategies）

1. 关于"严格下策反复消去法"

在每个参与人都有占优策略均衡的情况下，占优策略均衡是非常合乎逻辑的。但遗憾的是在绝大多数博弈中，占优策略均衡是不存在的。占优策略均衡在博弈分析中作用的局限性，说明我们必须发展适用性更强、更有效的博弈分析概念和分析方法。不过，在有些博弈中，我们仍然可以根据占优的逻辑找出均衡，"严格下策反复消去法"（Iterated Elimination of Strictly Dominated Strategies）就是在适用范围更广的意义上，比占优策略均衡分析更有效的博弈分析方法之一。

该方法可以归纳如下：首先找出某博弈方的严格劣策略，将它剔除，重新构造一个不包括已剔除策略的新博弈；然后，继续剔除这个新的博弈中某一博弈方的严格劣策略；重复进行这一过程，直到博弈方剩下唯一的策略组合为止。剩下的这个唯一的策略组合，就是这个博弈的均衡解。显然，这就是我们在生活中进行决策时，在没有占优策略的情况下，"退而就其次"的思想。所谓"严格下策"（Strictly Dominated strategies）是指：在博弈中，不论其他博弈方采取什么策略，某一博弈方可能采取的策略中，一个策略的得益总是高于另一个策略，我们说，第二个策略被第一个策略严格占优，第二个策略就被称为"严格下策"，即对自己严格不利的策略。如果某一个策略的得益和第二个策略一样大，或者偶尔大于第二个策略，我们就说第二个策略是相对于第一个策略的"弱劣策略"（Weakly Dominated Strategies）。

为了理解和掌握严格下策反复消去法，以及它与占优策略均衡分析的区别，我们来分析下面这个策略选择例子。

【例1】

策略选择

图2.1是一个两个博弈方分别有三种和两种策略的博弈问题。

博弈方2

	甲	乙	丙
A	1, 0	1, 4	0, 1
B	0, 5	0, 3	2, 0

图 2.1

根据图2.1中得益矩阵不难判定，该博弈不存在占优策略均衡。因为在博弈方1的"A""B"两种策略中，不存在始终占优的上策，在博弈方2的"甲""乙""丙"三种策略中，同样也不存在始终占优的上策。显然在分析这个博弈时，占优策略均衡分析不适用。

现在我们尝试用严格下策反复消去法来进行分析。首先考虑博弈方1的策略空间。在博弈方1的"甲""丙"两种策略之间没有严格的优劣关系，两个策略都不是严格下策，无法用严格下策反复消去法排除其中任何一个策略。对于博弈方2的三个策略，策略"丙"与策略"乙"之间存在严格的优劣关系，因为不管博弈方1选"A"还是"B"，博弈方2选策略"丙"的得益都小于"乙"，因此策略"丙"是相对于策略"乙"的严格下策。根据严格下策反复消去法的思想，可以先将"丙"策略从博弈方2的策略空间中去掉。这时博弈就简化为图2.2中得益矩阵所表示的，两个博弈方各有两种策略的博弈。

在这个只剩下四种策略组合的博弈中，我们可以发现对于博弈方1来说，策略"B"是相对于策略"A"的严格下策，因此可以将策略"B"从博弈方1的策略空间中去掉。这样得到图2.3的形式。

最后在这个仅剩两个策略组合的博弈中，再比较博弈方2的两个策略。显然策略"甲"是相对于策略"乙"的严格下策，可以被消去。这样原来的博弈就只剩下唯一的策略组合(A，乙)，这个策略组合就是博弈的"解"。不过(A，乙)并不是原博弈的占优策略均衡，事实上原博弈根本没有占优策略均衡。

【例2】

"智猪博弈"(Boxed Pigs)

下面，我们来看博弈论中的另一个著名的例子："智猪博弈"。

假设猪圈里有两头猪，一头大猪，一头小猪，猪圈的一端有一个猪食槽，另一端安装了一个按钮，控制猪食的供应。按一下按钮，将有8个单位的猪食进入猪食槽，供两头猪食用。两头猪面临选择的策略有两个：自己去按按钮或等待另一头猪去按按钮。两头猪应该各采取什么策略呢？答案是：小猪将等在食槽边，而大猪则要不知疲倦地奔忙于踏板和食槽之间。下面我们给出具体的分析。

如果某一头猪作出自己去按按钮的选择，它必须付出如下代价：第一，它需要付出相当于2个单位的成本；第二，由于猪食槽远离猪食，它将比另一头猪后到猪食槽，从而减少吃食的数量。假定：若小猪按按钮，大猪先到食槽，大猪将吃到7个单位的猪食，小猪只能吃到1个单位的猪食；若大猪去按按钮，小猪先到食槽，大猪和小猪各吃到4个单位的猪食；若两头猪都选择等待，两头猪同时到食槽，大猪吃到5个单位的猪食，小猪吃到3个单位的猪食。智猪博弈的得益矩阵如图2.4所示。表中的数字是不同选择下每头猪所能吃到的猪食数量减去按按钮的成本之后的净收益水平。

		小　猪	
		按	等待
大猪	按	3, 1	2, 4
	等待	7, -1	0, 0

图2.4

从图2.4中不难看出，在这个博弈中，不论大猪选择什么策略，小猪的上策均为等待。而对大猪来说，它的选择就不是如此简单了。大猪的最优策略必须依赖于小猪的选择。如果小猪选择等待，大猪的最优策略就是按按钮，这时，大猪能得到2个单位的净收益(吃到4个单位猪食减去2个单位的按按钮成本)，否则，大猪的净收益为0；如果小猪选择按按钮，大猪的最优策略显然是等待，这时大猪的净收益为7个单位。换句话说，在这个博弈中，只有小猪有上策均衡，而大猪没有上策均衡。

那么这个博弈的均衡解是什么呢？这个博弈的均衡解是大猪选择按按钮，小猪选择等待，这时，大猪和小猪的净收益水平分别为2个单位和4个单位。这是一个"多劳不多得，少劳不少得"的均衡。

在找出上述智猪博弈的均衡解时，我们实际上是按照"严格下策反复消去法"的逻辑思路进行的。由图2.4可以看出，无论大猪选择什么策略，小猪选择按按钮，对小猪是一个严格劣策略，我们首先剔除。在剔除小猪按按钮这一选择后的新博弈中，小猪只有等待一个选择，而大猪则有两个可供选择的策略。在大猪这两个可供选择的策略中，选择等待对大猪是一个严格劣策略，我们再剔除新博弈中大猪的严格劣策略等待。剩下的新博弈中只有小猪等待、大猪按按钮这一个可供选择的策略，这就是智猪博弈的最后均衡解，从而达到重复剔除的占优策略均衡。

智猪博弈的结果可以被我们用来解释许多社会和经济现象。比如，在股份公司中，股东都承担着监督管理层工作的职能，但是，大小股东从监督中获得的收益大小不一样。在监督成本相同的情况下，大股东从监督管理层工作中获得的收益明显大于小股东。因此，小股东往往不会像大股东那样去监督经理人员，这是小股东的占优策略，而大股东也知道小股东会选择不监督，知道小股东要搭大股东的便车，但是大股东别无选择。大股东选择监督管理层工作的责任、独自承担监督成本是大股东在小股东占优选择的前提下必须选择的最优策略。这样一来，与智猪博弈一样，从每股的净收益(每股收益减去每股分担的监督成本)来看，小股东要大于大股东。

智猪博弈也能给予我们很多其他方面的启发。比如，大猪不首先按按钮，小猪会不会首先去按按钮？答案是一定会。比如，长时间陷于困境的群体中总会出现一个敢于为群体的利益而献身的人，不过他的下场可能是悲壮的。再如，当群体道德丧失殆尽的时候，社会是否还有向前发展的可能呢？答案是有可能的。如果猪圈的管理人员增加几个放食的开关，小猪们就可以利用这一"先进"的装置迅速地吃到食物，增进群体的福利。也就是说，即使社会道德水准降低到了极限(所有的人都变得绝对自私)，技术进步仍然可以增进全社会的福利。还有，制度约束能否替代道德约束？能不能建立一套制度，通过这套制度逐步改善这种群体的无效行为？这也是有可能的。如果猪圈建立一个合理的制度，来增加小猪们的投机成本，它们中就会有相当多的变成大猪。这也就是今天我们为什么要加强制度建设，企业要建立有效的企业制度的主要原因。还有，社会是否可以通过教育来解决上述问题？这是最根本的出路。比如人们都向往生活在一个团结友爱、互助互让的大家庭里，但在建设这个大家庭时，人们很大程度上忽视了家庭赖以形成的最根本因素，那就是宽容和爱护。一个在没有宽容和爱护，只有规章和制度的环境下成长起来的人，是不可能真正热爱这个社会进而愿意为社会的和谐与进步贡献自己的力量的。教育就应该多传递这些方面的思想和要求。

　　2. "严格下策反复消去法"的局限性

　　通过上面的分析我们可以发现，严格下策反复消去法的适用范围确实要比占优策略均衡分析更大一些，因此在分析博弈方面的作用也更大。不过，严格下策反复消去法也不能解决所有博弈的分析问题。因为在许多博弈问题中，上述相对意义上的严格下策往往也不存在，如猜硬币、田忌赛马中没有任何博弈方的任何策略是相对其他策略的严格下策。既然不存在任何严格下策的博弈，那么也就无法用严格下策反复消去法进行分析了。此外，在策略数较多的博弈中，往往是严格下策反复消去法只能消去其中的部分策略，不能消去的策略组合并不唯一，这时仅用严格下策反复消去法也无法对博弈作出准确的判断，因此仍然不能完全解决这些博弈问题。

　　严格下策反复消去法失效的原因，仍然是博弈方之间普遍存在的策略依存性，即一个博弈方的不同策略之间，往往不存在绝对的优劣关系，而只存在相对的、有条件的优劣关系。所以，严格下策反复消去法也不是普遍适用的博弈分析方法，不可能成为博弈分析的一般方法。

　　另外，严格下策反复消去法对于"弱劣策略"是不适用的，严格下策反复消去法应该是指反复消除严格下策。因此，如果博弈存在严格下策，那么通过严格下策反复消去法所得到的博弈与原始博弈有相同的纳什均衡，这种消除可以不断重复直至不再存在严格下策。但如果存在"弱劣策略"，必须格外小心。为此，我们来看如下一个具有"弱劣策略"的博弈。

【例3】

　　新学期开始，杰克和马克要在选修课"数学"和"文学"这两门课中进行选择，其相应的得益如图2.5所示。

	杰　　　克	
	数学	文学
马克　数学	3.8，3.8	4.0，4.0
文学	3.8，4.0	3.7，4.0

图2.5

　　从图中可以看出，如果杰克选择数学，那么无论马克选择什么课，得到的得益均为3.8。如果杰克选择文学，则马克选择数学的得益会更高。因此，对马克来说，选择文学与选择数学相比是一个弱劣策略，但不是严格下策。从杰克来看，无论马克选择什么课，他选择文学得到的得益均一样。但如果马克选数学，则杰克选数学只能得到3.8的得益，比选文学要差，因此，对杰克来说，数学相对于文学来说是弱劣策略，但也不是严格下策。

　　该博弈的一个纳什均衡为马克选择数学，而杰克选择文学：（数学，文学），此时两个人均得到 4.0。该博弈同时还可能出现另一个纳什均衡，即马克选择文学，而杰克选择数学：（文学，数学），此时，两个人得益分别为 3.8、4.0，这意味着两个人都选择了"弱劣策略"，此时，常识告诉我们，理性的杰克和马克不会接受这种结果，这没有任何意义。如果马克的策略不变，仍然选文学，而杰克改选文学，杰克的得益并不会有任何增加；同样，如果杰克的策略不变，仍然选数学，而马克改选数学，马克的得益也不会有任何增加，然而（文学，数学）这一均衡却是两人针对对方的策略所作出的最佳反应。

如果我们采用严格下策反复消去法也无法消除上述的"弱劣策略"，严格下策反复消去法就会无效。

四、相对占优策略画线法（Method of Underlining Relatively Dominant Strategies）

下面我们再介绍一种博弈分析的方法——相对占优策略画线法。

我们知道，博弈中的博弈方的最终目标都是实现自身的最大得益，各个博弈方的得益既取决于自己选择的策略，也与其他博弈方选择的策略有关，因此博弈方在决策时必须考虑其他博弈方的存在和策略选择。根据这一思路决策的过程应该是：先找出自己针对其他博弈方每种策略或策略组合的最佳对策，然后在此基础上，通过对其他博弈方策略选择的判断，包括对其他博弈方对自己策略选择的判断等，预测博弈的可能结果和确定自己的最优策略。

仍然以图 2.1 的博弈为例。在这个博弈中，对博弈方 1 来说，假设博弈方 2 采用的策略是"甲"，则博弈方 1 采用"A"得 1，采用"B"得 0，此时的最佳对策是"A"。为了便于记忆和分析，我们在矩阵中策略组合（A，甲）对应的博弈方 1 的得益 1 下画一短线，表示这是博弈方 1 在博弈方 2 选择"甲"时的最大可能得益。同样，我们可以找出博弈方 2 分别选择"乙"和"丙"时博弈方 1 的最佳对策，它们分别是"A"和"B"，得益分别为 1，我们也在它们下方画一条短线。博弈方 2 的思路与博弈方 1 是相同的，因此我们也分别在他针对博弈方 1 的"A"、"B"两个策略的两个最佳对策"乙"和"甲"给他带来的得益 4 和 5 的下面画上短线。最终我们得到图 2.6。

博弈方 2

		甲	乙	丙
博弈方 1	A	<u>1</u>, 0	<u>1</u>, <u>4</u>	0, 1
	B	0, <u>5</u>	0, 3	<u>2</u>, 0

图 2.6

在图 2.6 中的 6 个得益数组中，（B，乙）和（A，丙）的得益数组分别为（0，3）和（0，1），其两个数字下都没有画线，这意味着相应策略组合中两博弈方的策略都不是针对另一方策略的最佳对策，也意味着这两个策略组合不可能是两博弈方的选择；（A，甲）、（B，甲）和（B，丙）三个策略组合的得益数组都有一个数字下画有短线，这意味着相应策略组合的两博弈方策略中，有一方的是对另一方的最佳对策，因此这三个策略组合也不是双方同时愿意接受的结果；只有策略组合(A，乙)对应的得益数组(1，4)的两个数字下都画有短线，这意味着该策略组合的双方策略都是对对方策略的最佳对策，表明给定一方采用该策略组合中的策略，则另一方也愿意采用该策略组合中的策略，该策略组合具有稳定性，是该博弈的结果。

上述通过在每个博弈方对其他博弈方每个策略或策略组合的最佳对策对应的得益下画线，分析博弈的方法称为"画线法"。

【例4】

"性别之争"（Battle of Gender）

下面再用"性别之争"博弈说明一种相反的情况，即对有些博弈应用画线法时存在不止一个得益数组每个数字下都画有短线的情况。在该博弈中，丈夫王刚和妻子刘丽就观看歌剧和足球进行选择，其得益矩阵见图2.7。

王　刚

		歌剧	足球
刘丽	歌剧	2, 1	0, 0
	足球	0, 0	1, 3

图 2.7

在日常生活和经济活动中有许多问题与这个性别之争博弈是相似的。例如当两个人从两个不同的地点出发希望能在中途会合，若存在两条不同的路线，那么他们对路线的选择就与性别之争很相似。此外，企业之间在关联产品技术和规格等方面的合作也有类似的特征。

对于性别之争博弈首先可以确定的是，严格下策反复消去法无法运用，因为两个博弈方都没有严格下策。用画线法分析这个性别之争博弈，不难得到图2.8。

王　刚

		歌剧	足球
刘丽	歌剧	2, 1	0, 0
	足球	0, 0	1, 3

图 2.8

根据图2.8可以看出，这个博弈中有两个策略组合：(歌剧，歌剧)和(足球，足球)，都是所对应的得益数组的两个数字下都画有短线，这意味着这两个策略组合中的双方策略都是对对方策略的最佳对策。因此，如果一方选择了这两个策略组合中某一个策略，另一方也会愿意选择该策略组合的策略，这两个策略组合都具有内在的稳定性。但是，由于具有上述特征的策略组合在本博弈中存在两个，而不是唯一的一个，两个策略组合中哪个出现都是合理的，因此我们反而无法确定哪个结果会出现。对于这样的博弈，画线法显然也没有完全解决问题。

第二节　纳什均衡

一、纳什均衡(Nash Equilibrium)

纳什均衡是著名博弈论专家纳什(John Nash)对博弈论的重要贡献之一。纳什在1950年和1951年的两篇重要论文中，在一般意义上给定了非合作博弈及其均衡解，并证明了解的存在性。正是纳什的这一贡献奠定了非合作博弈论的理论基础。纳什所定义的均衡称为"纳什均衡"。

前面我们讨论了占优策略均衡和严格下策反复消去法等方法。但是，在现实生活中还有相当多的博弈，我们无法使用占优策略均衡和严格下策反复消去法的方法找出均衡解。例如，在房地产开发博弈中，假定市场需求有限，A、B两个开发商都想开发一定规模的房地产，但是市场对房地产的需求只能满足一个房地产的开发量，而且，每个房地产商必须一次性开发一定规模的房地产才能获利。在这种情况下，无论是对开发商A还是开发商B，都不存在一种策略优于另一种策略，也不存在严格劣策略：如果A选择开发，则B的最优策略是不开发；如果A选择不开发，则B的最优策略是开发；类似地，如果B选择开发，则A的最优策略是不开发；如果B选择不开发，则A的最优策略是开发。研究这类博弈的均衡解，需要引入纳什均衡。

此外，用画线法找出的具有稳定性的策略组合都有一个特性，就是其中每个博弈方的策略都是针对其他博弈方策略或策略组合的最佳对策。其实，具有这种性质的策略组合，正是非合作博弈理论中最重要的一个解概念，即博弈中的"纳什均衡"。

纳什均衡定义：　对于博弈 $G=\{S_1, \cdots, S_n; u_1, \cdots, u_n\}$，如果在由每个博弈方的一个策略所组成的策略组合 $(s_1^*, \cdots, s_n^*)$ 中，任一博弈方 i 的策略 s_i^*，都是应对其他博弈方策略组合 $(s_1^*, \cdots, s_{i-1}^*, s_{i+1}^*, \cdots, s_n^*)$ 的最佳策略，也即 $u_i(s_1^*, \cdots, s_{i-1}^*, s_i^*, s_{i+1}^*, \cdots, s_n^*) \geqslant u_i(s_1^*, \cdots, s_{i-1}^*, s_{ij}, s_{i+1}^*, \cdots, s_n^*)$ 对任意 $s_{ij} \in S_i$ 都成立，则称 $(s_1^*, \cdots, s_n^*)$ 为博弈 G 的一个"纳什均衡"(Nash Equilibrium)。

根据纳什均衡的定义我们不难明白，前面介绍的相对占优策略画线法其实正是在可以用得益矩阵表示的博弈中寻找纳什均衡的方法。

纳什均衡是博弈论中第一个极其重要的概念，它描述的是这样一种策略(或行动)集：在这一策略集中每一个博弈者都确信，在给定竞争对手的情况下，他选择了最好的策略。通俗的表达就是：给定你的策略，我的策略是最好的策略；给定我的策略，你的策略也是最好的策略。这就是说，双方在对方的策略下自己现有的策略是最好的策略。即：此时双方在对方给定的策略下不愿意调整自己的策略，因为单独改变对自己没有好处。这里的策略包括我们后面要介绍的混合策略。

　　显然占优策略均衡是一种纳什均衡，但是纳什均衡不一定是占优策略均衡。占优策略均衡是比纳什均衡更强的博弈均衡，它要求任何一博弈方对于其他博弈方的任何策略选择来说，其最优策略选择都是唯一的；而纳什均衡只要求任何一个博弈方在其他博弈方的策略选择给定的条件下，其选择的策略是最优的。

　　判断某一结果是不是纳什均衡的通常做法是看博弈者是否可以通过单方面的背离而受益。如果还有其他策略让博弈者获得更多的得益，他一定会偏离现有的策略组合，该策略组合就不会是稳定的，不可能成为纳什均衡。纳什均衡是完全信息静态博弈解的一般概念，构成纳什均衡的策略一定是重复剔除严格劣策略过程中不能被剔除的策略。也就是说，没有一种策略严格优于纳什均衡策略(注意：其逆定理不一定成立)，更为重要的是，许多不存在占优策略均衡或重复剔除的占优策略均衡的博弈，却存在纳什均衡。

　　与重复剔除的占优策略均衡一样，纳什均衡不仅要求所有的博弈者都是理性的，而且要求每个博弈者都了解所有其他博弈者都是理性的。

　　有些博弈的纳什均衡点不止一个。如"性别之争"博弈中有两个纳什均衡：(歌剧，歌剧)和(足球，足球)。在有两个或两个以上纳什均衡点的博弈中，其最后结果难以预测。在"性别之争"中，我们无法知道，最后结果是一同欣赏歌剧还是一起去看足球。除非有进一步的信息，如王刚或刘丽具有优先选择权，否则，我们无法确定双方在上述博弈中会作出怎样的选择。

【例 1】

杂货铺定位模型与政党选举

　　为了进一步说明纳什均衡的意义，让我们看一个杂货铺定位博弈的例子，该模型是美国经济学家霍特林(Hotelling)提出的，因此又叫霍特林模型。

　　设想有一个小居民点，居民住宅沿着一条公路均匀地排开。现在有两家杂货铺要在这个小居民点兜售生意。假设他们卖同样的东西，价格也完全一样，但相互竞争。那么，两家杂货铺应各自设在什么地方比较好？情况如图 2.9 所示。

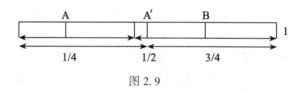

图 2.9

　　现在，因为商品一样，价格也一样，居民到哪个杂货铺买东西，就看哪一个杂货铺离自己比较近。反正东西、价格都一样，何必舍近求远呢，显然，每个杂货铺都希望靠自己比较近的居民多一些。

　　乍一看，如果把这条路四等分，杂货铺 A 设在 1/4 的位置，杂货铺 B 设在 3/4 的位置，问题就解决了。好像这是一种不错的配置，按照这种配置，每个杂货铺的势力范围都是 1/4。可是，如果杂货铺只以自己赢利为目的，是不会满足于这样的位置安排的。因为如果 A 向右移动一点儿到达 A′ 的位置，那么 A 的地盘就扩张到 A′ 和 B 的中点，A 的地盘就会比 B 占有的地盘大。所以，原来位于左边的 A，有向右边移动来扩大自己的地盘的动力。在这个定位博弈中，杂货铺的地盘就是市场份额，就是经济利益。同样，原来位于右边的 B，有向左边移动扩大自己地盘的激励。可见上述 A 在 1/4 处、B 在 3/4 处的位置配置方式，不是稳定的配置。

那么，什么位置才会是稳定的呢？在两个杂货铺市场竞争的位置博弈中，位于左边的要向右靠，位于右边的要向左靠，最后的局面是：两家杂货铺都紧挨着位于中点 1/2 的位置。这就是纳什均衡的位置。因为谁要是单独移开"一点"，他就会丧失"半点"市场份额。所以谁都不想偏离中点的位置。只有两家杂货铺都紧挨着在中点开张才是稳定的纳什均衡结局，前提是每家杂货铺都是只关心自己眼前商业利益的"理性人"假设。在这种情况下，"理性人"的特征就是"唯利是图"。既然唯利是图，就要千方百计挤占对方的地盘，最终造成两家"剑拔弩张"挤在中点的结局。现在我们一些管理不好的摊贩市场就是这样，下班以后，摊贩都要往好地方挤，谁也不肯礼让。

应用上述霍特林模型还可以较好地说明西方两党政治的一些有趣现象。比如西方一些国家的两党在竞选时，虽然在漫长的竞选过程中两党的攻击和谩骂不断升级，但越是到最后关头，两党的政治纲领、政策主张越来越接近。等到一个政党取代另一个政党上台之后，选民们发现其实新政党和旧政党在政策上并没有多少实质性的差别。

为什么会这样？比如工党代表产业工人，因此它站在左边，但是只有左边一半的选民不能保证其胜出。为了获胜，他要把自己的竞选纲领向"右"边靠拢，照顾中产阶级的利益，力争把中间选民争取过来。同样，代表中产阶级和企业主利益的保守党位于"右"边，在竞选的过程中也要想方设法往左靠，以争取左边的选民。结果，两党的政治纲领、政策主张越来越接近，两个政党在中间点紧挨在了一起。

再比如，产业或企业聚集问题也可以用此模型得到很好的解释。

二、无纳什均衡的博弈

是不是所有的博弈都存在纳什均衡点呢？不一定，并不是所有的博弈都存在纯策略（Pure Strategy）纳什均衡点（所谓纯策略是指参与者在他的策略空间中选取唯一确定的策略），但至少存在一个混合策略（Mixed Strategy）均衡点（所谓混合策略是指参与者采取的不是唯一的策略，而是其策略空间上的一种概率分布，后面将会介绍）。这就是纳什于1950 年证明的纳什定理。例如"田忌赛马"博弈中就没有纳什均衡。

【例 2】

"监督博弈"（委托人—代理人模型）

设有一个代理人为一个委托人工作，代理人可以有偷懒或努力工作两种选择。代理人工作时会使自己花费成本 g，但为委托人产生价值为 v 的产出。委托人或者选择监督或者选择不监督。监督要花费委托人监督成本 h，但可以提供委托人是否偷懒的证据，委托人向代理人提供工资 w。如果代理人被发现在偷懒，则他的得益为 0。假设两个博弈者同时选择他们的策略，而且委托人在决定是否监察时不知道代理人是否会选择偷懒。为了分析简单起见，假设 $g>h>0$，$w>g$（否则工作对于代理人来说会是不划算的）。这一博弈的得益矩阵如图 2.10 所示。

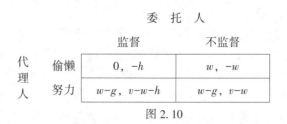

委 托 人

		监督	不监督
代理人	偷懒	0，$-h$	w，$-w$
	努力	$w-g$，$v-w-h$	$w-g$，$v-w$

图 2.10

在监督博弈中没有纯策略纳什均衡：如果委托人不监督，代理人严格偏好于偷懒，因此 $w>g$ 时委托人最好监督。另一方面，如果委托人在均衡中以概率 1 监督，则代理人偏好于工作（由于 $w>g$），这意味着委托人不监督更好。因此，委托人在均衡中必须采用一种混合策略。类似地，代理人也必须随机地在偷懒或努力工作之间进行选择。令 x 和 y 分别为代理人偷懒和委托人监督的概率（x 和 y 均属于 $(0,1)$）。为了使代理人的偷懒和工作之间无差异，必须有从偷懒中得到的得益（g）等于收入的期望损失（yw）。为了使委托人对监督和监督无差异，监督成本必须等于期望工资节省（xw），因此 $y=g/w$ 和 $x=h/w$。

"监督博弈"可以应用于武器控制、犯罪预防和员工激励，我们将在后面的章节中详细介绍的"委托人—代理人"模型就是一个"监督博弈"。

三、纳什均衡的价值

纳什均衡是博弈论中的重要概念，同时也是经济学的重要概念。纳什均衡引入经济学，对经济学产生了巨大的冲击。我们知道，现代博弈论的研究始于 1944 年冯·诺依曼和奥斯卡·摩根斯特恩合著的《博弈论和经济行为》。然而，正是纳什首先用严密的数学语言和简明的文字准确地定义了纳什均衡这个概念，并在包含"混合策略"的情况下，证明了纳什均衡在 n 人有限次博弈中的普遍存在性，从而开创了非合作博弈理论，进而对合作博弈和非合作博弈做了明确的区分和定义。今天，非合作博弈论的概念、内容、模型和分析工具等，已渗透到微观经济学、宏观经济学、劳动经济学、国际经济学、环境经济学等经济学科领域，改变了这些学科领域的内容和结构，成为这些学科领域的基本研究范式和理论分析工具。

诺贝尔经济学奖获得者萨缪尔森（Samuelson）有一句幽默的话：你可以将一只鹦鹉训练成经济学家，因为它所需要学习的只有两个词：供给与需求。博弈论专家坎多瑞（Kandori）进而引申说：要成为现代经济学家，这只鹦鹉必须再多学一个词，这个词就是"纳什均衡"。由此可见纳什均衡在现代经济学中的重要性。纳什均衡不仅对经济学意义重大，对其他社会科学意义同样重大。

在经济学研究中，纳什均衡首先对亚当·斯密（Adam Smith）"看不见的手"的原理提出了挑战。按照斯密的理论，在市场经济中，每一个人都从利己的目的出发，而最终全社会达到利他的效果。从"纳什均衡"我们引出一个悖论:从利己目的出发,结果损人不利己,个人理性导致的可能是集体的非理性,两个囚徒的命运就是如此。从这个意义上说,"纳什均衡"提出的悖论实际上动摇了西方经济学的基石。因此,从"纳什均衡"中我们还可以悟出一条真理:合作是有利的"利己策略"。但它必须符合以下条件:按照你希望别人对待你的方式来对待别人,只有他们也按同样的原则行动才行。也就是中国人说的"己所不欲勿施于人",但其成立的前提条件是人所不欲勿施于我。其次,纳什均衡是一种非合作博弈均衡,在现实中非合作的情况要比合作情况普遍。所以纳什均衡是对冯·诺依曼和摩根斯特恩的合作博弈理论的重大发展,甚至可以说是一场革命。

四、纳什均衡的一致预测性质(Consistent Forecast)

博弈分析最基本的目的之一是预测。也就是说,我们之所以要进行博弈分析,最重要的原因就是预测特定博弈中的博弈方究竟会采取什么行动,博弈将有怎样的结果。因此,一个博弈分析概念的作用和价值,很大程度上是由其对博弈结果预测能力的大小决定的。

一般来说,人类的集体行动是不可预知的。但是,在某些假定的条件下,某种集体行动是可预测的。博弈论中对行动者的假定是:行动者是理性的。理性的人不可能做出非理性的事情,在这个假定下,许多结果就能预测出来。博弈的均衡就是可预测的结果。在囚徒困境中,囚徒除了选择"坦白"外还有其他选择吗?对于理性的或者说自私的囚徒来说,肯定没有。这是理性人的假定下的必然结论。在博弈论中有这样的结论:在静态的博弈中,如果有一个纳什均衡解,那么这个解就是该博弈的必然结果,它是可预测的;而当有几个纳什均衡时,这几个纳什均衡都是可能的结果,此时,结果也是可预测的。因此,纳什均衡的价值主要在于它的一些非常重要的性质,其中"一致预测"(Consistent Forecast)就是最重要的性质之一。

这里所说的"一致预测"是指这样一种性质:如果所有博弈方都预测一个特定的博弈结果会出现,那么所有的博弈方都不会不顾这种预测或者这种预测能力,去选择与预测结果不一致的策略,即没有哪个博弈方有动力采取与这个预测结果不同的行为,没有哪个博弈方有偏离这个预测结果的愿望,因此这个预测结果最终会成为博弈的结果。也就是说,这里"一致预测"中"一致"的意义是,各博弈方的实际行为选择与他们的预测一致,都不约而同地预测并选择了同样的策略组合。纳什均衡的一致预测性质正是博弈预测能力的基本保证。其他的博弈分析概念要么不具备这种性质,从而不存在预测的稳定性,因此不可能成为具有普遍意义的博弈分析概念,要么本身也是纳什均衡,是纳什均衡的一部分。如前面介绍的上策均衡就具有一致预测的性质,但事实上所有的上策均衡都是纳什均衡。

一致预测性是纳什均衡的本质属性,也是保证纳什均衡的价值,使纳什均衡有不同于其他分析概念的特殊地位的两个最重要的性质之一。

一致预测性在博弈分析中非常重要的原因,主要在于一个博弈中所作预测的内容包括博弈方自己的选择,因此博弈方有可能会利用预测改变自己的选择,而具有一致预测性质的博弈分析概念就能避免这样的矛盾,从而是稳定的和自我强制的(Self-Enforcing),相应选择也才是真正可预测的。不具有一致预测性质的博弈分析概念,在分析和预测博弈结果时,则难以避免预测和行为之间的矛盾,因此是不稳定的,甚至是自我否定的,作用和价值必然很有限。

不难证明纳什均衡具有一致预测的性质，而且只有纳什均衡才有这种性质。如果一个博弈的所有博弈方都预测博弈结果是某个纳什均衡，那么由于纳什均衡策略组合中各博弈方的策略都是对其他博弈方策略、策略组合的最佳对策，因此任一博弈方都不会单独改变策略，因此预测的结果会成为博弈的最终结果。这说明一个纳什均衡作为各个博弈方的共同预测时，一定是一致预测。反过来，如果每个博弈方都预测到某个策略组合将是博弈结果时，都会自动坚持该策略组合中的策略，而不愿采取与预测不一致的策略，则说明该策略组合中每个博弈方的策略都是对其他博弈方策略的最佳对策。根据纳什均衡的定义，这个策略组合一定是一个纳什均衡。

正是由于纳什均衡是一致预测，因此才进一步有下列性质：首先，各博弈方可以预测它，可以预测他们的对手会预测它，还可以预测他们的对手会预测自己会预测它……任何预测其他非纳什均衡策略组合将是博弈的最终结果，则意味着要么各博弈方的预测其实并不相同（预测不同的纳什均衡会出现等），要么说明至少一个博弈方"犯了错误"，包括对博弈结构理解的错误，对其他博弈方的策略预测错误，其理性和计算能力有问题，或者是实施策略时会出现差错，等等。我们不能说这种错误不会发生，事实上，在一些特定的情况下，还是很有可能发生。因此，在假设各博弈方预测的策略组合相同，以及各博弈方都有完全的理性，也就是不会犯错误的情况下，不可能预测任何非纳什均衡是博弈的结果。

纳什均衡具有一致预测的本质属性，是它在非合作博弈分析中具有不可替代重要地位的根本原因之一。然而，纳什均衡的一致预测并不说明这些预测都是好的预测，在一些情况下如果认为可以获得精确的预测可能不切合实际。

五、纳什均衡与严格下策反复消去法

纳什均衡和严格下策反复消去法之间的关系比较复杂，关键是这两者之间是否存在相容性，即严格下策反复消去法是否会消去纳什均衡。对于纳什均衡和严格下策反复消去法的关系，下面的两个命题给出了回答。

命题 1：在有 n 个博弈方参与的博弈 $G=\{S_1, \cdots, S_n; u_1, \cdots, u_n\}$ 中，如果严格下策反复消去法消除了除 $(s_1^*, \cdots, s_n^*)$ 外的所有策略组合，那么 $(s_1^*, \cdots, s_n^*)$ 一定是该博弈唯一的纳什均衡。

命题 2：在有 n 个博弈方参与的博弈 $G=\{S_1, \cdots, S_n; u_1, \cdots, u_n\}$ 中，如果 $(s_1^*, \cdots, s_n^*)$ 是一个纳什均衡，那么严格下策反复消去法一定不会将它消去。

下面对这两个命题作一个简单的证明。由于命题 2 的证明相对简单一些，因此我们先证明它。证明使用反证法。先假设有某一纳什均衡策略组合在用严格下策反复消去法的过程中被消去了，然后来证明这必然会导致一个自相矛盾的结果，从而说明该假设是不能成立的，也就是说证明了命题 2 正确。

设策略组合 $(s_1^*, \cdots, s_n^*)$ 是标准式博弈 $G=\{S_1, \cdots, S_n; u_1, \cdots, u_n\}$ 的一个纳什均衡，同时假定博弈方 i 的策略 s_i^* 是其策略组合中，第一个由于相对于该博弈方的其他策略而言是严格下策从而被消去的策略（当然也可能是在消去其他某些策略以后），那么意味着必然存在博弈方 i 的某个未被消去的策略 s_i'' 相对于 s_i^* 而言是占优策略，即满足

$$u_i(s_1, \cdots, s_{i-1}, s_i^*, s_{i+1}, \cdots, s_n)$$
$$< u_i(s_1, \cdots, s_{i-1}, s_i'', s_{i+1}, \cdots, s_n) \tag{1}$$

该不等式对任意由其他博弈方尚未消去的所有策略构成的策略组合$(s_1, \cdots, s_{i-1}, s_{i+1}, \cdots, s_n)$都成立。

由于假设s_i^*是纳什均衡策略组合$(s_1^*, \cdots, s_n^*)$的各博弈方策略中第一个被消去的，因此其他博弈方的策略$s_1^*, \cdots, s_{i-1}^*, s_{i+1}^*, \cdots, s_n^*$，在$s_i^*$被消去的时候都还没有被消去，因此对于$(s_1^*, \cdots, s_{i-1}^*, s_{i+1}^*, \cdots, s_n^*)$，（1）式也必须成立，即

$$u_i(s_1^*, \cdots, s_{i-1}^*, s_i^*, s_{i+1}^*, \cdots, s_n^*)$$
$$< u_i(s_1^*, \cdots, s_{i-1}^*, s_i'', s_{i+1}^*, \cdots, s_n^*) \tag{2}$$

这显然与$(s_1^*, \cdots, s_n^*)$是纳什均衡策略组合的假设相矛盾，因为不等式（2）表示，s_i^*不是博弈方i对其他博弈方的策略组合$(s_1^*, \cdots, s_{i-1}^*, s_i^*, s_{i+1}^*, \cdots, s_n^*)$的最佳反应，这与纳什均衡的定义矛盾。该矛盾证明了命题2的正确性，命题得到证明。

证明了命题2实际上就等于已经证明了命题1的后半部分。因为命题2已经说明用严格下策反复消去法消去的所有策略都不可能是纳什均衡，根据命题2只要我们能证明未消去的最后一个策略组合确实是纳什均衡，则它的唯一性就得到了保证，从而命题1就得到了证明。

我们同样用反证法来对命题1加以证明。假设通过严格下策反复消去法已经消去除了$(s_1^*, \cdots, s_n^*)$以外的所有策略组合，而$(s_1^*, \cdots, s_{i-1}^*, s_i'', s_{i+1}^*, \cdots, s_n^*)$却不是一个纳什均衡。即至少存在某个博弈方$i$的某个策略$s_i$，使得下式成立，即

$$u_i(s_1^*, \cdots, s_{i-1}^*, s_i^*, s_{i+1}^*, \cdots, s_n^*)$$
$$< u_i(s_1^*, \cdots, s_{i-1}^*, s_i, s_{i+1}^*, \cdots, s_n^*) \tag{3}$$

但是，由于$(s_1^*, \cdots, s_n^*)$是经过严格下策反复消去法以后留下的唯一策略组合，因此s_i必然属于被严格下策反复消去法消去的策略。也就是说，在严格下策反复消去过程中的某一阶段，必然存在某个此时还没有被消去的s_i使得

$$u_i(s_1, \cdots, s_{i-1}, s_i, s_{i+1}, \cdots, s_n)$$
$$< u_i(s_1, \cdots, s_{i-1}, s_i', s_{i+1}, \cdots, s_n) \tag{4}$$

对于此时尚未被消去的，由其他博弈方的策略构成的所有策略组合$(s_1, \cdots, s_{i-1}, s_i, s_{i+1}, \cdots, s_n)$都成立。由于$(s_1^*, \cdots, s_n^*)$是本博弈经过严格下策反复消去法以后唯一留下的策略组合，因此$s_1^*, \cdots, s_{i-1}^*, s_{i+1}^*, \cdots, s_n^*$始终不会被消去，因此也应该满足（4）式，即

$$u_i(s_1^*, \cdots, s_{i-1}^*, s_i, s_{i+1}^*, \cdots, s_n^*)$$
$$< u_i(s_1^*, \cdots, s_{i-1}^*, s_i', s_{i+1}^*, \cdots, s_n^*) \tag{5}$$

如果s_i'即s_i^*是s_i的严格上策，则（5）和（3）相矛盾，从而$(s_1^*, \cdots, s_n^*)$不是纳什均衡的假设不能成立。命题得证。

如果$s_i' \neq s_i^*$，则根据s_i'在严格下策反复消去的过程中也必然被消去，否则$(s_1^*, \cdots, s_n^*)$就不会是留下的唯一的策略组合，由此可肯定在某阶段存在另一策略s_i''是相对于s_i'的严格上策，用s_i'和s_i''分别代表s_i和s_i'，（4）式和（5）式仍然应该成立。

如果 $s_i'' = s_i^*$，则与上面的证明一样就证明了命题，否则再进一步推论到与上面证明类似的 s_i''' 的存在。由于最终只能有 s_i^* 在严格下策反复消去以后不被消去，因此不断重复上述过程，总会找到某个 $s_i^{(n)}$ 就是 s_i，从而证明在前述假设下必然导致(5)和(3)的矛盾，否定了前述假设成立的可能性，命题1得到证明。

第三节　纳什均衡的应用

下面我们来分析两个在经济学方面具体应用的博弈论经典模型。

【例1】

古诺双寡头竞争模型(Cournot Duopoly Competition Model)

一、模型假设

设某市场有两家企业生产同类型的产品，企业1的产量为 q_1，企业2的产量为 q_2，则市场总产量为 $Q=q_1+q_2$。设市场出清价格 P 是关于市场总产量的函数 $P=P(Q)=a-Q$。为分析简单的需要和突出博弈的特征，假设两企业的生产都无固定成本，且单位产量的边际成本相等，并为常数 c，则两个企业分别生产 q_1 和 q_2 单位产量的总成本分别为 q_1 和 q_2。最后强调两家企业同时决定各自的产量，即他们在决策之前都不知道另一方的产量。

在由上述问题构成的标准博弈中，博弈方为企业1和企业2。两博弈方的策略空间就是它们可以选择的产量。假设产量是连续可分的，因此两个企业都有无限多种可选策略，且产量不可能为负值。该博弈中两博弈方的得益是两企业各自的利润，即各自的销售收益减去各自的成本，根据假设的条件，得益分别为

$$u_1 = q_1 P(Q) - cq_1 = q_1[a-(q_1+q_2)] - cq_1$$
$$= q_1[a-(q_1+q_2)-c]$$

和

$$u_2 = q_2 P(Q) - cq_2 = q_2[a-(q_1+q_2)] - cq_2$$
$$= q_2[a-(q_1+q_2)-c]$$

容易看出，两博弈方的得益即利润都取决于双方的策略即产量。

下面来求解这个博弈的纳什均衡策略组合，我们可以直接根据纳什均衡的定义来求出纳什均衡策略组合。根据纳什均衡的定义我们知道，纳什均衡是由相互具有最优对策性质的各博弈方策略组成的策略组合。因此，如果假设策略组合 (q_1^*, q_2^*) 是本博弈的纳什均衡，那么 (q_1^*, q_2^*) 必须满足下列关系式 $u_i(q_1^*, q_2^*) \geq u_i(q_1, q_2)$，也就是说 (q_1^*, q_2^*) 是下列问题

$$\begin{cases} \max_{q_1}((a-c)q_1 - q_1q_2^* - q_1^2) \\ \max_{q_2}((a-c)q_2 - q_2q_1^* - q_2^2) \end{cases}$$

的解。

上述求最大值的两个式子都是各自变量的二次式，且二次项的系数都小于 0，因此 q_1^*，q_2^* 只要能使两式各自对 q_1、q_2 的导数为 0，就一定能实现两式的最大值。令：

$$\begin{cases} (a-c)-q_2^*-2q_1^*=0 \\ (a-c)-q_1^*-2q_2^*=0 \end{cases}$$

解之得该方程组的唯一一组解 $q_1^*=q_2^*=\dfrac{(a-c)}{3}$。因此，策略组合 $\left(\dfrac{(a-c)}{3},\dfrac{(a-c)}{3}\right)$ 就是本博弈唯一的纳什均衡，也是本博弈的结果。根据上述分析，模型中两家企业独立同时作产量决策，以自身最大利益为目标，都会选择生产 $\dfrac{a-c}{3}$ 单位的产量，市场的总产量为 $2(a-c)/3$。两家企业各自的得益为 $\dfrac{(a-c)^2}{9}$，两家企业的利润之和为 $\dfrac{2(a-c)^2}{9}$。

现在我们要问，在该纳什均衡策略组合下，企业总的生产效率会是怎样的呢？为此，我们再从企业总体利益最大化的角度作一次产量选择。设市场的总产量为 Q，则总得益为 $U=P(Q)-cQ=Q(a-Q)-cQ=(a-c)Q-Q^2$。很容易求得使总得益最大的总产量 $Q^*=\dfrac{(a-c)}{2}$，最大总得益 $u^*=\dfrac{(a-c)^2}{4}$。将此结果与两家企业独立决策、追求自身而不是共同利益最大化时的博弈结果相比，可以发现虽然此时总产量较小，但总利润却较高。因此如果两厂商更多考虑合作，联合起来决定产量，先确定出使总利益最大的产量后各自生产一半，则各自可分享到的利益比独立决策时得到的利益要高。

不过，在独立决策、缺乏协调机制的两个企业之间，上述合作的结果并不容易实现，即使实现了也往往是不稳定的，因为每一家企业都有动机偏离这种合作。也就是说，在这个策略组合下，双方都认为可以通过独自改变自己的产量而得到更高的利润，它们都有突破 $\dfrac{(a-c)}{2}$ 单位产量的冲动。因为垄断产量偏低，相应的市场价格就会比较高，在这一价格下每家企业都会倾向于提高产量，而不管这种产量的增加是否会降低市场出清价格。因此，在缺乏有强制作用的协议等保障手段的情况下，这种投产的冲动注定了维持上述较低水平的产量组合是不可能的，两家企业早晚都会增产，只有达到纳什均衡的产量水平 $\left(\dfrac{(a-c)}{3},\dfrac{(a-c)}{3}\right)$ 时才会稳定下来，因为只有这时候任一企业单独改变产量都会不利于自己。

上述两寡头产量博弈只是古诺模型比较简单的一个特例。更一般的古诺模型可以是包括 n 个寡头的寡占市场产量决策，市场出清价格与市场总产量的函数关系 $P=P(Q)$ 也可以更复杂，每个厂商的成本也可以变化或不同。但不管这些因素如何变化，分析的思路与上述两寡头古诺模型都是相似的，不过是纳什均衡的产量组合将变成 n 个偏微分为 0 的联立方程组的解。容易理解对一般的古诺模型，纳什均衡策略组合同样不是能真正使各厂商实现最大利润的产量组合，而是一种多个博弈方之间的囚徒困境。

显然，产量博弈的古诺模型是一种囚徒困境。无法实现博弈方总体和各个博弈方各自的最大利益这一分析对于市场经济的组织、管理，对于产业组织和社会经济制度的效率判断，都具有非常重要的意义。此类博弈也说明了自由竞争的经济同样也存在低效率问题，放任自流也不是最好的政策。这些结论也说明了对市场的管理、政府对市场的调控和监管是非常必要的。

二、最优反应函数(Best Reaction Function)

如果上述通过求解极值的方法得到纳什均衡解的方法比较抽象，下面我们用图形法来比较直观地得到古诺模型的纳什均衡解，借助的主要工具是最优反应函数。

在上面讨论的两寡头古诺模型中，对于企业 2 的任意产量 q_2，企业 1 的最佳对策产量 q_1，就是使自己在企业 2 生产 q_2 的情况下利润最大化的产量，即 q_1 是最大化问题

$$\max_{q_1} u_1 = \max_{q_1}((a-c)q_1 - q_1 q_2 - q_1^2)$$

的解。令 u_1 对 q_1 的导数等于 0，不难求出

$$q_1 = R_1(q_2) = \frac{1}{2}(a-c-q_2)$$

于是我们可以得到对于企业 2 的每一个可能的产量，企业 1 的最佳对策产量的计算公式，它是企业 2 产量的一个连续函数，我们称这个连续函数为企业 1 对企业 2 产量的一个"反应函数"(Reaction Function)。最优反应函数在经济学垄断理论部分是一个比较重要的概念。用同样的方法，我们可再求出企业 2 对企业 1 产量 q_1 的反应函数。

$$q_2 = R_2(q_1) = \frac{1}{2}(a-c-q_1)$$

由于这两个最优反应函数都是连续的线性函数，因此可以用坐标平面上的两条直线表示它们，如图 2.11 所示。

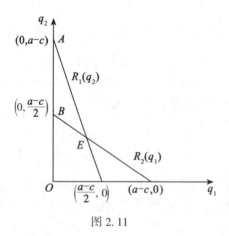

图 2.11

从图中可以看出，当一方的产量选择为 0 时，另一方的最佳反应为 $\frac{(a-c)}{2}$。这正是实现市场总利益最大的产量，因为这时候等于由一个企业垄断市场，市场总体利益就是该企业的利益；当一方的产量达到 $(a-c)$ 时，另一方不得不选择 0，因为此时后者坚持生产已

经无利可图；在两个反应函数对应的两条直线上，只有它们的交点 $E\left(\dfrac{(a-c)}{3},\dfrac{(a-c)}{3}\right)$ 代表的产量组合，才是由相互对对方的最佳反应产量构成的，$R_1(q_2)$ 上的其他所有点 (q_1,q_2) 只有 q_1 是对 q_2 的最佳反应，q_2 不是对 q_1 的最佳反应，而 $R_2(q_1)$ 上的点则刚好相反。根据纳什均衡的定义，$\left(\dfrac{(a-c)}{3},\dfrac{(a-c)}{3}\right)$ 是该古诺模型的纳什均衡，并且因为它是唯一的一个，因此应该是该博弈的结果。该结论与前面直接根据纳什均衡定义得到的完全一样。

【例 2】

伯川德双寡头竞争模型(Bertrand Duopoly Competition Model)

下面我们讨论双寡头垄断中两个企业相互竞争的伯川德(Bertrand)模型。伯川德 1883 年提出了另一种形式的寡头模型，这一模型与古诺模型的不同在于，伯川德模型中各企业所选择的是产品价格而不是产品数量。这使得两博弈中企业的策略空间有所不同，得益函数不同，行为模式也不相同。

我们假设两个企业生产有一定差别的产品，这种有差别的产品之间有很强的替代性，但又不是完全可替代，即价格不同时，价格较高的不会完全销不出去。如果企业 1 和企业 2 价格分别为 P_1 和 P_2，它们各自的需求函数为

$$q_1=q_1(P_1,P_2)=a_1-b_1P_1+d_1P_2$$

和

$$q_2=q_2(P_1,P_2)=a_2-b_2P_2+d_2P_1$$

该需求函数反映了上述差别产品彼此间的替代特征，其中 $d_1,d_2>0$。和前面讨论古诺模型相似，我们同样假设两企业无固定成本，设边际生产成本分别为 c_1 和 c_2。假设两厂商是同时决策的。

在该博弈中，企业 1 和企业 2 为两博弈方，设它们各自的策略空间为 $s_1=[0,P_{1\max}]$ 和 $s_2=[0,P_{2\max}]$，其中 $P_{1\max}$ 和 $P_{2\max}$ 是企业 1 和企业 2 能卖出产品的最高价格。两博弈方的得益就是各自的利润，即销售收益减去成本：

$$u_1=u_1(P_1,P_2)=P_1q_1-c_1q_1=(P_1-c_1)q_1$$
$$=(P_1-c_1)(a_1-b_1P_1+d_1P_2)$$
$$u_2=u_2(P_1,P_2)=P_2q_2-c_2q_2=(P_2-c_2)q_2$$
$$=(P_2-c_2)(a_2-b_2P_2+d_2P_1)$$

若价格组合 (p_1^*,p_2^*) 是纳什均衡，则对两家企业来说，p_1^*,p_2^* 应分别是下列最优化问题的解：

$$\max_{q_1}u_1=\max_{q_1}[(p_1-c_1)(a_1-b_1p_1+d_1p_2)]$$
$$\max_{q_2}u_2=\max_{q_2}[(p_2-c_2)(a_2-b_2p_2+d_2p_1)]$$

下面我们直接用最优反应函数来分析这个博弈。由上述得益函数求极值时的偏导数为 0 知，两家企业分别对对方策略的最优反应函数为：

$$P_1 = R_1(P_2) = \frac{1}{2b_1}(a_1 + b_1c_1 + d_1P_2)$$

$$P_2 = R_2(P_1) = \frac{1}{2b_2}(a_2 + b_2c_2 + d_2P_1)$$

纳什均衡(p_1^*, p_2^*)就是两反应函数的交点：

$$\begin{cases} P_1^* = \dfrac{1}{2b_1}(a_1 + b_1c_1 + d_1P_2^*) \\ P_2^* = \dfrac{1}{2b_2}(a_2 + b_2c_2 + d_2P_1^*) \end{cases}$$

解该方程组得：$P_1^* = \dfrac{d_1}{4b_1b_2 - d_1d_2}(a_2 + b_2c_2) + \dfrac{2b_2}{4b_1b_2 - d_1d_2}(a_1 + b_1c_1)$

$$P_2^* = \frac{d_2}{4b_1b_2 - d_1d_2}(a_1 + b_1c_1) + \frac{2b_1}{4b_1b_2 - d_1d_2}(a_2 + b_2c_2)$$

把P_1^*、P_2^*代入两家企业的得益函数就可得到它们在纳什均衡下的得益，(P_1^*, P_2^*)是该博弈的唯一纳什均衡。

上述模型是伯川德模型较简单的情况。更一般的情况是有 n 个寡头的价格决策，并且产品也可以是无差别的。对于多寡头的伯川德模型的分析，则是双寡头模型的简单推广，也即只需要求出每个企业对其他各个企业价格的反应函数，然后解出它们的交点即可。

同古诺模型中的产量决策一样，这种价格决策博弈的纳什均衡也不如各博弈方通过协商、合作得到的最佳结果好，因此本质上也是一种囚徒困境。

【例3】

公共地悲剧(Tragedy of the Commons)

1968 年英国加勒特·哈丁教授(Garrett Hardin)在 *The tragedy of the commons* 一文中首先提出"公共地悲剧"理论模型。所谓公共地或公共资源在经济学中是指没有哪个个人、企业或组织拥有所有权、大家都可以自由利用的自然资源或人类生产的供大众免费使用的设施和产品，如人们都可以自由开采使用的地下水、可自由放牧的草地、可自由排放废气的空气，以及无成本地使用的公共道路和楼道的照明灯等。公共地或公共资源具有两个重要的特征：一是每个人都可以从对该物品的使用中受益，特别是没有付费的人可以与付费的人同等使用该物品；二是成本由提供公共物品服务的水平决定，而与接受公共物品服务的消费者数量无关。在同样的条件下，公共物品消费者数量的增加不会导致成本的升高，而且没有任何人能够通过减少他人对公共物品的使用来提高对自己的效用。

由于公共地或公共资源有上述两个特征，因而利用这些资源时不支付任何代价，除非政府将这些资源收归国有，并对使用者征收资源税或收取类似的费用。

哈丁认为，作为理性人，每个牧羊人都希望自己的收益最大化。在公共草地上，每增加一只羊会得到两种结果：（1）获得增加一只羊的收入；（2）加重草地的负担，并有可能导致草地过度放牧。出于个人理性的考虑，牧羊人不顾草地的承载能力而增加羊群的数量，这样他就会因羊只的增加而收益增多。结果，许多牧羊人也纷纷仿效，加入这一行列。由于羊群的增加不受限制，牧场被过度使用，最后草地承载状况迅速恶化，牧羊人无草地可放羊，悲剧就这样发生了。"公共地悲剧"表示，如果某种资源的产权界定不清，最终会导致这种资源的过度使用。该理论模型可以解释和分析很多经济现象，比如公共牧场中的过度放牧、河流的过度污染等。

其实，经济学家们早就已经开始认识到，在人们完全从自利动机出发自由利用公共资源时，公共资源倾向于被过度利用、低效率使用和浪费，如我们今天对水资源的大量浪费、对空气的肆意污染、公海中的过度捕捞、旅游资源的过度开发等，最终会导致资源的短缺。

下面我们以公共草地上放牧问题为例来论证上述公共资源悲剧分析。

设某村庄有 n 户牧民，该村有一片可以自由放牧羊群的公共草地。由于这片草地的面积有限，因此只能让不超过某一数量的羊吃饱，如果在这片草地上放牧羊只的实际数量超过这个限度，则每只羊都无法吃饱，甚至会饿死，而且产出也会减少，所以这些牧民必须决定自己养羊的数量，假设各牧民在决定自己的养羊数量时是不知道其他牧民养羊数量的，即各牧民决定养羊数量的决策是同时作出的。再假设所有牧民都清楚这片公共草地最多能养多少羊和羊只总数的不同水平下每只羊的产出。这就构成了 n 个牧民之间关于养羊数量的一个博弈问题，并且是一个静态博弈。

下面我们对该问题来构建标准博弈。显然博弈方就是 n 个牧户；他们的策略空间就是他们各自可能选择的养羊数目 $q_i(i=1, \cdots, n)$ 的取值范围；在公共草地上放牧羊只的总数为 $Q=q_1+\cdots+q_n$，根据前面的分析，显然每只羊的产出应是羊只总数 Q 的减函数 $V=V(Q)=V(q_1+\cdots+q_n)$。假设购买和照料每只羊的成本为不变常数 c，则牧户 i 养 q_i 只羊的得益函数为：

$$u_i=q_iV(Q)-q_ic=q_i \cdot V(q_1+\cdots+q_n)-q_ic$$

在这个博弈里，每个牧民的问题是选择 q_i 以最大化自己的得益。此时，最优化的一阶条件为：

$$\frac{\partial u_i}{\partial q_i}=V(q_1+\cdots+q_n)-c=0(i=1, 2, \cdots, n)$$

为了简化结论，我们进一步设定下列具体数值。假设只有三个牧民 $n=3$，每只羊的产出函数为 $V=104-Q=104-(q_1+q_2+q_3)$，成本 $c=4$。则三个牧民的得益函数分别为：

$$u_1=q_1[104-(q_1+q_2+q_3)]-4q_1$$
$$u_2=q_2[104-(q_1+q_2+q_3)]-4q_2$$
$$u_3=q_3[104-(q_1+q_2+q_3)]-4q_3$$

尽管羊的数量不是连续可分的，上述函数不可能是连续函数，但我们在技术上仍把羊的数量看作是连续可分的，于是，我们可以得到三牧民各自对其他牧民策略的反应函数为：

$$q_1 = R_1(q_2, q_3) = 50 - \frac{1}{2}q_2 - \frac{1}{2}q_3$$

$$q_2 = R_2(q_1, q_3) = 50 - \frac{1}{2}q_1 - \frac{1}{2}q_3$$

$$q_3 = R_3(q_1, q_2) = 50 - \frac{1}{2}q_1 - \frac{1}{2}q_2$$

三个反应函数的交点(q_1^*, q_2^*, q_3^*)就是博弈的纳什均衡。将q_1^*、q_2^*、q_3^*代入三个反应函数，得到$q_1^* = q_2^* = q_3^* = 25$，再将其代入三个牧民的得益函数，则得$u_1^* = u_2^* = u_3^* = 625$，此即三个牧民独立同时决定在公共草地放羊数量时所能得到的利益。

同样，我们可以对公共资源的利用效率作出评价。设在该草地上羊只的总数为Q，则总得益为：

$$u = Q(104 - Q) - 4Q = 100Q - Q^2$$

最佳的养羊数Q^*必定使总得益u最大。于是，由总得益函数的导数为0得：

$$100 - 2Q^* = 0$$

解得$Q^* = 50$，总得益$u^* = 2\ 500$。该结果比三个牧民各自独自决定自己的养羊数量时三个牧民得益的总和$1\ 875$大了许多；此时的养羊数$Q^* = 50$则比三个牧民独立决策时草地上的羊只总数$3 \times 25 = 75$少。因此，三个牧民独立决策时实际上使草地处于过度放牧的情况，浪费了资源，牧民也没有获到最好的效益。如果各牧民能将养羊数自觉地限制在$50/3 = 16$只，则他们都能得到更多的利益。然而，不幸的是他们面临的也是一种"囚徒困境"，很难得到这种理想合作的结果。

显然，如果利用上述草地资源的牧民数量进一步增加，则纳什均衡策略的效率会更低。这个例子再一次说明了纳什均衡的结果存在着低效率的可能。如果允许外来者任意在该公共草地上放牧，则所有利用该草地的人的利益很快都会消失，羊只总数会随着放牧羊只数的增加而增加到刚好不至于亏损的水平时，各牧民将完全不能从在公共草地上养羊得到任何好处，公共草地等于完全被浪费掉了。这就是所谓"公共地悲剧"。

现实中，公共地悲剧例子很多，如国有资产的流失、煤矿的滥开滥采导致的煤矿资源的浪费等就是公共地悲剧的典型表现，像公园、水利设施等公共设施也存在类似的问题。在许多需要人类生产、提供的公共设施的问题上，作一个搭便车者（Free Rider）总是比作为提供者合算，因此许多必需的公共设施，如楼道里的电灯等就总是没人提供。这些公共资源博弈问题的结果说明了在公共资源的利用、公共设施的提供方面，政府的组织、协调和制约是非常必要的，因为人类共有的资源是有限的，当每个人都试图从有限的资源中多得到一点利益时，就产生了局部利益与整体利益的冲突。人口问题、资源危机、交通阻塞，都可以在公共地悲剧中得到解释，在这些问题中，关键是通过研究、制定游戏规则来控制每个人的行为，这也可以说是政府之所以有必要存在的主要理由之一。

其实，像公共地悲剧一样，武器竞赛、人口问题，这样的集体行动的悲剧也是可预测的。一旦群体处于这种状态下，悲剧将不可避免。当然，这是从理性的假定之下得出的。然而人的个体理性与集体理性发生冲突时，一种调节的力量产生了，即道德和国家的产生或进化。此时，从个体理性出发的预测将失效，集体行动到底走向何方，没有必然性的答案，因为由个体理性出发产生的集体，可能出现集体的非理性。因此，原则上集体行动是不可预测的，而所谓预测只是在一定前提下的结论，而非逻辑的必然性。由此，我们只能从现有的状况预测未来的发展，这只是一个趋势，离我们较远的未来，我们无法作出准确的预测。

第四节 混合策略纳什均衡

在纳什均衡分析中，如果有唯一纳什均衡，则纳什均衡分析方法可以相当圆满地解决博弈问题，因为得到了唯一的最优解。但如果博弈中不存在纳什均衡或者纳什均衡不唯一，如猜硬币、田忌赛马或性别之争博弈那样，那么纳什均衡分析就无法给出确定的解，或根本就得不到解。因此，纳什均衡分析法还不能完全满足完全信息静态博弈分析的需要。为此，需要引进新的分析方法，那就是"混合策略"和"混合策略纳什均衡"，并在此基础上，把纳什均衡条件下的严格下策反复消去法和最优反应函数等分析内容也引入到混合策略分析中来。

一、混合策略(Mixed Strategies)

为了了解博弈论中引入"混合策略"概念的目的，我们先来看前面提到过的"猜硬币博弈"的例子。

【例1】

"猜硬币"博弈与混合策略

前面我们已经介绍了猜硬币游戏。两人通过猜硬币的正反面赌输赢，其中一人用手盖住一枚硬币，由另一方猜是正面朝上还是反面朝上，若猜对，则得1元，盖硬币方输1元；否则，猜方输1元，盖者得1元。我们可用图2.12的得益矩阵表示这个猜硬币博弈问题。

		猜	方
		正面	反面
盖	正面	−1, 1	1, −1
方	反面	1, −1	−1, 1

图 2.12

图2.12中"盖方"和"猜方"为本博弈的两个博弈方；他们各有"正面"和"反面"两种可选择的策略；由于每一方都不会让对方在选择之前知道自己的选择，因此可看作两博弈方是同时作出决策的。

显然，在这个博弈游戏中，在纯策略意义下"猜硬币博弈"无解，即不存在纳什均衡策略组合。因为无论双方采用的是哪个策略组合，结果都是一方赢一方输，而输的一方又总是可以通过单独改变策略而反败为赢。

在这里，猜硬币博弈首先给我们提示了博弈中各博弈方决策的一个重要原则：自己的策略选择不能预先被另一方知道或猜测到。如盖方所选的硬币的那一面被猜方预先知道或猜中，猜方就可以猜盖方所选的这一面而一定赢盖方。同样，如果猜方准备猜的那一面被盖方预先知道或猜到，他就会出与猜硬币方将猜的这一面相反的面而立于不败之地。因此，不让其他博弈方事先了解自己的选择，是该博弈中各博弈方首先应该遵循的原则。也就是说，一旦每个博弈方都竭力猜测其他博弈方的策略选择，就不可能存在纳什均衡，因为此时博弈者的最优行为是不确定的，此时博弈的结果必然会包含这种不确定性，当然就不存在稳定的纳什均衡解了。

此外，在该博弈的多次重复中，博弈方应该避免使选择带有规律性。一旦行动被对手发现具有某种规律性，对手就可以根据这种规律来选择自己的策略，从而轻易赢得博弈。例如在猜硬币博弈中盖方总是盖正面多于盖反面，则猜硬币方就可以根据盖方前一次的策略，轻易猜中盖方这一次将盖住的那一面。可见在该博弈中博弈方随机地选择策略才是"上策"。

如果盖硬币方虽然采用随机选择的方法决定出正面还是反面，但出正面的机会从统计上讲还是大于出反面，此时猜硬币者还是有机可乘。例如，设盖硬币方出正面的概率为 p，出反面的概率就是 $1-p$，出正面多于出反面意味着 $p>1-p$ 或 $p>1/2$。如猜硬币方全猜正面，则他的期望得益为：

$$p \cdot 1 + (1-p) \cdot (-1) = 2p-1 = 2\left(p-\frac{1}{2}\right) > 0$$

即平均而言，猜硬币方一定是赢多输少，而盖硬币方就是输多赢少了。因此，对盖硬币方来说，最可靠的方法是以相同的概率随机出正面和反面，即取 $p=1-p=1/2$。这样，猜硬币方就无法从盖方对策略的偏好中占到任何便宜。当两个博弈方都以 $1/2$ 的相同概率随机选择硬币的正面及反面时，双方都无法根据对方的选择方式来选择或调整自己的策略获利，从而在双方对两种可选策略随机选择概率分布的意义上达到了一种稳定，即均衡。这种博弈方以一定的概率分布在可选纯策略中随机选择决策的方式，在分析原来没有纳什均衡的博弈和有多个纳什均衡的博弈时有非常重要的意义。我们称这种策略选择方式为"混合策略"（Mixed Strategies）。与此同时，则把博弈中原来意义上的策略称为"纯策略"（Pure Strategies）：

混合策略定义：在一个有 n 个人参与的标准式博弈 $G=\{S_1, \cdots, S_n; u_1, \cdots, u_n\}$ 中，设博弈方 i 的策略空间为 $S_i=\{s_{i1}, \cdots, s_{ik}\}$，博弈方 i 以概率分布 $p_i=(p_{i1}, \cdots, p_{ik})$ 随机在其 k 个可选策略中进行选择，以这种方式得到的"策略"称为"混合策略"，其中 $j=1, \cdots, k$，$0 \leq p_{ij} \leq 1$，且 $p_{i1}+\cdots+p_{ik}=1$。

混合策略表示的是博弈方对各个纯策略的偏好程度，是对多次博弈达到均衡结局的各个纯策略选择的概率估计，因此表现为一种主观概率的意义。

显然，根据混合策略的定义，纯策略也是混合策略，是当选择某一纯策略的概率为

1、选择其余纯策略的概率为 0 时的混合策略，是混合策略的特殊情况。反过来，混合策略又可以看作纯策略的扩展，是由全部纯策略以凸组合方式产生的一个策略。混合策略集与纯策略集生成的凸集是一一对应的，因此可以把混合策略集“看成”是由纯策略集拓展的凸集，而且纯策略集是混合策略集的极点子集。

二、混合策略的得益函数

设博弈方 1 与博弈方 2 的纯策略集分别为 S 和 T，各自的混合策略集分别为 X、Y。博弈的盈利用矩阵表示为：

博弈方 2

博弈方 1		t_1	t_2	$\cdots$	t_m
	s_1	a_{11}，b_{11}	a_{12}，b_{12}	$\cdots$	a_{1m}，b_{1m}
	s_2	a_{21}，b_{21}	a_{22}，b_{22}	$\cdots$	a_{2m}，b_{2m}
	$\vdots$	$\vdots$	$\vdots$	$\ddots$	$\vdots$
	s_x	a_{x1}，b_{x1}	a_{x2}，b_{x2}	$\cdots$	a_{xm}，b_{xm}

$$x=\begin{pmatrix} x_1 \\ x_2 \\ \vdots \\ x_x \end{pmatrix} \qquad y=(y_1 \quad y_2 \quad \cdots \quad y_m)^{\mathrm{T}} \tag{1}$$

其中，$x_i \geqslant 0(i=1,\ 2,\ \cdots,\ n)$，$\sum x_i = 1$；$y_j \geqslant 0(j=1,\ 2,\ \cdots,\ m)$，$\sum y_j = 1$。

我们定义博弈方 1 的得益矩阵为：

$$A=\begin{bmatrix} a_{11} & a_{12} & \cdots & a_{1m} \\ a_{21} & a_{22} & \cdots & a_{2m} \\ \vdots & \vdots & \ddots & \vdots \\ a_{x1} & a_{x2} & \cdots & a_{xm} \end{bmatrix} \tag{2}$$

博弈方 2 的得益矩阵为：

$$B=\begin{bmatrix} b_{11} & b_{12} & \cdots & b_{1m} \\ b_{21} & b_{22} & \cdots & b_{2m} \\ \vdots & \vdots & \ddots & \vdots \\ b_{x1} & b_{x2} & \cdots & b_{xm} \end{bmatrix} \tag{3}$$

则定义混合策略的得益函数如下：

对于博弈方 1 而言，当其选择策略 $s_i \in S$ 时，对任意 $y \in Y$，策略组合 $(s_i,\ y)$ 的得益函数为：

$$u_1(s_i, \ y) = \left(a_{i1} \ a_{i2} \ \cdots \ a_{im}\right) \begin{pmatrix} y_1 \\ y_2 \\ \vdots \\ y_m \end{pmatrix} = \sum_{j=1}^{m} a_{ij} y_j \qquad (4)$$

对于博弈方 2 而言，当其选择策略 $t_j \in T$，对任意 $x \in X$，策略组合 $(x, \ t_j)$ 的得益函数为：

$$u_2(x, \ t_j) = \left(x_1 \ x_2 \ \cdots \ x_n\right) \begin{pmatrix} b_{1j} \\ b_{2j} \\ \vdots \\ b_{xj} \end{pmatrix} = \sum_{i=1}^{n} x_i b_{ij} \qquad (5)$$

对于博弈方 1 而言，当其选择策略 $x \in X$，对于博弈方 1 而言，当其选择策略 $y \in Y$ 时，策略组合 $(x, \ y)$ 的平均得益为：

$$u_1(x, \ y) = \left(x_1 \ x_2 \ \cdots \ x_n\right) \begin{bmatrix} a_{11} & a_{12} & \cdots & a_{1m} \\ a_{21} & a_{22} & \cdots & a_{2m} \\ \vdots & \vdots & \ddots & \vdots \\ a_{x1} & a_{x2} & \cdots & a_{xm} \end{bmatrix} \begin{pmatrix} y_1 \\ y_2 \\ \vdots \\ y_m \end{pmatrix} = \sum_{i=1}^{n} \sum_{j=1}^{m} x_i a_{ij} y_j \qquad (6)$$

$$u_2(x, \ y) = \left(x_1 \ x_2 \ \cdots \ x_n\right) \begin{bmatrix} b_{11} & b_{12} & \cdots & b_{1m} \\ b_{21} & b_{22} & \cdots & b_{2m} \\ \vdots & \vdots & \ddots & \vdots \\ b_{x1} & b_{x2} & \cdots & b_{xm} \end{bmatrix} \begin{pmatrix} y_1 \\ y_2 \\ \vdots \\ y_m \end{pmatrix} = \sum_{i=1}^{n} \sum_{j=1}^{m} x_i b_{ij} y_j \qquad (7)$$

将式 (6) 的 $u_1(x, \ y)$ 与式 (4) 的 $u_1(s_i, \ y)$ 进行比较，将式 (7) 的 $u_2(x, \ y)$ 与式 (5) 的 $u_2(x, \ t_j)$ 进行比较分析，可以得到 $u_1(x, \ y)$ 以及 $u_2(x, \ y)$ 有下列等价的表达式：

$$u_1(x, \ y) = \sum_{i=1}^{n} x_i u_1(s_i, \ y) \qquad (8)$$

$$u_2(x, \ y) = \sum_{j=1}^{m} y_j u_2(x, \ t_j) \qquad (9)$$

以上面的"猜硬币"博弈为例。依据上面的计算公式有：

$$u_1(1, \ y) = (-1 \ 1) \begin{pmatrix} 1/2 \\ 1/2 \end{pmatrix} = 0 \qquad\qquad u_1(2, \ y) = (1 \ -1) \begin{pmatrix} 1/2 \\ 1/2 \end{pmatrix} = 0$$

$$u_2(x, \ 1) = (1/2 \ \ 1/2) \begin{pmatrix} -1 \\ 1 \end{pmatrix} = 0 \qquad\qquad u_2(x, \ 2) = (1/2 \ \ 1/2) \begin{pmatrix} 1 \\ -1 \end{pmatrix} = 0$$

$$u_1(x, \ y) = \left(\frac{1}{2} \ \ \frac{1}{2}\right) \begin{bmatrix} -1 & 1 \\ 1 & -1 \end{bmatrix} \begin{pmatrix} 1/2 \\ 1/2 \end{pmatrix} = 0 \qquad u_2(x, \ y) = \left(\frac{1}{2} \ \ \frac{1}{2}\right) \begin{bmatrix} 1 & -1 \\ -1 & 1 \end{bmatrix} \begin{pmatrix} 1/2 \\ 1/2 \end{pmatrix} = 0$$

三、混合策略纳什均衡

当我们把博弈方的策略从纯策略扩展到混合策略，把策略空间从纯策略空间扩展到混合策略空间的时候，纳什均衡的概念仍然成立。事实上，只要一个策略组合满足各博弈方的策略相互是对其他博弈方策略的最佳对策时，就是一个纳什均衡。不过现在其中的策略既可能是纯策略，也可能是混合策略。这时候纳什均衡意味着任何博弈方单独改变自己的策略，或者随机选择各个纯策略的概率分布，都不能给自己增加任何利益。若一个混合策略$(x, y) \in X \times Y$满足下列条件：

（1）$u_1(x, y) \geq u_1(s_i, y)$　　$\forall s_i \in S$

（2）$u_2(x, y) \geq u_2(x, t_j)$　　$\forall t_j \in T$

则称(x, y)是混合策略纳什均衡。

根据混合策略纳什均衡的定义，容易知道猜硬币博弈中两博弈方都以$(1/2, 1/2)$的概率分布随机选择正面和反面的混合策略组合，就是一个混合策略纳什均衡，而且是这个博弈唯一的混合策略纳什均衡。此时，博弈双方的平均得益为：

$$u_1(x, y) = \begin{pmatrix} \frac{1}{2} & \frac{1}{2} \end{pmatrix} \begin{bmatrix} -1 & 1 \\ 1 & -1 \end{bmatrix} \begin{pmatrix} 1/2 \\ 1/2 \end{pmatrix} = 0 \quad u_2(x, y) = \begin{pmatrix} \frac{1}{2} & \frac{1}{2} \end{pmatrix} \begin{bmatrix} 1 & -1 \\ -1 & 1 \end{bmatrix} \begin{pmatrix} 1/2 \\ 1/2 \end{pmatrix} = 0$$

显然，在混合策略下，"猜硬币"中的博弈双方最终的得益是一致的，即没有输方赢方。

因为这个博弈没有纯策略纳什均衡，因此这个混合策略纳什均衡也是这个博弈唯一的纳什均衡。在这个猜硬币博弈中，采用这个混合策略纳什均衡的策略，是两博弈方唯一正确的选择。

为了进一步加深对混合策略及混合策略纳什均衡的理解，我们再来看图 2.13 中表示的博弈问题。用纳什均衡概念，我们发现它不存在纯策略纳什均衡。那么这个博弈有没有混合策略纳什均衡呢？考虑到理解上的方便，下面分析策略组合相应的得益时，采用分析法而不是上面的矩阵法。

博弈方 2

		C	D
博弈	A	3, 4	6, 3
方 1	B	4, 2	2, 6

图 2.13

根据前面的分析，本博弈中两博弈方首先要注意的是不能让对方知道或猜到自己的选择，因而必须在决策时利用随机性。另外，就是他们选择每种策略的概率一定要恰好使对方无机可乘，即让对方无法通过针对性地倾向某一策略而在博弈中占上风。设博弈方 1 选A的概率为p_A，选B的概率为p_B，博弈方 2 选C的概率为p_c，选D的概率为p_D，那么根据上述第二个条件，博弈方 1 选A和B的概率p_A和p_B，一定要使博弈方 2 选C的期望得益和选D的期望得益相等，即：

$$1 \times p_A \times 4 + 1 \times p_B \times 2 = 1 \times p_A \times 3 + 1 \times p_B \times 6$$

等式左边的两项中的 1，意味着博弈方 2 以概率 1 选定策略 c，同样等式后面的两项中的 1，意味着博弈方 2 以概率 1 选定策略 D。

由上式可得，$p_A = 4p_B$，且 $p_A + p_B = 1$，因此 $p_A = 0.8$，$p_B = 0.2$，这就是博弈方 1 应该选择的混合策略。同理，博弈方 2 选择 C 和 D 的概率 p_C 和 p_D，也应使博弈方 1 选择 A 的期望得益和选择 B 的期望得益相等，即

$$1 \times p_C \times 3 + 1 \times p_D \times 6 = 1 \times p_C \times 4 + 1 \times p_D \times 2$$

可得 $4p_D = p_C$，且 $p_C + p_D = 1$，因此 $p_C = 0.8$，$p_D = 0.2$，这是博弈方 2 的混合策略。

当博弈方 1 以 $(0.8, 0.2)$ 的概率随机选择 A 和 B，博弈方 2 以 $(0.8, 0.2)$ 的概率随机选择 C 和 D 时，由于谁都无法通过单独改变自己随机选择的概率分布改变自己的期望得益，这个混合策略组合是 $[(0.8, 0.2), (0.8, 0.2)]$，它是稳定的，这就是本博弈唯一的混合策略纳什均衡，显然混合策略纳什均衡与纯策略是完全一致的。如果博弈方 1 以概率 1 的大小选择 A，博弈方 2 以概率 1 的大小选择 B，则上述混合策略就退化为策略组合 (A, D)，这就是纯策略纳什均衡。

当双方采用该混合策略组合时，虽然不能确定单独一次博弈的结果究竟会是上述四组得益中的哪一个，但双方期望得益的平均结果为

$$u_1^e = p_A \cdot p_C \cdot u_1(A,C) + p_A \cdot p_D \cdot u_1(A,D) + p_B \cdot p_C \cdot u_1(B,C) + p_B \cdot p_D \cdot u_1(B,D)$$
$$= 0.8 \times 0.8 \times 3 + 0.8 \times 0.2 \times 6 + 0.2 \times 0.8 \times 4 + 0.2 \times 0.2 \times 2$$
$$= 3.6$$

和

$$u_2^e = p_C \cdot p_A \cdot u_2(A,C) + p_C \cdot p_B \cdot u_2(B,C) + p_D \cdot p_A \cdot u_2(A,D) + p_D \cdot p_B \cdot u_2(B,D)$$
$$= 0.8 \times 0.8 \times 4 + 0.8 \times 0.2 \times 2 + 0.2 \times 0.8 \times 3 + 0.2 \times 0.2 \times 6$$
$$= 3.6$$

【例 2】

"环境保护" 博弈与混合策略

市场经济中常常存在着环境污染，如果政府没有对环境进行管制，企业为了追求利润的最大化，宁愿以牺牲环境为代价，也不会主动增加环保设备投资。设有一个企业和一个环境保护部门。企业的生产经营收入为 R，污染治理前的利润率为 α，污染治理费用率为 β，治理费用为 βR。再设企业的利润为 L，环保部门的成本费用为 Y，环保部门进行一次检测的成本为 C。如果在检测中发现企业超标排污，则对企业实施罚款，一次罚款金额为 K。同时，环保部门必须对已经受到严重污染的环境投资治理，设进行一次环境治理所需的费用为 A。若不进行治理，污染物造成的损失为 B（此处将 B 也看成环保部门日后的治理费用），且 $B > A$。在这里，生产厂家追求利润最大化，环保部门在保证污染指数不超标的前提下力求费用最小，二者形成博弈关系。

在本博弈中，生产企业有两种策略选择：治理与不治理；环保部门也有两种策略选择：检测与不检测。当生产企业进行污染治理时，不管环保部门是否检测，其利润均为

$$L = (\alpha - \beta)R$$

环保部门进行检测的费用为：$Y=C$，不检测的费用为 $Y=0$。当企业不进行治理、环保部门不进行检测时，企业的利润 $L=\alpha R$，环保部门的费用 $Y=B$。当企业不治理，环保部门却进行检测时，企业的利润和环保部门的费用分别为

$$L=\alpha R-K,\quad Y=C+A-K$$

由此可以得到博弈的得益矩阵如图 2.14 所示。

环 保 部 门

		检测	不检测
企业	治理	$(\alpha-\beta)R,\ C$	$(\alpha-\beta)R,\ 0$
	不治理	$\alpha R-K,\ C+A-K$	$\alpha R,\ B$

图 2.14

对企业而言，若 $(\alpha-\beta)R\leqslant\alpha R-K$，即 $K\leqslant\beta R$，则企业的占优策略是不治理。对环保部门而言，若 $C+A-K\geqslant B$，即 $K\leqslant C+A-B$，则环保部门的占优策略是不检测。因此，博弈的纯策略纳什均衡为：（不治理，不检测）。此时企业的利润为 αR，达到最大化，然而环境却被严重污染，造成的损失为 B。

若 $0\leqslant\alpha R-K<(\alpha-\beta)R$，且 $K\leqslant C+A-B$，即 $\beta R<K\leqslant\min\{C+A-B,\ \alpha R\}$，此时博弈仍存在纯策略纳什均衡：（不治理，不检测）。

假设 $\alpha R>C+A-B$，若 $C+A-B<K\leqslant\alpha R$，此时有两种可能：第一，由于 $K\leqslant\alpha R$，环保部门的罚款不至于使企业亏损，企业仍会采取不治理的策略。但环保部门采用检测策略。均衡的结果是：（不治理，检测）。此时，企业的利润为 $\alpha R-K$，环保部门的检测治理费用为 $C+A-K$。第二，虽然 $K\leqslant\alpha R$，企业不至于亏损。但若 $K>\beta R$，企业也可能采用治理的策略，使自身获利更多。这时，不存在纯策略纳什均衡，但存在混合策略纳什均衡。设环保部门进行检测的概率为 p_1，企业不治理的概率为 p_2，于是有

$$p_1(\alpha-\beta)R+(1-p_1)(\alpha-\beta)R=p_1(\alpha R-K)+(1-p_1)\alpha R$$
$$p_2(C+A-K)+(1-p_2)C=p_2 B+(1-p_2)0$$

解得 $p_1=\dfrac{\beta R}{K}$，$p_2=\dfrac{C}{B+K-A}$。混合策略分别为 $\left(\dfrac{B+K-A-C}{B+K-A},\ \dfrac{C}{B+K-A}\right)$、$\left(\dfrac{\beta R}{K},\ \dfrac{K-\beta R}{K}\right)$，它们构成一个混合策略纳什均衡。从上式可以看出，企业进行污染治理的概率与环保部门对企业不治理的惩罚力度、环保部门的检测成本有关。惩罚力度越大、检测成本越低，企业进行治理的可能性越大。

若 $K>\max\{\alpha R,\ C+A-B\}$，此时也只存在混合策略意义下的纳什均衡。如果仍设环保部门检测的概率为 p_1，企业不治理的概率为 p_2，同样得到 $p_1=\dfrac{\beta R}{K}$，$p_2=\dfrac{C}{B+K-A}$，形成与上面相同的混合策略纳什均衡。

在混合策略纳什均衡下，设环保部门的期望费用为 E_1，企业的期望得益为 E_2，则有

$$E_1=p_1(1-p_2)C+(1-p_1)(1-p_2)0+p_1 p_2(C+A-K)+(1-p_1)p_2 B$$

$$= \frac{CB}{B+K-A}$$

$$E_2 = p_1(1-p_2)(\alpha-\beta)R + (1-p_1)(1-p_2)(\alpha-\beta)R + p_1 p_2(\alpha R - K) + (1-p_1)p_2\alpha R$$

$$= (\alpha-\beta)R$$

【例3】

"田忌赛马"与混合策略纳什均衡

在前面的分析中，我们已经知道田忌赛马博弈没有纯策略纳什均衡。现在我们借助混合策略纳什均衡来进行分析。

为了简便起见，我们将图2.15中齐威王的策略从上到下分别称为策略 a、b、c、d、e 和 f，将田忌的策略从左到右分别称为策略 g、h、i、j、k 和 l。设齐威王分别以概率 p_a、p_b、p_c、p_d、p_e 和 p_f 随机选择相应策略，显然田忌采用 g 的期望得益为 $-3p_a-p_b-p_c+p_d-p_e-p_f$，采用 h 的期望得益为 $-p_a-3p_b+p_c-p_d-p_e-p_f$，采用 i 的期望得益为 $-p_a-p_b-3p_c-p_d-p_e+p_f$，采用 j 的期望得益为 $-p_a-p_b-p_c-3p_d+p_e-p_f$，采用 k 的期望得益为 $p_a-p_b-3p_c-p_d-3p_e-p_f$，采用 l 的期望得益为 $-p_a+p_b-p_c-p_d-p_e-3p_f$。齐威王若是想让田忌没有任何可乘之机，所选概率分布必须使上述6个期望得益都相等，解之得 $p_a=p_b=p_c=p_d=p_e=p_f$。又因为 $p_a+p_b+p_c+p_d+p_e+p_f=1$，因此 $p_a=p_b=p_c=p_d=p_e=p_f=1/6$。同样的，如果我们假设田忌以概率 p_g、p_h、p_i、p_j、p_k 和 p_l 随机选择相应策略，则该6个概率也必须使齐威王选择各纯策略的期望得益都相等，因而得 $p_g=p_h=p_i=p_j=p_k=p_l=1/6$。齐威王和田忌都以1/6的相同概率随机选择各自的6个纯策略，构成本博弈唯一的混合策略纳什均衡。

田　忌

齐威王		上 中 下	上 下 中	中 上 下	中 下 上	下 上 中	下 中 上
	上中下	3, −3	1, −1	1, −1	1, −1	−1, 1	1, −1
	上下中	1, −1	3, −3	1, −1	1, −1	1, −1	−1, 1
	中上下	1, −1	−1, 1	3, −3	1, −1	1, −1	1, −1
	中下上	−1, 1	1, −1	1, −1	3, −3	1, −1	1, −1
	下上中	1, −1	1, −1	1, −1	−1, 1	3, −3	1, −1
	下中上	1, −1	1, −1	−1, 1	1, −1	1, −1	3, −3

图2.15

在上述混合策略下，齐威王的期望得益为

$$\frac{1}{6}(3+1+1+1+1-1)=1$$

田忌的期望得益则为

$$\frac{1}{6}(1-3-1-1-1-1)=-1$$

即多次进行这样的赛马，齐威王平均每次能赢田忌100匹马。

【例4】

"性别之争"与混合策略

到目前为止，虽然我们知道混合策略概念和混合策略纳什均衡是以博弈方利益严格对立、没有纯策略纳什均衡的严格竞争博弈为基础的，但是，混合策略和混合策略纳什均衡在博弈方的利益有很大一致性且有多个纯策略纳什均衡的博弈分析中也有重要作用。

"性别之争"博弈是我们已经知道的一个经典博弈模型，其得益矩阵见图2.16。

王　刚

		歌剧	足球
刘丽	歌剧	2, 1	0, 0
	足球	0, 0	1, 3

图 2.16

我们已经知道该博弈有两个纳什均衡：（歌剧、歌剧）和（足球，足球）。这个博弈与没有纯策略纳什均衡的严格竞争博弈有明显的差异，即如果一方知道另一方已选择了某种策略，则前者唯一明智的选择就是与对方保持一致，以免得到最差的得益0。也就是说该博弈中两博弈方的利益有一些一致性，两个博弈方都不会害怕对方猜到自己的选择，他们主观上也并不想隐藏自己的选择。

但是，由于这个博弈有两个纳什均衡，而且夫妻双方对两个纳什均衡的偏好显然有矛盾，妻子刘丽偏好前一个纳什均衡，而丈夫王刚则偏好后一个纳什均衡。因此，当夫妻两人首先从自身的最大利益出发独立同时决策时，我们也不能肯定他们究竟会作怎样的选择。因此，在纯策略的范围内，该博弈也是无法对两博弈方的选择提出确定性建议。下面分析博弈方采用混合策略的可能性。

设 $p_1(C)$ 和 $p_1(F)$ 分别为妻子刘丽选择歌剧和足球的概率，如果刘丽不想让丈夫王刚利用自己的选择倾向占上风，则自己的概率选择应使王刚选择两种策略的期望得益相同：

$$p_1(C) \cdot 1 + p_1(F) \cdot 0 = p_1(C) \cdot 0 + p_1(F) \cdot 3$$

即 $p_1(C) = 3p_1(F)$。由于 $p_1(C) + p_1(F) = 1$，因此 $p_1(C) = 0.75$，$p_1(F) = 0.25$。

设 $p_2(C)$ 和 $p_2(F)$ 为王刚选择歌剧和足球赛的概率，那么王刚为了不让妻子占上风，其随机选择纯策略概率分布的决定原则，也是要让妻子选两种策略的期望得益相同，即：

$$p_2(C)\cdot 2+p_2(F)\cdot 0=p_2(C)\cdot 0+p_2(F)\cdot 1$$

化简得 $2p_2(C)=p_2(F)$。由于 $p_2(C)+p_2(F)=1$，因此 $p_2(C)=1/3$，$p_2(F)=2/3$。

当刘丽以$(0.75，0.25)$的概率分布随机选择歌剧和足球，王刚以$(1/3，2/3)$的概率随机选择歌剧和足球时，双方都无法通过单独改变策略，即单独改变随机选择纯策略的概率分布而提高得益，因此双方上述概率分布的组合构成一个混合策略纳什均衡。该混合策略纳什均衡给妻子和丈夫各自带来的期望得益为：

$$p_1(C)\cdot p_2(C)\cdot 2+p_1(C)\cdot p_2(F)\cdot 0$$
$$+p_1(F)\cdot p_2(C)\cdot 0+p_1(F)\cdot p_2(F)\cdot 1$$
$$=\frac{3}{4}\times\frac{1}{3}\times 2+\frac{1}{4}\times\frac{2}{3}\times 1\approx 0.67$$

和

$$p_1(C)\cdot p_2(C)\cdot 1+p_1(C)\cdot p_2(F)\cdot 0$$
$$+p_1(F)\cdot p_2(C)\cdot 0+p_1(F)\cdot p_2(F)\cdot 3$$
$$=\frac{3}{4}\times\frac{1}{3}\times 1+\frac{1}{4}\times\frac{2}{3}\times 3\approx 0.75$$

显然，这个结果不如夫妻双方能交流协商时，任何一方迁就另一方时双方的得益好，因为那时任何一方都至少得1。

四、混合策略与最优反应函数法

对于纯策略来说，最优反应函数是各博弈方选择的纯策略对其他博弈方纯策略的反应。对混合策略而言，博弈方的决策内容为选择的概率分布，最优反应函数就是一方对另一方概率分布的反应，也表现为一定的概率分布。由于纯策略可以理解为混合策略，因此实际上最优反应函数的概念，也可以在混合策略概率分布之间反应的意义上统一起来。

我们来分析不存在纯策略纳什均衡的"猜硬币博弈"。设$(r，1-r)$是盖硬币方随机选择正反面混合策略的概率分布，$(q，1-q)$是猜硬币方随机选择正反面混合策略的概率分布，两博弈方知道反应函数就是r和q之间的相互决定关系。

根据以前的分析知，当猜方选择猜正面的概率$q<1/2$时，盖正面为最优纯策略，它相当于盖方在混合策略$(r，1-r)$中令$r=1$；相反，如果$q>1/2$时，盖反面为最优纯策略，它相当于盖方令$r=0$；而当$q=1/2$时，对盖方来说，r等于任何值都一样，即不管采用纯策略或混合策略，所得到的期望得益是无差异的。将以上r随q的变化用函数关系表达出来，可以得到图2.17中实线表示的函数$r=R_1(q)$，这就是盖方对猜方的最优反应函数。

同样，我们可作出猜方对盖方混合策略的反应函数$q=R_2(r)$，如图2.18中实线所示。注意为了与图2.17坐标轴的名称一致，这里我们以横轴代表因变量，纵轴代表自变量。

将图2.17和图2.18合并在一起就得到图2.19。在图2.19中，两反应函数相交于唯一的交点$(1/2，1/2)$，即在该博弈中，只有$r=1/2$和$q=1/2$才是相互对对方最佳反应的混合策略的概率分布，这就是本博弈唯一的混合策略纳什均衡：如果博弈方1的策略是$(1/2，1/2)$，则博弈方2的最优策略反应为$(1/2，1/2)$，它满足混合策略纳什均衡的

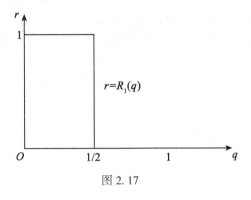

图 2.17

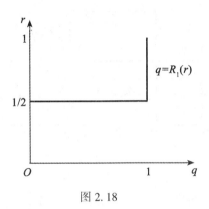

图 2.18

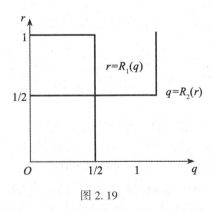

图 2.19

要求。

我们可以把博弈方 2 的混合策略解释为博弈方 1 对博弈方 2 将会选择哪一个策略的不确定性；反之，也是一样。

下面我们用混合策略反应函数再来分析"性别之争"博弈。设妻子刘丽的混合策略为 $(r,\ 1-r)$，丈夫王刚的混合策略为 $(q,\ 1-q)$。如果王刚的策略为 $(q,\ 1-q)$，则刘丽选择歌剧的收益为 $q×2+(1-q)×0=2q$，选择足球的收益为 $q×0+(1-q)×1=1-q$。当 $2q<1-q$，

即 $q<1/3$ 时，则刘丽选歌剧的期望得益 $1-q>2/3$，因此刘丽应选择歌剧，即 $r=0$，当 $2q>$ $1-q$，即 $q>1/3$ 时，则刘丽选歌剧的得益为 $2q>2/3$，大于选足球赛的得益 $1-q<2/3$，此时应该选歌剧，即 $r=1$；当 $2q=1-q$，即 $q=1/3$ 时，r 取 0 与 1 之间任何值对刘丽的得益那一样。刘丽的最优反应函数如图 2.18 中的 $r=R_1(q)$。

同样，如果刘丽的策略为 $(r,1-r)$，则王刚选择歌剧的得益为 $r×1+(1-r)×0=r$，选择足球赛时的得益为 $r×0+(1-r)×3=3(1-r)$。由 $r=3(1-r)$ 得 $r=\dfrac{3}{4}$。同上面的分析，得出王刚对妻子的最优反应函数，如图 2.20 中的 $R_2(r)$ 所示。

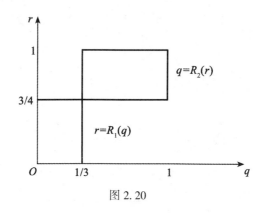

图 2.20

在图 2.20 中，两博弈方的反应函数有 3 个交点。其中 $(0,0)$，即 $r=q=0$，和 $(1,1)$ 即 $r=q=1$，为两个纯策略纳什均衡。交点坐标 $(3/4,1/3)$，对应妻子以概率分布 $(3/4,1/4)$ 随机选歌剧、足球，王刚以概率分布 $(1/3,2/3)$ 随机选歌剧、足球，是本博弈的一个混合策略纳什均衡。

第五节　纳什均衡的存在性

我们已经知道在"田忌赛马"等许多博弈中不存在纯策略纳什均衡，但如果把策略扩展到包括纯策略和混合策略，那么这些博弈在混合策略的意义上就有了纳什均衡，即混合策略纳什均衡。虽然混合策略纳什均衡与纯策略纳什均衡有差别，如对一次性博弈结果的预测作用很小，但混合策略纳什均衡在揭示博弈方决策的方法、揭示博弈问题的效率意义等方面还是非常有用的。而且我们知道，纯策略可以看作混合策略的特殊情况。因此，如果混合策略纳什均衡具有普遍性，对博弈分析的理论和应用价值就是非常重要的支持。纳什提出的著名的"纳什定理"，首先证明了这个结论。

一、纳什定理(Nash)

纳什在他 1950 年经典论文中，首先提出了他自己称为"均衡点"(Equilibrium Point)的纳什均衡概念，并且同时证明了在相当广泛的博弈类型中，混合策略意义上的纳什均衡是普遍存在的。

纳什定理 1（Nash 1950）：在一个有 n 个博弈方的标准博弈 $G=\{S_1，\cdots，S_n；u_1，\cdots，$ $u_n\}$ 中，如果 n 是有限的，且 S_i 都是有限集（对 $i=1，\cdots，n$），则该博弈至少存在一个纳什均衡，均衡可能包含混合策略。

该定理说明，每一个有限次博弈都至少有一个混合策略纳什均衡。

纳什定理的证明要用到数学中著名的布鲁威尔（Brouwer）不动点定理，这是因为，纳什均衡在数学上就是一个不动点的概念。

布鲁威尔（Brouwer）不定点定理： 设 $S\subset R^n$ 是一个非空的有界的闭且凸的集合。设 f：$S{\to}S$ 是一个连续映射。那么，在 S 中至少存在一个 f 的不动点，这便是至少存在一个 X^* $\in S$ 使得 $X^*=f(X^*)$。

布鲁威尔不动点定理的数学证明比较复杂，但却存在很强的几何直观性。图 2.21 是二维空间中的布鲁威尔不动点定理：如果 $f(x)$ 是一个在定义域和值域上都是闭区间 $[0，1]$ 的连续函数，则在 $[0，1]$ 中至少存在一点 x^*，满足 $f(x^*)=x^*$。我们称 x^* 为函数 $f(x)$ 对应的曲线至少与图中的 45°线有一个交点。

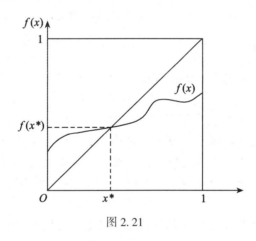

图 2.21

注意，在布鲁威尔不动点定理中，$f(x)$ 的连续性条件是必不可少的。如果 $f(x)$ 是不连续的，不动点就不一定存在。如图 2.22 所示。

纳什定理的证明需要用到角谷（Kakutani）不动点定理。角谷不动点定理是关于一维空间上映射的布鲁威尔不动点定理在 n 维空间映射上的推广，其意义是在 n 维空间的有界闭凸集上的连续映射，至少存在一个不动点。运用角谷不动点定理证明纳什定理可以表述为：每个 n 个博弈方的博弈组成的策略组合 $(p_1，\cdots，p_n)$，都是由 n 个博弈方的策略空间相乘得到的 n 维乘积空间中的一个点。对每个这种策略组合，都可以找出由 n 个博弈方对它的最佳反应策略 $(p_1^*，\cdots，p_n^*)$ 构成的一个或多个策略组合，这就形成了一个从上述乘积空间到它自身的一对多（One-to-Many）的映射（Mapping）。纳什定理证明之所以要引用角谷不动点定理，是因为在纳什均衡存在性证明中所遇到的反应函数一般是多个因变量函数，即所谓一对多对应（Correspondence），而角谷不动点定理正好描述的是一对多对应的一种性质。由于在引进混合策略以后，在期望得益的意义上得益函数都是连续函数，因此

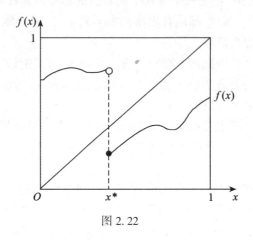

图 2.22

映射的图形是一个闭集，且每个点在映射下的映像都是凸集。根据角谷不动点定理，可知该映射至少有一个不动点，这个不动点就是一个纳什均衡。

二、纳什定理的价值

纳什定理保证了相当广泛类型的博弈中均衡策略的存在性，意味着纳什均衡分析在我们所遇到的大多数博弈问题中，都是一种基本的分析方法。正是因为这一普遍存在性价值，纳什均衡是博弈结果的"一致预测"的性质才有意义，纳什均衡这一概念才会成为分析博弈和预测博弈结果的中心概念和基本出发点。否则，如果多数博弈不存在纳什均衡，那么纳什均衡分析的价值就是非常有限的。因此，纳什均衡的存在性是纳什均衡概念最重要的性质。这也就是为什么纳什均衡概念及纳什均衡存在性定理是博弈中最主要的理论的原因之所在。

自纳什提出纳什均衡概念以后，纳什自己和其他人又用不同的方法，或对不同的博弈类型范围，重新证明了纳什均衡的存在性。其中最重要的扩展是将针对有限策略型博弈的纳什定理，推广到行为或策略不可数、有连续得益函数的无限次博弈中。下面我们给出扩展后的纳什均衡存在性定理。如果把前面的纳什均衡叫做纳什定理 1 的话，那么下面有进一步关于纳什定理新的结论，我们同样把它们叫做纳什定理。

纳什定理 2（Debreu，1952；Glicksberg，1952；Fan，1952）：在一个有 n 个博弈方参与的标准博弈 $G = \{S_1, \cdots, S_n; u_1, \cdots, u_n\}$ 中，如果每个博弈方的纯策略空间 S_i 是欧氏空间上一个非空的、闭的、有界的凸集，得益函数是连续的且对 S_i 是拟凹的，则存在一个纯策略纳什均衡。

前面介绍的纳什定理 1 可以看作是此定理 2 的特例。在定理 2 中，得益函数的拟凹性是一个很严格的条件，这个条件在许多情况下是不满足的。当得益函数在纯策略空间上是连续的，但不一定拟凹时，引入混合策略可以保证纳什均衡的存在。于是我们又有如下扩展后的纳什定理：

纳什定理 3（Glicksberg，1952）：在一个有 n 个博弈方的标准博弈 $G = \{S_1, \cdots, S_n;$

u_1, …, u_n} 中, 如果每个博弈方的纯策略空间 S_i 是欧氏空间上一个非空的、闭的、有界的凸集, 得益函数是连续的, 那么, 存在一个混合策略纳什均衡。

这些定理的证明与纳什均衡的证明是相似的, 而且纳什定理1都可以看作这些定理的特例。这些定理说明纳什均衡在相当广泛的博弈类型中是普遍存在的, 至少可以保证存在一个混合策略纳什均衡。在有些类型的博弈中更可以证明至少存在一个纯策略纳什均衡, 从而使得一个博弈具有一个确定性的结果, 即最优策略组合。

第六节　多重纳什均衡及其选择

纳什均衡的存在性不等于唯一性, 许多博弈往往有多个纳什均衡, 甚至无穷多个纳什均衡。有时不同的纳什均衡相互之间也没有明显的优劣关系。在这种情况下, 哪个纳什均衡最有可能成为最终的纳什均衡, 往往取决于某种能使博弈者产生一致性预测的机制或判断标准。然而, 当一个博弈有多个纳什均衡时, 纳什均衡的一致性预测也难以实现, 因为要所有博弈者都预测同一个纳什均衡是非常困难的。这些情况的存在, 表明纳什均衡分析仍然是有局限性的, 说明对博弈问题仅仅进行纳什均衡分析是不够的。

当博弈中存在的纳什均衡不止一个时, 我们把它叫做多重纳什均衡的博弈。多重纳什均衡博弈非常普遍, 我们有必要对多重纳什均衡导致的选择问题作一些分析。

一、帕累托上策均衡(Pareto Dominated Equilibrium)

在多重纳什均衡博弈中, 并不是所有的多重纳什均衡博弈都是难以选择的。事实上, 虽然有些博弈中存在多个纳什均衡, 但这些纳什均衡存在明显的优劣差异, 所有博弈方对其中的某一个纳什均衡有着共同的偏好。如果某个纳什均衡给所有博弈方带来的利益, 都大于其他所有纳什均衡会带来的利益, 这时候博弈方的选择倾向性就会完全相同, 各个博弈方不仅自己会选择该纳什均衡策略, 而且预测其他博弈方也会选择该纳什均衡策略, 共同追求经济学中的帕累托效率最优, 因此称此纳什均衡为帕累托上策均衡。

上述多重纳什均衡选择所依据的标准其实就是经济学中帕累托效率意义上的优劣关系。博弈论大师海萨尼(Harsanyi)和泽尔滕(Selten)认为, 这种按照得益大小选择得到的纳什均衡, 比其他纳什均衡具有帕累托优势, 我们把用这种方法选择出来的纳什均衡, 叫做"帕累托上策均衡"。帕累托上策均衡的例子是很多的, 这里用下面这个"性别之争"博弈问题为例作一些说明(图 2.23)。

王　刚

		歌剧	足球
刘	歌剧	2, 1	0, 0
丽	足球	0, 0	1, 3

图 2.23

【例1】

"性别之争"博弈

这是我们已知的"性别之争"博弈。从图 2.23 可以看出，这个博弈中有两个纯策略纳什均衡，分别为（歌剧，歌剧）和（足球，足球），很显然，（足球，足球）是这两个纳什均衡中，在帕累托效率意义上明显较好的一个，因此（足球，足球）构成本博弈的一个帕累托上策均衡。

二、风险上策均衡(Risk-dominant Equilibrium)

在多重纳什均衡博弈的选择中，选择纳什均衡的另一种方法就是风险上策均衡法。虽然帕累托上策均衡作为均衡选择的标准是合理的，然而并不是帕累托上策均衡都能够成为多重纳什均衡博弈选择的标准，有时候其他某种同样是合理的选择逻辑的作用会超过帕累托效率的选择逻辑，比如基于风险因素的考虑就是这样一种情况。当从多重纳什均衡中选择一个合理的预测常常依赖于预测风险的大小的时候，人们一般倾向于接受预测风险比较小的结果。

【例2】

投 资 博 弈

假设有两家公司准备共同投资，一种投资机会为股票市场，另一种投资机会为房地产，我们用图 2.24 的投资得益矩阵表示的静态博弈来说明上述观点。

公司2

		股票	房地产
公司1	股票	9, 9	4, 8
	房地产	8, 4	7, 7

图 2.24

显然，这个博弈中有两个纯策略纳什均衡（股票，股票）和（房地产，房地产）。并且（股票，股票）的双方得益大于（房地产，房地产）的双方得益，因此前一个纳什均衡是这个博弈的一个帕累托上策均衡。

那么，这个结果是否必然是两家公司双方共同采用的帕累托上策均衡（股票，股票）呢？回答是不一定，因为虽然当双方确实都采用帕累托上策均衡（股票，股票）的策略时，两家公司的得益都会比采用另一个纳什均衡（房地产，房地产）多 2 个单位，但是如果一家公司采用（股票，股票）的策略时，另一家公司却没有采用（股票，股票）的策略，那么此时前者的得益是很差的 4 个单位，比它们分别采取房地产的得益（至少 7 个单位，不管对方的策略是什么）要低得多。这意味着采用（股票，股票）对两家公司来说都是较大的风险。所以，如果考虑风险因素，(房地产，房地产)就有相对优势，因为虽然它在帕累托效率意义上不如(股票，股票)，但在风险较小的意义上却优于(股票，股票)。当两家公司希望保险一些，想要回避风险时就会选择(房地产，房地产)而不是(股票，股票)。我们称(房地产，房地产)是这个博弈的一个"风险上策均衡"。

风险上策均衡的一种简单理解方法或识别标准是，如果所有博弈方在预计其他博弈方采用两种纳什均衡的策略的概率相同时，都偏爱其中某一纳什均衡，则该纳什均衡就是一个风险上策均衡。

下面我们再用"猎鹿博弈"来阐述风险上策均衡的分析方法。

【例3】

"猎鹿(Stag-hunting)"博弈

假设两个猎人在外出打猎同时发现1只白鹿和2只兔子，如果两人合力抓白鹿，则可以把这只价值20个单位的白鹿抓住，兔子当然是抓不到了；如果两人都去抓兔子，则各可以抓到1只价值5个单位的兔子，白鹿就会跑掉；但如果一个人选择了抓兔子，选择抓白鹿的人则什么也抓不到。显然两人的决策必须在瞬间作出，根本来不及商量，这就构成了一个静态博弈问题。如果合作猎获1只白鹿后双方会平分收获，则图2.25是相关的得益矩阵。

猎人2

		白鹿	兔子
猎人1	白鹿	10, 10	0, 5
	兔子	5, 0	5, 5

图2.25

这个博弈也有两个纳什均衡，那就是(白鹿，白鹿)和(兔子，兔子)，而且前一个纳什均衡也是本博弈的一个帕累托上策均衡。但我们也容易看出，由于在另一猎人选择抓兔子的情况下，选择抓白鹿的猎人会一无所获，而选择抓兔子的猎人利益则是有保障的，因为此时至少可以抓到一只兔子，有5个单位的确定性得益。因此，选择抓白鹿有很大的风险，并不一定是最好的选择。因此，(兔子，兔子)是这个猎鹿博弈的一个风险上策均衡，精明的猎人往往会选择抓兔子而不是抓白鹿。

如果对风险上策均衡进一步分析，我们还会发现，博弈方对风险上策均衡的选择倾向有一种自我强化的正反馈机制。那就是当部分或所有博弈方选择风险上策均衡的可能性增强的时候，任一博弈方选择帕累托上策均衡策略的期望得益都会进一步变小，这就使各博弈方更倾向于选择风险上策均衡，这反过来又进一步使选择帕累托上策均衡策略的得益更小，从而形成一种选择风险上策均衡的正反馈机制，使其出现的机会越来越大。事实上，正是因为存在上述正反馈机制，往往会使得开始时并不是很大的各个博弈方采用风险上策均衡策略的概率，甚至只是对其他博弈方可能会采用风险上策均衡策略的担心，演变成低效率的风险上策均衡成为现实。发生类似于混沌系统的"蝴蝶效应"。这对我们分析博弈的最终结果有较好的理论帮助。

三、聚点均衡(Focal Points Equilibrium)

其实，多重纳什均衡给我们带来的主要尴尬之处，主要还在于不存在有差别的帕累托上策均衡。如在"性别之争"博弈的三个纳什均衡中，除了混合策略纳什均衡明显较差以外，两个纯策略纳什均衡之间不存在帕累托效率意义上的优劣关系，一个对丈夫有利，另一个则对妻子有利，因此两个博弈方究竟会怎么选择无法判断。

但实际上，并不是所有无帕累托优劣关系的多重纳什均衡博弈中，人们的选择都没有规律性。事实上，在现实生活中，博弈方可能使用某些被标准博弈模型抽象掉的信息来达到一个所谓的"聚点"(Focal Point)，从而帮助进行选择。

谢林(C. Schelling)于1960年提出的"聚点"理论指出，在某些日常生活中，人们在作选择时，往往通过利用由策略形式提供的信息来协调而最后选择某些特殊的均衡，从而使得某一均衡发生的概率大于另一个均衡。例如根据人们对类似"性别之争"博弈、有两个纯策略纳什均衡的博弈所进行的实验，发现大多数博弈方通常似乎知道在这样的博弈中该怎么选择，而且博弈方之间经常能够相互理解对方的行为，也发现博弈方往往会利用博弈规则以外的特定信息，如博弈方共同的文化背景中的习惯或规范、共同的知识、历史经验或者具有特定意义事物的特征、某些特殊的数量或位置关系等来进行选择。

例如在张维迎《博弈论与信息经济学》一书里的"提名博弈"中，两个博弈方被要求同时报一个时间，所报时间相同各可获得一定的奖励，所报时间不同则不能获得奖励。很显然，这个博弈有无穷多个纳什均衡，双方选择任何相同的时间都是该博弈的纳什均衡，而且这些纳什均衡相互之间完全不存在效率意义上的优劣关系。但是我们不难发现，该博弈的两个博弈方选择类似"中午12点"、"0点"和"1点"的可能性比较大，双方同时选择这种时间的机会也较大，而选择类似"上午10点01分"、"下午3点46分"等时间的可能性就很小，更不大可能同时成为双方的选择。理由是前几个时间既是整点，而且又都有特殊意义(第一个代表上下午的分界点，第二个则是一天的开始)，因此双方同时想到的希望较大。后面两个时间则没有什么特殊的意义，即使某个博弈方想选择这样的时间，也不敢指望对方会作出这样的选择，这就足以使该博弈方放弃这类打算了。因此，在上述博弈中两博弈方必然都会选择类似"中午12点"和"0点"等时间，虽然不能保证双方的选择一致，但至少大大提高了双方选择一致的理解。

我们称"中午12点"和"0点"这样的策略为上述博弈的"聚点"或谢林点(Schelling Point)。在多重纳什均衡的博弈中，双方同时选择一个聚点构成的纳什均衡称为"聚点均衡"。当然聚点均衡首先是纳什均衡，是多重纳什均衡中比较容易被选择的纳什均衡。

其实"性别之争"博弈也是适用聚点均衡的博弈问题，夫妻双方的生日、双方的性格脾气等都可能作为聚点的根据。此外，现实中可以用聚点来分析和解释的博弈问题也是很多的。例如，在中国内地的交通规则中，所有的车辆都靠右行驶，而在香港，所有的车辆都靠左行驶就是一个"聚点"均衡。

从我们讨论的几个聚点均衡例子可以看出，聚点均衡确实反映了人们在多重纳什均衡选择中的某些规律性，但因为它们涉及的方面众多，因此虽然对每个具体的博弈问题可能可以找出聚点，但对一般的博弈却很难总结规律，只能具体问题具体分析。如果没有共同的谢林点，两个及两个以上纳什均衡的博弈仍然是一个无法解决的问题。

四、防合谋均衡（Coalition Proof Equilibrium）

前面我们所介绍的帕累托上策均衡法，主要是用于两人静态博弈的情形。但是，用帕累托上策均衡来预测多于两个博弈方参与的博弈结果时则会遇到巨大的困难。这是因为三个及三个以上的博弈方，就有可能部分合谋，结成联盟，在极大化联盟成员利益的同时损害了其他博弈方的利益，这样的结局显然有悖于帕累托上策均衡的要求。

考虑有甲、乙、丙三个人参与的博弈，得益矩阵如图 2.26 所示，其中从左到右依次的三个数分别表示甲、乙、丙在该博弈中的得益。

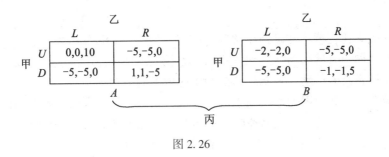

图 2.26

虽然本博弈是有三个博弈方的两个得益矩阵，但仍然可以通过画线法来求得纯策略纳什均衡。例如，在同时固定乙选择 L 和丙选择 A 的条件下，比较甲选择 U 与 D 的盈利大小，显然 $0>-5$，则在 0 下面画一短线。在固定甲选择 U 且乙选择 L 的条件下，丙选择 A 的盈利为 10，而选择策略 B 时的得益为 0，于是我们就在 10 下画一短线，等等。我们得到那些三个元素均有短线的组合，易知 (U, L, A) 与 (D, R, B) 是纯策略纳什均衡。

令 x 表示甲选择 U 的概率，y 表示乙选择 L 的概率，z 表示丙选择 A 的概率。甲选择 U 时的期望盈利为

$$0-5(1-y)z-2y(1-z)-5(1-y)(1-z)$$

甲选择 D 时的期望盈利为

$$-5yz+(1-y)z-5y(1-z)-(1-y)(1-z)$$

则乙、丙分别选择 y、z 时的混合策略，应当使甲在选择 U 与选择 D 这两者之间的得益无差别，即上述两个期望得益必须相等，于是有

$$4yz-2z+7y-4=0$$

同理，考虑乙的期望得益可得

$$4xz-2z+7y-4=0$$

考虑丙的期望得益可得

$$xy=(1-x)(1-y)$$

即 $1-x-y=0$，综合上面三个等式得 $x=y=z=1/2$。因此 $(1/2，1/2)$，$(1/2，1/2)$，$(1/2，1/2)$ 是混合策略纳什均衡，相应的期望得益为 $(-3，-3，5/4)$。

现在回到纯策略纳什均衡，显然 $(U，L，A)$ 帕累托优于 $(D，R，B)$，也优于混合策略均衡。那么 $(U，L，A)$ 是否可成为甲、乙、丙三个博弈者明显的聚点呢？不妨设想 $(U，L，A)$ 就是博弈中各方一致预测的结果，此时我们使博弈者丙的选择固定于策略 A，于是甲乙二人之间的博弈的得益矩阵如图 2.27 所示。

乙

		L	R
甲	U	0，0	-5，-5
	D	-5，-5	1，1

图 2.27

该博弈的帕累托上策均衡是 $(D，R)$。于是甲乙两人期望博弈者丙选择策略 A，在这基础上甲与乙协调两人的行动，达到博弈的帕累托上策均衡。事实上，只要有可能，他们就会这样来协调自己的行动，其结果却推翻了原博弈的一个均衡 $(U，L，A)$。

在这种情况下博弈方甲和乙相当于进行合谋，组成了一个联盟，在与丙的博弈中，联盟一方互相协调尽可能地极大化联盟各个成员的得益，而博弈方丙是理性的，他知道如果博弈三方在博弈过程中互相独立地行动，那么策略组合 $(U，L，A)$ 与 $(D，R，B)$ 是两个可能的"好"结局，相比较而言 $(U，L，A)$ 也许对三方都更有利一些。但是如果根据这样的分析，他选择了策略 A，有可能引起博弈方甲和乙两人结成联盟，而从预测结果来看不会是 $(U，L，A)$。博弈方甲和乙协调于 $(D，R)$ 的可能性极大，于是丙为了保障自己的利益，将毫不犹豫地转向选择策略 B。假如丙选择 B，此时博弈方甲和乙两人博弈的纳什均衡仍为 $(D，R)$，于是博弈的合理预测结果看来应当是 $(D，R，B)$，它不是帕累托上策均衡。$(D，R，B)$ 有效地防止了博弈方甲和乙两人可能的合谋，从而避免了丙的损失。从预防合谋这一层意义上来说，$(D，R，B)$ 优于 $(U，L，A)$。

如果我们先固定甲的策略选择为 U，而由博弈方乙和丙合谋，则得益结果可能比上面的要差。此时，$(U，L，A)$ 是合理的一致预测。也就是说，对博弈方甲来说，他未必要防止乙与丙合谋，因为当博弈方甲固定策略选择 U 时，不管博弈方乙和丙是否合谋，他们的纳什均衡仍为 $(L，A)$，因而有背离的纳什均衡 $(U，L，A)$。

博弈的预测需要从整体出发，因此预防合谋也应全面考虑。从预防合谋上看，应当在固定任何一个博弈方的策略选择时，其他两个博弈方将协调在此条件基础上博弈的帕累托上策均衡，如果这样协调的结果偏离了最初的纳什均衡，那么这个纳什均衡就不能成为合理的预测，如上面的 $(U，L，A)$。假如协调并没有背离原来的纳什均衡，则该结果就可能成为一个合理的预测，本例中的 $(D，R，B)$ 便是如此。

上述结论可以推广到 n 个博弈方的博弈问题。其可能的合理预测，首先要求所预测的结局是纳什均衡，在那里每一个博弈方都在其余 $n-1$ 个博弈方策略选定的基础上由于已经极大化自己的得益而不愿偏离，即没有任何人会偏离纳什均衡策略。进一步固定任意 $n-2$ 个博弈方的策略，观察剩下的博弈方在给定的条件下，博弈中博弈的帕累托上策均衡是否偏离原博弈纳什均衡；原始博弈的一个纳什均衡如果可能成为一个合理预测，我们要求不存在任何一个两个博弈方愿意主动偏离它；类似地，我们要求任何一个三人联盟不愿意主动偏离它；类似地，我们要求任何一个三人联盟不偏离原博弈的纳什均衡……一直下去，直至任何一个 $n-1$ 人联盟不会偏离原博弈的纳什均衡。总而言之，在多人博弈中，如果存在多重纯策略纳什均衡，哪一个可以作为合理预测呢？从防合谋思想出发，任何 k $(1 \leqslant k \leqslant n-1)$ 人合谋都不会发生背离现象的纳什均衡就是一个合理预测，符合这种推理的预测结局称作防合谋均衡，这一观点是由伯赫姆（Bernheim）等人于 1987 年提出的。

五、相关均衡（Correlated Equilibrium）

在纳什均衡里，每个博弈方都是独立地行动，进行策略选择的。然而在现实中，当人们遇到多重均衡选择困难时，常会通过收集更多的信息，形成特定的机制和规则，依据某人或某些共同观测到的信息选择行动，设计某种形式的均衡选择机制，以解决多重纳什均衡选择问题，使所有博弈者受益，这时各博弈方的决策是相关的。如两家房地产公司进行市场竞争，假定市场出现某种信号，例如国家对房地产市场进行宏观调控，在双方观察到这个信号之后所进行的策略选择就是相关的。"相关均衡"就是这样的一种均衡选择机制。

为了说明相关均衡的概念，我们来分析下面由 2005 年诺贝尔经济学奖获得者奥曼（Aummann）曾经提出的博弈例子。设想一个图 2.28 中得益矩阵表示的博弈。

博弈 2

		L	R
博弈 1	U	9, 9	4, 8
	D	8, 4	7, 7

图 2.28

该博弈有三个纳什均衡：在完全信息条件下，有 (U, L) 和 (D, R) 两个纯策略纳什均衡，另外有一个混合策略纳什均衡 $[(1/2, 1/2), (1/2, 1/2)]$，即两博弈方都以 1/2 的概率在自己的两个纯策略中随机选择，它们的得益分别为 $(5, 1)$，$(1, 5)$，$(2.5, 2.5)$。虽然该博弈的两个纯策略纳什均衡，都能使两博弈方各得到 $0.5 \times 5 + 0.5 \times 1 = 3$ 个单位的得益，但在这两个纳什均衡下双方的利益相差很大，因此很难在两博弈方之间形成自然的妥协，聚点均衡的概念不成立。如果采用混合策略纳什均衡，因为有 1/4 的可能性遇到最不理想的 (U, R)，因此双方的期望得益都只有 $2.5\left[\dfrac{1}{2}\left(\dfrac{1}{2} \times 5 + \dfrac{1}{2} \times 4 + \dfrac{1}{2} \times 1 + \dfrac{1}{2} \times 0\right)\right]$ 单位，显然也不理想。

为了避免出现 (U, R)，使结果符合双方的利益，因此双方有可能通过协商约定采用如下的策略选择原则：如果明天是晴天，博弈方 1 选择 U，博弈方 2 选择 L；如果明天是阴天，博弈方 1 选 D，博弈方 2 选择 R。按照这样的规则选择，两个博弈者的选择就相关了，而且两个纯策略纳什均衡 (U, L) 和 (D, R) 各有 1/2 出现的可能，且可以保证排除采用混合策略可能出现的 (U, R)，双方的期望得益都是 3，好于双方各自采用混合策略的期望得益，也解决了双方在两个纯策略纳什均衡选择方面的僵局。同样的相关选择也可以用到"性别之争"博弈中双方可能形成的约定："如果天气好一起去看足球赛，天气不好则一起去看歌剧表演"。

进一步拓展上述思路，在该博弈中博弈方在收到不同但又相关的信号的情况下还可能实现更好的期望得益。该博弈有一个总得益更高的策略组合 (D, L)，由于它不是纳什均衡，因此除了混合策略纳什均衡中包含采用它的可能性以外，在一次性博弈中无法实现它。如果我们设计出一种能够包含进这个策略组合，同时又能排除 (U, R) 的方法，就可以实现博弈方得益的改进，这种方法的关键是发出下列"相关信号" (Correlated Signals) 以实现博弈得益的改进：(1) 该机制以相同的可能性 (各 1/3) 发出 A、B、C 三种信号；(2) 博弈方 1 只能看到该信号是否为 A，博弈方 2 只能看到该信号是否为 C；(3) 博弈方 1 看到 A 采用 U，否则采用 D；博弈方 2 看到 C 采用 R，否则采用 L。

不难发现该机制有下列重要性质：(1) 保证 U 和 R 不会同时出现，即排除掉了 (U, R)；(2) 保证 (U, L)、(U, D) 和 (D, R) 各以 1/3 的概率出现，从而两博弈方的期望得益达到 3+1/3；(3) 上述策略组合是一个纳什均衡；(4) 上述相关机制并不影响双方各种策略组合下的得益，因此并不影响原来的均衡。就是说，如果一个博弈方忽视信号，另一个博弈方也可以忽视信号，并不影响各博弈方原来可能实现的利益。我们称双方根据上述相关机制选择策略构成的纳什均衡为"相关均衡"。

第三章　完全且完美信息动态博弈

　　静态博弈只是博弈问题中的一种类型，现实中的许多决策活动是有先后顺序（Sequential-Move）的，往往是依次选择行为而不是同时选择行为，而且后选择行为的博弈方能够看到先选择行为博弈方的选择内容，所以后面博弈方的决策要受到以前博弈方决策行为的影响，每一个博弈方都会根据在决策时所掌握的全部信息来作出自己的最优策略，即每个博弈方的策略是决策者在决策时所掌握全部信息的函数。换句话讲，博弈方在某一个阶段做出的决策，要受到前面一系列决策信息的影响，是前面一系列决策信息的函数。典型的例子就是对弈，我走一步，你走一步，你来我往，楚汉相争，不亦乐乎。双方相继行动，每个人在每一时刻的决策都是前面一系列决策所掌握信息的函数。再比如房地产开发选择、拍卖活动中的轮流竞价、资本市场上的收购兼并都是这样。依次选择与一次性同时选择有很大差异，因此这种决策问题构成的博弈与静态博弈有很大的不同，我们称它们为"动态博弈"（Dynamic Games）或"序贯博弈"（Sequential-Move Game）。

第一节　动态博弈的扩展式表示法

　　在动态博弈中，各博弈方不是同时而是先后选择行为，每个博弈方要考虑的问题是：如果我采用这个策略，对方会采取怎样的应对策略；我采取的这个策略将如何影响我自己及对手未来的策略选择，这一特点使得动态博弈在表示方法上采用扩展式方法（Extensive Form Representation）来描述和分析动态博弈。

一、动态博弈的扩展形表示（Extensive Form）

　　扩展形也称为"博弈树"。动态博弈各个博弈方的选择行为有先后次序，第一个行动选择对应的决策节称为"初始节"，每一个选择节点所包含的所有信息叫做"信息集"。各博弈方的选择行为会依次形成相连的博弈阶段，因此动态博弈中博弈方的一次选择行为常称为一个"阶段"（Stage）。动态博弈中可能存在几个博弈方同时选择的情况，这时这些博弈方的同时选择也构成一个阶段。一个动态博弈至少有两个阶段，因此动态博弈有时也称为"多阶段博弈"（Multistage Games）。此外，也有称动态博弈为"序贯博弈"的，序贯博弈是指博弈方选择策略有时间先后的博弈形式。

　　同矩阵表示法相比，扩展式所"扩展"的主要是博弈方的策略空间，即某个博弈方在什么时候行动，每次行动时有哪些策略可以选择，以及知道哪些关于博弈的信息。由于扩展形可以反映动态博弈中博弈方的选择次序和博弈的阶段，因此是表示（阶段数和博弈方可选行为数量较少的）动态博弈的最佳方法。正因为动态博弈常用扩展形表示，因此有时也被称为"扩展博弈"（Extensive Form Game）。

定义 1：如果一个动态博弈有有限个信息集，每个信息集上博弈方有有限个行动选择，则称该博弈为有限博弈。

于是，我们有下面的定理 1。

定理 1：如果一个动态博弈是有限博弈，则该博弈至少存在一个混合策略纳什均衡。

这里，动态博弈中的混合战略是从将动态博弈转换为策略式表述下的混合策略来理解的，即博弈者从不同的相机行动选择计划中随机性地选择这些相机行动计划。

下面我们用一个"仿造和反仿造"博弈的例子来详细揭示动态博弈的扩展形表示方法。

【例 1】

"仿造和反仿造"博弈

设有一家企业的产品被另一家企业仿造，如果被仿造企业采取措施制止，仿造企业就会停止仿造，如果被仿造企业不采取措施制止，那么仿造企业就会继续仿造。对被仿造企业来说，被仿造当然会造成经济损失，因此采取措施制止仿造是符合自身利益的，但制止仿造要付出代价，因此在遭仿造时是否应该制止要酌情考虑。对于仿造企业来说，仿造不被制止能获得很大利益，但如果被制止被处罚也会损失惨重，因此是否仿造也要仔细分析。所以，这两个企业在仿造和制止仿造的问题上，存在着一个行为和利益相互依存的博弈问题，而且是一个动态博弈问题。

我们假设仿造最多进行 2 次，再假设第一次不仿造、仿造被制止，以及在第一次仿造没制止的情况下，第二次不仿造、仿造被制止、仿造不被制止这几种情况下，仿造和被仿造企业的得益分别为 0 和 10、-2 和 5、5 和 5、2 和 2、10 和 4，并用 A 表示仿造企业，B 表示被仿造企业，那么该动态博弈可以用图 3.1 中的扩展形表示。图中得益数组的第一个数字是仿造企业的得益，第二个数字为被仿造企业的得益。

如果对"仿造与反仿造"博弈的特点进行一下总结，我们就可以发现扩展表示包括以下要素：

1. 博弈方集合，即所谓的参与人集合。
2. 博弈方的行为顺序，即什么时候行动。
3. 博弈方的行为（策略）空间，即博弈方在选择时，每次选择什么。
4. 博弈方的信息集，即博弈方在选择时，都知道些什么信息。
5. 博弈方所采取行动的收益。
6. 外生事件即自然选择的概率分布。

并不是所有动态博弈都可以用扩展形表示。因为有些动态博弈的阶段很多，或者博弈方在一个阶段有许多可以选择的行为，这些时候扩展形表示动态博弈就会很困难，或者根本就不可能。例如对弈是动态博弈，但因为它不仅博弈阶段很多，而且每个阶段的可能选择也很多，因此很难用扩展形表示。这时动态博弈，直接用文字描述和数学函数式表示更恰当。

完全且完美信息动态博弈对博弈的条件作了相当严格的要求，因而是一种十分理想化

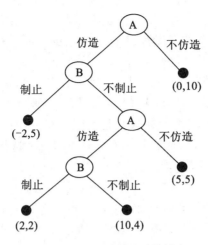

图 3.1 仿造与反仿造动态博弈

的博弈。对于完全且完美信息有限次动态博弈,我们有如下定理:

定理 2:一个有限次完全且完美信息博弈至少有一个纯策略纳什均衡。

定理 2 的证明,需要引入逆向归纳法(Backward Induction)和子博弈(Sub-Game)两个新概念,也是本章后面分析的主要内容。

二、动态博弈的主要特点

动态博弈的许多特点和静态博弈不相同,而且这些特点对于动态博弈的分析有相当重要的影响。

1. 动态博弈的策略和结果

在静态博弈中,每个博弈方只有一次选择行动的机会,所以“策略”就是这个唯一的选择或行动,“策略”与“选择”及“行动”都是等价的。在动态博弈中,各个博弈方的选择和行为不仅有先后之分,而且一个博弈方的选择很可能不是只有一次,而是有几次甚至多次,并且在不同阶段的多次行为之间有内在联系,是不能分割的整体。他进行行动选择时在所有信息集所进行的行动选择构成他的一个策略,即策略是其行动选择的一个谱系,一个策略规定了博弈方在由他进行选择的所有信息集上所要选择的行动,即博弈方在博弈开始之前所制定出的一个相机行动计划:“如果……发生,我将选择……。”因此在动态博弈中,研究某个博弈方某个阶段的行为,或者将各个阶段的行为割裂开来研究是没有意义的。动态博弈博弈方决策的内容,不是博弈方在单个阶段的行为,而是各博弈方在整个博弈中轮到选择时的每个阶段,针对前面阶段的各种情况作相应策略的完整安排,以及由不同博弈方的这种行动安排所构成的策略组合。动态博弈的“策略”就是指这种整体的策略安排计划,因此在动态博弈中,“策略”与“选择”及“行动”是不等价的。

在“仿造和反仿造”博弈中,仿造企业 A“在第一阶段仿造,如果第二阶段 B 制止,第三阶段就不仿造,否则第三阶段继续仿造”,被仿造企业 B“第一阶段 A 仿造时第二阶段不制止,第三阶段 A 继续仿造时第四阶段制止”,分别是该动态博弈中两博弈方的各一个策略。当我们把动态博弈理解成各博弈方之间以这样的策略进行博弈对抗时，在形式上似乎与前一章讨论的静态博弈就一致起来了，此时，两博弈方之间的动态博弈也可以用得益矩阵表示，矩阵行列分别代表两博弈方上述意义上的策略，称其为动态博弈的"得益矩阵"或"策略形"。

和静态博弈相比，动态博弈的结果是指各博弈方上述类型的策略构成的策略组合，并不是具体的得益。例如在仿造和反仿造博弈中，仿造企业 A 与被仿造企业 B 采用前述策略构成的策略组合。而且，动态博弈的结果是各博弈方的策略组合形成的一条连接各个阶段的"路径"（Path），即一连串在时间上有依次顺序的行为选择。在仿造和反仿造博弈中会看到"第一阶段 A 仿造，第二阶段 B 不制止，第三阶段 A 仿造，第四阶段 B 制止"，在该博弈的扩展形图上形成了一条连接每个阶段的路径。最后，动态博弈的结果是选择上述策略组合的最终结果，即具体的得益。给 A 和 B 各带来 2 个单位的得益，就是上述路径终端处得益数组中的数字。因此，在一个动态博弈中，博弈的结果包括双方（或多方）采用的策略组合、实现的博弈路径和各博弈方的得益三个方面。

2. 动态博弈的不对称性特征

在动态博弈中，由于各个博弈方的行为选择有先后次序，且后选择的博弈方能观察到此前先选择的博弈方的行为，因此动态博弈中各博弈方在地位上具有不对称性，先选择的人可能得到的好处，比其他后选择的人得到的好处要多，我们把这种情况叫作"先动优势"（First Move Advantage）。这一点与所有博弈方一次性同时选择的静态博弈明显不同。

此外，在动态博弈中，各个博弈方关于博弈的信息也是不对称的。一般来说，由于后选择的博弈方有更多的信息帮助自己选择，可减少他们决策的盲目性，因此在信息方面处于较有利的地位，其所得到的好处，可能比其他先选择的人得到的好处要多，我们把这种情况叫作"后动优势"（Second Move Advantage）。不过，后行动和具有较多信息未必一定较先行动和具有较少信息的博弈方有利。事实上，也正是由于博弈论能够揭示现实中诸如"信息多反而得益少"，"后选择未必有后发优势"等表面上不合常规现象的存在及其根源，才使得博弈论成为一种得到广泛传播并为人们所喜欢的理论。

第二节 逆向归纳法

在分析逆向归纳法之前，我们先来分析动态博弈中的可信性问题。

一、动态博弈中的可信性（Credibility）问题

动态博弈的核心问题之一是可信性问题。我们知道动态博弈中博弈方的策略是他们自己预先设定的、在各个博弈阶段针对各种情况的相应行为选择的计划，这些策略实际上并没有强制力，而且实施起来有一个过程，因此只要有符合博弈方自己眼前利益的机会，他们完全可以在博弈过程中改变计划。这种情况叫做动态博弈中的"相机选择"（Contingent Play）问题。相机选择的存在使得博弈方的策略中，所设定的各个阶段、各种情况下可能会采取的行动或策略的"可信性"有了疑问。这使得动态博弈分析比静态博弈分析要复杂得多。作为可信性问题的一个例子，我们考虑一个"开金矿博弈"问题。

【例1】

"开金矿博弈"

某投资人 A 投资一个价值 6 万元的项目时缺少 2 万元资金，而某人 B 此时有 2 万元闲置资金可以投资。A 希望 B 将 2 万元资金借给自己，并答应在年终赚到钱后和 B 对半分成，B 是否该将钱借给 A 呢？假设投资该项目肯定可以赢利，则 B 最担心的就是 A 赚钱后是否会真的与自己平分利润，因为如果 A 赚钱后不仅不和 B 平分，而且还卷款潜逃，B 就会连自己的本钱都收不回来。

图 3.2 中最上方的圆圈表示 B 的选择信息集或称选择节点(Node)，B 在此处有"借"和"不借"两种可能的行为选择，"借"和"不借"就是 B 的策略集。如果 B 选择"不借"，则博弈结束，他可以无顾虑地继续拥有 2 万元本钱，而 A 则不能投资得到 6 万元的利润，如 B 选择"借"则博弈进行到 A 的选择信息集，轮到 A 开始选择。甲在选择节点也有两种可选择的行为，分别是"分"与"不分"，同样，"分"与"不分"就构成 A 的策略空间。不管 A 选择"分"还是"不分"博弈都自动结束。A 选择"分"则两方获益，A 得到 3 万元的投资利润，而 B 的 2 万元本钱也增值成了 3 万元。若 A 选择"不分"则独吞 6 万元，B 一无所有。图 3.2 中三个终端处的数组，表示由各博弈方各阶段行为依次构成的，到达这些终端的"路径"所实现的各博弈方的得益，第一个数字是 B 的得益，第二个数字是 A 的得益。

在该两阶段动态博弈中，B 决策的关键是要判断 A 的许诺是否可信。根据理性人准则，A 在决策时的选择应该是"不分"，独吞 6 万元利润，实现自己的利益最大化。B 清楚自己借钱给 A 后所可能面临的风险，因此他不会被 A 的不可信的承诺迷惑，因此 B 最合理的选择是"不借"，保住自己的本钱，实现自己利益最大化。

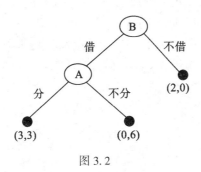

图 3.2

因为有不可信的许诺，A、B 的合作最终成为不可能，这时对 A、B 两方来说都不是最佳结果。

为了使 A 的许诺变成可信的，从而使 B 愿意选择"借"，然后 A 遵守诺言选择"分"，最终实现双方的最佳利益，现假设 B 威胁在 A 违约时，"打官司"保护自己的利益。由于打官司也要产生成本，非常劳民伤财，因此假设打官司的结果是 B 能收回本钱 2 万元，而 A 则会失去全部收入。这样博弈就成为图 3.3 所表示的两博弈方之间的三阶段动态博弈。

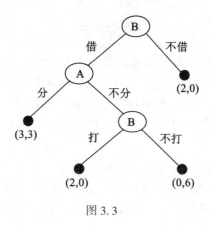

图 3.3

有了这个第三阶段，博弈的结果就完全不同。当博弈进行到第三阶段，即 A 选择"不分"时，B 可以选择"打"官司来讨回公道。如果 B 选择"不打"官司，则 A 独吞 6 万元，B 什么好处也没有。当 B 选择"打"官司时，则能收回自己的 2 万元本钱，B"打"官司的得益比"不打"官司的得益大，因此 B 的唯一选择是"打"官司。对 A 来说，他完全清楚 B 的上述思路，知道 B"打"官司的威胁是可信的，因此 A 理性的选择是"分"，双方共享利益，各得 3 万元。这时 A"分"的许诺成了可信的诺言。可见，B 在增加对 A 的一个法律约束条件之后，自身的利益受到法律保障，A 的"分"钱许诺就变成可信的许诺，B 在第一阶段可以放心大胆地选择"借"了。博弈结果是 B 在第一阶段选择"借"，A 在第二阶段选择"分"，从而结束博弈，双方各得到得益 3。此时 B 的完整策略是"第一阶段选择'借'"，若第二阶段 A 选择'不分'，第三阶段选择'打'，A 的完整策略就是"第二阶段选择'分'"。这就是这个三阶段动态博弈的解。

现在我们假设 B 威胁的不是"打官司"，而是威胁使用"手雷"炸死 A，即 B 威胁在 A 选择"不分"时，将用"手雷"炸死 A，此时得益为图 3.4 所示的扩展形。

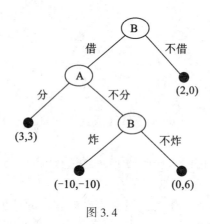

图 3.4

假如第三阶段 B 选择"炸"以后的得益确实如图 3.4 所示，那么这时候 B 在第三个阶段"炸"的威胁对 A 来说，就不再是可信的了，是一种"不可信的"(Incredible)的"空头威胁"(Empty Threats)。因为这时"炸"虽然让 A 遭受了 10 万元的损失，但 B 自己也受到 10 万元的损失，而"不炸"只损失 2 万元本钱，理性的 B 此时是不可能选择"炸"的。如果 A 清楚 B 的这种心理，虽然他在第二阶段选择时会考虑如果第三阶段 B 选择"炸"对自己很不利，但对 B 第三阶段"炸"的威胁仍然会无所顾忌，最终他仍然会选择"不分"。因为他知道 B 第三阶段选择"炸"的威胁并不可信，这样他在第二阶段"分"钱的许诺自然也就不可信了。现在再回到第一阶段 B 的选择，B 很清楚只有选择"不借"才是保险的。

显然"开金矿博弈"这一动态博弈可以表示为(两阶段)：

(1)博弈方 B 从可行策略集 A 中选择一个行动 a_1，即从"借"和"不借"之中进行选择。

(2)博弈方 A 观察到 a_1 之后从可行策略集 A_2 中选择一个行为 a_2，即从"分"与"不分"中进行选择。

(3)双方的得益分别为 $u_1(a_1, a_2)$ 和 $u_2(a_1, a_2)$。

【例 2】

"台海博弈"

中国和美国在我国台湾省问题上的博弈是一种战略博弈，战略博弈重在强调承诺的可信性建设，而承诺的可信性是基于让对手了解自己的意图。要达到威慑"台独"的战略目的，中国和美国在台湾省问题上进行博弈时，需要故意透露我们反对"台独"的可信承诺和决心。

在反对"台独"的战略博弈中，首先，我们可以郑重地"广而告之"，通过立法与制度化的形式，增强承诺可信，《中华人民共和国反国家分裂法》即为此。尽管法律通过后，我们的战略选择机会有所受限，但消弭了人们对于我国在突发事件中的态度和行为的疑虑。其次，该愤怒时就愤怒。与理性的博弈游戏不同，情绪表达对于战略信息传递，具有非常好的效果。2008 年美国宣布对我国台湾省给予价值 64 亿美元的军售，我国外交部、全国人大、政协和国防部齐声谴责美国的行径，实属罕见。情绪表达的效力，从根本上讲，还是由博弈各方的权力结构决定的。最后，如果对手挑战现状的动机在于害怕未来的损失，那么我们可以兜揽"胡萝卜"，使用保证的策略；如果对手目的是追求预期的收益，那么我们应倾向于手提"大棒"，使用威慑的策略。在台海问题上各方动机不同，各种心计与利益交错。美国的战略动机偏重于维持台海战略平衡，防止其利益受损，以"坐收渔利"；而"台独"分子在于追求想象的利益，妄想"去中国化"，进而实现法理和事实独立。因此，对美国，我们可以多实施一些相互保证的策略，建立一定的互信机制，而对"台独"分子应更多地使用威慑手段。不过，如果美国不断出尔反尔，一味追求"全球利益"，那也无须手软。

因此，在"台海博弈"中，我们对美、"台独"的战略不是出其不意，让美方、让"台独"分子失算，而是要强调反"台独"承诺的可信性，这样才能从根本上制止"台独"。

通过上面的分析，我们知道了可信性问题在动态博弈问题中的重要性，虽然有时候一些博弈方声称将采取什么样特定的行动，以影响和制约其他博弈方的行为，但如果这些行动缺乏以经济利益为基础的可信性，那么这些想法或声明最终就是不可信的，不会有真正的效力。因此，可信性问题是动态博弈分析的一个中心问题，需要对它十分重视。

二、逆向归纳法(Backwards Induction Method)

1. 纳什均衡的问题

动态博弈中的博弈是一个相机行事的过程，即在动态博弈中，各博弈方是在"等到"博弈轮到自己选择时再决定如何行动。这种相机选择引出了动态博弈中的一个中心问题，即可信性问题。

在静态博弈中，纳什均衡具有良好的稳定性，即各博弈方都没有动力去改变这一策略组合。由于纳什均衡具有稳定性，各博弈方能够一致预测到该均衡的最终形式，即各博弈方似乎是在博弈开始之前就制定出一个完全的行动选择计划。但在动态博弈中，由于相机行为的存在，并进而导致不可信问题，这样就使得静态博弈下的纳什均衡可能会缺乏稳定性。

纳什均衡在动态博弈中可能缺乏稳定性的根源，正是在于它不能排除博弈方策略中所包含的不可信的行为设定，不能解决动态博弈的相机选择引起的可信性问题。纳什均衡概念的这种缺陷，使得它在分析动态博弈时往往不能作出可靠的判断和预测，其作用和价值受到限制，也使得我们思考要引进更有效的分析动态博弈的概念和方法。这些概念和方法在动态博弈分析中除了要符合纳什均衡的基本要求以外，还必须能够排除博弈方策略中不可信的行为设定，如各种不可信的威胁和承诺，从而排除"合理"的或者稳定的纳什均衡，进而排除掉"不合理"或不稳定的纳什均衡。只有满足这样要求的均衡概念在动态博弈分析中才有真正的稳定性，才能对动态博弈作出有效的分析和预测。这就是我们下面及后面要介绍的逆向归纳法及子博弈纳什均衡理论。

2. 逆向归纳法

在博弈论中，经常用"可置信"和"不可置信"来区分博弈者选择的策略。在对动态博弈的分析中，我们会分析什么样的策略是可置信的，什么样的策略是不可置信的，而分析"威胁"或"承诺"是可置信的还是不可置信的方法就是"逆向归纳法"(Backwards Induction)。

在"开金矿博弈"中，我们采用了一种分析动态博弈的有效方法，从动态博弈的最后一个阶段博弈方的行为开始分析，逐步倒推回前一个阶段相应博弈方的行为选择，一直到第一个阶段的分析方法，这种分析方法称为"逆向归纳法"，又称倒推法(Rollback Method)，它是从博弈的最后一个决策阶段开始分析，确定该阶段博弈方的策略选择；然后再确定前一阶段博弈方的策略选择，一直推到起始点。

逆向归纳法的特征是：博弈行为是顺序发生的。先行动的理性博弈方，在前面阶段选择行为时必然会先考虑后行动博弈方在后面阶段中将会怎样选择行为，只有在博弈的最后一个阶段选择的，不再有任何后续阶段影响的博弈方，才能直接作出明确选择；后面的行动者在进行行为选择前，所有以前的行为都可以被观察到，而当后面阶段博弈方的选择确定以后，前一阶段博弈方的行为也就容易确定了。

　　逆向归纳法的方法是：博弈分析从动态博弈的最后一个阶段开始，每一次确定出所分析阶段博弈方的策略选择和路径，然后再确定前一个阶段博弈方的策略选择和路径。当逆推归纳到某个阶段时，这个阶段及后续的博弈结果就可以肯定下来，该阶段的选择节点等于一个结束终端。不断重复上述逆向递推过程，直至第一阶段，最后得到各博弈方在不同阶段的策略选择及其行为路径组合。

　　逆向归纳法实质上就是各阶段动态规划的库恩算法。因此，先了解运筹学中动态规划理论，再来了解这里的逆向归纳法的特征和方法步骤就非常容易。

　　对于图 3.4 所示的"开金矿博弈"来说的逆向归纳法的第一步是先分析第三阶段 B 是否"炸"的选择，由于"炸"比"不炸"损失更大，他必然会选择"不炸"。因此一旦博弈进行到这个阶段，结果必然是 B 选择"不炸"，双方得益为(0, 6)。

　　如果我们对上述两阶段博弈运用逆向归纳法，可知 A 在第二阶段的选择必然是"不分"，因此该博弈可进一步化为图 3.5 中的等价博弈。这是一个单人博弈，B"不借"的选择是很显然的。

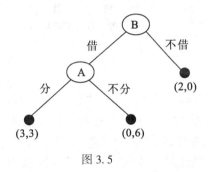

图 3.5

　　我们知道，动态规划的库恩算法(Kuhn Algorithm)是通过逆向求解，把一个多阶段动态规划问题"分解"为一个个单阶段的优化问题，通过求解每一个单阶段的最优解，来得到整体规划的最优解。同样，在动态博弈中，逆向归纳法也就是把多阶段动态博弈化为一系列的单人博弈，通过对一系列单人博弈的分析，确定各博弈方在各自选择阶段的选择，最终对动态博弈结果，包括博弈的路径和各博弈方的得益等作出判断，归纳各个博弈方各阶段的选择则可得到各个博弈方在整个动态博弈中的策略。

第三节　子博弈和子博弈精练纳什均衡

　　逆向归纳法解决了求解动态博弈方法上的问题，但并不是全部。然而如何排除动态博弈中的"不合理"纳什均衡，塞尔顿(Selten)1965 年第一个论证了在一般的动态博弈中，某些纳什均衡比其他的纳什均衡更加合理，这就是"子博弈精练纳什均衡"(Subgame Perfect Nash Equilibrium)。塞尔顿提出的"子博弈精练纳什均衡"正是满足上述需要的博弈均衡概念。下面我们就来介绍这个均衡概念和以这个均衡概念为核心的动态博弈分析。

一、子博弈（Subgame）

由博弈中某一个阶段开始的后续博弈叫做一个"子博弈"（Subgame）。实际上，从一个博弈任何一个节点开始一直到博弈结束都可以看作一个子博弈。我们仍然用图3.6中的三阶段"开金矿博弈"来说明什么是子博弈。

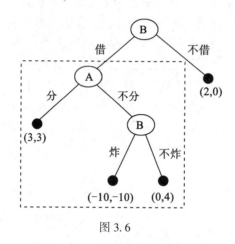

图3.6

在该博弈中，如果B在第一个阶段选择了"借"，意味着这个动态博弈进行到了A作选择的第二阶段。此时A面临的是一个在B已经借钱给他的前提下，自己选择是否分钱，然后再由B选择是否炸的两阶段动态博弈问题，很显然这本身也构成一个完整的动态博弈。我们称这个包含在原三阶段博弈中的两阶段动态博弈为原博弈的一个"子博弈"，它就是图3.6中虚线框中的部分。

定义2（子博弈）：由一个动态博弈第一阶段以后的任一阶段开始的后续博弈阶段构成的，包含有初始信息集和进行博弈所需要的全部信息，能够自成一个博弈的原博弈的一部分，称为原动态博弈的一个"子博弈"。

也就是说，一个"子博弈"必须拥有第一章所介绍的博弈构成要素中的所有要素，即博弈方、策略、行动、顺序、得益、信息等。其关系就如同集合中的母集与子集的关系。

显然，图3.7中虚线框中的部分完全满足这个定义，是这个三阶段博弈的一个子博弈。

按照子博弈的定义，我们还可以进一步讨论这个子博弈的子博弈问题。在"开金矿博弈"的子博弈中，当A选择不分，轮到B选择"炸"还是"不炸"的第三阶段，就是这个子博弈的子博弈，我们称后面这个子博弈为原博弈的"二级子博弈"。图3.7中外、内两层虚线框分别表示开金矿博弈的两级子博弈。此时这个两子博弈已经是一个单人博弈，不可能再有子博弈。

子博弈在动态博弈中是很普遍的，完美信息多阶段动态博弈基本上都有一级或多级子博弈。例如图3.1的仿造和反仿造博弈中，A第一阶段选择仿造以后，接着B选择是否制止，以及双方的后续反应，也构成一个子博弈。由于这个子博弈本身是一个三阶段动态博

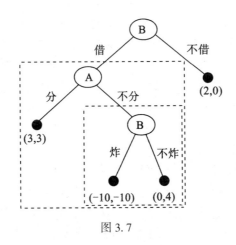

图 3.7

弈，因此它还有子博弈，分别是 B 选择不制止后 A 选择是否继续仿造及 B 是否制止的第二级子博弈，以及第三阶段 A 选择继续仿造以及 B 选择是否制止的第三级子博弈。

不过，并不是动态博弈的任何部分都能构成子博弈，也不是所有多阶段动态博弈都有子博弈。首先子博弈不能包括原博弈的第一个阶段，这也意味着动态博弈本身不会是它自己的子博弈。这与集合的特点是不一样的。其次子博弈必须有一个明确的初始信息集，以及必须包含初始阶段之后的所有博弈阶段，这意味着子博弈不能分割任何信息集，说明在有多节点信息集的不完美信息博弈中可能不存在子博弈等。

在上述关于子博弈的定义中，我们把博弈自身没有看作子博弈。事实上，我们是可以把它看作子博弈的，因为它毕竟包含从节点 B(以图 3.7 为例)引出的所有分支。如果我们把整个博弈自身也作为子博弈，则除该博弈自身以外的其他子博弈统称为适当子博弈(Proper Subgame)。本书关于子博弈的定义指的是适当子博弈。

二、子博弈精练纳什均衡(Subgame Perfectness)

有了子博弈概念，下面我们就可以介绍动态博弈的"子博弈精练纳什均衡"概念。这里先给出"子博弈精练纳什均衡"的定义。

定义 3(子博弈精练纳什均衡)：如果在一个具有完美信息的动态博弈中，各博弈方的策略构成的一个策略组合满足：(1)它是原博弈的纳什均衡；(2)在整个动态博弈及它的所有子博弈中都构成纳什均衡，那么这个策略组合称为该动态博弈的一个"子博弈精练纳什均衡"。

对于子博弈精练纳什均衡的这一特点，我们可以有一个形象化的比喻：某一个人 500 年前的祖宗(子博弈精练纳什均衡)，是从 500 年以来到他本人(子博弈之一)为止的前面任何一代人(子博弈之一)的祖宗，而不只是其中某几代人(子博弈之一)的祖宗。他本人又成为他后面任何一代人(子博弈之一)的祖宗。

任何博弈都可能有它自身的一个子博弈，因而一个子博弈精练纳什均衡的策略组合肯定是纳什均衡。如果某博弈的唯一子博弈就是其本身，那么子博弈精练纳什均衡和纳什均衡就是一样的。如果还有其他子博弈，则说明有些纳什均衡并不是子博弈精练纳什均衡。

子博弈精练纳什均衡与纳什均衡的根本不同之处，就是子博弈完美纳什均衡能够排除均衡策略中不可信的威胁或承诺，排除"不合理"、不稳定的纳什均衡，只留下真正稳定的纳什均衡，即子博弈精练纳什均衡。这正是我们引进子博弈精练纳什均衡概念的原因。子博弈精练纳什均衡之所以能排除动态博弈相机选择策略组合中的不可信行为，是因为它要求该行为下的策略选择所形成的均衡必须在所有子博弈中都是纳什均衡，这就排除了其中存在不可信行为选择的可能性，从而使留下的均衡策略在动态博弈分析中具有真正的稳定性。

还是以"开金矿博弈"为例，我们看这样一个策略组合：B 在第一阶段选择"借"，在第三阶段选择"炸"；而 A 在第二阶段选择"分"。虽然该策略是整个博弈的一个纳什均衡，但这个策略组合中 B 的策略要求 B 在第三阶段单人子博弈中选择的"炸"策略不是该单人子博弈的一个纳什均衡，因为该单人子博弈的最优解，应该是"不炸"，否则 B 就是非理性的。因此，根据子博弈精练纳什均衡的定义，这个策略组合就不是一个子博弈精练纳什均衡。这也正是我们在前面分析该纳什均衡策略组合是不稳定的均衡的根本原因。

看另一个策略组合：B 在第一阶段选择"不借"，如果有第三阶段选择则选"不炸"；甲如果有第二阶段选择则选"不分"。该策略组合显然就是该博弈的子博弈精练纳什均衡。因为该策略组合的双方策略不仅在整个博弈中构成纳什均衡，而且在两级子博弈中也都构成纳什均衡，从而不存在任何不可信的威胁或承诺，子博弈中也都构成纳什均衡，从而不存在任何不可信的威胁或承诺，根据子博弈精练纳什均衡的定义，该策略组合构成这个动态博弈的一个子博弈精练纳什均衡。这是该动态博弈唯一的子博弈精练纳什均衡，因此也是这个博弈的真正稳定的均衡。

【例1】

猴子和窃贼的抉择

一个笼子里关着一群猴子，主人每隔一天就要打开笼子抓一只猴子去杀掉。每次当主人来到笼子面前时，猴子们都很紧张，它们不敢有任何举动，怕因此引起主人的注意而被主人选中杀掉。当主人把目光落在其中一只猴子身上时，其余的猴子就希望主人赶快决定。当主人最终作出决定时，没有被选中的猴子非常高兴。那个被选中的猴子拼命反抗，其余猴子在一旁幸灾乐祸地观看，这只猴子被杀掉了。这样的过程日复一日地进行着，最终猴子全部被宰杀掉了。如果这群猴子群起而攻之，有可能会逃掉。但每只猴子不知道其余的猴子是否会和它一起反抗，它怕自己的反抗会引起主人的注意而被主人选中宰杀掉。

在现实社会中，窃贼在公共场所(比如公共汽车上)偷东西时，车上的乘客看到了，但不敢吭声。没有被偷的人想，反正被偷的人不是我，我反抗了，我得不到任何好处，反而遭到伤害；而不反抗虽没有得益，但也没有损失，我何必要反抗呢？这就是众目睽睽之下的偷窃行为为什么总能成功的原因。

窃贼在偷东西时发出这样的信号：如果谁反抗，将殴打谁。乘客想，窃贼的威胁是可信的：因为如果个别乘客反抗，而窃贼不殴打该乘客的话，就会有更多的乘客抓窃贼，窃贼将有可能被抓，因此窃贼必然殴打反抗的乘客。乘客的策略及可能的得益为：反抗，有可能被殴打甚至受伤；不反抗，无所得也无所失。这一博弈过程为：对于乘客来说，窃贼的威胁是可信的，因而乘客的最优策略是"不反抗"；而对于窃贼来说，乘客"不反抗"下的"不殴打"策略为最优。这一博弈的结果是，窃贼偷东西时"乘客不反抗，窃贼不殴打"，这是一个"子博弈精练纳什均衡"。

【例2】

行业的产能过剩

经济学家发现，今天中国的许多行业都存在产能过剩的现象。特别是在一些新兴行业中，一些先进入的企业在无法准确预测未来市场大小的情况下，盲目地扩大生产能力。从博弈论来解释就是，企业为了阻吓潜在的竞争对手，通过显示其过剩生产能力来给潜在竞争对手一个"可置信的"威胁：你要是进入市场与我竞争，我并不会减少产量。这样，企业保持过剩生产能力就是一种"承诺行动"，其原理如下：

根据经济学中的规模经济理论，企业生产在经济上都存在一个"盈亏平衡点"，即当生产规模小于某一阈值时，企业就会出现亏损；当生产规模大于该阈值时，企业才会有利润可获。这个规模阈值就被称为企业的"盈亏平衡点"。因此，生产规模或生产能力愈大的企业，其盈亏平均点就愈大，只有这样企业才能将先期投入的较大的固定资本分摊到较多的产品上去，从而平均成本较低，利润就较高。

当市场中有一家企业拥有较大的生产能力时，如果其他企业进入，该企业不会大幅度降低产量。给定市场的规模，新企业进入后，如果原有企业不降低产量，这时市场上的产量增加。根据需求—供给理论，市场的需求曲线将会向下倾斜，此时，需求曲线就会将产品价格拉低，后进入的企业将会无利可图，甚至亏损。由于市场在位企业生产能力较大，其盈亏平衡点较大，因此，其威胁就是可置信的。因为对于有较大盈亏平衡点的企业来说，维持一定的较大产量是企业不亏损的基本条件。如果进入企业明白这一点，它就不会进入该市场了，而原有企业正是通过这一可置信的威胁，从而成功地将潜在的竞争者拒于行业外，维持长期的垄断地位。

第四节　动态博弈模型

下面我们介绍几个有代表性的动态博弈模型。

【例1】

斯塔克博格(Stackelberg)双寡头模型

斯塔克博格(Stackelberg)模型是一个双寡头动态模型。该模型假设寡头市场上有两个企业，与古诺模型一样，这两个企业的决策内容也是产量。在这两个企业中，其中一个企业处于支配地位，先行动进行产量选择，另一个企业处于从属地位，在支配企业选择产量之后再进行选择，因此这是一个动态博弈问题。我们再假设博弈结构的其他方面，如策略空间、得益函数和信息结构等，与两寡头连续产量的古诺模型也都一样，因此这个斯塔克博格模型是一个完全且完美信息的动态博弈。与古诺模型的唯一区别只是两博弈方的选择现在是先后进行的而不是同时进行。

斯塔克博格双寡头博弈的顺序如下：企业 1 首先选择产量 $q_1 \geq 0$，企业 2 观察到 $q_2 \geq 0$，于是企业 $i(i=1, 2)$ 的收益由下面的得益函数给出：$u_i(q_i, q_j) = q_i[p(Q)-c]$，其中 $p(Q) = a-Q$ 为市场出清时的价格。$Q = q_1+q_2$，c 为企业 i 的边际成本，为一常数，设企业的固定成本均为零。

我们考虑用逆向归纳法，寻找它的子博弈精练纳什均衡，为求解出这一精练纳什均衡，我们首先计算企业 2 对企业 1 任意产量的最优反应。设企业 1、2 的最优产量分别为 q_1^*，q_2^*，于是有：

$$\max_{q_2 \geq 0} u_2(q_1, q_2) = \max_{q_2 \geq 0} q_2[a-(q_1+q_2)-c]$$

由该式对 q_2 求导，并令其为 0 可得：$R_2(q_1^*) = \dfrac{a-q_1-c}{2} = q_2^*$。$R_2(q_1)$ 是企业 2 对企业 1 已观测到的产量的现实反应。

由于企业 1 同样能够像企业 2 一样解出企业 2 的最优反应，企业 1 就可以预测到它如选择 q_1，企业 2 将根据 $R_2(q_1^*)$ 选择的产量。企业 1 在开始选择时（博弈的第一阶段），企业 1 要考虑的问题就可表示为：

$$\max_{q_1 \geq 0} u_1(q_1, R_2(q_1)) = \max_{q_1 \geq 0} q_1[a-q_1-R_2(q_1)-c]$$
$$= \max_{q_1 \geq 0} \frac{(a-q_1-c)q_1}{2}$$

求极值得：

$$q_1^* = \frac{a-c}{2}$$

$$q_2^* = R_2(q_1^*) = \frac{a-c}{4}$$

$\left(\dfrac{a-c}{2}, \dfrac{a-c}{4}\right)$ 即为该博弈的子博弈精练纳什均衡解。

将该结果与两寡头静态古诺模型的结果进行比较，发现斯塔克博格模型除了博弈方的选择次序以外，其他方面都与古诺模型完全相同，但斯塔克博格模型的总产量 $\dfrac{3(a-c)}{4}$ 大于古诺模型 $\dfrac{2(a-c)}{3}$，从而市场出清价格低于古诺模型中的市场出清价格。总利润也小于古诺模型，不过其中企业 1 的得益却大于古诺模型中两个厂商的得益，更大于本模型中企业 2 的得益，而企业 2 的利润水平却比古诺模型中的要低。最后这一点反映了该模型中两家企业所处地位的不对称性的作用，因为企业 1 具有先行动的优势，且它又了解企业 2 必然会理性选择这一特点，从而能通过选择较大的产量得到较多的利益。见图 3.8。

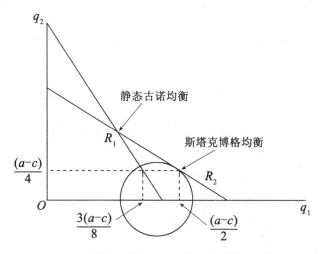

图 3.8　斯塔克博格均衡与静态古诺均衡比较

【例 2】

企业中的劳资博弈

下面我们来再分析一个里昂惕夫(Leontief)1946 年提出的，代表劳资双方的工会和企业之间的博弈模型。假设工资完全由工会决定，但企业却可以根据工会要求的工资高低决定就业的人数，即企业和企业工会之间就工资水平讨价还价，企业自主决定就业水平。

显然，工会是在工资水平与就业数量上与企业进行博弈，不会只追求较高的工资这一目标，而牺牲就业数量，因此，工会代表的劳方效用应该是工资水平和雇用数两者的函数，即 $u=u(\omega, L)$，其中 W 和 L 分别表示工资水平和企业雇用的工人数。

企业的效用以利润来表示，利润是收益和成本之差，这样企业的利润函数为 $\pi = \pi(\omega, L) = R(L) - W \times L$，也是工资水平和劳动力雇用数两者的函数。其中 $R(L)$ 为企业雇用 L 名工人可以取得的收入，WL 为雇用 L 名工人所必须支付的总成本，即工资。假设生产成本为零，工会和企业之间的博弈顺序为：工会先决定工资水平，企业根据工会提出的工资水平决定雇用人数。为了简便起见，假设工资水平和雇用数都是连续可分的，工会和企业的得益分别是效用函数 $u(W, L)$ 和利润 $\pi(W, L)$。

我们用逆向归纳法分析这个博弈。首先分析第二阶段的企业对第一阶段工会选择的工资水平 W 的反应函数 $L(W)$。设工会提出的工资水平为 W，那么企业选择 $L^*(\omega)$ 以实现自己的最大得益，就是求解最大值问题：

$$\max_{L \geq 0} \pi(W, L) = \max_{L \geq 0} [R(L) - WL]$$

其一阶条件为 $R'(L) - w = 0$。因此对具体的问题，只要从 $R'(L) - w = 0$ 中解出 L，就是在给定工会选择工资水平 W 时企业的最优雇用数量。为保证上述一阶条件有解，假定 $R'(0) = \infty$，$R'(\infty) = 0$。

$R'(L) - W = 0$ 的经济意义是企业增加雇用人数时的边际收益，也就是企业雇用的最后一个单位劳动力所能增加的收益，恰好等于雇用一单位劳动的边际成本，即支付给工人的工资水平。在收益函数 $R(L)$ 的图形上反映出来，就是企业取得最大利润的雇用数 $L^*(W)$ 对应的 $R(L)$ 曲线上点处的切线斜率一定等于工资率，如图 3.9 所示。

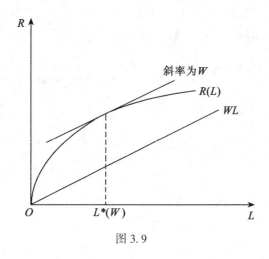

图 3.9

然后回到第一阶段工会的选择。由于工会了解企业的决策方法，因此工会完全会预测对于自己选择的每种工资水平 W，企业将选择的雇用数一定是 $L^*(W)$。因此，工会需要解决的决策问题变成选择 W^*，使它满足最大值问题：

$$\max_{W \geq 0} u\left[W, L^*(W)\right]$$

的解。如果我们给出了工会效用函数的具体形式，就可以通过解这个最大值问题，求出符合工会最大利益的工资率 W^*。

在经济学中，有关于产量和效用水平的无差异曲线理论。现在假设我们有对应工会效用函数 $u(W, L)$ 的 W 和 L 之间的无差异曲线，如图 3.10 所示，若令 L 不变，当 W 提高时工会的福利就会增加，于是位置越高的无差异曲线表示工会的效用越高。那么，我们可以通过将企业的反应函数 $L^*(W)$ 画在图 3.10 上，得出 W^* 的一个图解。显然，与企业的反

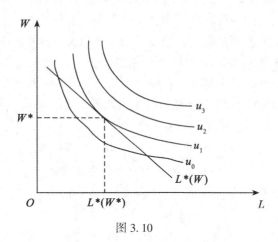

图 3.10

应函数相切的那条无差异曲线对应的效用，就是工会能实现的最大效用，切点的纵坐标 W^* 正是工会实现这个最大效用必须选择的工资水平，横坐标则是企业对工会 W^* 的最佳反应 $L^*(W^*)$。因此，这个博弈的均衡解就是 $[W^*, L^*(W)]$，而且是一个子博弈精练纳什均衡。

如果我们对 $[W^*, L^*(W)]$ 的效率进行分析，我们将发现它是低效率的，不是帕累托最优点，如图 3.11 所示。显然，如果 W 和 L 处于图中阴影部分以内，企业和工会的效用水平都会提高，一个帕累托最优解满足以下条件：$\dfrac{R'(L)-W}{L} = -\dfrac{\pi'_L}{\pi'_w}$，即企业的等利润曲线的斜率等于工会无差异曲线的斜率。

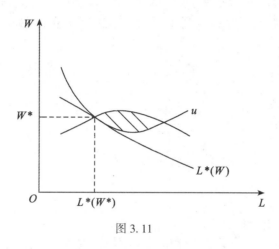

图 3.11

【例 3】

轮流出价博弈(Alternation Offers)

讨价还价(Bargaining)是一类常见的博弈现象，是一个不断的"出价"(Offer)和"还价"(Counter Offer)的动态博弈过程。它是博弈论最早研究的一种博弈问题，大量的研究已使其成为博弈论的一个重要分支领域。下面我们对鲁宾斯泰英(Rubinstein)在 1982 年提出的轮流出价(Alternation Offers)博弈问题进行分析。

1. 三阶段谈判博弈

首先讨论一个三回合谈判博弈。假设有两个人继承了一笔遗产，现在两个人就如何分享这 K 万元遗产进行谈判。再假设两个人已经定下了这样的谈判规则：首先由甲提出一个分割比例，乙可以接受也可以拒绝；如果乙拒绝则他自己应提出另一个方案，让甲选择接受或拒绝。如此一直进行下去。一个条件一旦被拒绝，它就不再有约束力，并和下面的博弈不再相关。在上述循环过程中，只要任何一方接受对方的方案，博弈就告结束。再设每一次一方提出一个方案和另一方选择是否接受为一个回合，由于谈判费用和利息损失等，双方的利益都要打一个折扣 $\delta(0<\delta<1)$，我们称 δ 为"贴现因子"。如果进一步假设讨

价还价最多只能进行三个回合，到第三回合乙必须接受甲的方案，则这个三回合讨价还价博弈可用下述方式清楚地描述：

第一回合，甲的方案是自己得 S_1，乙得 $K-S_1$，乙可以选择接受或不接受，接受则双方得益分别为 S_1 和 $K-S_1$，谈判结束，如果乙不接受，则开始下一回合；

第二回合，乙的方案是甲得 S_2，自己得 $K-S_2$，由甲选择是否接受，接受则双方得益分别为 δS_2 和 $\delta(K-S_2)$，谈判结束，如甲方不接受则进行下一回合；

第三回合，甲提出自己得 S，乙得 $K-S$，这时乙必须接受，双方实际得益分别为 $\delta^2 S$ 和 $\delta^2(K-S)$。

由于上述三回合中双方提出的 S_1、S_2 和 S 都可以是 0 到 K 之间的任意金额，因此，我们可以认为这个三回合讨价还价博弈中，两博弈方可提出的 S_1、S_2 和 S 都有无限多种，是一个无限策略的动态博弈，如果用一个扩展形表示这个博弈，则如图 3.12 所示。

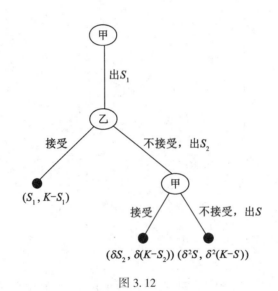

图 3.12

下面用逆向归纳法来求解这个博弈。首先分析博弈的第三个回合。在第三回合，因为甲的出价 S 乙必须接受，根据理性人条件，甲可以选择 $S=k$，自己独得这笔钱，使自己的利益最大化。不过我们这里排除这一极端情况，仍然把 S 作为甲在该回合的一般出价。这样当博弈进行到第三回合时，我们知道双方的得益分别为 $\delta^2 S$ 和 $\delta^2(K-S)$。

现在倒推回到第二回合乙的选择。乙知道一旦博弈进行到第三回合，甲将出 S，自己将得 $\delta^2(K-S)$ 而甲得 $\delta^2 S$。如果乙已经拒绝了第一回合甲的方案，此时他该怎样出价才能使自己的得益最大化呢？显然只有乙出的 S_2 让甲接受时的收益与拒绝这一出价进入下一阶段时甲的收益无差别（或者不小于第三阶段的收益）时，甲才会接受乙的出价 S_2，而这时乙又能使自己的得益比第三回合的得益大，那么这样的 S_2 就是最符合乙的利益的。也就是当 S_2 满足 $\delta S_2 = \delta^2 S$，即 $S_2 = \delta S$ 时，此时乙的得益为 $\delta(K-\delta S)=\delta K-\delta^2 S$。因为 $0<\delta<1$，因此该得益与进行到第三回合的得益 $\delta^2(K-S)$ 相比要大一些，这是乙可能得到的最大

得益。

最后再回到第一回合甲的考虑。甲一开始就知道第三回合自己的得益是 $\delta^2 S$，也知道乙会在第二回合出价 $S_2 = \delta S$，因此进行到第二回合自己的得益也是 $\delta^2 S$，而乙则会满足于得到 $\delta K - \delta^2 S$。因此，如果甲在第一回合的出价 S_1 使得乙的收益不小于 $\delta K - \delta^2 S$，则乙就会接受甲的出价，而这时甲又能得到比 $\delta^2 S$ 更大的利益，这样的出价就是甲此时所希望的了。因此只要令 $K - S_1 = \delta K - \delta^2 S$，即 $S_1 = K - \delta K + \delta^2 S$ 时即可实现上述目的。此时乙的得益与到第二回合的利益相同，还是 $\delta K - \delta^2 S$，而甲的得益 $K - \delta K + \delta^2 S$ 则比进行到第二、第三回合的得益 $\delta^2 S$ 更大。因此这个博弈在甲第三回合会出 S，而且对方必须接受的情况下，甲第一回合出价 $S_1 = K - \delta K + \delta^2 S$，乙方接受，甲、乙双方得益 $K - \delta K + \delta^2 S$ 和 $\delta K - \delta^2 S$，是这个博弈的子博弈精练纳什均衡解。

注意在本博弈中，上述结论得出的前提是甲在第三回合的出价 S 必须是双方都预先知道的，也就是说 $(S, K-S)$ 是外生给定的。如果因为甲在第三回合的方案乙必须接受，因此甲提出 $S = k$，那么博弈的解就是甲在第一回合出价 $S_1 = k(1 - \delta + \delta^2)$，乙接受，双方的得益为 $[k(1 - \delta + \delta^2), k(\delta - \delta^2)]$，在这种情况下，双方获得利益的比例取决于 $\delta K - \delta^2$ 的大小。$\delta K - \delta^2$ 越大，甲的比例越小，乙的比例越大。当 $\delta = 0.5$，$K = 1$ 时，$\delta K - \delta^2$ 有最大值 0.25；当 $0.5 < \delta < 1$ 时，δ 越大，$\delta K - \delta^2$ 越小，甲的得益越大，乙的得益越小；当 $0 < \delta < 0.5$ 时，δ 越大，$\delta - \delta^2$ 越大，甲的得益越小，乙的得益越大。这种结果反映了在此博弈中，乙讨价还价的筹码是和甲拖延时间，拖延时间可以给甲造成损失。拖延时间对甲造成的损失越大，甲愿意分给乙以求早日结束讨价还价的利益就越大。一般来说，如果 $0 < \delta < 1$，均衡结果不仅依赖于贴现因子的相对化率，而且依赖于时间 T 的长度和谁在最后出价。因此，该博弈对我们现实的经济生活中的谈判具有很好的启发意义。

2. 无限次谈判博弈

虽然在三回合谈判博弈分析中谈到乙可以采取拖延战术来获取较多的利益，但博弈一旦真的被拖入无限次阶段，其最终的结果会变得非常复杂。下面我们就来分析无限次的谈判博弈。无限次谈判博弈在第三回合并不会强制结束，只要双方互不接受对方的出价方案，则博弈就要不断进行下去，奇数期由甲出价，偶数期由乙出价，无限次谈判博弈中同样有一个折旧系数 δ。

我们仍然希望能够用逆向归纳法来分析这一无限次谈判动态博弈，然而由于无限次谈判博弈没有一个可以借以分析的最后期，因此逆向归纳法无法直接应用。1984 年夏克德（Shaked）和萨顿（Sutton）给出了一种解决无限回合博弈问题的结论：

对一个无限次回合博弈，从第三阶段开始与从第一阶段开始的整个过程的博弈，其结果都是一样的。

依据这一结论，我们可以把无限次博弈变成一个有限次博弈，并应用对有限次博弈分析的思路和方法进行分析。在无限次谈判博弈中，不管是从第一阶段开始还是从第三阶段开始，都是先由甲出价，然后双方交替出价，直到一方接受为止。

依据上述分析，我们可以先假设整个博弈有一个逆向归纳的解，甲和乙的得益分别为 S 和 $k-S$，即甲在第一阶段出价 S，乙接受时双方的得益。根据夏克德和萨顿的结论，从第三阶段开始这个无限次博弈，与从第一期阶段开始应该得到一样的结果，因此上述逆向归纳的解也应该是从第三阶段开始的博弈的结果。也就是说，第三阶段也应该是甲出 S，乙接受，双方得益 S 和 $k-S$，而且这个结果是最终结果。

设 S^* 为甲在无限次谈判博弈中可能得到的逆向归纳解下的最大收益。依据夏克德和萨顿的结论，可以设想 S^* 也是甲在第三阶段的得益，则如前所述，这将产生一个新的逆向归纳解。根据前面对三阶段谈判博弈的逆向归纳法的结论可知，甲在第一阶段的得益为 S_1。由于 $S_1 = k - \delta k + \delta^2 S$，乙方接受，双方得益$(k - \delta k + \delta^2 S, \delta k - \delta^2 S)$。由于 S^* 是第三阶段可能达到的最大得益，S_1 也就是第一阶段可能达到的最大得益，但同时 S^* 又是第一阶段可能达到的最大得益，于是有 $S^* = S_1$，亦即有 $S^* = S_1 = k - \delta k + \delta^2 S^*$，从这个方程中可解得 $S^* = \dfrac{k}{1+\delta}$，即在这个无限次谈判博弈中，均衡的结果是甲在第一阶段出价 $S^* = \dfrac{k}{1+\delta}$，乙接受并获得 $k - S^* = \dfrac{\delta k}{1+\delta}$。$\left(\dfrac{k}{1+\sigma}, \dfrac{\sigma k}{1+\sigma} \right)$ 也就是该无限次谈判博弈的子博弈精练纳什均衡解。

根据上面的分析，当讨价还价博弈是无限次时，虽然逆向归纳法不能直接使用，但我们可以运用逆向归纳法的思想以及博弈树在自身结构上的自相似性（即夏克德和萨顿的结论）解出其唯一的子博弈精练纳什均衡，这就是著名的鲁宾斯泰英（Rubinstein）定理：

鲁宾斯泰英（*Rubinstein*）定理：无限次轮流出价的讨价还价博弈有唯一的子博弈精练纳什均衡，其均衡结果为：

$$S^* = \frac{k}{1+\delta}$$

第五节　动态博弈中的同时选择行为

到目前为止，我们讨论的都是纯粹的静态博弈和纯粹的动态博弈，但是有一些博弈，它们在总体上表现为动态博弈，然而在博弈模型的某个或某些阶段又存在博弈方同时选择行为的，这种类型的博弈问题在现实经济中是很多的，例如在伯特兰德寡头竞争模型中有两个或更多追随厂商同时决定产量的情况以及下面将要介绍的对银行的挤兑、关税和国际市场竞争等都是这一类博弈中典型的例子。现在我们就来考虑在动态博弈模型有同时选择行为的问题，这里主要讨论较为简单的有同时选择的两阶段动态博弈模型。

一、模型表示

我们先给出此类博弈的模型表示方式，它包括以下几个方面的假设：

1. 博弈中有四个博弈方，分别称为博弈方 1、博弈方 2、博弈方 3 和博弈方 4。

2. 第一阶段是博弈方 1 和博弈方 2 同时在各自的可选策略（行为）集合 A_1 和 A_2 中分别选择策略或行动 a_1 和 a_2。

3. 第二阶段是博弈方 3 和博弈方 4 在看到博弈方 1 和博弈方 2 的选择 a_1 和 a_2 以后，同时在各自的可选策略（行为）集合 A_1 和 A_2 中分别选择策略或行动 a_3 和 a_4。

4. 各博弈方的得益都取决于所有博弈方的策略 a_1、a_2、a_3 和 a_4，即博弈方 i 的得益是各个博弈方所选策略的多元函数 $u_i = u_i(a_1, a_2, a_3, a_4)$。

两阶段有同时选择的博弈仍然是动态博弈，而且仍然有完全和完美信息的特征，因此我们解决此类博弈问题的基本方法仍然是逆向归纳法，核心均衡概念仍然是子博弈精练纳什均衡。由于存在同时选择，此时从博弈的最后阶段进行逆向归纳的第一步就是求解一个真正的博弈问题，即求解一个静态博弈。此外，子博弈的含义在这里也有所变化，这种模型的子博弈就是第二阶段两博弈方的同时选择，本身就是一个静态博弈。

二、经典模型

【例1】

银行挤兑模型

银行是现代经济生活中不可或缺的重要组成部分。银行信贷对社会经济发展具有重要价值，但银行经营又时刻面临着各种巨大的风险，尤其是挤兑风险。

设一银行投资一项2万元的长期项目，以10%的年利率吸引储户的存款，项目的投资期为3年，若两个客户各有1万元资金，如果他们把资金作为5年期定期存款存入该银行，那么银行就可以投资长期项目。如果两客户都不愿存款或只有一个储户存款，那么银行就无法进行投资，此时储户都可以得到自己的本金。

如果两储户都存款，银行在能展开上述长期投资项目的情况下，储户在满3年时收回存款，那么银行就能完成此项投资，银行可收回投资的本金和利润率，支付储户的存款本息。但如果在不满3年的时候，一个储户单独或两个储户同时要求提前取出存款，银行就不得不提前收回贷款，因为投资项目无法完成，但此时银行只能收回70%的本钱。若是一个储户要求提前取款，则银行会偿还该储户全部本金，余款则用于偿还另一储户，若两储户同时要求提前取款，则平分收回的资金。

根据上述假设，该银行投资问题可以用一个发生在两个储户之间，第一阶段同时选择是否存款，第二阶段同时选择是否提前取款的两阶段博弈表示，见图3.13。

图 3.13

我们用逆向归纳法从后往前来分析这个博弈，首先分析第二阶段两个博弈方的选择。这是一个真正的静态博弈，显然该博弈有两个纯策略纳什均衡：（提前，提前）和（到期，到期）。分别对应得益为(0.7, 0.7)和(1.1, 1.1)，后一个均衡明显优于前一个。根据帕累托上策均衡，我们会判断该博弈的结果是（到期，到期），双方得益为(1.1, 1.1)也就是两储户都在到期时去取款，收回本金并获得利息。但若根据风险上策均衡的分析，这种博弈并不能保证实现这种理想的结果。因为只要有一个储户认为另一个储户有提前取款的可能性,那么前者的合理选择就不再是到期取款,而是提前取款,此时就会导致前一个低效率的风险上策纳什均衡。

再回到第一阶段两储户对是否存款进行选择。如果第二阶段的博弈结果是比较理想的(到期,到期)帕累托上策纳什均衡,那么这时候第一阶段的博弈相当于图 3.14 得益矩阵所示。

客　户　2

		不存	存款
客 户 1	不存	1, 1	1, 1
	存款	1, 1	1.1, 1.1

图 3.14

在这种情况下,第一阶段也有两个纯策略纳什均衡,一个是(不存,不存),另一个是(存款,存款)。这两个纳什均衡中也是后一个帕累托优于前一个,而且后一个还是风险上策均衡,因此显然两储户都会选择后一个均衡,也就是都会选择存款给银行。

如果第二阶段的博弈结果是不理想的(提前,提前)风险上策均衡,意味着出现了储户对银行的挤兑现象。此时,第一阶段的博弈如图 3.15 的得益矩阵所示。

客　户　2

		不存	存款
客 户 1	不存	1, 1	1, 1
	存款	1, 1	0.7, 0.7

图 3.15

此时,(不存,不存)是两储户的纳什均衡,也是上策均衡,因此两储户都会选择"不存"。这相当于储户不再信任银行,银行系统处于崩溃的情况。但这种情况本身却不会引起银行挤兑的风潮和金融危机,因为在这种情况下客户根本就没有把资金存入银行。

事实上,之所以会出现银行挤兑的可能性,是因为对于客户来说,由于上述两阶段博弈的第二阶段的结果其实是有不确定性的,即他们不能确定在第二阶段的(提前,提前)和(到期,到期)两个均衡中将会确定性地出现哪一个,因此他们在作第一阶段选择的时候,可能以第二阶段将是(到期,到期)纳什均衡为基础的,因而选择(存款,存款),但如果第二阶段由于某种谣传引起储户的恐慌,最终出现的是(提前,提前)的纳什均衡,就出现了储户挤兑存款的情况。

银行挤兑博弈虽然在效率方面也存在一类低效率均衡的状况。不过上述博弈与囚徒困境还是有差异的,在银行挤兑中还存在一种有效率的均衡结果:第一阶段均选择"存款",第二阶段均选择"到期"。在囚徒困境博弈中,(坦白,坦白)这一低效率的均衡是唯一的,并且是严格占优策略。因此,银行挤兑模型本身并不能预测何时会发生对银行的挤兑,只是显示了挤兑发生的可能。在银行挤兑问题上，只要有权威的政府机构能够保证储户资金的安全或澄清谣言，就可避免严重的银行挤兑风潮的发生及造成严重后果。这也是为什么各国政府要建立信贷保证、保险制度，对存款进行保护、保险的原因。该模型也从另一个方面揭示了银行及社会诚信制度的重要价值。

【例2】

国际关税竞争模型

讨论一个在国际贸易活动中，贸易国之间最优关税的选择问题。设有两个不同的国家，分别称为国家1和国家2，两个国家的政府在本博弈中作为博弈方决定本国进口商品的关税税率。假设两国各有一个企业生产同一种商品供本国市场消费和出口，称为企业1和企业2。可以消费国货，也可以购买进口货。

用 Q_i 表示在国家 i 市场上的商品总量，则该国市场的出清价格 P_i 为 $P_i = P_i(Q_i) = a - Q_i$，$i = 1, 2$。设企业 i 生产的商品中 h_i 供内销，e_i 供出口，则 $Q_i = h_i + e_j$，$i, j = 1, 2$，当 $i = 1$ 时，$j = 2$，当 $i = 2$ 时，$j = 1$。同古诺模型一样，这里也假设两企业的边际生产成本同为常数 c，且无固定成本，则企业 i 的生产总成本为 $c(h_i + e_i)$。当企业出口时，进口国征收的关税就成为它的生产成本，如果国家 j 的关税率为 t_j，则企业 i 的出口总成本为 $ce_i + t_j e_i$，国内销售成本为 ch_i。

博弈的先后顺序如下：首先由两国政府同时制定关税率 t_1 和 t_2，然后企业1和企业2根据 t_1 和 t_2 同时决定各自用于内销和出口的产量 h_1、e_1 和 h_2、e_2。这是一个两阶段都有同时选择的四方动态博弈。其中在第一阶段决定关税的两个国家相当于标准模型中的博弈方1和博弈方2，在第二阶段决定内销和出口产量的两国企业相当于标准模型中的博弈方3和博弈方4。

其中，企业作为博弈方的得益是它们的利润额：

$$\boldsymbol{\pi}_i = \boldsymbol{\pi}_i(t_i, t_j, h_i, h_j, e_i, e_j) = P_i h_i + P_j e_i - c(h_i + e_i) - t_j e_i$$
$$= [a - (h_i + e_j)] h_i + [a - (e_i + h_j)] e_i - c(h_i + e_i) - t_j e_i$$

国家作为博弈方的得益则是它们所关心的社会总福利，包括消费者剩余、企业利润和国家关税收入三部分：

$$\boldsymbol{\omega}_i = \boldsymbol{\omega}_i(t_i, t_j, h_i, h_j, e_i, e_j)$$
$$= \frac{1}{2}(h_i + e_j)^2 + \boldsymbol{\pi}_i + t_i e_j$$

其中 $i = 1, 2$；$\frac{1}{2}(h_i + e_j)^2$ 是国家 i 国内居民作为消费者的消费者剩余。根据消费者剩余的定义，如果消费者用价格 P 购买了一件他愿意出价为 V 的商品，则他得到了 $(V - P)$ 的剩余。给定反需求函数 $P_i = P_i(Q_i) = a - Q_i$，$i = 1, 2$，如果市场 i 的销售总产量为 $Q_i = h_i + e_j$，$i, j = 1, 2$，则总的消费者剩余为 $\frac{1}{2} Q_i^2$，是根据市场出清价格对应的需求函数导出来的。

我们还是要用逆向归纳法来分析这个博弈，先从第二阶段企业的选择开始。假设两国已选择关税率分别为 t_1 和 t_2，如果 $(h_1^*, e_1^*, h_2^*, e_2^*)$ 是在设定 t_1 和 t_2 的情况下两企业之间的一个纳什均衡，那么对每一个企业 e_i 和 h_j^*，上述企业 i 在两个市场上的最大值问题可分为下列一对问题中的两个最大值问题（注意：进行这样分解的前提条件是企业的生产没有固定成本以及边际成本为常数）：

$$\max_{h_i \geq 0} \{h_i[a - (h_i + e_j^*) - c]\} \tag{1}$$

和

$$\max_{e_i \geq 0} \{e_i[a - (e_i + h_j^*) - c] - t_j e_i\} \tag{2}$$

假设 $e_j^* \leq a - c$，由（1）式可得：

$$h_i^* = \frac{1}{2}(a - e_j^* - c) \tag{3}$$

假设 $h_j^* \leq a - c - t_j$，由（7）式可得：

$$e_i^* = \frac{1}{2}(a - h_j^* - c - t_j) \tag{4}$$

显然式（3）和式（4）都是对 $i = 1, 2$ 和 $j = 2, 1$ 成立的，从而我们可得到四个方程的联立方程组。解之可得：

$$h_i^* = \frac{a - c + t_i}{3} \qquad e_i^* = \frac{a - c - 2t_j}{3} \tag{5}$$

其中 $i = 1, 2$ 和 $j = 2, 1$。这就是在设定 t_1 和 t_2 的情况下，两企业第二阶段静态博弈的纳什均衡。

在分析第一个阶段博弈之前，我们先对上述结果与古诺模型作一些比较。如果没有关税，本博弈就相当于是国内国外两个市场的古诺模型，两企业在两市场的均衡产量确实都为 $(a - c)/3$，与古诺模型的均衡产量完全一样，该结果是基于两家企业的边际成本相等的条件而得出的。在国际关税竞争模型中，关税的存在使得两企业的边际成本发生了变化。在 i 国市场上，企业 i 的边际成本为 c 而企业 j 的边际成本为 $c + t_i$。因为企业 j 的边际成本高于古诺模型的边际成本，因此它必然会少生产一些商品，而企业 j 少生产市场出清价格又有可能提高，于是企业 i 可能多生产一些商品。因此，h_i^* 是 t_i 的增函数而 e_j^* 则是 t_i 的减函数，这一关系从方程（5）中可以明显看出。这一关系说明一国的关税具有保护本国企业，提高本国企业国内市场占有率，打击外国企业的作用。这也是世界各国普遍设置关税，倾向于提高进口关税的主要原因。

现在我们回到第一阶段两个国家之间的博弈，即两国同时选择 t_1 和 t_2。此时国家 1 和国家 2 都清楚两国的企业在两个政府确定 t_1 和 t_2 以后，会根据（5）式决定均衡产量 $(h_1^*, e_1^*, h_2^*, e_2^*)$，因此两国的得益将为 $\omega_i = \omega_i(t_1, t_2, h_1^*, e_1^*, h_2^*, e_2^*)$。为了简便起见，我们简单地用 $\omega_i(t_1, t_2)$，$i = 1, 2$，来表示上述两国的得益。

对国家 i 来说，t_i^* 必须满足：

$$\max_{t_i \geq 0} \omega_i(t_i, t_j^*)$$

我们把（5）式决定的均衡产量 $(h_1^*, e_1^*, h_2^*, e_2^*)$ 代入国家 i 的福利函数，可得：

$$\omega_i(t_1,\ t_2) = \frac{[2(a-c)-t_i]^2}{18} + \frac{(a-c+t_i)^2}{9}$$
$$+ \frac{(a-c-2t_j^*)^2}{9} + \frac{t_i(a-c-2t_j^*)}{3}$$

因此我们令上式对 t_i 的导数在 $t_i = t_i^*$ 时为 0，可得两方程联立的方程组。解之得：

$$t_i^* = \frac{a-c}{3},\ i = 1,\ 2$$

把该结果代入(5)式得：

$$h_i^* = \frac{4(a-c)}{9},\ e_i^* = \frac{a-c}{9},\ i = 1,\ 2$$

这就是两企业在第二阶段，已知关税都为 $(a-c)/3$ 以后的最佳内销和出口产量选择。两企业的总产量都是 $h_i^* + e_i^* = 5(a-c)/9$。因为上面推导出的两个阶段的选择都是纳什均衡，因此肯定不存在任何不可信的承诺或威胁，这是一个子博弈精练纳什均衡解。

【例3】

工作竞争模型

工作中如何有效地激励员工在现在市场经济中是一个重要的课题。这方面已形成的模型比较多，如著名的委托—代理模型。1981 年拉齐尔(Lazear)和罗森(Rosen)提出的一种可称为"工作竞争"的模型，就是在存在相互竞争雇员的前提下，雇主通过让雇员进行竞赛的方法实现有效激励的博弈模型。下面我们介绍这个博弈模型，其基本假设为：

1. 一个企业有两个雇员。雇员 $i(i=1,\ 2)$ 的产出函数为 $y_i = e_i + \varepsilon_i$，其中 e_i 为雇员 i 的努力水平，而 ε_i 则是随机扰动项。假设雇员付出努力可能产生负效用，如因劳动而生病、受伤等。负效用是 e 的递增的凸函数 $g(e)$，因此 $g(e)$ 满足 $g'(e) > 0$ 和 $g''(e) > 0$，即 $g(e)$ 是上升的凸曲线，其经济意义是负效用随努力程度提高而增大，并且增大的速度不断加快，这是符合实际的心理效用规律的。扰动项 ε_1 和 ε_2 相互独立，并服从分布密度为 $f(\varepsilon)$、期望值为 0 的概率分布。

2. 雇员的产出可以观察到而他们的努力水平却无法观测，因此只能根据雇员的产量来支付其报酬。假设企业为了激励雇员努力工作，而在他们中间刺激工作竞争，宣布产量高、业绩好的雇员，将得到较高的工资 ω_h，而产量低的工人只能得到较低的工资 ω_l。

3. 假设两雇员在已知企业主宣布的工资奖金制度的情况下，同时独立选择各自的工作努力程度 e_i，$e_i \geq 0$。

很显然，这个博弈模型是一个两阶段有同时选择的动态博弈模型，企业选定 ω_h 和 ω_l 是这个博弈的第一阶段，两雇员在观测到企业选定的工资标准以后同时选择努力程度 e_i 是第二阶段。这个博弈中两雇员得到工资并付出努力程度 e 时的收益函数为 $u(\omega,\ e) = \omega - g(e)$，其中 $g(e) > 0$ 为付出努力时产生的负效用。企业是追求利润最大化的，因此企业主的得益函数就是产出减去成本。假设雇主的成本就是工资成本，因此雇主的得益函数为 $y_1 + y_2 - \omega_h - \omega_l$。这个模型与前一个问题的主要不同之处是各博弈方的得益有不确定性。

但该博弈并不是不完全信息博弈，因为各博弈方不只是相互对其他博弈方的得益不清楚，而是对自己的得益同样也不能确定，因此与博弈方有私人信息，或者故意对其他博弈方隐瞒信息的不完全信息博弈是不同的。在这样的博弈中，只要已知不确定性的概率分布，设定各个博弈方的风险偏好类型，根据期望得益决策，就与一般完全信息的两阶段有同时选择的博弈没有区别。

我们同样用逆向归纳法分析这个博弈。假设企业已经选定了 ω_h 和 ω_l，两个雇员在观测到 ω_h 和 ω_l 后，同时选择自己的努力程度。此时，两雇员面临的是他们之间通过选择努力程度 (e_1, e_2) 相互竞争的一个静态博弈问题，努力水平 (e_1^*, e_2^*) 构成一个纳什均衡。假设两个雇员都是风险中性的，那么每个雇员的纳什均衡策略，也就是给定对方的选择，自己选择的努力程度一定要使自己的期望收益最大化。即 e_i^* 必须是下列最大值问题的解：

$$\max_{e_i \geq 0}\left[\omega_h \cdot P\{y_i(e_i) > y_i(e_j^*)\} + \omega_l \cdot P\{y_i(e_i) \leq y_j(e_j^*)\} - g(e_i)\right]$$

$$= \max_{e_i \geq 0}\left[(\omega_h - \omega_l) \cdot P\{y_i(e_i) > y_i(e_j^*)\} + \omega_l - g(e_i)\right]$$

其中 $y_i = e_i + \varepsilon_i$，$i = 1, 2$，$P\{\cdots\}$ 表示括号中不等式成立的概率。该式最大化问题的一阶条件为：

$$(\omega_h - \omega_l) \frac{\partial P\{y_i(e_i) > y_j(e_j^*)\}}{\partial e_i} = g'(e_i) \tag{6}$$

即雇员 i 所选择的努力程度 e_i 使得其付出努力的边际收入必须等于付出努力的边际负效用数值，其中 $\omega_h - \omega_l$ 是对竞赛中优胜者的奖励工资。

为了根据上述关系式进一步确定两雇员对努力程度的具体选择，我们先把模型假设的产出函数及随机扰动的概率分布代入上述最大值问题中的概率公式，再利用条件概率的贝叶斯法则得：

$$P\{y_i(e_i) > y_j(e_j^*)\} = P\{\varepsilon_i > e_j^* + \varepsilon_j - e_i\}$$

$$= \int_{\varepsilon_j} P\{\varepsilon_i > e_j^* + \varepsilon_j - e_i \mid \varepsilon_j\} \cdot f(\varepsilon_j)\mathrm{d}\varepsilon_j$$

$$= \int_{\varepsilon_j}[1 - F(e_j^* - e_i + \varepsilon_j)]f(\varepsilon_j)\mathrm{d}\varepsilon_j$$

把该概率公式代入(6)式，可得：

$$(\omega_h - \omega_l)\int_{\varepsilon_j} f(e_j^* - e_i + \varepsilon_j)f(\varepsilon_j)\mathrm{d}\varepsilon_j = g'(e_i)$$

由于本博弈中的两个雇员的情况是一样的，因此我们可以假设他们对努力程度的选择也相同，即 $e_1^* = e_2^* = e^*$，这样就得到：

$$(\omega_h - \omega_l)\int_{\varepsilon_j} f^2(\varepsilon_j)\mathrm{d}\varepsilon_j = g'(e^*) \tag{7}$$

这就是两雇员之间在第二阶段静态博弈的纳什均衡，也就是他们在给定工资、资金水平下的最优努力水平决定公式。

由于 $g(e)$ 是凸的增函数，$g'(e^*) > 0$，因此(2)式说明奖励力度(即 $\omega_h - \omega_l$)越大，就会激发雇员更大的努力程度 e^*。另一方面，如果奖励不变，即 $\omega_h - \omega_l$ 固定，而对产出的扰动因素的影响扩大，也就是竞赛的结果更多地取决于"运气"而不是雇员的努力，那么雇员就会觉得努力是不值得的，就会选择较小的 e^*。例如当 ε_i 服从方差为 σ^2 的正态分布时，则有

$$\int_{\varepsilon_j} f^2(\varepsilon_j)\,\mathrm{d}\varepsilon_j = \frac{1}{2\sigma\sqrt{\pi}}$$

把上式代入（2）式，则明显有当 σ 增大时，e^* 将减小的结论。

不过，雇员有其他工作机会的情况下，雇员实际选择的努力也可能是解 $e_1 = e_2 = 0$，而不是由一阶条件（6）式决定。也就是说，如果工资、奖金水平太低，而付出努力的负效用又很大（工作很辛苦），或者其他地方能找到更好工作的情况下，雇员有可能会不接受这个工作。对此我们在雇主的第一阶段工资水平选择中必须加以考虑。

现在我们再分析博弈的第一阶段。假定雇员们都同意参加工作竞争，而不愿去另谋高就，我们首先分析企业的选择是保证两雇员都接受工作机会、愿意参加上述竞赛的条件。

由于上述雇员之间博弈的均衡是对称均衡，双方的策略选择相同，因此双方赢得竞赛的机会都是 1/2。这样，雇员愿意接受该工作参与竞赛的基本条件是该工作提供的期望得益至少不低于替代工作机会能提供的得益。假设两个雇员能得到的其他工作机会提供的得益是 U_a，那么保证雇员接受工作和参与竞赛的基本条件是：

$$\frac{1}{2}\omega_h + \frac{1}{2}\omega_l - g(e^*) = U_a$$

我们称该条件为雇员的"参与约束"。参与约束是激励机制设计中不能忽视的一个很重要的方面。由于从接受工作和参与竞赛的角度，在能保证雇员接受工作和参加竞赛的前提下，雇主必然会尽可能压低工资奖金，因此参与约束条件可进一步理解为

$$\frac{1}{2}\omega_h + \frac{1}{2}\omega_l - g(e^*) \geqslant U_a$$

这样可得到

$$\begin{aligned}\omega_h + \omega_l &= 2g(e^*) + 2U_a \\ \omega_l &= 2U_a + 2g(e^*) - \omega_h\end{aligned} \tag{8}$$

现在设上述参与约束条件已经满足，因此两雇员都愿意参加竞赛而不是寻找其他的工作。这时候根据对第二阶段两雇员静态博弈的分析已知，两雇员在工资水平为 ω_h 和 ω_l 时，所选择的努力程度是相同的 e^*，而且都满足（7）式。因此，企业的利润函数为

$$y_1 + y_2 - \omega_h - \omega_l = 2e^* + \varepsilon_1 + \varepsilon_2 - \omega_h - \omega_l$$

由于 ε_1 和 ε_2 都是均值为 0 的随机变量，因此企业的期望利润为 $2e^* - \omega_h - \omega_l$。企业主要考虑的问题，就是如何选择工资水平 ω_h 和 ω_l 以实现期望利润最大化，即

$$\max_{\omega_h \geqslant \omega_l > 0}\{2e^* - \omega_h - \omega_l\}$$

应用（8）式，上述雇主的决策可以转化为促使雇员的努力程度满足

$$\max_{e^* > 0}\{2e^* - 2U_a - 2g(e^*)\}$$

由于 U_a 是外生确定的常数，因此雇主利润最大化要求的雇员努力程度的一阶条件为

$$1 - g'(e^*) = 0 \tag{9}$$

如果给出 $g(e)$ 的具体函数形式，就可以解出满足雇主利润最大化要求的 e^*，然后代入上述参与约束等式和两雇员的均衡方程(7) 式，求出最优的工资水平 ω_h^* 和 ω_l^*。

如果把(9) 式代入(7) 式，得到

$$(\omega_h - \omega_l) \int_{\varepsilon_j} f^2(\varepsilon_j)\, \mathrm{d}\varepsilon_j = 1,$$

$$(\omega_h - \omega_l) = 1 \Big/ \int_{\varepsilon_j} f^2(\varepsilon_j)\, \mathrm{d}\varepsilon_j$$

此式说明对雇员的最优激励水平 $(\omega_h - \omega_l)$，只与工作成绩的不确定性有关，与产出函数随机因素概率分布的方差正相关。

【例 4】

"滞胀"现象的货币政策模型

宏观经济学中，低通货膨胀率与高就业率对于政府来说是不可兼得的两难目标。然而在 20 世纪 70 年代初，发达国家陷入了凯恩斯主义经济学所无法解释的现象：高的失业率伴随着高的物价上涨率，这种现象被称为"滞胀"，即经济停滞与通货膨胀相伴而行。那么"滞胀"为什么会发生，Kydland 和 Prescott 在 1977 年用一个动态博弈模型对这一现象进行了分析。模型中的博弈方有两个：政府和公众。政府的策略空间为在给定公众预期通货膨胀率下所能选择的实际通货膨胀率(货币政策)，公众的策略空间为所选择的各种预期通货膨胀率。博弈行动顺序为公众先选择，政府在观察到公众的选择后再行动。

政府的两大宏观经济政策目标是低通货膨胀率与高就业率要同时兼顾，故政府阶段博弈的得益函数为：

$$m(\pi,\ y) = c\pi^2 - (y - k\bar{y})^2,\quad c>0,\ k>1 \tag{10}$$

其中 π 为通货膨胀率，$\bar{y}$ 为自然失业率下的均衡产量，y 是实际产量，c 是 π 的权数。这里，$k>1$ 的经济含义是由于工资刚性和市场不完全竞争等因素使自然失业率下的产量低于政府偏好的理想水平，以及政府受到民众的压力而不得不寻求将产量提高到高于自然失业率产量的水平。该得益函数表明，虽然政府并不希望发生通胀，但若通胀能使产量提高到政府希望的水平 $k\bar{y}$，那么政府也会容忍某种程度的通胀。

产出与通货膨胀之间的关系由含有通货膨胀率预期的短期菲利普斯(phillips) 曲线决定：

$$y = \bar{y} + \beta(\pi - \pi^e),\quad \beta>0 \tag{11}$$

其中 π^e 是公众预期的通货膨胀率。

这一菲利普斯曲线称为"意外产出函数"，即只有未被公众预期到的通胀才会影响实际产出，其原因在于交易费用使得企业不可能随时调整工资率。

设政府在给定公众通胀预期下选择货币政策，其最优决策为：

$$\begin{aligned} \max M(\pi,\ y) &= -c\pi^2 - (y - k\bar{y})^2 \\ \mathrm{s\cdot t}\quad y &= y + \beta(\pi - \pi^e) \end{aligned} \tag{12}$$

将 $y = \bar{y} + \beta(\pi - \pi^e)$ 代入(12) 有：

$$M = -c\pi^2 - (\bar{y} + \beta\pi - \beta\pi^e - k\bar{y})^2$$

其一阶条件为：
$$-2c\pi - 2\beta(\bar{y} + \beta\pi - \beta\pi^e - k\bar{y}) = 0$$

解得：
$$\pi^* = \frac{\beta[\beta\pi^e + (k-1)\bar{y}]}{(c + \beta^2)}$$

π^*是政府短期最优通货膨胀率，$(k-1)$是为政府认为的扭曲程度。上式表明：政府选择的通货膨胀率是公众预期通货膨胀率的函数，它就是政府的反应函数。

现假定公众有"理性预期"： $\qquad \pi^e = \pi^* \qquad\qquad\qquad\qquad\qquad\qquad$（13）

将式（13）代入反应函数有：

$$\pi^e = \pi^* = \frac{\beta[\beta\pi^* + (k-1)\bar{y}]}{(c+\beta^2)} = \frac{\beta^2\pi^*}{c+\beta^2} + \frac{\beta(k-1)\bar{y}}{c+\beta^2}$$

$$\pi^e = \pi^* = \frac{\dfrac{\beta(k-1)\bar{y}}{c+\beta^2}}{1 - \dfrac{\beta^2}{c+\beta^2}} = \frac{\beta(k-1)\bar{y}}{c} \qquad\qquad\qquad (14)$$

图 3.16 表明理性预期 $\pi^e = \pi^*$ 由反应函数 $\pi^*(\pi^e)$ 与 45°线的交点决定。

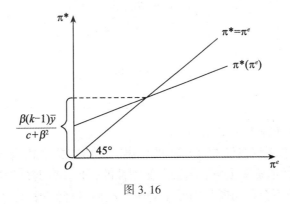

图 3.16

由 $\pi^* = \pi^e = \dfrac{\beta(k-1)\bar{y}}{c}$ 知，β 愈大，即产出对未预料到的通货膨胀率愈敏感，扭曲愈严重；$(k-1)$ 愈大，则理性预期通货膨胀率就愈高。

政府愈不喜欢通胀（c 愈大时，$-c$ 是目标函数 M 中 π 的权数），均衡通货膨胀率就愈低。此时，由于政府选择的通货膨胀率 π^* 被公众预期到（$\pi^* = \pi^e$），因此实际产出水平将独立于通胀（即 $y = \bar{y}$）。

政府一方面忍受着通胀之苦，另一方面又无法享受产出增加带来的好处。将 π^* 代入效用函数并用菲利普斯曲线消去 y，得到政府短期效用水平为：

$$M_S = -c\left[\frac{\beta(k-1)\bar{y}}{c}\right]^2 - [\bar{y} + \beta(\pi - \pi^e) - k\bar{y}]^2$$
$$= -(k-1)^2\bar{y}^2\left[1 + \frac{\beta^2}{c^2}\right] \qquad\qquad (15)$$

若政府选零通胀策略，则效用水平为：

$$M_P = -c \cdot 0 - [\bar{y} + \beta(0-0) - k\bar{y}]^2$$
$$= -(k-1)^2 \bar{y}^2 \text{（设公众也预测到零通胀率）} \tag{16}$$

这里下标 P 表示政府事前承诺零通货膨胀率。

显然有 $M_S < M_P$，但为什么政府不选择零通货膨胀率？政府为何不一直按承诺的零通货膨胀率行事呢？因为零通货膨胀率不是可置信的承诺，即不是一个子博弈精练纳什均衡。

现假定政府许诺实行零通货膨胀率政策，公众也信任政府，则给定 $\pi^e = 0$，政府的最优通货膨胀率为：

$$\max_{\pi} M = -c\pi^2 - (y - k\bar{y})^2$$
$$s \cdot t \quad y = \bar{y} + \beta\pi \tag{17}$$
$$M = -c\pi^2 - (\bar{y} + \beta\pi - k\bar{y})^2$$

一阶条件：
$$\frac{\mathrm{d}M}{\mathrm{d}\pi} = -2c\pi - 2\beta(\bar{y} + \beta\pi - k\bar{y})^2 = 0$$

$$\pi^* = \frac{\beta(k-1)\bar{y}}{c + \beta^2}$$

效用为：

$$M_f = -\frac{[(k-1)\bar{y}]^2}{1 + \frac{\beta^2}{c}} \tag{18}$$

其中 f 表示公众被政府愚弄的情形。

因 $M_f > M_P$，故政府无积极性兑现自己的许诺，即给定公众相信通货膨胀率为零，则政府一定会选大于零的通货膨胀率。因公众是理性的，且知政府是理性的（即预测到政府会如此选择），故公众不会预期通货膨胀率为零。因而有理性预期，效用只能为 M_S 而不是 $M_P(>M_S)$。这样，政府因无法使公众相信零通货膨胀率而自受其辱，即"聪明反被聪明误"。

在本例中，若双方都预期和选择零通货膨胀，则达到帕累托最优。当政府承诺零通货膨胀，公众也预期零通货膨胀时，政府的零通货膨胀政策不是最优策略，它不是一个子博弈精练纳什均衡。

第六节　逆向归纳法的局限性和颤抖手均衡

为了克服动态博弈中相机选择所带来的不可信问题，我们引进了子博弈精练纳什均衡和逆向归纳法，尽管这些概念在前面介绍的动态博弈模型中很有价值。但我们如果对这些概念和分析方法作进一步的分析，我们不难发现问题还没有解决。如果在动态博弈中有多个博弈者或每一个博弈者有多次行动，子博弈精练纳什均衡和逆向归纳法并不能有效地解决这些问题，原因是子博弈精练纳什均衡和逆向归纳法对博弈方的理性和分析能力要求很高，从而使以它们为核心的动态博弈分析的基础受到影响。这里我们对逆向归纳法和子博弈精练纳什均衡在动态博弈分析中的局限性作一些分析。

一、逆向归纳法的局限性

我们已经知道，动态博弈分析的中心内容是子博弈精练纳什均衡分析，子博弈精练纳什均衡分析的核心方法是逆向归纳法，但逆向归纳法也有较明显的局限性。

首先是逆向归纳法要求博弈的结构，包括次序、规则和得益情况等都是博弈方的共同知识（Common Knowledge），各个博弈方了解博弈结构，且相互知道对方了解博弈结构，即"博弈人1知道博弈人2知道博弈人3知道……得益函数。"显然，博弈方越多，逆向递推的链条就越长，博弈方共同知识的要求就越难满足。现实经济中的博弈问题常常没有明确的设定，要求各博弈方都完全清楚博弈的一切细节，且相互有完全的信任几乎不可能，因此往往不能运用逆向归纳法。

其次是逆向归纳法不能分析比较复杂的动态博弈。由于逆向归纳法的推理方法是从动态博弈的最后阶段开始对每种可能路径进行比较，这对博弈者的理性提出了很高的要求。博弈者必须有能力比较判断选择路径数量，有追求最大利益的理性意识、分析推理能力、识别判断能力、记忆能力和准确行为能力，不能有哪怕丝毫的对理性的偏离，我们可以看出，这是一个基本上不可能的苛刻要求。例如对弈虽然是一种完全信息的动态博弈，而且阶段和路径数量有限，但因为对弈的路径数量很大，即使最先进的电子计算机也无法在短时间内找出每步的最优决策，因此对弈中不可能有人一开始就用逆向归纳法下棋。此外，在遇到不同的路径有相同利益的情况时逆向归纳法也会发生选择困难，因为此时博弈方遇到了无差异的行为，无法确定唯一的最优路径，逆向归纳法程度会在这里中断。

此外，当某个博弈方由于非完全理性而犯错误，偏离子博弈精练纳什均衡路径时，其他的博弈方应该怎样进行后面的博弈，此时逆向归纳法是无效的。考虑下面的例子。

图3.17是一个三阶段动态博弈。用逆向归纳法可以得到这个博弈的子博弈精练纳什均衡策略组合和相应的博弈路径，子博弈精练纳什均衡是"博弈方1在第一阶段选择L，第三阶段选择T；博弈方2在第二阶段选择N"，相应博弈路径是博弈方1第一阶段选择L，博弈结束。现在假设博弈方1在第一阶段的行为选择中犯错误，采用R而不是L的可能性。这时候如果博弈方2是理性的，他的选择就成了问题。

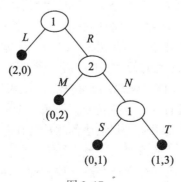

图3.17

按照逆向归纳法和子博弈精练纳什均衡的概念，此时博弈方2应该选择 N，从而把下一步的选择权利交给博弈方1，因为理性的博弈方1在第三阶段会选择 T，这样博弈方2可以得到3单位得益，比第二阶段选择 M 的得益更多。但问题是博弈方1在第一阶段犯错误之后，博弈方2难以判断博弈方1是否仍然是理性的博弈者，这样，博弈方2在第二阶段仍然以博弈方1是理性的为基础选择 N 就缺乏充分依据。

这种情况下博弈方2要做的是首先确定博弈方1在第一阶段犯错误的性质，即博弈方1第一阶段所犯错误只是一种偶然的错误，还是一种倾向性的错误。偶然的错误，则意味着下一阶段博弈方1不会再犯错误，可以认为博弈方1在后面的选择中仍然是理性的，否则就应该认为下一阶段博弈方继续犯错误的可能性仍然非常大。

二、子博弈精练均衡的局限性

由于"子博弈精练纳什均衡"是基于逆向归纳法得到的，正如逆向归纳法存在较大的问题一样，子博弈精练纳什均衡也同样受到许多质疑，比如"子博弈精练纳什均衡"要求所有的博弈方在子博弈行动中达成一致预测，即对博弈方的理性程度要求太高，要求所有的博弈方在子博弈行动中都得到纳什均衡，而且还要求所有的博弈方都会预测到同一个纳什均衡，而这在逆向归纳法中经常会成为不可能。不过尽管如此，"子博弈精练纳什均衡"仍然是分析动态博弈的重要方法。

三、颤抖手均衡(Trembling-Hand Perfect Equilibrium)

很显然，应该怎样理解博弈方的错误，或者说博弈方相互之间怎样理解对方的错误，在动态博弈中是一个非常重要的问题。一般来说，博弈论并不考虑"蝴蝶效应"，即不考虑小的行为失误有时会引起总体的危机甚至引起混沌。下面我们介绍逆向归纳法不能解决的动态博弈问题，这类博弈也同时告诉了我们博弈方理解对方"犯错误"性质的一种主要方法，即颤抖手均衡。

颤抖手均衡是德国人泽尔腾(Selten)1975年提出的，又称作颤抖手精练均衡，是对纳什均衡的一个改进。颤抖手均衡的基本思想是：在任何一个博弈中，每个博弈者都有一定的犯错误的可能性(类似于一个人用手抓东西时，手一颤抖，可能就抓不住想要抓的东西)。一个策略组合是一个颤抖手均衡时，它必须具有如下性质：某博弈者要采用的策略，不仅在其他博弈方不犯错误时是最优的，而且在其他博弈方偶尔犯错误(概率很小，但大于0)时仍然是最优的。可以看出，颤抖手均衡是一种较稳定的均衡。

泽尔腾将博弈方在博弈中犯的错误，称为对子博弈精练纳什均衡的"颤抖"(Trembles)，认为这是一种偶然性的行为，即如果一个博弈方突然发现另一个博弈方发生了理性博弈者不该发生的错误(博弈偏离均衡路径)，认为该错误只是偶然性行为。如果博弈方在每个信息集上犯错误的概率是独立的，那么，无论过去的行为与逆向归纳法预测的如何不同，参与人应该继续使用逆向归纳法预测从现在开始的子博弈中的行为。

颤抖手均衡是理解有限理性的博弈方在动态博弈中偏离子博弈精练纳什均衡行为最重要的思想之一，也是进一步精练子博弈精练纳什均衡的一种均衡概念。

以图3.18中的博弈为例。在这个博弈中(U，R)和(D，L)都是纳什均衡，其中(D，

L)对博弈方 1 较为有利，(U，R)对博弈方 2 较为有利。在不考虑博弈方的选择和行为偏差的情况下，这两个纳什均衡都是该博弈可能的结果，且都是稳定的。

博　弈　方 2

		L	R
博弈方 1	U	10, 0	6, 2
	D	10, 1	2, 0

图 3.18

现在考虑博弈方的选择和行为可能出现偏差时(D，L)的稳定情况。假设博弈方 2 有可能选择 R，此时，不管这种可能性多么小，博弈方 1 的最佳选择应该是 U 而不是 D，此时(D，L)成为一个不稳定的均衡。下面再来考虑(U，R)的稳定情况。对于(U，R)来说，不管博弈方 2 是否有偏离 R 的可能，博弈方 1 都没有必要偏离 U；对博弈方 2 来说，虽然博弈方 1 从 U 偏离到 D 对他的利益有不利影响，但只要博弈方 1 偏离的可能性不超过2/3，那么自己改变策略并不合理。因此(U，R)对于概率较小的偶然偏差来说具有稳定性，我们称具有这样性质的策略组合为"颤抖手均衡"，而(D，L)就不是一个颤抖手均衡。

从上面的分析中，我们可以概括出颤抖手均衡的基本思想为：在任何一个博弈中，每一个博弈方都有一定的概率出现错误，恰如一个人在抓一个杯子时，由于手突然颤抖一下，可能就没有抓住杯子。一个策略组合，只有当其在允许所有的博弈方都可能犯错误时仍然是每一个博弈方的最优策略时，才是一个颤抖手均衡。

下面把该博弈中博弈方 1 的得益情况改成如图 3.19 的得益矩阵。此时，在前一个博弈中非颤抖手均衡的(D，L)，变成了颤抖手均衡。因为现在即使博弈方 1 仍然会考虑博弈方 2 偏离 L 错误选择 R 的可能性，但只要这种可能性确实很小(如不超过 20%)，那么博弈方 1"坚持选择 D，而不是转向 U"是其最佳策略。因此，(D，L)也是一个颤抖手均衡，该博弈此时有两个颤抖手均衡。

博　弈　方 2

		L	R
博弈方 1	U	9, 0	6, 2
	D	10, 1	2, 0

图 3.19

通过这两个例子的对比我们可以发现，一个策略组合要成为一个颤抖手均衡，首先必须是一个纳什均衡，其次是不能包含任何"弱劣策略"，即偏离对偏离者没有损失的策略。包含弱劣策略的纳什均衡不可能是颤抖手均衡，因为它们经不起任何非完全理性的"扰动"，缺乏在有限理性条件下的稳定性。

　　现在我们回到扩展形表示的动态博弈的情况。首先看图 3.20 中的博弈。在这个博弈中有两条子博弈精练纳什均衡的路径，一条是博弈方 A 在第一阶段选择 L 结束博弈，另一条是 R—N—T—V。但第二条不是颤抖手均衡路径，因为只要博弈方 A 考虑到博弈方 B 在第二阶段有任何一点偏离 N 的可能性，第一阶段就不可能坚持 R 策略，因此后一条路径对应的子博弈精练纳什均衡是不稳定的。

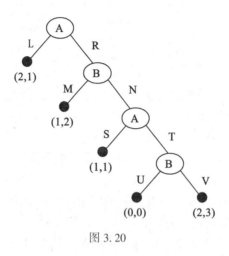

图 3.20

　　如果把这个博弈中的得益改变成图 3.21 中的情况，情况也会发生变化。此时该博弈中的路径 R—N—T—V 既是该博弈唯一的子博弈精练纳什均衡路径，同时也是颤抖手均衡。因为只要每个博弈方犯错误，偏离该路径的概率比较小，那么在后面阶段的选择中博弈方仍然会认为这种偏离只是一种"颤抖"，都有坚持其选择，最终到达(3，3)。

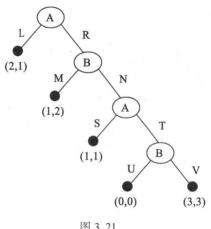

图 3.21

　　从上面的分析可以看出，颤抖手均衡就是一种子博弈精练纳什均衡的概念。能够通过颤抖手均衡检验的子博弈纳什均衡，一定是子博弈精练纳什均衡，在动态博弈中的稳定性更强，预测也更加可靠。

现在，我们再回到图 3.17 中的动态博弈问题。根据颤抖手均衡的思想，该博弈中博弈方 A 在第一阶段选择 L 结束博弈，是该博弈唯一的子博弈精练纳什均衡路径，也是该博弈唯一的颤抖手均衡。如果在实际进行这个博弈时，博弈方 A 在第一阶段选择了 R 而不是 L，此时博弈方 B 如果根据颤抖手均衡的思想来考虑，在第二阶段就还是会选择 N 而不是 M，因为在从第二阶段博弈方的选择开始的子博弈中，N-T 既是子博弈精练纳什均衡路径，也是颤抖手均衡路径，根据泽尔腾的思想，颤抖手均衡是把博弈方在各个阶段的错误看作是互不相关的小概率事件，因此博弈方 A 在第一阶段的错误不会使博弈方 B 不敢选择 N。

在上面分析的基础上，现在我们给出颤抖手的均衡的正式定义：

颤抖手均衡定义：在由 n 个人参与的博弈中，纳什均衡 $(p_1, \cdots, p_n)$ 是一个颤抖手均衡，如果对于每一个博弈者 i，存在一个严格混合策略序列 $\{p_i^m\}$，使得下列条件满足：

1. 对于每一个 i，$\lim\limits_{m \to +\infty} p_i^m = p_i$；

2. 对于每一个 i 和 $m = 1, 2, \cdots$，p_i 是对策略组合 $p_{-i}^m = (p_1^m, \cdots, p_{i-1}^m, p_{i+1}^m, \cdots, p_n^m)$ 的最优反应，即：对任何可选择的混合策略 $p'_i \in \Sigma_i$（Σ_i 为博弈者 i 的混合策略空间）

$$u_i(p_i, p_{-i}^m) \geqslant u_i(p'_i, p_{-i}^m)$$

p_i^m 可以理解为 p_i 的颤抖。

上述定义中关键的一点是 p_i^m 必须是严格混合策略（即选择每一个纯策略的概率严格为正）。每一个博弈者 i 打算选择 p_i，并且假定其他博弈方打算选择 p_{-i}；但每一个博弈方 i 怀疑其他博弈方可能错误地选择 $p_{-i}^m(\neq p_{-i})$。条件 1 说的是，尽管每一个博弈方 i 都可能犯错误，但错误收敛于 0（比如你要将每一个篮球投入某个篮框之中，你的手不停地颤抖，你不大可能一下子就把球投入篮框之中，但如果努力的次数足够大，你总能把球投入篮框，最终取得胜利）。也就是说，对于任何一个博弈者，即使其他博弈者都选择了偏离原均衡策略但又与原均衡策略"相近"的某种严格混合策略，该博弈者的原均衡策略仍是最优反应。这种"偏离但又相近"以"严格混合策略序列的极限是原均衡策略"，即条件 1 来刻画。

这意味着在颤抖手均衡中，每个博弈方的既有均衡策略对于其他博弈方策略的微小偏离具有"稳健性"。

条件 2 说的是，每一个博弈方 i 打算选择的策略 p_i 不仅在其他博弈方不犯错误时是最优的（纳什均衡），而且在其他博弈方错误地选择了 $p_{-i}^m(\neq p_{-i})$ 时也是最优的（仍然以投篮为例，假定纳什均衡是每一个博弈方都把球投入篮框，条件 2 意味着，一个博弈方不能因为其他博弈方可能投不进篮框就故意不把球投进篮框中）。

在上述定义中，我们隐含地假定任何一个博弈方犯错误的机会与其他博弈方犯错误的机会无关（或者说，颤抖在博弈方之间是独立发生的）。在这个假设下，根据条件 2，任何包含弱劣策略的纳什均衡都不可能是颤抖手均衡。但是，如上定义的颤抖手均衡并不排除在重复剔除弱策略过程中被剔除的策略。

四、蜈蚣博弈问题(Centipede Game)

前面讨论的主要问题是由于博弈方理性的局限性对逆向归纳法和子博弈精练纳什均衡分析预测能力的影响。其实即使博弈方都满足完全理性的要求,博弈的结果也不一定可以运用逆向归纳法和子博弈精练纳什均衡来进行分析预测。我们用下面的"蜈蚣博弈"来分析这类博弈。

"蜈蚣博弈"是罗森泰尔 Rosenthal(1981)提出的一个动态博弈问题。之所以称为"蜈蚣博弈"是因为它的扩展形很像一条蜈蚣。如图 3.22 给出"蜈蚣博弈"是由 A 和 B 两个博弈方轮流选择的多阶段动态博弈,共有 198 个阶段,每一个得益数组中第一个数字是博弈方 A 的得益,第二个数字是博弈方 B 的得益。

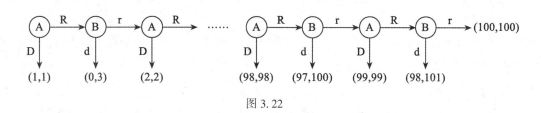

图 3.22

这是一个两个博弈方之间的完全且完美信息的动态博弈,可以运用逆向归纳法进行分析。首先从最后一个阶段博弈方 B 的选择开始,不难发现 d 是博弈方 B 的最佳选择,此时,博弈方 A 和博弈方 B 的得益分别为 98 和 101,然后将博弈推回到倒数第二阶段博弈方 A 的选择,此时博弈方 A 也是选择 D,博弈方 A 和博弈方 B 各得 99,再将博弈推回到倒数第三阶段博弈方 B 的选择,不难发现博弈方 B 还是会选择 d。依此类推,我们一直可逆推到博弈方 A 在第一阶段直接选择 D,结束博弈,双方得益都是 1。这就是运用逆向归纳法得到的本博弈的唯一的子博弈精练纳什均衡解及其路径。

显然,上述均衡解是极为不理想的,而且与人们的直觉和实际也不吻合。从上述博弈的过程来看,该子博弈精练纳什均衡解显然从效率上讲是极差的,除了第二阶段的(0,3)组合外,任意一个其他阶段的选择都比(1,1)好,这说明子博弈精练纳什均衡也会导致无效率的结果,并不是经过精练之后留下的子博弈精练纳什均衡都是有效率的。显然,这也是一个从个体理性出发的最优选择最终导致的极差结果。

下面我们分析上述理论与实际不一致的原因。对于博弈方 A 来说,"1 元的损失并不是一个很大的风险,即使博弈方 B 第一次选择时选择了 d,自己得益为 0,损失 1 元也不要紧,自己在第一次选择时选 D 虽然肯定能得到 1 元,但同选择 R 之后,可能获得 99 元的潜在得益相比,前者显然并不是好的选择"。因此至少在该博弈的初始阶段,博弈方 A 选择 R 让博弈延续下去,对双方都是有很大潜在利益的投机,因此出现不符合理性预测结果(即博弈方在一开始就选择 D,结束博弈)的可能性很大。这时,对博弈方 A 来说,只要感觉博弈方 B 有很小的合作精神,那么在第一阶段选择 R 而不是 D 就是真正理性的选择,采用 R 而不是 D 是他发现博弈方 B 是否有合作精神的唯一方法。

在博弈方 A 在第一阶段确实选择了 R 的情况下,博弈方 B 认为博弈方 A 对 D 的偏离只是一种"颤抖"，归根结底博弈方还是理性的，而且博弈方 B 还能够理解博弈方 A 在第一阶段选择中包含的合作信号，那么他也会选择让博弈延续到下一个阶段而不是结束博弈。这种初步的合作对进一步的合作精神和相互的信心有明显的加强作用，因此该博弈中一旦出现合作的良好开端，合作就会持续下去，从而进一步否定逆向归纳分析得出的结论。

但是，这种合作未必能够一直持续到最后一个阶段。因为随着结束阶段的临近，双方进一步合作的潜在利益越来越小，停止合作的可能性会越来越大，只要博弈方都是理性经济人，那么合作持续到最后一刻的可能性是不存在的，逆向归纳法的逻辑肯定会在某个时刻起作用。在本例中，如果不增加进一步的假设或信息，依据现有的每一个阶段的得益组合，合作有可能随时在某一个阶段结束，但逆向归纳法究竟在什么时候起作用，也就是双方的合作究竟在什么时候停止，难以确定。

很显然，在蜈蚣博弈中，由于博弈的阶段很长，在博弈中作为"共同知识"的"博弈方 i 知道博弈方 j 知道博弈方 k 知道"的条件是很难满足的，即逆向归纳法得以采用的条件很难保证，这时用逆向归纳法得到的结论与实际情况有很大距离。

这就是蜈蚣博弈产生的悖论。所谓悖论（Paradox）是指，本来看起来可以相信的事物不能相信，而有的东西看起来不可信的事物反而是正确的。或者悖论是指，由肯定某结论是真的命题出发，最后却推出它是假的命题，由肯定某结论是假的命题出发，最后却推出它是真的命题。在数学上有许多悖论，如"一个克里特人说'所有克里特人都说谎'"的说谎者悖论，"一个理发师说：'我给所有不给自己理发的人理发'"的理发师悖论或罗素悖论，等等。这些悖论在历史上对于逻辑和数学的发展起了巨大的作用。

对于蜈蚣悖论，许多博弈研究者都在寻求它的解答。在西方有研究博弈论的专家做过实验，实验发现，不会出现一开始选择"不合作"策略而双方获得利益 1 的情况。双方会自动选择合作性策略，从而走向合作，这种做法违反逆向归纳法理性人的假设。但实际上双方这样做，要好于一开始博弈方 A 就采取不合作的策略。

逆向归纳法似乎是不正确的。然而，我们会发现，即使双方开始能走向合作，即双方均采取合作策略，这种合作也不会坚持到最后一步。理性的人出于自身利益的考虑，肯定在某一步采取不合作策略。逆向归纳法肯定在某一步要起作用。只要逆向归纳法在起作用，合作便不能进行下去。这个悖论在现实中的表现是，博弈者不会在开始时确定他的策略为"不合作"，但他难以确定在何处采取"不合作"策略。

蜈蚣博弈产生的悖论引发了经济学家们的深入思考，并形成这样的共识，那就是经济学中的"理性行为"假设，或者说"经济人"假设，实际上是"彻底理性"假设，即每个人都会斤斤计较眼前的每一个得失。蜈蚣博弈就是建立在"彻底理性"假设基础上应用逆向归纳法得到的结果。对蜈蚣博弈悖论的思考进一步导致了经济学中"有限理性"（Bounded Rationlity）思想和"行为经济学"（Behavioral Ecomomics）的诞生。

第四章 重复博弈

第一节 重复博弈基本理论

在前面两章讨论的动态博弈中，博弈方在前一个阶段的选择会决定后面阶段子博弈的结构和结果，因此，以不同决策节点开始的子博弈是不同的，而且同样结构的子博弈只重复一次，这样的博弈我们又把它称为"序贯博弈"。动态博弈的另一种类型是"重复博弈"（Repeated Games），即同样结构的博弈重复多次，其中的每次博弈称为"阶段博弈"（Stage Game）。在重复博弈中，博弈者每一期都面对相同的"阶段博弈"，因此这是目前人们了解得最多最透彻的一类动态博弈，虽然重复博弈形式上是原博弈的重复进行，但博弈方的行为和博弈结果却不一定是原博弈的简单重复，如果博弈方的行为在每期末可以被观察到，那么其他博弈方就可能参考其他博弈方在前面的博弈行为来选择自己的行动，这样博弈导致的均衡结果在只进行一次的博弈中可能就不会出现。这意味着重复博弈不会是原博弈的线性叠加，而是必须把整个重复博弈过程作为整体进行研究。这也正是我们在这里讨论重复博弈的主要原因。

一、关于重复博弈

重复博弈是动态博弈的一种重要类型。在现实中存在着大量的重复博弈的例子，如价格大战、广告大战、优惠大战等。前面讨论的静态博弈和动态博弈模型，反映的都是社会经济活动中短期一次性的合作或竞争关系。但社会经济活动中除了短期一次性活动以外，还存在许多长期反复的合作和竞争活动，以及这些在博弈者之间进行的长期重复的合作和竞争关系中，博弈者关于未来行为的威胁或承诺如何影响到他们彼此当前的行为。如你到菜场去买菜，当你担心上当受骗而犹豫不决时，卖菜的摊主常常会对你说："你别担心，我不会骗你的，我天天在这里卖菜，有问题你可以来找我。"在这里，摊主强调"天天"在这里卖菜，你便会放下心来，购买他所卖的菜，摊主的这句话，用博弈论语言表示就是"我跟你天天在进行'重复博弈'"。这就是长期经济合作和竞争中的正式或非正式的协议，在没有法律强制性合同约束的条件下将会产生怎样行为的例子。

我们知道，在一次性博弈中存在较大的机会主义，只要有可能，理性的博弈人都会倾向于利用自身的优势为自己谋求最大的利益，这就可能给其他博弈人带来损失，而其他的博弈人也有同样的思路，只要有机会也会这么做，于是因为利益的"冲突"（Conflict），博弈双方都采取措施来防范对方，因此增加了"交易成本"。进行重复博弈可以减少欺骗，增加相互的信任，因为上当受骗的人能够来进行"一报还一报"策略（Tit for Tat Strategies）

的报复行动，博弈的长期结果是：理性的博弈人认识到，欺骗对大家都没有好处，于是通过报复、制裁威胁等相互约束行为，来寻求合作、追求共同利益的机会。

"冲突"何以能产生合作，就是因为重复博弈的存在。2005 年 10 月，瑞典皇家科学院在授予托马斯·谢林（Thomas Schelling）和以色列经济学家罗伯特·奥曼（Robert Aumann）诺贝尔经济学奖时说，奥曼第一次对重复博弈进行了全面正式的分析。瑞典皇家科学院认为，"重复博弈的理论促进了我们对合作先决条件的理解，阐明了包括商业协会、犯罪组织在内的许多机构进行磋商和国际贸易协定的理由"。

二、重复博弈（Repeated Games）基本概念

1. 重复博弈分类

重复博弈是静态或动态博弈的重复进行，或者说重复进行的博弈过程。比较常见的是原博弈重复两次或者其他有限的更多次数，有预定的结束时间。我们称这种由原博弈的有限次重复构成的重复博弈为"有限次重复博弈"（Finite Repeated Games）。

定义 1：给定一个标准博弈 G（可以是静态博弈，也可以是动态博弈），重复进行 T 次 G，并且每次重复 G 之前的每个阶段，博弈的结果各博弈方都能观察到，这样的博弈过程称为"G 的 T 次重复博弈"，记为 $G(T)$；而 G 则称为 $G(T)$ 的"原博弈"或"阶段博弈"。$G(T)$ 中的每次重复称为 $G(T)$ 的一个"阶段博弈"。

重复博弈的一个阶段本身就是一个独立的静态博弈或动态博弈，各个博弈方都有相同的得益。这是重复博弈与一般动态博弈的主要区别之一。有限次重复博弈及其阶段与第三章讨论的有同时选择的动态相同，而在有同时选择的动态博弈中各个阶段的博弈方和博弈内容都必须相同，而在有同时选择的动态博弈中则没有这样的要求。

如果一个标准博弈 G 一直重复博弈下去，这样的重复博弈我们称为"无限次重复博弈"（Infinite Repeated Games）。

定义 2：给定一个标准博弈 G（可以是静态博弈，也可以是动态博弈），如果将 G 无限次地重复进行下去，且博弈方的贴现因子都为 δ，在每次重复 G 之前，以前阶段的博弈结果各博弈方都能观察到，这样的博弈过程称为"G 的无限次重复博弈"，记为 (∞, δ)，而 G 称为 $G(\infty, \delta)$ 的"原博弈"。

除了有限次重复博弈和无限次重复博弈以外，还有一种重复博弈，虽然重复博弈的次数是有限的，但重复的次数或博弈结果的时间却是不确定的。这种重复博弈中博弈方的行为选择与有确定结束时间的有限次重复博弈很不同，与无限次重复博弈则很相似，甚至可以通过某种方式与无限次重复博弈统一起来。这种重复博弈可以称为"随机结束的重复博弈"（Random Ended Repeated Games）。

2. 重复博弈的策略、子博弈和均衡路径

（1）重复博弈的策略。在动态博弈中，博弈方的一个策略是指每一次轮到其选择时针对每种可能情况如何选择的计划。由于重复博弈中每个博弈方在每个阶段都必须进行策略选择，因此博弈方的一个策略就是在每次重复时，针对其前面阶段所有可能的情况如何进行行动的计划。

（2）重复博弈的子博弈。重复博弈是动态博弈，因此也有阶段子博弈的概念。我们已

经知道子博弈是全部博弈的一部分，当全部博弈进行到任何一个阶段，到此为止的进行过程已成为各博弈方的共同知识，其后尚未开始的博弈部分就是一个子博弈。重复博弈的子博弈就是从某个阶段(除第一阶段以外)开始，到最后一个阶段的所有阶段博弈。重复博弈的子博弈要么仍然是重复博弈，只是重复的次数较少，要么就是原博弈。

定义 3：在有限次重复博弈 $G(T)$ 中，由第 $t+1$ 阶段开始的一个子博弈为 G 进行 $T-t$ 次的重复博弈。在无限次重复博弈 $G(\infty,\delta)$ 中，由第 $t+1$ 阶段开始每个子博弈都等同于初始博弈 $G(\infty,\delta)$。

需要特别注意的是，重复博弈的第 t 阶段本身并不是整个博弈的一个子博弈。子博弈是原博弈的一部分，它不仅意味着博弈到此为止的进行过程已成为所有博弈方的共同知识，而且还包括了原博弈在这一点之后进行的所有信息。只单独分析第 t 阶段的博弈就等于把该阶段看成了最后一个阶段是不符合重复博弈分析要求的。有了子博弈的概念，以子博弈精练纳什均衡、逆向归纳法为核心的子博弈精练纳什均衡分析及相关结论，就都可以推广到重复博弈中。

(3)重复博弈的均衡路径。在重复博弈中，由于所有博弈方在每个阶段都必须行动，因此重复博弈的路径是由每个阶段博弈方的行动组合串联而成的。而且对应前一阶段的每一种结果，下一阶段都有原博弈全部策略组合数那么多种可能的结果，如原博弈有 m 种策略组合，那么重复两次就有 m^2 条博弈路径，重复 T 次就有 m^T 条博弈路径，因此在重复博弈中，博弈方在重复博弈中的策略空间要远远大于在每个阶段博弈中的策略空间。重复博弈的路径数往往是很大的，常常可以产生一些意想不到的均衡路径。

3. 重复博弈的得益

重复博弈的得益与一次性博弈是不同的，因为 $G(T)$ 中的每个阶段本身就是一个博弈，各个博弈方都有得益，而不是整个博弈结束后有一个总的得益，因此博弈方如何选择得益就成了问题。如果是根据当前阶段得益进行选择，那么把重复博弈就分割成了一个个基本博弈，重复博弈就失去了研究价值。显然重复博弈中博弈方不能只考虑本阶段的得益，而必须考虑整个重复博弈过程得益的总体情况。

对于有限次重复博弈的总体得益可以用重复博弈的"总得益"(即博弈方各次重复得益的总和)表示。另一种方法是计算各阶段的"平均得益"(Average Payoff)(即总得益除以重复次数)来表示，而且可以用逆向归纳法来求解。在无限次重复博弈中计算上述得益和平均得益是很困难的，总得益常常是无穷大而且逆向归纳法无效。

在重复博弈中，对于重复次数较多，每次重复间隔时间又较长的有限次重复博弈，或者是无限次重复博弈，由于心理作用和资金有时间价值的原因，不同时间获得的单位收益对人的价值是不相等的，也就是说，时间因素不能被忽视。正如在"轮流出价"博弈中分析的那样，解决这个问题的方法是引进将后一阶段得益折算成当前阶段得益的贴现系数(Discount Factor)。贴现系数一般可以根据利率计算：$\delta = 1/(1+r)$，其中 r 是以一阶段为期限的市场利率。显然贴现因子 δ 代表了时间的偏好，而 r 是对时间的偏好率。

下面我们分别考虑有限次重复和无限次重复中的得益，首先考虑其总得益。

(1)设有一个 T 次重复博弈的某博弈方，其在一均衡下各阶段得益分别为 π_1，π_2，$\cdots$，π_T，那么考虑时间价值时的重复博弈的总得益现值为

$$\pi = \pi_1 + \delta\pi_2 + \delta^2\pi_3 + \cdots + \delta^{T-1}\pi_T = \sum_{t=1}^{T} \delta^{t-1}\pi_t$$

在重复次数较少，每次重复时间间隔不大，而且利率或通货膨胀率也较低的情况下，仍然可以用算术和表示有限次数重复博弈的总得益。

（2）设在无限次重复博弈均衡路径下，某博弈方各阶段得益为 π_1，π_2，$\cdots$，则该博弈方总得益的现值为

$$\pi = \pi_1 + \delta\pi_2 + \delta^2\pi_3 + \cdots = \sum_{t=1}^{\infty} \delta^{t-1}\pi_t$$

对于无限次重复博弈来说，上述贴现系数 δ 和折算现值的方法是必需的，因此有时无限次重复博弈也可写成 $G(\infty, \delta)$。

定义 4：如果重复博弈各个阶段的得益均为常数 $\bar{\pi}$，其与各个阶段得益序列 π_1，π_2，$\cdots$ 的现值相同，则称 $\bar{\pi}$ 为 π_1，π_2，$\cdots$，的"平均得益"。

很显然，平均得益是指为得到相等的得益现值而应该在每一阶段都得到的等额收益值。如果一个重复博弈中某博弈方的得益本身始终是常数，那这个常数就是平均得益。这与不考虑贴现因素的情况是一样的。采用"平均得益"的好处在于它能够和阶段博弈的收益直接进行比较，这一点从上面的表述中可以感觉到。

对于有限次重复博弈来说，如果重复的次数有限，那么该有限次重复博弈不一定要考虑贴现因素，因此不一定需要用上述平均得益概念。如果把不考虑贴现因素理解为贴现率 $\delta = 1$，那么上述平均得益的定义仍然适用，而且与通常算术平均意义上的平均得益是一致的。

对于无限次重复博弈来说，贴现问题不能被忽视。由于无限次重复博弈每阶段得益都是 $\bar{\pi}$ 时，总的现值为 $\bar{\pi}/(1-\delta)$，而若每阶段得益为 π_1，π_2，$\cdots$，无限次重复博弈总的得益现值是 $\sum_{t=1}^{\infty} \delta^{t-1}\pi_t$，显然两者是相等的，因此令

$$\bar{\pi}/(1-\delta) = \sum_{t=1}^{\infty} \delta^{t-1}\pi_t$$

即

$$\bar{\pi} = (1-\delta)\sum_{t=1}^{\infty} \delta^{t-1}\pi_t$$

这就是计算无限次重复博弈平均得益的公式。

定义 5：在一个 n 人重复博弈 $G(T)$ 中，如果得益向量 $v = (x_1, x_2, \cdots, x_n)$ 是阶段博弈 G 的纯策略的一个凸组合，那么，它便称为阶段博弈 G 的可行得益向量。用 V 表示可行得益向量的集合。

在定义 5 中，纯策略的一个凸组合指的是，一个由阶段博弈 G 的纯策略得益通过加权而得的平均值，而当中所有权数均非负数并且总和等于 1。考虑一个二人无限次重复博弈，而阶段博弈的支付如图 4.1 所示。

参与者 2

		策略 1	策略 2
	策略 1	u_{11}^1, u_{11}^2	u_{12}^1, u_{12}^2
参与者 1	策略 2	u_{21}^1, u_{21}^2	u_{22}^1, u_{22}^2

图 4.1　阶段博弈的得益矩阵

在以上的矩阵中，$u_{l_1 l_2}^i$，l_1，$l_2 \in \{1, 2\}$，$i \in \{1, 2\}$，代表当在阶段 t 中，博弈方 1 采用纯策略 l_1 而博弈方 2 采用策略 l_2 的时候，博弈方 i 的支付。现在用 λ_1^i，λ_2^i 代表博弈方 i 在阶段博弈中对两个纯策略所用的权数。那么，此博弈的可行得益向量集包含四个纯策略结果下的得益组合，即 (u_{11}^1, u_{11}^2)，(u_{12}^1, u_{12}^2)，(u_{21}^1, u_{21}^2) 和 (u_{22}^1, u_{22}^2)，以及所有可能的期望得益组合，即

$$v_i = \sum_{l_1=1}^{2} \sum_{l_2=1}^{2} \lambda_{l_1}^1 \lambda_{l_2}^2 u_{l_1 l_2}^i, \quad \lambda_1^i, \quad \lambda_2^i \geq 0, \quad \sum_{k=1}^{2} \lambda_k^i = 1, \quad i = 1, 2$$

定义 6：在一个 n 人重复博弈 $G(T)$ 中，如果得益向量 $v \in V$，每位博弈方 i 的得益 x_i 都不少于各自可以保证的得益水平 $\bar{x}_i$，那么这个得益向量便称为严格个体理性可行得益量。

博弈方 i 可以保证的得益水平称为保留支付或最小最大值，即：

$$\bar{x}_i = \min_{\pi_{-i}} \left[\max_{\pi_i} (\pi_i, \pi_{-i}) \right]$$

式中的 $\pi_{-i} = (\pi_1, \pi_2, \cdots, \pi_{i-1}, \pi_{i+1}, \pi_n)$ 代表博弈方 i 所有对手的任何混合策略向量。

根据定义 6，无论博弈方 i 的对手如何针对他，只要他作出相应的最佳反应，便能得到一个得益下限，也就是他的保留得益。

4. 重复博弈的特点

通过上面的分析，我们会发现，一个重复博弈具有以下特点：(1)博弈中前一阶段的博弈不改变后一阶段博弈的结构，即所谓的博弈的不同阶段之间没有"物质上"的联系(No Physical Links)；(2)所有的博弈方都能观测到博弈已经发生的所有过程及其信息；(3)博弈方的得益是所有阶段博弈得益的贴现值之和或加权平均值。

同时，重复博弈重复进行这一特点，决定了影响重复博弈均衡路径的主要因素是博弈重复的次数和信息完备性程度，在重复博弈中，博弈方为了长远利益而可能选择不同的策略并放弃眼前的利益，而信息的完备程度与否更是会直接影响到各博弈方策略的选择及最后均衡路径选择。

5. 重复博弈与合作

在 20 世纪 50 年代，一些博弈论专家做出这样的推测：如果博弈重复足够次数，理性的参与人应该能够进行合作，这就是为博弈论学者所共知，却无人证明的"民间定理"(Folk Theorem)。该定理认为，对完全信息重复博弈而言，重复博弈的策略均衡结局与一次性博弈中的可行个体理性结局恰好一致。这个结局可被视为把多阶段非合作行为与一

次性博弈合作行为联系在一起。2005 年诺贝尔经济学奖获得者奥曼认为，进行合作往往是重复博弈的一个均衡解，甚至对于存在短期利益冲突的博弈者来说也是如此。奥曼认为，完全信息重复博弈与人们相互作用基本形式的演化相关。它的目的是解释诸如合作、利他、报复、威胁等现象。

第二节　有限次重复博弈

有限次重复博弈是生活中经常碰到的问题，如乒乓球比赛中的三打两胜制，下棋时的五局三胜制等都是有限次重复博弈，而且许多无限次重复博弈的分析最终也可以转化为有限次重复博弈，或者是以有限次重复博弈为基础来进行分析。对于重复次数较少的有限次重复博弈，我们可以不考虑其不同阶段得益的贴现问题，为了简单起见，这里的有限次重复博弈讨论都不考虑贴现因素。

一、有唯一纯策略纳什均衡的有限次重复博弈(Finitely Repeated Game)

在分析有唯一纯策略纳什均衡的有限次重复博弈之前，先看一个没有纯策略纳什均衡的零和博弈的重复问题。

【例1】

零和博弈的有限次重复博弈

零和博弈没有纯策略纳什均衡，重复零和博弈也不会产生出新的好处。如重复进行猜币博弈，不管两个博弈方的选择怎样，每次重复的结果都是一方赢另一方输，得益相加为 0。因此在零和博弈或者它们的重复博弈中，彼此合作的可能性是不存在的，即使双方都知道还要多次重复进行原博弈，也改变不了博弈方当前阶段博弈中的非合作行为方式，不可能变得合作和顾及对方的利益。可见，在像以猜硬币博弈为原博弈的有限次重复博弈中，每个博弈方的唯一正确的策略是在每次重复时都采用一次性博弈纳什均衡策略，即各以 0.5 的概率随机选择正面和反面的混合策略。重复博弈的结果是双方的平均期望得益和期望总得益都为 0。

实际上，所有以零和博弈为原博弈的有限次重复都像猜硬币博弈的有限次重复一样，博弈方的策略选择都是重复一次性博弈中的纳什均衡策略。如在以田忌赛马作为原博弈的重复博弈中，不管重复次数是多少，齐威王与田忌双方的理性策略都是在每次决定马的出场顺序时采用混合策略，以 1/6 的相同概率随机选用 6 种可能的出场顺序。每次重复博弈时，齐威王的平均值期望得益为 1，而田忌的平均期望得益为-1。如果重复 T 次，则齐威王的期望总得益为 T，田忌的期望总得益为-T。

如果采用逆向归纳法来分析，最后一次重复就是原零和博弈本身，采用原博弈的混合策略纳什均衡策略是唯一合理的选择。逆推到倒数第二个阶段，理性的博弈方都知道最后一个阶段的结果，因此在该阶段，也不可能有合作的可能性。依此类推不难得出结论，在整个零和博弈的有限次重复博弈中，所有博弈方的唯一选择就是始终采用原博弈的混合策略纳什均衡策略。

【例 2】

"囚徒困境"式博弈的有限次重复

　　无纯策略纳什均衡的零和博弈和严格竞争博弈的有限次重复博弈，之所以不会改变博弈方的行为方式和博弈效率，原因是这些原博弈中博弈方之间的利益关系是严格对立的，矛盾是不可调和的。在有唯一纯策略纳什均衡的博弈中，博弈方之间的利益关系不再是始终对立的，而是有很大的一致性甚至完全一致。"囚徒困境"式博弈就是有唯一纯策略纳什均衡的博弈，在以这样的博弈为原博弈的有限次重复博弈中，博弈方的行为和博弈结果会不会发生本质的变化呢？

　　如果原博弈唯一的纯策略纳什均衡本身就是帕累托效率意义上的最佳策略组合，那么有限次重复博弈显然不会改变博弈的行为方式。如果原博弈唯一的纳什均衡没有达到帕累托效率，存在通过合作进一步提高效率的潜在可能性的囚徒困境式博弈，那么在有限次重复博弈中能不能实现合作提高效率呢？

　　在一次性静态博弈的情况下，囚徒困境的不合作解通常是难以避免的。如果重复进行这一博弈将会怎样呢？考虑该博弈重复两次，仍然采用以前的假设，如图 4.2 所示。

```
                           囚  徒  2
                    坦白              不坦白
       囚   坦白    -6, -6            0, -9
       徒
       1   不坦白   -9, 0            -3, -3
```

图 4.2

　　假设两个囚徒要把这样一个同时选择的博弈重复进行两次（例如警方给这两囚徒两次交代问题的机会），两囚徒先进行第一次博弈，双方看到第一次博弈，且假设两次博弈的总得益等于两阶段囚徒各自得益之和。

　　我们用逆向归纳法来分析该重复博弈，先分析第二阶段，即第二次重复时两博弈方的选择。很明显，第二阶段就是两囚徒之间展开的一个囚徒困境博弈，由于前一阶段的结果已成为既成事实，对本阶段不再有任何的影响，因此实现自身当前的最大利益是两博弈方在该阶段决策中的唯一原则。此时第二阶段两囚徒的唯一的结果就是原博弈唯一的纳什均衡（坦白，坦白），双方得益（-6，-6），双方合作的结果没有出现。

　　现在回到第一阶段，即第一次博弈。由于理性的博弈方在第一阶段知道第二阶段的结果必然是（坦白，坦白），双方得益（-6，-6），因此不管第一阶段的博弈结果是什么，双方在整个重复博弈中的最终得益，都将是在第一阶段得益的基础上各加-6，结果如图 4.3 所示。

囚　徒　2

		坦白	不坦白
囚徒1	坦白	−12, −12	−6, −15
	不坦白	−15, −6	−9, −9

图 4.3

该得益矩阵中的得益是图 4.2 原博弈得益矩阵的所有得益上加 −6 得到的，没有改变博弈的均衡。该等价博弈有唯一的纯策略纳什均衡（坦白，坦白），双方的得益则为（−12，−12）。这说明两次重复囚徒困境博弈的第一阶段结果与一次性博弈一样，两阶段重复博弈唯一的子博弈精练纳什均衡解就是第一阶段的（坦白，坦白）和第二阶段（第二次重复）的（坦白，坦白）。从该结果可以看出两次重复的囚徒困境仍然相当于一次性囚徒困境博弈的简单重复。

如果我们博弈的次数增加，可以发现其结果是一样的，即每一次重复都采用原博弈唯一的纯策略纳什均衡（坦白，坦白），这就是这种重复博弈唯一的子博弈精练纳什均衡路径。

【例3】

"产品定价"博弈

假设有两家企业对某种产品进行定价，图 4.4 给出了其一次性完全信息静态博弈的收益矩阵，下面分析该博弈重复 M 次的重复博弈。

博 弈 方 B

		低价	高价
博弈方A	低价	20, 20	40, 10
	高价	10, 40	30, 30

图 4.4

A、B 两个博弈方都有两种定价策略选择：高价或低价。如果两个博弈方都选择定低价，则每个博弈方的收益均为 20 个单位；如果两人都选择定高价，则每个博弈方的收益均为 30 个单位；如果其中某一博弈方选择定低价，而另一博弈方选择定高价，则定低价的博弈方可能占有更多的市场份额，获得 40 个单位的收益，定高价的博弈方就会由于失去一部分市场份额而只获得 10 个单位的收益。显然，在这个一次性完全信息静态博弈中，两个博弈方均有唯一的纯策略纳什均衡，纳什均衡为 A、B 双方都定低价，即（低价，低价）。

如果多次重复 A、B 之间的定价博弈，那么，情况又会是怎样的呢。我们先来分析博弈重复次数为无限时的情况。

如果 A、B 双方都选择合作，都保持定高价，则双方在每个阶段的收益均为 30 个单位，记为(30，30，30，…)；如果 A、B 中有一方(如 A)采取投机行为，在实际定价中选择不与对方合作，在第一阶段就通过选择定价策略使得选择高价策略的对手 B 受损，则受到损失的 B 方一定会在第二阶段及其以后的定价中也选择低价策略，加以报复，这样一来，首先选择不合作的博弈方 A 在整个阶段的收益为(40，20，20，…)，显然，其总收益远远小于合作、维持高价情况下的总收益。因为，选择不合作的博弈方 A，只是在第一阶段获得了"额外"收益 40，但在以后每个阶段的收益将因为对手 B 的报复性选择而减少，只有 20，并且重复若干次后，首先选择不合作的博弈方 A 将得不偿失。

在这里，B 选择的策略称为"冷酷策略"(Grim Strategies)。冷酷策略是指重复博弈中的任何博弈方的一次性不合作将引起其他博弈方的永远不合作，从而导致所有博弈方的收益减少。因此，所有博弈方具有维持合作的积极性。我们再来讨论博弈重复次数为有限次时的情况。

显然，有限次重复博弈与无限次重复博弈之间的区别，是所有博弈方都可以明确无误地了解重复的次数，即可以准确地预测到最后一个阶段的博弈。在最后阶段的博弈中，任何一个博弈方选择不合作，不会导致其他博弈方的报复。因此，所有博弈方都会在最后阶段的博弈中选择自己的占优策略，那就是不合作。本例子中，在最后阶段博弈中选择低价是所有博弈方的占优策略。

既然所有博弈方都会在最后阶段选择不合作，那么，根据采用逆向归纳法的分析，该重复博弈在倒数第二阶段博弈中，任何博弈方也就没有必要担心由于自己选择不合作，导致其他参与人在最后阶段博弈中的报复。因此所有博弈方在倒数第二阶段博弈中，也都仍然会选择不合作，即在倒数第二阶段博弈中，所有博弈方都会选择纳什均衡(低价，低价)。

其实，不管博弈重复多少次，只要是有限次重复，"囚徒困境"式不合作的策略选择就会存在，也就是说不会出现合作。

一般性结论 1：设原博弈 G 有唯一的纯策略纳什均衡，令 G 进行 T 次的有限次重复，重复博弈 $G(T)$ 有唯一的子博弈精练纳什均衡，各博弈方每个阶段都采用 G 的纳什均衡策略。各博弈方在 $G(T)$ 中的总得益为在 G 中得益的 T 倍，平均得益等于原博弈 G 中的得益。

该结论表明，只要博弈的重复次数是有限的，在一个博弈中每个博弈方的所有得益各自地加上相同的值不会改变博弈的结果。要注意的是"唯一"性是一个重要条件，如果纳什均衡不是唯一的，上述结论就不一定成立。

对该结论的证明比较简单。根据逆向归纳法，首先分析重复博弈的最后一个阶段，即第 T 次重复。由于第 T 次重复就是原博弈 G，而且是最后一个阶段，因此不管以前 $T-1$ 阶段的博弈结果如何，在该阶段中各博弈方必然采用 G 的唯一的纳什均衡。然后再推回到第 $T-1$ 次重复。由于此时各博弈方都知道下一阶段博弈的结果，因此对每个博弈方来说，从该阶段开始的子博弈的得益就是本阶段的得益加上第一阶段的均衡得益。由于这个均衡得益是一个确定的值，因此根据前述结论，各博弈方在该阶段仍然将采用 G 的唯一的纳什均衡。依次类推直至博弈的第一阶段。最终我们可得出结论，在原博弈 G 有唯一的纯策略纳什均衡时，各博弈方在每次重复时都采用 G 的纳什均衡，是有限次重复 $G(T)$ 的唯一的子博弈精练纳什均衡。该定理得证。

下面我们应用上述一般性结论，对第一章中讨论的寡头市场削价竞争博弈的有限次重复博弈情况进行讨论。

【例 4】

竞 价 博 弈

根据图 4.5 我们知道，该寡头市场削价竞争博弈是一个典型的囚徒困境型的博弈，一次性博弈的结果必然是双方都采用"削价"策略，各得到 60 万元。

寡头 B

		高价	低价
寡头 A	高价	80, 80	20, 130
	低价	130, 20	60, 60

图 4.5

很显然，一次性博弈的结果对两个寡头来说并不理想，如果两个寡头可以形成合作，共同采用高价，那么双方都能得到很高的利益 80 万元，这就是该博弈潜在的合作利益。假设两个寡头都意识到相互竞争的市场格局大约可以持续 5 年，也就是进行 5 次重复博弈，结果又该是如何呢？

在上述寡头市场削价竞争博弈中，由于其有唯一的纯策略纳什均衡，因此根据上述一般结论，以该博弈为原博弈的有限次重复博弈的唯一的子博弈精练纳什均衡，就是两博弈方重复 5 次原博弈的纳什均衡策略，即降价策略，也就是说两个寡头还是会不断打价格战而不会选择合作，不管重复的次数是多少，该结果都不会改变。

上面对有唯一纯策略纳什均衡博弈有限次重复博弈分析及相关定理，似乎与人们的直觉经验有很大的矛盾。根据上面的分析，在囚徒困境博弈式的有限次重复博弈中，唯一的子博弈精练纳什均衡是每次都采用原博弈的纯策略纳什均衡，即有限次重复博弈并不能摆脱囚徒困境的低效率均衡。但这与实际并不完全一致，因为根据这一结论，寡头之间的价格战应该是随时都在发生的，但现实中寡头之间的价格战却根本没有这么普遍和激烈。

导致这一问题的原因与前面讨论的蜈蚣博弈是相似的，问题的症结都在于在较多阶段的动态博弈中逆向归纳法的适用性。上述一般结论是根据逆向归纳法的逻辑和分析方法得到的，而否定一般结论则是根据与逆向归纳法有很大差异的其他分析方法得到的，当然难免会导致矛盾。可见，在一个博弈分析中，最关键的问题是要弄清博弈方的决策所依据的逻辑，弄清楚这一点，判断才不会发生错误。

二、有多个纯策略纳什均衡的有限次重复博弈

1. 企业定价重复博弈及"触发策略"（Trigger Strategy）

【例 5】

企业定价博弈

设某市场有两家企业生产同类型产品，他们对产品的定价有高、中、低三种可能，分别用 H、M、L 表示。设高价时市场总利润为 12 万元。中价时总利润为 7 万元，低价时市场总利润为 4 万元。两家企业同时决定价格，此时企业对价格的选择就构成了一个多价格竞争的静态博弈问题，如图 4.6 所示。

企业 2

		H	M	L
企	H	6, 6	0, 7	0, 3
业	M	7, 0	3.5, 3.5	0, 3
1	L	3, 0	3, 0	2, 2

图 4.6

根据静态博弈分析法，该博弈有两个纯策略纳什均衡（M，M）和（L，L），显然该博弈中对两博弈方最有利的策略组合（H，H）并不是纳什均衡，可见此时一次性博弈的结果不会是效率最高的。下面考虑两次重复这个博弈的情况。

设在第二阶段（即重复一次原博弈）开始前博弈方都可以观测到第一阶段的结果，则我们可以证明在该两次重复博弈中存在一个子博弈精练解，其中第一阶段的策略均衡为（H，H）。

显然，由于原博弈有 9 种可能的策略组合，因此重复这个博弈使得博弈的可能结果出现了更多的可能性，使两次重复博弈纯策略路径就有 9×9＝81 种之多，加上混合策略的路径数量就更大。在两次重复中若双方采取如下的策略，就可以保证双方合作，在第一阶段博弈双方采用（H，H）策略组合。

企业 1：第一次选 H；如第一次结果为（H，H）则第二次选 M，第一次如果为其他策略组合，则第二次选 L。

企业 2：同企业 1 的策略选择。

在上述双方策略组合下，两次重复博弈的路径一定为第一阶段取（H，H），第二阶段取（M，M），这是一个子博弈精练纳什均衡路径。在这一路径中，由于第二阶段的（M，M）是一个原博弈的纳什均衡，因此不会有哪一方会愿意单独偏离。在第一阶段，虽然（H，H）不是原博弈的纳什均衡，若一方单独偏离，采用 M 能增加 1 单位得益，但这样做的后果是第二阶段至少要损失 5 单位的得益，因为对方所采用的是有"报复机制"的策略，

显然在第一阶段偏离(H，H)是得不偿失的，理性的选择是毫不犹豫地选择 H。这就证明了上述策略组合确实是这个两次重复博弈的子博弈精练纳什均衡。上述重复博弈中两个博弈方所采用的是一种称为"触发策略"(Trigger Strategy)，即首先博弈双方试着合作，若双方都选择合作，则下一阶段继续进行合作；一旦选择不合作，就会触发其后所有阶段都不再相互合作。触发策略是重复博弈中实现合作和提高效率的一种关键机制。"触发战略"有时又叫做"冷酷战略"(Grim Strategy)。

继续进行上述两次重复博弈分析。当两博弈方都采用上述触发策略，即在第一阶段选择(H，H)时，第二阶段必为(M，M)，得益为(3.5，3.5)；而当第一阶段结果是其他 8 种结果中的任何一种时，第二阶段就会是(L，L)，得益为(2，2)。如果我们把(3.5，3.5)加到第一阶段(H，H)的得益上，把(2，2)加到第一阶段其他 8 种策略组合的得益上，就把原两次重复博弈化成了一个等价的一次性博弈，其得益矩阵如图 4.6 所示。图 4.7 显示的博弈中除(M，M)和(L，L)外，(H，H)也是一个纳什均衡，并且得益是两个博弈方的最佳得益。

企业 2

		H	M	L
企	H	9.5，9.5	2，9	2，5
业	M	9，2	5.5，5.5	2，5
1	L	5，2	5，2	4，4

图 4.7

如果上面这个博弈重复的次数增加，比如说 n 次(但不是无限次)，结论也是相似的。仍然可以运用触发策略实现比较好的结果。由此，我们可以得到更为一般的结论：

一般性结论 2：如果博弈 G 是一个有多个纳什均衡的完全信息静态博弈，则重复博弈 $G(T)$ 可以存在子博弈精练纳什均衡解；当 $t<T$ 时，t 阶段的策略组合并不是 G 的均衡。

比如在本博弈中，子博弈精练纳什均衡路径为：除了最后一次重复以外，前面每次重复都采用(H，H)，最后一次重复采用原博弈的纳什均衡(M，M)。当重复的次数较多时，平均得益接近于一次性博弈中(H，H)的得益(6，6)。

2. 关于"触发策略"(Trigger Strategy)

在上面的分析中，我们发现触发策略重复是一种非常重要的机制，采用这种策略就意味着对将来策略选择所作的可信的威胁或承诺可以影响到当前阶段的行动选择。但如果仔细分析，不难发现上述触发策略也可能存在值得推敲的问题，就是报复机制的可信性。例如在上述两次重复三阶段博弈中，如果第一阶段的结果确实是(H，H)，博弈双方都没有发生偏离，第二阶段的(M，M)符合双方的利益，当然是可信的。但如果第一阶段有一方偏离了路径，另一方将在第二阶段采用报复性的 L 策略，这样偏离的双方都只能得到比较差的得益 L，这种选择其实并不合理。因为即使在第一阶段有一方偏离了(H，H)，但另一方在第二阶段除了(L，L)之外，还可以选择 M，此时选择 M 肯定比选择 L 理想，选择 M 是理性的，也似乎才是可信的，也就是说，如果未偏离的一方能够不计前嫌，还是与对方共同采用 M，对他自己也是有利的。这就引出了触发策略是否真正可信的问题。

当发现触发策略不可信时，也就是认为博弈方不可能真正采用触发策略时，此时的选择就相当于不管第一阶段结果如何，第二阶段都是(M，M)，而不是(L，L)，双方得益为(3.5，3.5)而不是(2，2)。现在在第一阶段的得益上加(3.5，3.5)，就得到这种情况下的与两次重复博弈等价的一次性博弈，如图 4.8 中得益矩阵所示。此时第一阶段的最佳选择不是(H，H)，而是(M，M)。这意味着两次重复博弈的均衡路径是两次重复(M，M)，即原博弈效率较高的一个纳什均衡。

企业 2

企业1		H	M	L
	H	9.5, 9.5	3.5, 10.5	3.5, 6.5
	M	10.5, 3.5	7, 7	3.5, 6.5
	L	6.5, 3.5	6.5, 3.5	5.5, 5.5

图 4.8

导致触发策略中报复机制的可信性问题发生的原因和机制是复杂而多样的，往往会受到相互预期等很多复杂因素的影响。例如如果未偏离的博弈一方并不想报复偏离的一方，但偏离的博弈一方却因为害怕对方报复而采用策略 L，结果是愿望良好，倾向合作的一方再次受到重大损失。这种可能性的存在，使得实施报复机制的可能性大大增加。再比如制度的制定者和执行者相互分离，执行者是否会严格执行决策者指令的情况等，都可能导致触发策略的可信性问题，可信性问题也说明了子博弈精练的概念对可信性的要求并不严格。

为解决重复博弈的触发策略的可信性问题，我们来看图 4.9 中得益矩阵表示的上述静态博弈的两次重复博弈。

企业 2

企业1		H	M	L	P	Q
	H	6, 6	0, 7	0, 3	0, 0	0, 0
	M	7, 0	3.5, 3.5	0, 3	0, 0	0, 0
	L	3, 0	3, 0	2, 2	0, 0	0, 0
	P	0, 0	0, 0	0, 0	4, 0.5	0, 0
	Q	0, 0	0, 0	0, 0	0, 0	0.5, 4

图 4.9

这个博弈与前面的多阶段博弈的差别是两博弈方都增加了两个可选策略，现在它有四个纯策略纳什均衡(M，M)、(L，L)、(P，P)和(Q，Q)，效率较高的(H，H)仍然不是纳什均衡。现在我们还是希望采用触发策略，使(H，H)成为博弈双方共同的选择。由于现在多了两个纯策略纳什均衡，因此在重复博弈中策略的选择大大增加了，有可能是构建具有完全可信性的触发策略。为此在两次重复中，如果两博弈方分别采用如下的触发策略：

企业1：在第一阶段采用策略 H，如果第一阶段的策略组合是(H，H)，那么第二阶段采用策略 M，否则采用策略 P。

企业2：在第一阶段采用 H，如果第一阶段的结果是(H，H)，那么第二阶段采用 M，否则采用 Q。

可以证明，双方的上述触发策略组合(H，H)，(M，M)构成该重复博弈的一个子博弈精练纳什均衡，而且双方的触发策略中的报复都是可信的。当第一阶段选 H，第二阶段选 M 时，每个博弈方的得益为 6+3.5=9.5；当第二阶段偏离 H，而选择 M 时，得益为 7+0.5=7.5；若选择 L，则得益为 3+0.5=3.5，更低，因此，只要在第一阶段偏离 H，其他任何选择都是得不偿失的，此时双方触发策略中的报复机制不仅本身可以构成纳什均衡，而且对报复者自己也是有利的。

在博弈理论中，有两个著名的策略。一个就是这里分析的触发策略。如果对方知道你的策略是触发策略，那么对方将不敢采取不合作策略，因为一旦他采取了不合作策略，双方便永远陷入不合作的困境。因此，只要有某博弈方采取触发策略，那么其他博弈方就会愿意采取合作策略。但是这个策略面临着这样一个问题：如果双方存在误解，或者由于一方发生选择性的错误，这个错误是无意的，那么结果将是双方均采取不合作的策略。也就是说，这种策略不给对方一个改正错误或解释错误的机会，错误在博弈中将会进行到底。

第二种策略是，若你采取不合作策略，我也采取不合作策略，但是如果你采取了合作策略，我也采取合作策略。这叫"一报还一报"策略，或者称为"针锋相对"，英文叫 Tit-for-Tat。美国密执安大学的罗伯特·埃克斯罗德(Robert Axerold)曾经主持过一次计算机比赛，看谁写出来的程序能够赢。参加者有政治学家、数学家、经济学家、社会学家，他们都详细研究过囚徒困境。获胜者是加拿大多伦多大学的罗伯布(Anatol Rapoport)写的"一报还一报"(Tit-for-Tat)策略。一报还一报的策略是这样的：第一次博弈采用合作的策略，以后每一步都跟随对方上一步的策略，你上一次合作，我这一次就合作，你上一次不合作，我这一次就不合作。也就是说，一报还一报的策略实行了"胡萝卜加大棒"的原则。它永远不先背叛对方，从这个意义上来说它是"善意的"。它会在下一轮中对对手的前一次合作给予回报，哪怕以前这个对手曾经背叛过它，从这个意义上来说它是"宽容的"。但它会采取背叛的行动来惩罚对手前一次的背叛，从这个意义上来说它又是"可激怒的"。而且，它的策略极为简单，对手一望便知其用意何在，从这个意义来说它又是"简单明了的"。"一报还一报"策略的优越性向我们充分展示了一个纯粹自利的人何以会选择善，只因为合作是自我利益最大化的一种必要手段。关于"一报还一报"策略，我们将在最后一章中介绍。

当然在博弈中可能有多种策略，如对方采取了不合作，但自己永远采取合作策略，这个策略可以叫做"以德报怨"策略。这个策略对选择该策略的行动者最为不利，因为对方知道你采取这种策略，他会永远采取不合作的策略，因而理性的人是不会采取这种"以德报怨"策略的。如果是有限次的"囚徒困境"，那么情况就不同于上述无限次的"囚徒困境"的重复博弈。当临近博弈的终点时，采取不合作策略的可能性加大，如果参与人以前的所有策略均为合作策略，并且被告知下一次博弈是最后一次，那么双方肯定采取不合作的策略。这可以解释许多商业行为。一次性的买卖往往发生在双方以后不再有买卖机会的时候，尽量谋取高利并且带欺骗性是其特点，即用尽自己的所有"信誉"，关于这个问题，我们也将会在后面的章节中继续分析。

3. 市场进入重复博弈与"触发策略"

【例 6】

市场进入博弈

假设企业 1 和企业 2 同时面临两个市场 A 和 B，每家企业只有能力选择其中一个市场进行开发，即它们有 A 或 B 两个可选策略。得益情况如图 4.10 所示。此得益可解释为：A 市场是一个新市场，很难开发，仅仅靠一家企业难以很好开发这个市场，若两家企业共同开发就能很好地开发这个市场。B 市场是开始程度较高的衰退的市场，不足于承受多家企业在其中进行竞争。只有一家企业选 B 市场时，才可获得比较可观的得益。如果两家企业都想在这个市场淘金则完全无利可图。

企业 2

		A	B
企业 1	A	3, 3	1, 4
	B	4, 1	0, 0

图 4.10

显然，上述一次性博弈有两个纯策略纳什均衡(A，B)和(B，A)，得益分别为(1，4)和(4，1)。此外，该博弈还有一个混合策略纳什均衡，企业 1 和企业 2 都以同样的概率在 A、B 之间随机选择，双方期望得益都等于 $0.25 \times (3+4+1+0) = 2$。

现在两家企业在不合作的条件下，彼此博弈的思路是：既希望自己独占 B 市场获得高利润，又担心两家企业都挤在 B 市场两败俱伤，也不想自己独自开发 A 市场。根据这一思路，企业双方选择只有采取混合策略。因此在一次性博弈中的最佳结果(A，A)无法实现，而且在次佳的纳什均衡(A，B)和(B，A)上达成共识也不容易。

考虑博弈重复两次时的情况。上述博弈的两次重复博弈均衡路径有 $4 \times 4 = 16$ 条，例如(1)两次重复都采用原博弈同一个纯策略纳什均衡，第一次博弈选择(A，B)，第二次还是选择(A，B)，或第一次博弈选择(B，A)，第二次仍然选择(B，A)，都是子博弈精练纳什均衡路径；(2)两次博弈采用混合策略均衡也是子博弈精练纳什均衡路径；(3)双方轮流去两个市场，企业 1 第一阶段去 A 市场第二阶段去 B 市场，企业 2 在第一阶段去 B

市场第二阶段去 A 市场，即从（A，B）到（B，A），也是一条子博弈精练纳什均衡路径，等等。所有这些子博弈精练纳什均衡中两博弈方的策略都是无条件的，后一次博弈的选择并不取决于第一次博弈的结果。下面我们来分析上述几种不同的子博弈精练纳什均衡的得益情况。

（1）连续两次采用同一个纯策略纳什均衡的路径双方平均得益分别是（1，4）和（4，1）；

（2）两次采用混合策略纳什均衡则双方平均期望得益为 2；采用轮换策略，即由（1，4）或（4，1）转向（4，1）或（1，4），则平均得益为 $\frac{4+1}{2}=2.5$；

（3）一次纯策略、一次混合策略的双方平均得益分别是（1.5，3）和（3，1.5）。

显然第一种情况下的均衡总得益比较高，但双方得益很不平衡，而混合策略平均期望得益较低，双方采用轮换策略的结果则比前两种情况都要好一些，但该结果与最理想的结果（A，A）还有比较大的差距。对照多阶段竞争博弈的分析，我们发现该博弈之所以不能实现最佳结果（A，A）的原因，正是因为在这个两次重复博弈中博弈方没有运用触发策略的条件。

上述分析启发我们，如果两市场重复博弈的重复次数进一步增加，采用"触发策略"很可能会使博弈结果有进一步的改善。我们首先讨论三次重复博弈的情况，此时重复三次采用"触发策略"成为了可能。例如设企业 1 和企业 2 可以分别采用如下触发策略：

企业 1：第一阶段选 A；如果第一阶段结果是（A，A），则第二阶段继续选策略 A，如果第一阶段结果是（A，B），则第二阶段选策略 B；第三阶段仍然选策略 B。

企业 2：第一阶段选策略 A，第二阶段无条件选策略 B，如果第一阶段结果是（A，A），则第三阶段改选策略 A；如果第一阶段结果是（B，A），则第三阶段选策略 B。

依据上述策略，三次重复博弈的均衡路径是（A，A）到（A，B）再到（B，A）。显然第二阶段、第三阶段本身就是原博弈的纳什均衡，不会有哪一方愿单独偏离。第一阶段的策略组合虽不是原博弈的纳什均衡，在这一阶段单独偏离也可能得到较好的得益。但是假如企业 1 在第一阶段的偏离会引起企业 2 第三阶段的强烈报复，从而将蒙受更大的损失，那么这种偏离就是不合算的。同样企业 2 在第一阶段的偏离也会引起企业 1 第二阶段的报复，结果也是得不偿失的，因此最好的选择也是不要偏离。由于有后面阶段利益的制约作用，虽然（A，A）不是原博弈的纳什均衡，但当原博弈重复三次时，它作为三次重复博弈第一次博弈的策略组合却是稳定的，上述双方策略确实是该三次重复博弈的子博弈精练纳什均衡。而且，上述触发策略中的报复机制也有很强的可信性，因为该报复机制对偏离者有惩罚作用，而对报复者则是有利的。

此时，上述子博弈精练纳什均衡实现时每一方每阶段的平均得益为（3+1+4）/3 = 2.67。该平均得益大于其他任何子博弈精练纳什均衡实现的平均得益或平均期望得益。因此，从总体效率的意义上说，上述带触发策略的子博弈精练纳什均衡，是该三次重复博弈众多子博弈精练纳什均衡中效率最高的均衡。

如果我们进一步增加两市场博弈的重复次数，例如重复 101 次。这时候，如果企业 1 采用如下触发策略："在前 99 次中都选 A，但从其中的第二次开始，一旦发现哪次的结果不是(A，A)，则改为策略 B 并坚持到底，最后两次重复与 3 次重复博弈后两次重复的策略相同"；企业 2 采用如下触发策略："在前 99 次中都选策略 A，但从其中的第二次开始，一旦发现哪次的结果不是(A，A)，则改为策略 B 并坚持到底，最后两次重复与 3 次重复博弈后两次重复的策略相同"，我们不难证明，双方的上述触发策略也构成一个子博弈精练纳什均衡，双方的每阶段平均得益是(99×3+1+4)/101 = 2.99，非常接近于原博弈效率最高的非均衡策略组合的得益(3，3)。这与我们在讨论"触发策略"时，所得到的一般性结论是完全吻合的，这也再次证明了"触发策略"在重复博弈中的价值。

三、有限次重复博弈的"民间定理"(Folk Theorem)

由上面重复博弈的例子可以看出，当原博弈有多个纯策略纳什均衡时，有限次重复博弈存在许多效率差异很大的子博弈精练纳什均衡，并且可以通过设计包含报复机制的触发策略，来实现效率较高的均衡，得到一次性博弈中无法实现的潜在合作利益。由此，我们得到如下的"民间定理"。在阐述"民间定理"之前，我们再介绍几个关于得益的概念。

设 x_i 为博弈方 i 在一次性博弈中最差的均衡得益，用 X 记各博弈方的 x_i 构成的得益数组。无论其他博弈方行为如何，一博弈方在某个博弈中自己采取某种特定的策略，能够最低限度保证得到的得益称为"保证得益"(Reservation Payoff)或"个体理性得益"(Individual Rationality Payoff)。博弈中所有纯策略组合得益的凸组合(Convex Combination)即纯策略得益的加权平均(权重数非负且总和为 1)数组称为"可实现得益"(Feasible Payoff)。依据这几个得益概念，我们就可以给出次数有限次重复博弈的"民间定理"：

有限次重复博弈"民间定理"：设原博弈 G 为一个完全信息的静态博弈，原博弈 G 的一次性博弈均衡得益数组优于 X，那么在该博弈的有限次重复中，所有不小于保留得益的可实现得益，都至少有一个子博弈精练纳什均衡的极限的平均得益来实现它们。

该定理之所以被称为"民间定理"又叫"大众定理"，是因为重复博弈能够促进合作的思想，早在 20 世纪 50 年代就已经是博弈理论界众所周知的理论，以致无法追溯到其原创者，于是以"民间"命名之。但在这之前却一直无人正式发表加以证明，后来弗里德曼等人证明了该定理。开始时的民间定理分析的是有限次重复博弈的全部纳什均衡问题。

下面以前面介绍的两市场博弈的重复博弈为例来说明该定理。根据前面的分析，在市场进入博弈中，两个博弈方最差的均衡得益都是 1，它们构成得益数组 $X = (1，1)$；只要采取 A 策略，两个博弈方都至少得到 1 以上的得益，因此 1 就是这两个博弈方的保留得益；该博弈中的可实现得益就是图 4.11 中由 $O(0，0)$、$A(1，4)$、$B(3，3)$ 和 $C(4，1)$ 四点连成边界线围起来的整个阴影部分面积中点的坐标。在该博弈的一次性博弈中，肯定存在均衡得益数组优于 X，满足民间定理的条件，因此所有不小于保留理性得益的可实现得益，即图 4.11 中由 X、A、B 和 C 四点连线所围阴影部分面积中点对应的双方得益，都可以找到相应的子博弈精练纳什均衡或这种均衡的极限来实现它。比如点 A 和点 C 可用每次采用原博弈同一个纳什均衡的子博弈精练纳什均衡来实现，而在这两点连线上的任何一点所表示的得益，可用原博弈两个纯策略纳什均衡的某种组合来实现，点 B 可在重复次数不断增加的时候，由上述触发策略构成的子博弈精练纳什均衡的极限来实现它。

通过仔细分析我们还会发现，在所有可实现得益或优于 $X = (1，1)$ 的可实现得益中，

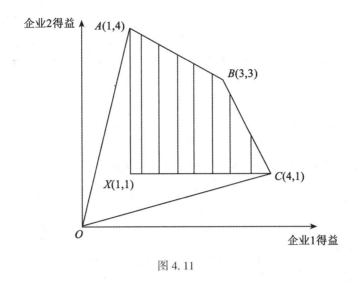

图 4.11

只有处于点 A 和点 B，以及点 B 和点 C 两条连线上，并且包括这三点本身的可实现得益有较重要的意义，因为它们代表了帕累托效率意义上最有效率的均衡得益。民间定理的核心意义就在于，保证上述得益能够被有一定重复次数的重复博弈的子博弈精炼纳什均衡的平均得益来实现或逼近它们。

第三节 无限次重复博弈

在分析有限次重复博弈的基础上，下面我们再来分析无限次重复博弈问题。

在一个重复博弈中，被重复地进行的博弈称为阶段博弈，如果一个重复博弈当中包含无限个阶段博弈，则称为无限次重复博弈。

一、具有纯策略纳什均衡的无限次重复博弈(Infinitely Repeated Game)

【例1】

零和博弈的无限次重复博弈

在有限次重复的情况下，两人零和博弈的有限次重复博弈的结果与一次性博弈是一致的，原因在于原博弈中博弈方的利益是对立的，重复博弈没有改变博弈的利益对立关系，两人不可能产生合作。

当零和博弈重复次数从有限增加到无限时，原博弈中博弈方之间非合作的关系没有改变，双方也不会合作并产生出潜在的合作利益，因此博弈各方仍然是根据每次重复都使当时的利益最大化的原则来行动，每次采用原博弈的混合策略纳什均衡。

由于无限次重复博弈没有最后一个阶段，因此上述结论无法用逆向归纳法证明，但还是可以用比较接近的方法来进行分析。比如我们先讨论无限次重复两人零和博弈，显然博弈方之间的利益对立关系不会因为第 $t-1$ 阶段或前 $t-1$ 阶段的结果而有任何改变，即前面阶段的结果对后续阶段行动的选择并不会产生影响，博弈方之间仍然是严格对立的，不会产生合作，因此博弈方在第 $t-1$ 阶段不会合作。依此往前推导第 $t-2$ 阶段、第 $t-3$ 阶段直至从重复博弈的第一阶段，这是一个有限次重复博弈，博弈双方仍然不可能合作。这就证明了在两人零和博弈无限次重复的所有阶段都不可能发生合作，博弈方会一直重复原博弈的混合策略纳什均衡。

同样，上述结论也可以推广到更多博弈方、非零和的其他严格竞争博弈的无限次重复博弈。

下面我们以寡头竞价为例来分析原博弈有唯一纯策略纳什均衡的囚徒困境式无限次重复博弈问题。

【例 2】

寡头竞价的无限次重复博弈

有唯一纯策略纳什均衡的博弈可以分为两种情况：一种是原博弈唯一的纳什均衡本身是帕累托效率意义最佳策略组合，符合各博弈方最大利益的情况，此时采用原博弈的纯策略纳什均衡本身是各个博弈方能实现的最好结果，符合所有博弈方的利益，因此不管是有限次重复博弈还是无限次重复博弈，都不会与一次性博弈有什么区别；另一种则是唯一的纳什均衡并不是效率最高的策略组合，因此存在潜在合作利益的囚徒困境式博弈。

我们分析图 4.12 所示的寡头竞价博弈的无限次重复模型，H 和 L 分别表示高价和低价两种策略。

博弈方 2

		L_2	H_2
博弈	L_1	1, 1	5, 0
方 1	H_1	0, 5	4, 4

图 4.12

由静态博弈分析知，该博弈的一次性博弈有唯一的纯策略纳什均衡 (L_1, L_2)，双方得益为 $(1, 1)$。显然该纳什均衡并不是帕累托效率意义上的最佳策略组合，最佳策略组合是 (H_1, H_2)，得益为 $(4, 4)$。然而 (H_1, H_2) 不会出现，因为它不是该博弈的纳什均衡。根据上一节的分析，该博弈的有限次重复博弈并不能实现潜在的合作利益，两博弈方在每次重复中都不会采用较高的 (H_1, H_2)。那么在无限次重复中，这种状况会不会改变呢？

假设博弈方在这个博弈的无限次重复博弈中，开始选择相互合作的战略，并且当且仅当前面每个阶段博弈方都选择合作时，在后面阶段的博弈中也选择相互合作，并且采用如下的触发策略：第一阶段采用 H，在第 t 阶段，如果前 $t-1$ 阶段的结果都是 (H_1, H_2)，则继续采用 H，否则采用 L。也就是说，双方在无限次重复博弈中都是先试图合作，第一次无条件选 L，如果对方采取的也是合作态度，则继续选 H；一旦发现对方不合作（选择 L），则以后永远选 L 报复，从而触发从此博弈双方不再合作。我们首先说明双方采用上述触发策略是一个纳什均衡。也就是要证明在假设博弈方 1 已采用了上述触发策略的条件下，当 δ 达到某个水平时，采用同样的触发策略是博弈方 2 的最佳反应策略。因为博弈方 1 与博弈方 2 是对称的，因此只要这个结论对博弈方 2 成立，对博弈方 1 也同样成立，这样就可以确定上述触发策略是两博弈方相互对对方策略的最佳反应，从而构成纳什均衡。由于在某个阶段出现与 (H_1, H_2) 不同的结果以后博弈方 1 将永远选择策略 L，因此博弈方 2 也只有一直选择策略 L。现在剩下的就是要分析博弈方 2 在第一阶段的最优反应。

如果博弈方 2 采用 L，那么在第一阶段能得到 5，但以后引起博弈方 1 一直采用 L 的报复，自己也只能一直采用 L，得益将永远为 1，总得益的现值为

$$\pi = 5 + 1 \cdot \delta + 1 \cdot \delta^2 + \cdots = 5 + \frac{\delta}{1-\delta}$$

显然，博弈方 2 如果采用 H，他将在第一阶段得到 4，而且下一阶段又面临同样的选择。若用 V 记博弈方 2 在该博弈中每阶段都采用最佳策略选择时的总得益的现值，由于从第二阶段开始的无限次重复博弈与从第一阶段开始的只差一阶段，因此在无限次重复时可看作相同的，其总得益的现值折算成第一阶段的得益为 $\delta \cdot V$，因此当第一阶段的最佳选择是 H 时，整个无限次重复博弈总得益的现值为：

$$V = 4 + 4 \cdot \delta + 4 \cdot \delta^2 + \cdots$$
$$= \frac{4}{1-\delta}$$

因此，当

$$\frac{4}{1-\delta} > 5 + \frac{\delta}{1-\delta}$$

也即 δ>1/4 时，博弈方 2 将采用 H 策略，否则会采用 L 策略。也就是说，博弈方 2 对博弈方 1 触发策略的最佳反应是第一阶段采用策略 H。由于从第二阶段以后是完全相同的，因此博弈方在第二阶段开始以后每一个阶段的选择必然也是 H，因此只要博弈方 1 采用前述的触发策略，那么博弈方 2 的最优选择就始终是 H。反之，如果博弈方 1 偏离策略 H，而采用 L，将导致博弈方 2 也采用 L 对其进行报复。因此博弈方 2 对博弈方 1 触发策略的应对策略是采用和博弈方 1 同样的触发策略。这说明采取触发策略对博弈双方来说都是稳定的策略，因而是一个纳什均衡。

由于重复博弈的子博弈就是重复一定次数之后的全部重复博弈过程，因此无限次重复博弈的子博弈还是无限次博弈，而且触发策略在所有子博弈中都仍然构成相同的触发策略，因此必然也是这些子博弈的纳什均衡，从而上述触发策略组合构成整个无限次重复博弈的子博弈精练纳什均衡，其均衡路径为：当 δ>1/4 时两博弈方每阶段都选择 H。

同有限次重复分析的结果一样，在该博弈构成的无限次重复博弈中，子博弈精练纳什均衡路径不止一条，如两博弈方始终都选择原博弈的纳什均衡（L，L）就是其中之一。但后者的得益要差得多，选择它是非理性的，因此双方合理的选择是触发策略而不是坚持原

博弈的纳什均衡。

上面的分析表明，由于在无限次重复博弈中，报复的机会总是存在的，所以每一个博弈方都不会采取违约和欺骗的行为而选择合作，囚徒困境合作的均衡解就会出现。这一结论与现实不太相符。因为现实生活中的博弈总是有限次的，那么上述结论是否说明囚徒困境式博弈（如寡头之间）中的合作总是不能实现呢？其实，无限次重复博弈的特点是每一个博弈方都不知道哪一次是最后一次，所以，报复策略威胁的存在使得各博弈方都会把合作维持下去，换言之，在有限次重复博弈中，如果每一个博弈方在每一次都认为在下一次还要继续相互打交道，这就与无限次重复博弈没有什么区别。所以，在不能确定最后期限的有限次重复博弈中，合作均衡是可以存在的。

二、无限次重复博弈的"民间定理"

通过上面两个例子的分析我们发现，在一次性博弈和有限次重复中都无法实现的囚徒困境博弈中的合作关系，在无限次重复博弈的情况下是可以实现的。而且在有限次重复博弈中只有在原博弈有多个纯策略纳什均衡的情况下才会存在的合作，在无限次重复博弈的情况下只要原博弈有一个纳什均衡就可能存在。于是，我们又得到无限次重复博弈的民间定理。

无限次重复博弈"民间定理"：设 G 是一个完全信息的静态博弈。用 $(e_1, \cdots, e_n)$ 记 G 的纳什均衡的得益，用 $(x_1, \cdots, x_n)$ 表示 G 的任意可实现得益。如果对任意博弈方 i 有 $x_i > e_i$ 成立，而且如果 δ 足够接近 1，那么无限次重复博弈 $G(\infty, \delta)$ 中一定存在一个子博弈完美的纳什均衡，博弈方的平均得益就是 $(x_1, \cdots, x_n)$。

该定理又叫弗里德曼（Friedman）定理。

定理中之所以要 δ 足够接近 1，是为了让博弈中未来值足够大，这样博弈方就不会只顾眼前利益，而放弃将来利益，选择不合作。该定理表明当每位博弈者都有足够的耐心，任何一个可实现的得益向量，只要使得每位博弈者都获得多于各自所能捍卫的得益，便能在无限次重复博弈中通过纳什均衡来实现。

下面我们就对该定理给予简单的证明。

令 $(a_{ei}, \cdots, a_{en})$ 为 G 的纳什均衡，其均衡收益为 $(e_1, \cdots, e_n)$。类似地，令 $(a_{x1}, \cdots, a_{xn})$ 为带来可行得益 $(x_1, \cdots, x_n)$ 的行动组合（后面的符号只是象征性的，因为它忽略了要达到任意可行得益一般都需要借助于公用的随机数发生器），考虑博弈者 i 的以下触发策略：

在第一阶段选择 a_{xi}。在第 t 阶段，如果所有前面 $t-1$ 个阶段的结果都是 $(a_{x1}, \cdots, a_{xn})$，则选择 a_{xi}。如果博弈双方都采用这种触发战略，则无限次重复博弈的每一阶段的结果都将是 $(a_{x1}, \cdots, a_{xn})$，从而期望的得益为 $(x_1, \cdots, x_n)$。

下面，我们首先证明如果 δ 足够接近 1，则博弈者的这种触发策略是重复博弈的纳什均衡，然后再证明该纳什均衡是一个子博弈精练的。

假设除博弈者 i 之外的所有博弈者都采用了这一触发策略。由于一旦某一阶段的结果不是 $(a_{x1}, \cdots, a_{xn})$，其他博弈者将永远选择 $(a_{e1}, \cdots, a_{ei-1}, a_{ei+1}, \cdots, a_{en})$，博弈者 i 的最优反应为，一旦某一阶段的结果偏离了 $(a_{x1}, \cdots, a_{xn})$，就永远选择 a_{ei}。然后就是要

确定博弈者 i 在第一阶段的最优反应，以及这之前所有阶段的结果都是 $(a_{x1}, \cdots, a_{xn})$ 时的最优反应。令 a_{di} 为博弈者 i 对 $(a_{x1}, \cdots, a_{xn})$ 的最优偏离，即 a_{di} 是求下列最大值问题的解：

$$\max_{ai \in Ai} u_i(a_{x1}, \cdots, a_{xi-1}, a_i, a_{xi+1}, \cdots, a_{xn})$$

令 d_i 为博弈者 i 从偏离中得到的得益：$d_i = u_i(a_{x1}, \cdots, a_{xi-1}, a_{xi}, a_{xi+1}, \cdots, a_{xn})$。我们有 $d_i \geq x_i = u_i(a_{x1}, \cdots, a_{xi-1}, a_{xi}, a_{xi+1}, \cdots, a_{xn}) > e_i = u_i(a_{e1}, \cdots, a_{en})$

虽然选择 a_{di} 将会在当前阶段得到最大的得益 d_i，但却将触发其他博弈者永远选择 $(a_{e1}, \cdots, a_{ei-1}, a_{ei+1}, \cdots, a_{en})$，因此博弈者 i 的最优选择应为 a_{ei}，而不是 a_{di}，于是未来每一阶段的得益都将是 e_i，而不是 d_i。这一得益序列的现值为

$$d_i + \delta \cdot e_i + \delta^2 \cdot e_i + \cdots = d_i + \frac{\delta}{1-\delta} e_i$$

由于任何偏离都触发其他博弈者的相同反应，因此我们只需考虑能带来最大收益的偏离就足够了。另一方面，选择 a_{xi} 将在本阶段得到得益 x_i，并且在下一阶段可在 a_{di} 和 a_{xi} 之间进行完全相同的选择。令 V_i 表示博弈者 i 就此作出最优选择时各阶段博弈得益的现值。如果选择 a_{xi} 是最优的，则有

$$V_i = x_i + \delta V_i$$

或

$$V_i = x_i / (1-\delta)$$

如果选择 a_{di} 是最优的，则有

$$V_i = d_i + \frac{\delta}{1-\delta} e_i$$

显然，当且仅当下式成立时，选择 a_{xi} 是最优的：

$$\frac{x_i}{1-\delta} \geq d_i + \frac{\delta}{1+\delta} e_i \text{ 或 } \delta \geq \frac{d_i - x_i}{d_i - e_i}$$

从而，在第一阶段，并且在此之前的结果都是 $(a_{x1}, \cdots, a_{xn})$ 的任何阶段，在其他博弈者已采用触发策略的情况下，当且仅当 $\delta \geq (d_i - x_i)/(d_i - e_i)$ 时，博弈者 i 的最优行动是选择 a_{xi}。

给定这一结果以及一旦某一阶段博弈的结果偏离了 $(a_{x1}, \cdots, a_{xn})$，则博弈者 i 的最优反应是永远选择 a_{ei}，我们得到当且仅当下式成立时，所有博弈者采用的触发策略是纳什均衡：

$$\delta \geq \max_i \frac{d_i - x_i}{d_i - e_i}$$

由于 $d_i \geq x_i > e_i$，对每一个博弈者 i 都一定有 $(d_i - x_i)/(d_i - e_i) < 1$，那么对所有博弈者上式的最大值也一定严格小于1。

下面再来证明这一纳什均衡是子博弈精练的，即触发策略必须在 $G(\infty, \delta)$ 的每一个子博弈中构成纳什均衡。

由于 $G(\infty, \delta)$ 的每一个子博弈都等同于 $G(\infty, \delta)$ 本身。在触发策略纳什均衡中，这些子博弈可分为两类：一是所有前面阶段的结果都是 $(a_{x1}, \cdots, a_{xn})$ 时的子博弈；二是前面至少有一个阶段的结果偏离了 $(a_{x1}, \cdots, a_{xn})$ 时的子博弈。如果博弈者在整个博弈中采

用了触发策略，则博弈者在第一类子博弈中的策略同样也是触发策略，它是整个博弈的一个纳什均衡；同时博弈者在第二类子博弈中的策略永远是简单重复阶段博弈均衡 $(a_{e1}, \cdots, a_{en})$，它也是整个博弈的一个纳什均衡。这样我们就证明了无限次重复博弈的触发策略是子博弈精练纳什均衡。

再回到上述两寡头竞价模型。在两寡头竞价模型的无限次重复博弈中，纳什均衡的得益数组为$(1, 1)$，所有可实现得益构成图 4.13 中由 $x(1, 1)$、$A(0, 5)$、$B(4, 4)$ 和 $C(5, 0)$ 四点连成边界线围成的整个阴影部分面积中点的坐标。无限次重复博弈的"民间定理"应用到该博弈中意味着，由图 4.13 中竖线条阴影部分中点的坐标对应的双方数组，在该博弈的无限次重复博弈中，都有无限次重复博弈的子博弈精练纳什均衡的平均得益来实现它们。

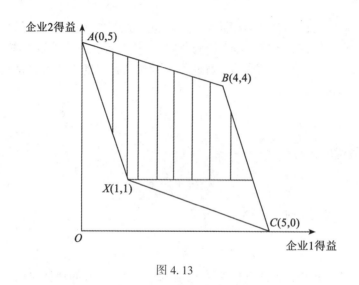

图 4.13

三、无限次重复博弈的"合作"可能

在有限次重复博弈的介绍中，我们已经接触到触发策略，它可以是纯策略，也可以是混合策略，它是依存于其他博弈方的行动历史而构成的策略。它的特点就是通过威吓对手从而达到共同的"合作"。最著名的触发策略是冷酷策略和针锋相对策略。

在一个二人无限次重复博弈中，冷酷策略是指在博弈的第一个阶段便采取"合作"的行动，然后如果对方在第一个阶段也是采取"合作"的行动，那么便继续采取"合作"的行动，直至对方在某一个阶段不再采取"合作"的行动，那么便触发在接下来的每一个阶段永远采取"不合作"的行动的报复机制。相比之下，针锋相对策略则是一个较为温和的策略，它与冷酷策略相似，在博弈的第一个阶段采取"合作"的行动，然后如果对方在第一个阶段也是采取"合作"的行动，那么便继续采取"合作"的行动，直至对方在某一个阶段不再采取"合作"的行动，便在接下来的每一个阶段采取"不合作"的行动以惩罚对方，再直到对方在以后的某一个，或连续 m 个阶段采取"合作"的行动，才再触发转回原先的采取"合作"的行动的机制，如此循环不息。

在无限次重复博弈的介绍中，由于博弈重复进行无限次，单次"不合作"所带来的短期利润在无限次重复博弈中将变得微不足道。因此，每个参与者为顾及长远的"合作"得益，便不会贪图短期的"不合作"得益，从而实现成功的"合作"。

事实上，奥曼 1959 年首先提出来完整详尽的无限次重复博弈理论，并论证了在何种情况下"合作"的结果可能出现。在奥曼的分析中，他考虑到更广泛的情况，并允许参与者通过组成联盟的方式共同偏离"合作"的模式。

【例 3】

古 诺 模 型

民间定理说明在无限次重复博弈中，在采用触发策略的情况下，只要博弈方发生任何背离触发策略的情况，就在以后阶段永远转到阶段博弈的纳什均衡；反之，它就可以起到制约背离、达成在整个博弈中合作的效果。为此，我们来分析古诺模型的无限次重复博弈问题。

古诺模型我们在第二章中已经进行了介绍。同第二章的分析，我们仍然假设市场的出清价格 $P=P(Q)=a-Q$，其中 $Q=q_1+q_2$ 为市场总产量，q_1、q_2 分别为模型中两博弈方企业 1 和企业 2 的产量。再设两家企业都无固定成本，边际成本都为 c。根据前面的分析，该博弈的一次性博弈存在唯一的纳什均衡 $((a-c),(a-c))$，即两家企业都生产 $(a-c)$ 单位产量，我们称其为"古诺产量"并用 q_c 表示，而且如果该市场只有一家企业垄断，其最佳垄断产量为 $q_m=\dfrac{(a-c)}{2}$，纳什均衡条件下的总产量 $\dfrac{2(a-c)}{3}$ 大于垄断产量 $\dfrac{(a-c)}{2}$。如果两家企业各自生产垄断产量的一半 $\dfrac{(a-c)}{4}$ 时，那么两家企业的得益都会较均衡情况下提高，为 $\dfrac{(a-c)^2}{8}$。不过这一结果在一次性静态博弈及有限次重复博弈中是不可能实现的。那么在无限次重复时，博弈方的行为和博弈的均衡又会怎样，这一结果可否实现呢？

我们首先可以证明的是，在无限次重复古诺模型中，当贴现率 δ 满足一定条件时，两企业都采用下列触发策略构成一个子博弈完美纳什均衡：

(1) 各自在第一阶段生产垄断产量的一半 $\dfrac{(a-c)}{4}$；

(2) 在第 t 阶段，如果前 $t-1$ 阶段两家企业的产量都是 $\left(\dfrac{(a-c)}{4},\dfrac{(a-c)}{4}\right)$，则继续生产 $\dfrac{(a-c)}{4}$，否则生产古诺产量 $q_c=\dfrac{(a-c)}{3}$。

显然，和有限次重复博弈中的触发策略一样，这种触发策略的实质同样是博弈方先试图合作，选择符合双方利益的产量，而一旦发现对方不合作，偏离对双方有利的产量，则以选择纳什均衡产量来进行报复。当双方都采用上述触发策略，每阶段生产产量

$\left(\dfrac{(a-c)}{4},\dfrac{(a-c)}{4}\right)$ 时，博弈双方每阶段的得益都均为 $\pi_m^* = \dfrac{(a-c)^2}{8}$，记为 $\dfrac{\pi_m}{2}$。

设企业 1 已采用该触发策略，如果企业 2 也采用该触发策略，则双方每期得益为 $\dfrac{(a-c)^2}{8}$，无限次重复博弈总得益的现值为：

$$\frac{(a-c)^2}{8}(1+\delta+\delta^2+\cdots) = \frac{1}{(1-\sigma)}\cdot\frac{(a-c)^2}{8} = \pi_A$$

如果在企业 1 的生产产量为 $\dfrac{(a-c)}{4}$ 的条件下，企业 2 偏离上述触发策略，则他在第一阶段所选产量应该是使得自己的利润最大的产量，即满足：

$$\max\left[\left(a-\frac{(a-c)}{4}-q_2\right)q_2-cq_2\right] = \max\left[\frac{3(a-c)}{4}-q_2\right]q_2$$

其解为 $q_2 = \dfrac{3(a-c)}{8}$，相应的利润为 $\dfrac{9(a-c)^2}{64}$，显然高于不偏离触发策略时第一阶段的得益 $\dfrac{(a-c)^2}{8}$。但是，由于企业 2 的偏离，从第二阶段开始，企业 1 将报复性地永远采用古诺产量 $\dfrac{(a-1)}{3}$，这样企业 2 也被迫永远采用古诺产量，从此得利润 $\dfrac{(a-c)^2}{9}$。因此，无限次重复博弈第一阶段偏离的情况下总得益的现值是：

$$\frac{9(a-1)^2}{64}+\frac{(a-c)^2}{9}(\delta+\delta^2+\cdots) = \frac{9(a-1)^2}{64}+\frac{\delta}{1-\delta}\cdot\frac{(a-c)^2}{9} = \pi_B$$

要使两企业采用上述触发策略成为纳什均衡，必须有：$\pi_A \geq \pi_B$，即偏离劣于不偏离，解得 $\delta \geq \dfrac{9}{17}$。因此，当 $\delta \geq \dfrac{9}{17}$ 时，上述触发策略是企业 2 对企业 1 触发策略的最佳反应，触发策略是一个能导致"合作"的"非合作"均衡策略。

当 $\delta < 9/17$ 时，偏离是企业 2 对企业 1 的触发策略的最佳反应。当 $\delta < 9/17$ 时，上述触发策略不是无限次重复博弈的纳什均衡，也不是子博弈精练纳什均衡。但这并不是说当 $\delta < 9/17$ 时，两企业一定只能采用古诺产量，实现与原博弈一样的低效率纳什均衡。虽然 δ 较小，但我们还是可以通过选择 δ，使各企业把产量都控制在比古诺产量 q_c 低的水平，比如 $q_m/2$ 和古诺产量 q_c 之间的某个产量水平 q^*，从而实现比选择 q_c 时要高许多的得益，但该得益仍然比选择 $q_m/2$ 时要低得多。为实现这种效率上的改进，我们以 q^* 为基础构造另一种双方共同采用的触发策略：

在第一阶段生产 q^*：在第 t 阶段，如果前 $t-1$ 阶段的结果都是 $(q^*，q^*)$，则继续生产 q^*，否则生产古诺产量 q_c。

根据该触发策略，当双方都采用该策略时，均衡路径为每阶段都生产 $(q^*，q^*)$，两企业的得益都为 $\pi_m^* = (a-2q^*)q^*-q^* = (a-2q^*-1)q^*$。如果无限次重复博弈得益的现在值为 $\pi_m^*/(1-\delta) = (a-2q^*-c)q^*/(1-\delta)$。如果企业 1 计划生产的产量为 $q*$，则厂商 2 在第一阶段偏离触发策略时的产量应使自己的利润最大，显然该产量应该满足：

$$\max_{q_2}(a-q_2-q^*-c)q_2$$

解得 $q_2=(a-c-q^*)/2$，相应的得益为 $\pi_d=(a-c-q^*)^2/4$。由于企业 2 的偏离，根据上述触发策略，从第二阶段开始，企业 1 必然报复性地采用古诺产量 q_c，因此企业 2 也只能采用古诺产量，从此得益永远为 π_c。此时无限次重复博弈得益的现值为

$$\pi_d+\frac{\delta}{1-\delta}\pi_c$$

只有当

$$\frac{\pi_m^*}{1-\delta}\geq\pi_d+\frac{\delta}{1-\delta}\pi_c$$

即

$$(a-c-2q^*)q^*/(1-\delta)\geq(a-c-q^*)^2/4+\frac{\delta}{1-\delta}\cdot\frac{(a-c)^2}{9}$$

时，两企业都愿意采用上述触发策略，寻求"合作"。解得

$$q^*\geq\frac{(9-5\delta)}{3(9-\delta)}(a-c)$$

说明当 $q^*\geq\frac{(9-5\delta)}{3(9-\delta)}(a-c)$ 时触发策略才是稳定的，"合作"得以产生。

当 $0<\delta<9/17$ 时，$\frac{q_m}{2}<q^*<q_c$；当 δ 越接近 9/17，q^* 接近 $q_m/2$；当 δ 达到或超过 9/17 时，就能支持最大效率的垄断低产量 $q_m/2$。

下面我们构造另外一种触发策略，该策略的出发点是威胁使用最严厉的可信的惩罚。在该策略下，当 δ 的条件比前面分析得更宽松时，也可以实现前面第一情况下的产出，即 $\frac{\delta_m}{2}$。该触发策略可表述为：

第一阶段生产垄断产量的一半 $q_m/2$；在第 t 阶段，如果第 $t-1$ 阶段的结果为 $(q_m/2,q_m/2)$，则生产 $q_m/2$，如果第 t 阶段的结果为 (x,x)，也生产 $q_m/2$，否则生产 x。

显然上述策略中 x 应该为比古诺产量 q_c 更高的惩罚性产量，因为在本策略中惩罚不是永久性的，采用 q_c 不足以约束对方的行为。

该触发策略为博弈方在博弈中提供了两种策略选择。一种是惩罚策略，即如果两企业之一偏离合作性的产量 $q_m/2$，另一方就开始惩罚。另一种策略是合作，即如果两企业在某一阶段中都相互惩罚，则下阶段彼此又重新试图合作。也就是说，采用该策略的博弈方在另一方与自己步调不一致时下一阶段采用较高的 x 加以惩罚，步调一致则在下一阶段回到合作。因此，该触发策略意味着，当任何博弈方偏离了合作时，惩罚开始，如果任何一个企业背离了惩罚，则会使博弈进入新一轮惩罚。如果两个企业都不能背离惩罚，则在下一阶段又回到合作。这是一种典型的"胡萝卜加大棒"（Carrot-and-Stick）策略。

设双方都采用上述策略，则博弈路径是每阶段都采用 $(q_m/2,q_m/2)$，双方每阶段都得到垄断利润的一半，即 $\frac{(a-c)^2}{8}=\pi_m^*$，$\frac{\pi_m}{2}$，无限次重复博弈得益的现值为 $\pi_m^*/(1-\delta)$。如果两厂商都生产 x，则每个厂商的利润为 $(a-2x-c)x$，记为 π_x，则企业总的得益 $V(x)$

为：$V(x) = \pi_x + \dfrac{\delta}{1+\delta} \pi_m^*$；如果企业 1 在第一阶段生产 $q_m/2$，但企业 2 在第一阶段偏离，采用偏离产量 q_d，则 q_d 必须满足：

$$\max_{q_d} \left(a - c - \frac{q_m}{2} - q_d \right) q_d$$

解得 $q_d = \dfrac{\left(a - c - \dfrac{q_m}{2} \right)}{2}$，本阶段得益为 $\pi_d = \dfrac{\left(a - c - \dfrac{q_m}{2} \right)^2}{4}$。第二阶段企业 1 将采用 x 加以惩罚，这时企业 2 第二阶段也必须采用 x，因为这样才能避免企业 1 第三阶段进行惩罚。这样，企业 2 第二阶段的得益为 $\pi_x = (a - c - 2x)x$，此后合作重新开始并继续下去，双方都不再偏离合作($q_m/2$，$q_m/2$)直到永远，后面所有阶段的得益与双方从一开始就合作的得益完全相同。因此企业 2 在第一阶段是否选择偏离的依据，就是第一阶段偏离所得到的好处与第二阶段所受惩罚损失的现值的大小关系，即当：

$$\frac{1}{1-\sigma} \cdot \frac{1}{2} \pi_m \geq \pi_d + \delta V(x)$$

时，企业 2 在第一阶段不会选择偏离。同时，从该不等式可以看出，企业 2 是否偏离不仅取决于 δ，还取决于企业 1 用于惩罚的产量 x 的大小，如果 x 的数值太小，惩罚的力度不够大，不足以保证企业 2 与企业 1 的合作。比如选 $x = q_c = 2$，此时 δ 必须大于 1.125 才能使企业 2 保持与企业 1 合作，显然贴现系数大于 1 是不可能的，这说明企业 2 的选择必然是偏离合作，决不会顾及惩罚。

以上分析表明，在古诺模型的无限次重复博弈中，即使未来得益的贴现系数较小，也还是存在合作的可能性，能够实现比一次性博弈或有限次重复博弈更高效率的子博弈精练纳什均衡。

【例 4】

技术创新博弈

假定市场上有两个实力相当的企业，两个企业在竞争开始时产品是没有差异的，产品价格、市场占有率均相同，两企业沿着相同的路径进行技术创新，若同时成功，两企业同样平分市场。当 A、B 都不进行创新时，由于实力相同，利益为 (s, s)，当某一企业创新而另一企业不创新时，创新企业的得益为 n，不创新企业的得益为 m，这时，数量关系为：$n > s > m$。在上述假定下，有如图 4.14 所示的得益矩阵：

		企业 A	
		不创新	创新
企业 B	不创新	(s, s)	(m, n)
	创新	(n, m)	(q, q)

图 4.14

当双方都进行创新并获得成功时，双方得益为 q。在不合谋的情况下，给定企业 A "创新"，则企业 B 的最优选择是"创新"，反之，企业 B 的选择亦然。因此，在不合谋的情况下，上述博弈的纳什均衡是(创新，创新)。

当 $q<s$ 时，则两家企业完全有动力合谋，在合谋的情形下，两家企业可以永远不进行技术创新，因为，从纯粹理论分析而言，这种策略选择比两个同时选择创新时收益还要增加 $(s-q)$。但在合谋(合谋行为为两个企业签订了一个不创新的"合同")时，上述均衡可能就是不稳定的，也就是说，当任一企业选择"创新"，而另一企业选择"不创新"，创新企业将赢得比合谋时更多的利益 $(n>s)$。这时，在静态博弈的框架下，两个企业将随机化自己的策略，即任一企业选择创新与不创新的概率分布是使得另一企业选择创新与不创新的收益是一样的。设某一企业遵守合同(即选择不创新)的概率为 p，违背合同的概率为 $1-p$，此时，另一企业的遵守合同的期望收益为：

$$ps+(1-p)m$$

反之，另一企业违背合同时的期望收益为：

$$pn+(1-p)q$$

令上述两式相等，可解出 $p=\dfrac{q-m}{s-n+q-m}$，也即企业将以 $\dfrac{q-m}{s-n+q-m}$ 的概率选择遵守合同，以 $1-\dfrac{q-m}{s-n+q-m}=\dfrac{s-n}{s-n+q-m}$ 的概率选择违背合同。

以上仅是在静态博弈的框架下进行讨论，然而在现实生活中，上述技术创新博弈是经常重复进行的，而且在重复博弈下，企业的行为与阶段博弈情况的结果可能是完全不同的。

假设企业 A 与企业 B 进行无穷阶段的重复博弈，每一阶段的得益矩阵同上，博弈开始时，两企业处于合谋状态(即都不进行产品创新)，当任一企业违反合同进行"创新"，另一企业将进行如下触发战略，即一旦某一企业违反合同，在以后阶段另一企业都选择"创新"。给定贴现系数 $\delta=\dfrac{1}{1+r}$ (r 为利率)，违反合同企业的得益 R_1 为：

$$s+n\delta+q\delta^2+q\delta^3+\cdots=s+n\delta-q(1+\delta)+q\times\dfrac{1}{1-\delta}$$

考虑相反的情形：若该企业不违反合同(另一企业也不违反合同)，其得益 R_2 为：

$$s+s\delta+s\delta^2+s\delta^3+\cdots=s\times\dfrac{1}{1-\delta}$$

当 $R_1>R_2$ 时，即：

$$s+n\delta-q(1+\delta)+q\times\dfrac{1}{1-\delta}>s\times\dfrac{1}{1-\delta}$$

时，企业将违反合作，亦即当 $0<\delta<\dfrac{n-s}{n-q}$ 时，企业将违反合作。也就是说，在合谋情形下的重复博弈中，$\delta>\dfrac{n-s}{n-q}$ 时(不创新，不创新)均衡将出现；反之，当 $0<\delta<\dfrac{n-s}{n-q}$ 时，(创新，创

新)是纳什均衡。

根据上面的分析,若创新将不可避免地发生,则两家企业之间仍有动力合谋,这时,两家企业选择的策略是合作进行技术创新。实际上,在现实的经济活动中,由于达到同一技术目标的路径可能不同,模仿也有可能会发生,因此,若两个企业都投入很大力量独立进行技术创新,对他们来说并不一定是最优选择,如果两者合作进行技术创新,则会减少创新成本。行业外还可能有潜在的进入者,潜在的进入者可以通过技术创新进入该行业。若进入前,两个企业的总利润为 π_1,如果两家企业有效地进行技术创新,阻碍了潜在进入者的进入,则利润为 π'_1,如果进入发生,则行业的总利润为 π^e_1,进入者的利润为 π。两家企业阻碍进入的收益为 $\pi'_1-\pi^e_1$,因此,当 $\pi'_1-\pi^e_1$ 超过阻碍进入的成本时,则两家企业将抢先进行技术创新以阻止其他企业进入。此时,若两家企业独立进行技术创新,不但总成本会比合作时增加很多,而且由于技术创新力量分散,两家企业也不能享受诸如知识外溢等带来的成本降低,给定 $\pi'_1-\pi^e_1$,则成本降低越多,两家企业得益越大。如果再考虑技术创新的不确定性,则两家企业合作会增加技术创新成功的可能性,此时合作更有可能发生。因此,当潜在进入者的进入导致 $\pi'_1-\pi^e_1$,也就是说,进入导致行业总利润下降时,则潜在的进入压力可以使两企业合谋。

【例 5】

效率工资博弈(Efficiency Wages)

在企业经济活动中,员工的有效激励是一个重要问题。激励员工最有效的手段,一般来说就是企业支付给员工的工资。

对于一个企业来说,既要考虑降低劳动力成本,又要用适当的高工资激励员工努力和提高产出在考虑工人对工资率的反应的情况下确定最适当的、经济效率最高的工资率,就是所谓的"效率工资"(Efficiency Wages)问题。

下面我们分析一个关于企业和员工的效率工资博弈模型的重复博弈问题。该重复博弈是一个动态博弈。

模型的设计是这样的:企业首先给出一个工资水平 ω,然后员工考虑是接受还是拒绝。如果员工拒绝 ω,则他只能自雇,此时得到的收入为 $\omega_0(\omega_0<\omega)$;如果员工接受 ω,则员工进而选择是努力工作(负效用为 e)还是偷懒(无负效用)。假设企业无法看出员工工作是否努力,只能看到产量的高低。设产量有高低两种情况,高水平产出为 $y>0$,低水平产出为 0。假设员工努力工作时得到高产量 y,不努力时则以概率 p 得到高产量 y,以概率 $1-p$ 得到低产量 0。可见,低产量毫无疑问说明员工偷懒,但高产量却并不一定证明员工在努力工作。

如果企业用工资水平 ω 雇用员工,则员工努力工作时,企业的得益为 $y-\omega$,员工的得益为 $\omega-e$。当员工偷懒时,企业的期望得益为 $py-\omega$,员工的得益为 ω。显然这是一个企业选择,员工然后选择的动态博弈。

如果该模型只进行一次博弈,其结果肯定不会理想,因为企业要首先付工资给员工,即使发觉员工不努力也必须支付工资给他,而且如果员工没有努力工作的激励,他就会偷懒。由于企业了解员工的这种思路，因此他决不会冒险去雇用不会努力工作的人（当 p 不够大时，$py-\omega$ 常是负数），此时他的选择肯定是 $\omega=0$。如果我们假设 $\omega-e>\omega_0$，说明自雇对员工来说是不划算的。

在无限次重复博弈中，企业通过支付高于 ω_0 的工资 ω，并威胁一旦产量低就解雇员工的方法促使员工努力工作。

假设企业已经找到了使员工努力工作的工资水平 ω^*，我们在此基础上构建企业和员工的下列触发策略：企业在第一阶段给出工资率 ω^*，在第 t 阶段，如果前面 $t-1$ 阶段的结果都是 (ω^*,y)，则继续给 ω^*，否则从此永远是 $\omega=0$。员工的策略是如果 $\omega>\omega_0$ 则接受，否则自己干，得到得益 ω_0，并在以前各期结果都是 (ω_0,y) 和当前工资率为 ω^* 时努力工作，否则偷懒。显然该策略执行的结果是：企业得到满足的"高工资，高产出"，员工得到满意的工资水平。

该触发策略与前面例子中的触发策略一样，也是首先选择合作，一旦发现对方背离合作，就永远转向原博弈的纳什均衡，即也不合作，给对方以惩罚。员工的策略灵活一些，因为员工在这个动态原博弈中是后选择，因此不但能根据前面各阶段的结果选择，而且还能根据企业当前阶段是否偏离合作进行决策，即是否接受工作和是否努力工作。具体讲就是，如果 ω 不等于 ω^*，但又大于 ω_0，则员工肯定接受雇用但一定会选择偷懒。

那么在什么条件下两博弈方的上述触发策略构成子博弈精练纳什均衡呢？下面我们给出分析。

设企业已采用上述触发策略。由于 $\omega^*>\omega_0$，员工接受工作肯定是最佳反应。如果努力工作，那么产出一定是高产量，而下一阶段企业给的工资也将还是 ω^*，员工在下一阶段再次面临同样的是否努力工作的选择。假设努力工作是员工的最佳选择，用 V_e 记员工努力工作时无限次重复博弈得益的现值，则和古诺双头重复博弈分析一样，V_e 满足：

$$V_e=(\omega^*-e)+\delta V_e$$

如果员工偷懒，那么员工高产量的概率为 p，低产量的概率为 $1-p$。出现高产量企业仍会给工资 ω^*，出现低产量企业将永远解雇员工，员工得到收入 ω_0。如果偷懒对员工来说是最好的选择，用 V_s 记其选偷懒时无限次重复博弈得益的现值，则有：

$$V_s=\omega^*+\delta\left[pV_s+(1-p)\frac{\omega_0}{1-\delta}\right]$$

即

$$V_s=\left[(1-\delta)\omega^*+\delta(1-p)\omega_0\right]/(1-\delta p)(1-\delta)$$

当 $V_e\geqslant V_s$，即：

$$
\begin{aligned}
\omega^*&\geqslant\omega_0+\left(\frac{1-p\delta}{\delta(1-p)}\right)e=\omega_0+\left(1+\frac{1-\delta}{\delta(1-p)}\right)e\\
&=\omega_0+e+\frac{1-\delta}{\delta(1-p)}e
\end{aligned}
\tag{1}
$$

时，努力工作是员工的最优选择。也就是说，要使员工努力工作，企业的工资 ω^* 不仅能够补偿工人的工作机会成本和努力工作的负效用，即 ω_0+e，而且还必须在此基础上有一点升水$\frac{1-\delta}{\delta(1-p)}e$，要求的升水幅度取决于努力工作的负效用，也取决于未来得益折算成当前得益的贴现系数和偷懒也可能得到高产量的概率p。

（1）负效用越大则说明需要更多的工资补偿才能让员工努力工作。

（2）贴现系数δ越小则说明未来利益越不重要，这样要想让员工当前努力工作以保持将来的工作机会，就必须给予员工较高的当前的工资水平。

（3）偷懒得到高产出的概率越高，则员工丢饭碗的风险也就越小，除非工资更高，否则还是宁愿偷懒，当偷懒很难被发现时，要让员工努力工作必须工资非常高。

现在假设员工已采用前述触发策略。对于企业来说，如果企业给予员工的工资率ω^*满足（1）式要求，并且威胁一旦产量低就解雇员工，则企业在各阶段得益为$y-\omega^*$，无限次重复博弈得益的现值为$(y-\omega^*)/(1-\delta)$。如果不愿给ω^*，并解雇员工，此时企业的得益为0。因此，只要$y-\omega^*\geqslant 0$，企业选择前述触发策略就是对员工所采取的触发策略的最佳反应。

综上所述，在满足$y-\omega^*\geqslant 0$和（1）式的条件下，双方的触发策略构成一个纳什均衡。而$y-\omega^*\geqslant 0$和（1）式的结合实际上意味着：

$$y-e\geqslant \omega_0+\frac{1-\delta}{\delta(1-p)}e$$

即员工努力工作的产出y扣除其努力工作的负效用以后的剩余，必须不小于员工自雇时的收入，加上一定比例的附加部分，即升水。该附加部分取决于员工努力的负效用、贴现系数和偷懒可能得到高产量的概率等因素。该不等式正是存在有效工资率、工资激励有效的基本条件。

下面我们还要证明上述触发策略组合也是子博弈精练纳什均衡。首先我们观察一下这里的重复博弈的子博弈的特点。前面介绍的以静态博弈作为阶段博弈的无限次重复博弈，其子博弈开始于两个阶段之间，是原博弈的重复，而我们这里考虑的无限次重复博弈，其阶段博弈是动态的，博弈方的行动是相继的，有先后顺序的，除了从两次重复博弈之间开始的子博弈以外，还有从员工对企业选择ω_i之后产生的反应开始的子博弈。因此，我们可以将子博弈分为两类：

（1）从企业选定员工工资水平之后开始的子博弈；

（2）从员工的选择、反应开始之后的子博弈。

在第（1）类子博弈中，即从企业选定员工工资水平开始的子博弈来看，它们是与原重复博弈完全相似的无限次重复博弈，当双方的触发策略在原重复博弈中是纳什均衡时，在这种子博弈中必然也是纳什均衡。如果我们也能证明所确定的策略组合在第（2）类子博弈中也构成纳什均衡，我们就从基本定义出发证明了策略组合是子博弈精练均衡。

在第（2）类子博弈中，如果前面各阶段都是纳什均衡，本阶段企业还是选ω^*，则员工的最佳选择是努力工作，而对员工的努力工作选择，企业从下一阶段开始的反应还是坚持先选择一次ω^*并坚持触发策略。因此，在这种子博弈中双方的触发策略也是纳什均衡，这就证明了双方采用前述触发策略是这个重复博弈的子博弈精练纳什均衡。

由于我们假定阶段博弈中只有一个企业与一个员工，因此上面的例子作为无限次重复博弈的一类讨论是合理的，但所得结论却与现实相距甚远。在我们得到的子博弈精练纳什均衡中，自雇是永久性的：如果员工在任何时候被发现偷懒，企业从此以后给予的 $\omega = 0$；如果企业在任何时候偏离开价 $\omega = \omega^*$，那么员工将不再努力工作，企业也就不再承担雇用员工的费用。这种永久性自雇是否合理呢？由于企业与员工的单一性，显然双方宁愿返回无限次重复博弈中的高工资、高产量均衡，因为这对双方都有好处。

　　在正式的实际劳动力市场，企业雇用多个员工，对于一个员工的上述情况，企业是不愿意重新谈判的，因为与一个员工的重新谈判可能搅乱与其他员工进行高工资、高产量均衡。假如有多家企业，问题又转成企业 j 是否录用被企业 i 正式雇用的工人。也许企业 j 不会，因为它担心这样做会搅乱它与自己目前雇用员工之间的均衡，恰如在单个企业情况一样。

第五章　不完全信息静态博弈

在前面几章中，我们讨论的都是完全信息博弈，在完全信息博弈中，博弈方的特征、支付函数及策略空间是博弈者之间的共同知识。但在现实生活中，许多博弈并不满足这些要求。比如，当企业向消费者介绍商品时，企业并不知道消费者的需求、偏好、收入类型、支付函数；再比如在古诺模型中，两个寡头也未必就知道彼此的成本函数类型。这类不满足完全信息假设条件的博弈叫做不完全信息博弈，也称为贝叶斯(Bayes)博弈。本章我们首先分析不完全信息静态博弈，然后再来分析不完全信息动态博弈。

第一节　贝叶斯纳什均衡

一、静态贝叶斯博弈(Static Bayesian Game)

在阐述贝叶斯均衡之前，我们在这里先介绍几个静态贝叶斯博弈的例子。

【例1】

密封拍卖(Sealed-bid Auction)

拍卖和招投标是比较典型的不完全信息静态博弈，拍卖和招投标的两个基本功能是：揭示信息和减少代理成本。根据拍卖交易制度的不同，目前有5种主要的拍卖机制：英式拍卖、荷式拍卖、一级密封价格拍卖、二级密封价格拍卖、双方叫价拍卖。在英式拍卖中，投标者按照递增的顺序宣布他们的出价，直到没有人愿意出更高的价格，出价最高的投标者获得拍卖品；在荷式拍卖中，拍卖从一个非常高的初始价格标价逐渐降低到有一个买主接受报价；在一级密封价格拍卖中，出价最高的投标者获得拍卖品，并支付自己的出价给卖者；在二级密封价格拍卖中，出价最高的投标者获得拍卖品，但支付次高价格给卖者；在双方叫价拍卖中，所有的买主和卖主同时出价，拍卖商然后选择成交价格出清市场。显然，拍卖或招投标问题属于不完全信息博弈，包括不完全信息静态博弈和不完全信息动态博弈。

不完全信息博弈的一个常见例子是密封报价拍卖(sealed-bid Auction)：每一报价方知道自己对所售商品的估价，但不知道任何其他报价方对商品的估价；各方的报价放在密封的信封里上交，从而参与者的行动可以被看作是同时的。

密封拍卖一般有这样几个基本特征：

(1)各方的报价放在密封的投标里上交；

（2）在统一的时间里公证开标；

（3）每一个报价方知道自己对标的的估价，但不知道其他报价方对标的的估价；

（4）一般是标价最高者中标。

我们假设卖主不设定成交的最低限价，未中标者没有成本。显然这种暗标拍卖是发生在投标人之间的，在同时开标的情况下（即同时选择）展开的一次性静态博弈，各个博弈方的策略是他们各自提出的标价；中标博弈方的得益是其对标的的估价与成交价格之差，未中标博弈方的利益则为 0。

在密封拍卖中，中标博弈方的利益除了取决于标价以外，还取决于他对拍卖标的物的估价，买价估价是私人信息，因此在密封拍卖博弈中，各个博弈方对其他博弈方中标的实际得益无法确知，只能自己判断，这说明上述暗标拍卖博弈确实是不完全信息博弈，是静态贝叶斯博弈。

【例2】

市场进入博弈

设有一个市场已经为某企业 A（称为在位企业）所占有，现在有一个潜在的企业 B（称为进入者）也想进入这一市场分享一些利润，但都不知道在位企业 A 的成本函数，以及当自己决定进入市场时企业 A 的反击策略选择（假设企业 A 有默许和斗争两种策略）。假定在位企业 A 有高成本和低成本阻止进入两种成本函数，且对应两种成本情况的不同策略组合的得益矩阵如图 5.1 所示。

在位企业 A

		高成本		低成本	
		默许	斗争	默许	斗争
进入企业 B	进入	30, 40	-10, 0	20, 70	-10, 80
	不进入	0, 200	0, 200	0, 300	0, 300

图 5.1

在此"市场进入"博弈中，假设在位企业知道进入企业的成本函数，但进入企业对在位企业的成本信息是不完全的，这是一个不完全信息博弈。

【例3】

不完全信息的古诺模型

前面我们讨论的古诺模型，是假设企业彼此完全了解对方的产量和成本等信息，产量的市场价格也是统一的，因此博弈方的得益是公共知识。但在现实经济活动中，相互竞争的企业之间，一定会保守自己生产和经营的秘密，轻易不会让其他企业了解到自己的真实情况，因此前面的古诺模型中的假设与现实情况并不相符，现实的寡头市场产量博弈模型中各博弈方的得益不可能是公共知识。这样的博弈我们称为"不完全信息的古诺模型"。

　　设有两家企业同时进行产量竞争，市场需求为 $P(Q) = a-Q$，其中 Q 为市场总产量，两家企业的产量分别为 q_1 和 q_2，且 $Q = q_1 + q_2$。仍然假设无固定生产成本，企业 1 的成本函数为 $C_1 = C_1(q_1) = c_1 q_1$，其中 C_1 为边际成本，这是两家企业都知道的公共知识。设企业 2 的成本有高低两种可能，一种是 $C_2 = C_2(q_2) = c_H q_2$，另一种是 $C_2 = C_2(q_2) = c_L q_2$，且 $c_H > c_L$，也即边际成本有高低两种情况，企业 2 知道自己成本的真实类型，企业 1 只知道企业 2 属于高成本的概率为 θ，属于低成本的概率为 $1-\theta$。

　　下面我们就这个静态贝叶斯博弈进行分析。一般来说，企业 2 在边际成本是较高的 c_H 时会选择较低的产量，而在边际成本为较低的 c_L 时会选择较高的产量。企业 1 在决定自己的产量时，肯定会考虑到企业 2 的这一行为选择特点。设企业 1 的最佳产量为 q_1^*，企业 2 的边际成本为 c_H 时的最佳产量选择为 $q_2^*(c_H)$，边际成本为 c_L 时的最佳产量选择为 $q_2^*(c_L)$，则根据上面的假设，$q_2^*(c_H)$ 应满足

$$\max_{q_2} \left[(a-q_1^*-q_2)-c_H \right] q_2$$

$q_2^*(c_L)$ 应满足

$$\max_{q_2} \left[(a-q_1^*-q_2)-c_L \right] q_2$$

由于企业 1 推测企业 2 为高成本的概率为 θ，低成本的概率为 $(1-\theta)$，从而 q_1^* 应满足：

$$\max_{q_1} \{ \theta \left[a-q_1-q_2^*(c_H)-c_1 \right] q_1$$
$$+ (1-\theta) \left[a-q_1-q_2^*(c_L)-c_1 \right] q_1 \}$$

上述三个极限问题的一阶条件为

$$q_2^*(c_H) = \frac{a-q_1^*-c_H}{2}$$

$$q_2^*(c_L) = \frac{a-q_1^*-c_L}{2}$$

及

$$q_1^* = \frac{1}{2} \{ \theta \left[a-q_2^*(c_H)-c_1 \right] + (1-\theta) \left[a-q_2^*(c_L)-c_1 \right] \}$$

解此三个方程构成的联立方程组，得

$$q_2^*(c_H) = \frac{a-2c_H+c_1}{3} + \frac{1-\theta}{6}(c_H-c_L)$$

$$q_2^*(c_L) = \frac{a-2c_L+c_1}{3} + \frac{\theta}{6}(c_H-c_L)$$

$$q_1^* = \frac{a-2c_1+\theta c_H+(1-\theta)c_L}{3}$$

　　把这里得到的均衡产量 q_1^*、$q_2^*(c_H)$ 和 $q_2^*(c_L)$ 同前面已经介绍过的完全信息古诺模型中的均衡产量 $(a-2c_1+c_2)/3$ 和 $(a-2c_2+c_1)/3$ 进行比较，可以发现当 $c_2 = c_H$ 时，$q_2^*(c_H)$ 大于 q_2^*；当 $c_2 = c_L$ 时，$q_2^*(c_L)$ 小于 q_2^*。产生上述差异的原因，在于企业 2 决定自己的产量

时，不仅要根据自己的成本调整其产出，而且还必须考虑到企业 1 不知道企业 2 的真实成本，无法根据企业 2 的真实成本进行决策这一情况。例如当企业 2 实际成本较高时，由于成本较高它应该减少产量，但这时它也要考虑到企业 1 不知道自己是高成本，因此企业 1 选择的产量会小于知道企业 2 是高成本时的最佳产量，此时企业 2 可以适当多生产一些。

二、静态贝叶斯博弈的表示

在完全信息静态博弈中，博弈方的一个策略就是一次选择或一个行为，如果我们用 a_i 表示博弈方 i 的一个行为，A_i 表示他的行为空间，则我们又可以把完全信息静态博弈表达为 $G=\{A_1, \cdots, A_n; u_1, \cdots, u_n\}$，其中 $u_i=u_i(a_1, \cdots, a_n)$ 是博弈方 i 的得益。当 $(a_1, \cdots, a_n)$ 确定以后，u_i 也就随之确定了，因此 u_i 是公共知识。但是，在静态贝叶斯博弈中，得益的信息却不是全部公开的。下面我们建立静态贝叶斯博弈的标准表达式。

静态贝叶斯博弈中的关键因素是，各博弈方都知道自己的得益函数，但却不能确切了解其他博弈方的得益函数。为此，我们可以这样来考虑：虽然一些博弈方(如博弈方 k)不能确定其他博弈方在一定策略组合下的得益，但一般知道其他博弈方(如博弈方 i)的得益有哪些可能的结果，而具体哪种可能的结果会出现则取决于博弈方属于哪种"类型"(Type)。这些"类型"是博弈方自己清楚而其他博弈方无法完全清楚的有关私人内部信息。如果用 t_i 表示博弈方 i 的类型，用 T_i 表示博弈方 i 的类型空间，$t_i \in T_i$，则我们可以用 $u_i(a_1, \cdots, a_n, t_i)$ 表示博弈方 i 在策略组合 $(a_1, \cdots, a_n)$ 下的得益，每一类型 t_i 都对应着博弈方 i 不同的收益函数的可能情况。其取值是博弈方 i 自己知道而其他博弈方并不清楚的，反映了静态贝叶斯博弈中信息不完全的特征。

根据上述思路，静态贝叶斯博弈可一般表达为：

$$G=\{A_1, \cdots, A_n; T_1, \cdots, T_n, u_1, \cdots, u_n\}$$

其中 A_i 为博弈方 i 的策略空间，T_i 是博弈方 i 的类型空间，$u_i(a_1, \cdots, a_n, t_i)$ 为博弈方 i 的得益，它是策略组合 $(a_1, \cdots, a_n)$ 和类型 t_i 的函数。

通过上述思想和方法，我们就将博弈中一些博弈方对其他博弈方得益的不了解，转化成对这些博弈方"类型"的不了解，这样我们在分析静态贝叶斯博弈的时候，就必须将关注各博弈方的得益转向关注各博弈方的策略组合以及各自的"类型"。

回到前面介绍的不完全信息古诺模型的例子。在该静态贝叶斯博弈中，两家企业的行为是它们的产量选择 q_1 和 q_2。q_1 的所有可能取值构成企业 1 的行为空间 A_1，q_2 的所有可能取值构成企业 2 的行为空间 A_2。企业 1 在一定策略组合下的得益，即利润 u_1，是双方产量 q_1、q_2 和自己成本的函数。显然，由于企业 1 的边际成本是双方都清楚的确定值 c_1，因此它的得益实际上只取决于双方产量 q_1 和 q_2，即 $\pi_1(q_1, q_2; c)=[(a-q_1-q_2)-c]q_1$，企业 2 的得益也取决于双方的产量和自己的成本，然而由于企业 2 的边际成本有高成本 c_H 和低成本 c_L 两种可能，从而有两种可能的利润函数：

$$\pi_2(q_1, q_2; c_L)=[(a-q_1-q_2)-c_L]q_2$$

和

$$\pi_2(q_1, q_2; c_H)=[(a-q_1-q_2)-c_L]q_2$$

而且企业 1 不知道是其中的哪一种，因此企业 1 不可能有关于企业 2 得益的完全信息。根据上面介绍的思想和方法，我们将这种信息的不完全性解释成企业 1 不了解企业 2 的"类型"，而这个"类型"就是企业 2 的边际成本。如果我们用 t_2 表示企业 2 的类型，则 t_2 有 c_H 和 c_L 两种可能性，如果用 T_2 表示其类型空间，则 $T_2 = \{c_H,\ c_L\}$。对于企业 1，虽然它只有一种成本 c_1，我们也可以将该成本看作它的类型 t_1，只不过说其类型空间 T_1 只有 c_1 一个元素而已。至此，我们就可以用 $G = \{A_1,\ \cdots,\ A_n;\ T_1,\ \cdots,\ T_n,\ u_1,\ \cdots,\ u_n\}$ 表示上述不完全信息的古诺模型，其中 $A_1 = \{q_1\}$，$A_2 = \{q_2\}$，$T_1 = \{c_1\}$，$T_2 = \{c_H,\ c_L\}$，$u_1 = \pi_1\{q_1,\ q_2,\ t_1\}$，$u_2 = \pi_2\{q_1,\ q_2,\ t_2\}$。

在上面的分析中，我们可以看到，对"类型"的了解，是解决静态贝叶斯博弈问题的一个关键，因为在不完全信息静态博弈中，如果一些博弈方对其他博弈方的"类型"完全不了解，就完全失去了进行决策的依据。因此，这些博弈方至少应该了解其他博弈方各种"类型"出现机会的相对大小，即对每种"类型"出现的概率分布有一个基本判断，这样才可能根据其他博弈方各种可能的得益，推导出自己的选择，并对相应的期望利益进行估计。如果我们用 $p_i = p_i\{t_{-i}\mid t_i\}$ 表示博弈方 i 在自己的实际类型为 t_i 的前提下，对其他博弈方类型 t_{-i} 的推断（Belief），即在确知自己的类型是 t_i 的条件下，推断其他博弈方的类型或类型组合 $t_{-i} = (t_1,\ \cdots,\ t_{i-1},\ t_{i+1},\ \cdots,\ t_n)$ 出现的条件概率，那么我们可用 $G = \{A_1,\ \cdots,\ A_n;\ T_1,\ \cdots,\ T_n;\ p_1,\ \cdots,\ p_n;\ u_1,\ \cdots,\ u_n\}$ 来表示不完全信息静态博弈，这样我们就可以顺利地解决不完全信息静态贝叶斯博弈问题。

现在，我们对静态贝叶斯一般表示法进行一下归纳。

定义 1：一个静态贝叶斯博弈的一般表述包括：博弈者的行为空间 A_1，$\cdots$，A_n，类型空间 T_1，$\cdots$，T_n，博弈方的推断 p_1，$\cdots$，p_n 以及函数 u_1，$\cdots$，u_n。博弈者 i 的类型作为博弈者 i 的私人信息，决定了博弈 i 的收益函数 $u_i(a_1,\ \cdots,\ a_n;\ t_i)$。博弈者 i 的推断 $p_i(t_{-i}\mid t_i)$ 描述了 i 在给定自己的类型 t_i 时，对其他 $n-1$ 个参与者可能的类型 t_{-i} 的不确定性。我们用 $G = \{A_1,\ \cdots,\ A_n;\ T_1,\ \cdots,\ T_n;\ p_1,\ \cdots,\ p_n;\ u_1,\ \cdots,\ u_n\}$ 表示这一博弈。

三、海萨尼转换（Harsanyi Transformation）

上面我们分析了如何将对得益的不了解转化为对类型的不了解，在这一思路的基础上，海萨尼（Harsanyi）1967 年提出了一种进一步将不完全信息静态博弈转化为完全但不完美信息动态博弈进行分析的思路，被称为"海萨尼转换"。

海萨尼转换的具体方法是：

（1）引进一个虚拟的博弈方"自然"（Nature）或者说"上帝"（God），可称为"博弈方 0"，它为每个实际博弈方按随机方式抽取各自的类型，即随机地赋予博弈各方的类型，这些类型构成类型向量 $t = (t_1,\ \cdots,\ t_n)$，其中 $t_i \in T_i$，$i = 1,\ \cdots,\ n$；

（2）"自然"只让每个博弈方 i 知道自己的类型，却不让其他博弈方知道。

（3）所有的博弈方同时选择行动，即各个实际博弈方同时从各自的行为空间中选择行动方案 a_1，$\cdots$，a_n。

（4）除了博弈方 0，即"自然"以外，其余博弈方各自取得得益 $u_i = u_i(a_1,\ \cdots,\ a_n,\ t_i)$，其中 $i = 1,\ \cdots,\ n$。

我们不难发现，经过上述转换的博弈是一个完全但不完美信息的动态博弈，但它本质上与原来的静态贝叶斯博弈是相同的。这样我们就可以使用标准的分析技术分析这一博弈。事实上，海萨尼转换已成为处理不完全信息博弈的标准方法。

上述经过转换的博弈是一个动态博弈，因为这个博弈有明显的时间顺序，即有两个阶段的选择：首先是虚拟博弈方"自然"的选择；然后是博弈方1，…，n 的同时选择。对于"自然"在第一阶段为其他博弈方选择的类型的结果，至少有一部分博弈方不完全了解，因此这是一个不完美信息的动态博弈，当采用"自然"的选择方向代表实际博弈方的类型以后，则在各博弈方策略组合 $(a_1,\cdots,a_n,t_i)$ 下，各博弈方的得益 $u_i=u_i(a_1,\cdots,a_n,t_i)$ 就是确定的和各博弈方所知道的，显然这是一个完全信息博弈，这时原来的不完全信息博弈变成了完全信息博弈。海萨尼转换是处理不完全信息博弈的标准方法。

同时，我们还可以看出，海萨尼转换所描述的博弈问题的实质仍然是一般静态贝叶斯博弈 $G=\{A_1,\cdots,A_n;T_1,\cdots,T_n;u_1,\cdots,u_n\}$。通过(1)和(2)引进的虚拟博弈方"自然"对各个实际博弈方类型的随机选择，我们就把一个静态贝叶斯博弈转化成一个完全但不完美信息的动态博弈问题，而这是我们可以通过标准的分析方法，如逆向归纳法进行分析的。

在"市场进入"博弈中，假设在位企业 A 知道进入企业 B 的成本函数类型，但进入企业对在位企业的成本信息是不完全的。从得益矩阵中可以看出，在在位企业 A 是高成本的情况下，如果企业 B 决定进入，此时在位企业 A 的选择是"默许"。当在位企业 A 是低成本的情况时，如果进入企业 B 决定"进入"，显然在位企业 A 的选择应该是"斗争"，因此在信息完全情况下，如果企业 B 决定"进入"，显然在位企业 A 的选择应该是"斗争"。因此在信息完全情况下，如果在位者是高成本，企业 B 的最佳策略选择是"进入"，如果在位企业 A 是低成本，进入者的最优选择是"不进入"。

如果企业 B 并不知道在位企业 A 的成本类型，企业 B 此时的最优选择就依赖于它在多大程度上认为在位企业 A 是高成本或低成本的。

现在，假定企业 B 认为在位企业 A 是高成本的概率为 p，低成本的概率为 $(1-p)$，通过海萨尼转换，我们可以把上述不完全信息的"市场进入"静态博弈转换为完全但不完美的动态博弈，如图 5.2 所示。

此时，"自然"首先随机选择在位企业 A 成本的类型，然后我们就可以使用标准的动态分析中的"逆向归纳法"来分析该完全但不完美动态博弈。与完全信息博弈之间在策略和策略空间方面的相同。

四、贝叶斯纳什均衡的定义

由于静态贝叶斯博弈可以看作是先由"自然"选择各博弈方的类型，然后再由各博弈方同时进行策略选择的动态博弈，因此静态贝叶斯博弈中各博弈方的一个策略，就是他们针对自己各种可能的类型如何进行选择的完整计划，即对于静态贝叶斯博弈 $G=\{A_1,\cdots,A_n;T_1,\cdots,T_n;p_1\cdots p_n;u_1,\cdots,u_n\}$，博弈方 i 的一个策略，都是关于自己的各种可能类型 $t_i(t_i\in T_i)$ 的一个函数 $S_i(t_i)$。也就是对于"自然"在 T_i 中为博弈方 i 抽取的各种类型 t_i，$S_i(t_i)$ 包含了博弈方 i 从自己的行为空间 A_i 中所相应选择的行动 a_i。

可见，静态贝叶斯博弈中博弈方的策略是关于类型空间和行为空间的函数，所有这种

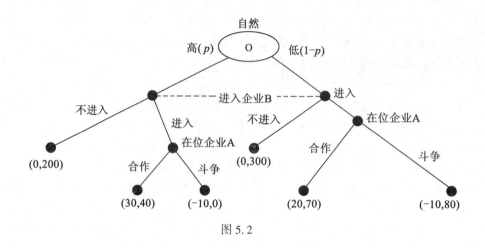

图 5.2

函数构成博弈方的策略空间，即博弈方 i 的可行的策略集 $S_i(t_i)$ 是定义域为 T_i、值域为 A_i 的所有可能的函数集。由于集合之间的函数关系是很多的，因此如果不加限制，静态贝叶斯博弈中博弈方的策略空间往往是很大的，有许多甚至无限多的元素。根据策略函数 $S_i(t_i)$ 的不同情况，它们为不同的类型所确定的行动 a_i 既可以各不相同，也可能是相同的。

　　对于静态贝叶斯博弈策略的上述定义，也许有人认为，既然"自然"选定了博弈方的类型，并告诉他之后，博弈方 i 对自己的实际类型 t_i 就是完全清楚的，因此博弈方 i 只要根据自己的实际类型选择行动即可，没有必要对每种可能的类型 $t_i \in T_i$ 都设定行动。其实，这样做的原因在于博弈方相互之间并不知道"自然"为其他博弈方抽取的实际类型是什么。对于博弈方来说，他必须考虑到其他博弈方的行动选择，而对其他博弈方来说，博弈方 i 类型空间中的每一种类型都是有可能被抽到的，他们必须是在考虑博弈方 i 的所有各种可能类型时作的选择，并把这些因素纳入他们自己的决策选择之中。同样，其他博弈方的推断反过来也会对博弈方 i 的选择产生影响。可见，在静态贝叶斯博弈中，每个博弈方针对自己策略空间中每种类型都设定相应的行动方案是非常必要的。

　　再次回到不完全信息古诺模型。在不完全信息的古诺模型中，企业 1 只有一种类型 c_1，因此其策略就是一种行动选择。企业 2 有两种类型 c_H 和 c_L，$(q_2^*(c_H))$，$(q_2^*(c_L))$ 就是企业 2 的策略空间。对企业 2 来说，它完全清楚自己的实际类型究竟是 c_H 还是 c_L，假设就是 c_L。从给定条件来看，企业 2 似乎只要针对自己成本为 c_L 的情况选择最优产量 $q_2^*(c_L)$ 即可，而不必考虑成本为 c_H 的情况选择最优产量 $q_2^*(c_H)$。然而，如果不给定企业 2 在成本为 c_H 时的最优产量 $q_2^*(c_H)$，那么企业 1 的最优产量选择 $q_1^* = q_1^*(c_1)$ 就无法作出，因为企业 1 不知道企业 2 的实际类型，它只能对 $q_2^*(c_H)$ 和 $q_2^*(c_L)$ 出现的概率大小进行选择。企业 1 的 $q_2^*(c_1)$ 无法确定，又反过来进一步影响企业 2 对 $q_2^*(c_2)$ 的确定。因此，在该博弈中，如果博弈的均衡要求企业 1 的策略是对企业 2 的最优反应，则企业 2 的策略必须是一对产量 $q_2^*(c_L)$ 和 $q_2^*(c_H)$，否则企业 1 就无法知道它的策略选择是不是对企业 2 策略的最优反应，就会给该博弈的分析造成困难，最终使得我们无法得出分析结论。利用函数关系式，上述论证也可以简洁地表示为：

$$q_2^*(c_L)=q_2^*(c_L,\ q_1^*)=q_2^*\{c_L,\ q_1^*[c_1,\ q_2^*(c_H),\ q_2^*(c_L)]\}$$

即 $q_2^*(c_L)$ 最终也取决于 $q_2^*(c_H)$，显然，如果不考虑厂商 2 对 $q_2^*(c_H)$ 的设定，依据上式，我们根本无法对这种博弈进行分析。

给出了静态贝叶斯博弈中博弈方策略的定义之后，现在我们就可以定义贝叶斯纳什均衡。

定义 2：贝叶斯纳什均衡：在静态贝叶斯博弈 $G=\{A_1,\ \cdots,\ A_n;\ T_1,\ \cdots,\ T_n;\ p_1,\ \cdots,p_n;\ u_1,\ \cdots,\ u_n\}$ 中，如果对任意博弈方 i 和其每一种可能的类型 $t_i\in T_i$，$S_i^*(t_i)$ 所选择的行动 a_i 都能满足

$$\max_{a_i\in A_i}\sum_{t_{-i}}\{u_i[S_1^*(t_1),\ \cdots,\ S_{i-1}^*,\ a_i,\ S_{i+1}^*(t_{i+1}),\ \cdots,\ S_n^*(t_n),\ t_i]p(t_{-i}\mid t_i)\}$$

则称博弈的策略组合 $S^*=(S_1^*,\ \cdots,\ S_n^*)$ 为 G 的一个纯策略贝叶斯纳什均衡。

该定义表明，当静态贝叶斯博弈中博弈方的一个策略组合是贝叶斯纳什均衡时，任何一个博弈方都不想改变自己策略，哪怕只是一种类型下的一个行动，这与纳什均衡的内涵是完全一致的。

贝叶斯纳什均衡是我们分析静态贝叶斯博弈的核心概念。在一个有限静态贝叶斯博弈（即博弈方 n 为有限数，$(A_1,\ \cdots,\ A_n)$ 和 $(T_1,\ \cdots,\ T_n)$ 为有限集）中，存在贝叶斯纳什均衡，同完全信息静态博弈一样，也可能还存在混合策略。依据贝叶斯纳什均衡的概念，在不完全信息静态博弈中，博弈方的行动同时发生，没有先后顺序，因此，没有任何博弈方能够有机会观察其他博弈方的选择。在给定其他博弈方的策略条件下，每个博弈方的最优策略依赖于自己的类型。如果每个博弈方虽然不知道其他博弈方实际选择什么策略，但是，只要知道其他博弈方有关类型的概率分布，他就能够正确地预测其他博弈方的选择与其各自的有关类型之间的关系。因此，该博弈方选择的依据就是在给定自己的类型，以及其他博弈方的类型与策略选择之间关系的条件下，使得自己的期望收益最大化。

就"市场进入"博弈而言，对于进入企业 B 来说，虽然不知道在位企业 A 究竟选择低成本阻止还是高成本阻止，但它知道企业 A 只能有这两种策略选择以及相应策略选择的概率分布。若企业 A 属于高成本阻止的概率为 p，则企业 A 属于低成本阻止的概率就为 $1-p$。如果企业 A 的阻止成本高，则 A 将默许企业 B 进入市场；如果企业 A 的阻止成本低，则企业 A 将阻止企业 B 的进入。在以上两种情况下，对照图 5.1，企业 B 的收益分别为 30 和 -10。所以，B 选择进入的期望收益为 $30p+(-10)(1-p)$；选择不进入的期望收益为 0。显然，只要企业 B 选择进入的期望收益大于不进入的期望收益，B 就应该选择进入；否则，企业 B 选择不进入。也就是说，企业 B 的选择取决于 $30p+(-10)(1-p)\geq0$，即只要企业 A 高阻止成本的概率大于 25% 时，企业 B 选择进入是其最优策略。这时的贝叶斯纳什均衡为：企业 B 选择进入，高成本在位企业 A 选择默许，而低成本在位企业 A 选择阻止。

第二节　贝叶斯博弈与混合策略均衡

海萨尼在 1973 年证明，完全信息情况下的混合策略均衡，可以解释为不完全信息情况下纯策略均衡的极限。也就是说完全信息静态博弈中的混合策略纳什均衡，几乎总是可以被解释成一个有些许不完全信息的近似贝叶斯博弈的一个纯策略贝叶斯纳什均衡。混合策略的特征是在博弈中，各个博弈方无法确定其他彼此之间一次性博弈中的实际选择，只能知道他们选择每种纯策略的概率的大小。在不完全信息静态博弈中，其基本特征也是各博弈方无法确定其他博弈方的选择，只能对其他博弈方选择各种行为的概率作出"判断"。不过，不完全信息博弈中的不确定性源于其他博弈方存在不同的得益"类型"，而混合策略的不确定性则是各博弈方为了不让其他博弈方在选择时占优而故意隐瞒自己的真实选择所导致的。然而，我们可以将这两种不确定性统一起来，把混合策略中博弈方行动的"随机性"解释成也是因为他们的"类型"在起作用，就相当于把混合策略的博弈问题转化成不完全信息的静态博弈，也即静态贝叶斯博弈。

依据海萨尼的上述结论，我们进一步认为一个混合策略纳什均衡的根本特征不是博弈方以随机的方法选择策略，而在于各博弈方不能确定其他博弈方将选择什么策略。这种不确定性可能是由于随机性引起的，也可能是由于信息的不完全性，即博弈方 i 不知道博弈方 k 的得益类型而引起的。

【例1】

"性别之争"

我们用第二章中的"性别之争"来说明上述结论。我们已经知道该博弈有两个纯策略纳什均衡(歌剧，歌剧)和(足球，足球)，以及一个混合策略纳什均衡：妻子刘丽以 3/4 和 1/4 的概率分布在歌剧和足球中随机选择，丈夫王刚以 1/3 和 2/3 的概率分布在歌剧和足球之间随机选择。

我们首先构造"性别之争"博弈不完全信息条件下的"近似博弈"。假设夫妻俩虽然已经共同生活了相当长时间，但他们对对方关于歌剧表演、足球赛的偏好并没有彻底了解。如果两人都去看歌剧，妻子的得益 $2+t_\omega$ 只有妻子自己完全清楚，丈夫对 t_ω 的实际数值并不知道，只知道 t_ω 均匀分布于 $[0, x]$ 区间，丈夫陪妻子去看歌剧表演时的得益为 1 也是两人都完全清楚的，如果两人同去看足球赛，那么丈夫的得益为 $3+t_h$，其中 t_h 也只有丈夫自己完全清楚，妻子对 t_h 的实际数值并不知道，只知道 t_h 标准分布于 $[0, x]$ 区间，妻子陪丈夫去看足球赛时的得益为 1 也是两人都清楚的。如果两人无法协调一致行动时，双方的得益也是两人都清楚的，双方的得益都仍然是 0。

因为上述博弈中夫妻双方都对对方的某些利益情况不完全清楚，所以这是一个静态贝叶斯博弈。在这个静态贝叶斯博弈中，双方可选择的行为空间与完全信息静态博弈"性别之争"的策略空间是相同的，即 $A_\omega = A_h =$ ｛歌剧，足球｝。双方的类型即 t_ω 和 t_h，双方的类型空间 T_ω 和 T_h 都是连续区间 $[0, x]$。双方对对方类型的判断则都是 $[0, x]$ 的标准概率分布。这个博弈既可以用静态贝叶斯博弈的一般表达式表示，即 $G = ｛A_\omega, A_h; T_\omega, T_h; p_\omega, p_h; u_\omega, u_h｝$，也可以用得益矩阵表示，如图 5.3 所示。

王　刚

		歌剧	足球
刘 丽	歌剧	$2+t_\omega$, 1	0, 0
	足球	0, 0	1, $3+t_h$

图 5.3

现在我们来构造该不完全信息条件下的性别之争博弈的一个纯策略贝叶斯纳什均衡。

设丈夫王刚和妻子刘丽采用如下的策略：当刘丽的类型 t_ω 超过某个临界值 ω，即 $t_\omega > \omega$ 时，选择观看歌剧表演，否则选择观看足球赛；当王刚的类型 t_h 超过某个临界值 h，即 $t_h > h$ 时，选择观看足球赛，否则选择观看歌剧表演。

由于 t_ω 和 t_h 都是 $[0, x]$ 上的标准分布，所以在上述双方的策略下，妻子选择观看歌剧表演的概率为 $(x-\omega)/x$，选择观看足球赛的概率则为 ω/x；丈夫选择观看歌剧表演的概率为 h/x，选择观看足球赛的概率为 $(x-h)/x$。下面我们来求解 ω 和 h，使双方的上述策略组合构成一个贝叶斯纳什均衡。

假定丈夫已经采用了上述临界值策略，则妻子选择观看歌剧表演和足球赛的期望得益分别为：

$$\frac{h}{x}(2+t_\omega)+\frac{x-h}{x}\cdot 0=\frac{h}{x}(2+t_\omega)$$

和

$$\frac{h}{x}\cdot 0+\frac{x-h}{x}\cdot 1=\frac{x-h}{x}$$

同理，假定妻子已采用了上述临界值策略，那么丈夫选择观看足球和歌剧表演的期望利益分别为：

$$\frac{x-\omega}{x}\cdot 0+\frac{\omega}{x}(3+t_h)=\frac{\omega}{x}(3+t_h)$$

和

$$\frac{x-\omega}{x}\cdot 1+\frac{\omega}{x}\cdot 0=\frac{x-\omega}{x}$$

同样，只有当选择观看歌剧表演的期望得益大于或等于选择足球赛的期望得益时，妻子才会选择观看歌剧表演，由此可得 $t_h \geqslant x/\omega-4$，由此得 $h=x/\omega-4$。

解联立方程组

$$\begin{cases} \omega=\dfrac{x}{h}-3 \\ h=\dfrac{x}{\omega}-4 \end{cases}$$

可得

$$\omega = \frac{-3 \pm \sqrt{9+3x}}{2} = \frac{-3+\sqrt{9+3x}}{2}$$

$$h = \frac{-6 \pm 2\sqrt{9+3x}}{3} = \frac{-6+2\sqrt{9+3x}}{3}$$

当参数 ω 和 h 满足上述关系时，上述策略构成贝叶斯纳什均衡。

此时，妻子选择歌剧表演的概率为：

$$\frac{x-\omega}{x} = 1 - \frac{\omega}{x} = 1 - \frac{-3+\sqrt{9+3x}}{2x}$$

丈夫选择足球赛的概率为：

$$\frac{x-h}{x} = 1 - \frac{h}{x} = 1 - \frac{-6+2\sqrt{9+3x}}{3x}$$

当 $x \to 0$，即不完全信息接近消失或微不足道时，上述两概率分别倾向于 3/4 和 2/3，上述纯策略贝叶斯均衡就收敛为一个完全信息博弈的混合策略纳什均衡，这正是我们在第二章给出的完全信息"性别之争"博弈的混合策略均衡的随机选择概率分布。也正是在 $x \to 0$ 这个意义上，海萨尼认为完全信息博弈的混合策略均衡是不完全信息博弈贝叶斯均衡的极限。

【例2】

"抓钱博弈"(Grab the Dollar)

桌子上放 1 元钱，桌子的两边坐着两个参与人，如果两人同时去抓钱，每人罚款 1 元；如果只有一人去抓，抓的人得到那元钱；如果没有人去抓，谁也得不到什么。因此，每个博弈方的策略是决定抓还是不抓。得益矩阵如图 5.4 所示。

博弈方 2

		抓	不抓
博弈方 1	抓	-1, -1	1, 0
	不抓	0, 1	0, 0

图 5.4

这个博弈有两个纯策略纳什均衡(一个博弈方抓另一个博弈方不抓)和一个对称混合策略均衡：每个博弈方以 1/2 的概率选择抓。后者是一个均衡，因为，如果博弈方 i 不抓，他的利润是 0；如果博弈方 i 去"抓"，他的期望利润是 $\frac{1}{2}(1) + \frac{1}{2}(-1) = 0$。现在考虑同样的博弈但具有如下不完全信息：每个参与人有相同的得益结构，但如果他赢了的话，他的利润是 $(1+\theta_i)$（而不是 1），如图 5.5 所示。这里 θ_i 是博弈方 i 的类型，博弈方 i 自己知道 θ_i，但另一个博弈方不知道。假定 θ_i 在 $[-\varepsilon, +\varepsilon]$ 区间上均匀分布。

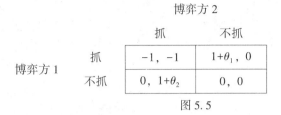

图 5.5

我们考虑下列策略选择：(1)博弈方 1：如果 $\theta_1 \geq \theta_1^*$，选择"抓"；如果 $\theta_1 < \theta_1^*$，选择"不抓"；(2)博弈方 2：如果 $\theta_2 \geq \theta_2^*$，选择"抓"；如果 $\theta_2 < \theta_2^*$，选择"不抓"。给定博弈方 j 的策略，博弈方 i 选择抓(用 1 代表)的期望利润为：

$$u_i(1) = \left(1 - \frac{\theta_j^* + \varepsilon}{2\varepsilon}\right)(-1) + \left(\frac{\theta_j^* + \varepsilon}{2\varepsilon}\right)(1 + \theta_i)$$

这里，$(1 - (\theta_j^* + \varepsilon)/2\varepsilon)$ 是博弈方 j 抓的概率，$((\theta_j^* + \varepsilon)/2\varepsilon)$ 是博弈方 j 不抓的概率。博弈方 i 选择不抓(用 0 代表)的利润是 $u_i(0) = 0$。因此，θ_j^* 满足下列条件：

$$\left(1 - \frac{\theta_j^* + \varepsilon}{2\varepsilon}\right)(-1) + \left(\frac{\theta_j^* + \varepsilon}{2\varepsilon}\right)(1 + \theta_j^*) = 0$$

或简化为

$$2\theta_j^* + \theta_j^* \theta_i^* + \varepsilon \theta_i^* = 0$$

因为博弈是对称的，在均衡情况下，$\theta_i^* = \theta_j^*$，上述条件意味着 $\theta_1^* = \theta_2^* = 0$。也就是说，对每一个博弈方 i，均衡情况下的最优选择是：如果 $\theta_i \geq 0$，选择"抓"；如果 $\theta_i < 0$，选择"不抓"。

因为 $\theta_i \geq 0$ 和 $\theta_i < 0$ 的概率各为 1/2，每一个博弈方在选择自己的行动时都认为对方选择抓与不抓的概率各为 1/2，似乎他面对的是一个选择混合策略的对手，尽管每个博弈方实际上选择的都是纯策略。当 $\varepsilon \to 0$ 时，上述贝叶斯均衡就收敛为一个完全信息博弈的混合策略纳什均衡。因此，海萨尼说完全信息博弈的混合策略均衡是不完全信息博弈贝叶斯均衡的极限。

第三节 拍 卖 理 论

一、关于拍卖

拍卖理论(Auction Theory)是静态贝叶斯博弈研究的一类重要问题。对于拍卖理论，人类研究和运用拍卖理论有着非常悠久的历史，充满着各色各样的故事和传说，甚至有人用拍卖来获得婚姻和政权。公元前 5 世纪，古希腊历史学家希罗多德(Xiluoduode)在他所著的《历史》一书中，记载了公元前 500 年古巴比伦城盛行的每年一次的适婚青年妇女拍卖活动。通过拍卖方式，古巴比伦人使每一个姑娘都体面地嫁出去，希罗多德称他们这种拍卖姑娘的习俗是"最聪明的"。继巴比伦之后，拍卖活动在古希腊、古埃及和古罗马兴起。古罗马最大的一场拍卖是皇位拍卖。公元 193 年 3 月 28 日上午，200 名罗马禁卫军发动兵变，杀害了他们本该用鲜血和生命来保卫的皇帝，然后禁卫军建议公开拍卖皇位。希罗多德对此这样描述道：一位高嗓门的士兵爬上城墙，边跑边喊：罗马皇位拍卖了，罗马皇位拍卖了！经过短暂的竞价之后，随着一声槌响，富翁迪杜斯·朱利埃纳斯（Didus Julianus）以 3 亿赛斯特尔（大约相当于现在的 500 万美元）夺得了皇位。

　　拍卖从狭义上来讲是指有一定适用范围及特殊规则的市场交易类型；从广义上理解，它反映的是市场经济价格均衡机制及资源配置的内在过程和本质机理。然而，在相当长的一段时间里，拍卖理论一直被视为与主流经济理论完全迥异的领域，它似乎只是管理科学家与运筹学家的研究专利，不为主流经济学家所承认，其主要原因是拍卖理论最初主要由运筹学家发展起来或多发表在运筹学杂志上，而且多运用数学而非标准经济学的方法进行论证。20 世纪 70 年代末，这种情况开始转变，一般认为，1996 年诺贝尔经济学奖的获得者威廉·维克里（William Vickrey）在 1961 年发表的《反投机、拍卖和竞争性密封投标》一文开创了从博弈论的角度研究拍卖行为的先河。从那时起，越来越多的博弈理论研究者意识到拍卖是一种简单而又具有完备定义的信息不对称经济环境，是分析经济主体之间的不完全信息博弈的一个颇有价值的实例，其经济研究前景非常诱人。与此同时，以弗农·史密斯（Vernon Smith）等人为代表的一批实验经济学者对于可控拍卖实验进行了大量的研究，他们以实验室模拟研究为基础并结合金融资产市场的制度与行为分析，在拍卖方面构成了重要探索与贡献。于是，拍卖理论逐渐被主流经济学家所接纳，并大量运用博弈论、实验以及经验检验作为研究工具。现在，拍卖理论已成为一个独立理论体系进入中高级微观经济学。

二、拍卖的主要类型及定理

　　维克里在《反投机、拍卖与竞争性密封投标》一文中，根据交易规则把国际上通行的拍卖方式分为四个类型：

　　（1）英式拍卖（English Auction）。又叫升价拍卖，竞价者在一起公开竞标，往上抬价，出价最高者获得拍品。这是我们最常见到的拍卖。

　　（2）荷式拍卖（Holland Auction）。又叫降价拍卖，价格由高往低降，第一个接受价格的人获得拍品。

　　（3）第一价格拍卖（First-price Auction）。每个竞买人对拍品进行单独密封报价，但相互不知道其他竞买人的出价，标的装在信封里交上去，然后拍卖人拆开信封，拍卖人按各个标价的大小排序，最后在规定的时间、地点宣布标价，出价最高的竞买人获胜。

　　（4）第二价格拍卖（Second-price Auction）。二级价格拍卖与一级价格拍卖类似，不同的是最后出价最高的竞买人获得拍品，但只需要按照排位第二高的价格进行支付，即第二价格，因此这种拍卖方式被称为二级密封价格拍卖或"维克里拍卖"。

　　上述四种拍卖形式非常直观，在日常生活中几乎都能找到对应的形式。同时，这四种拍卖形式也奠定了拍卖的基本类型，其他无论什么形式的拍卖都只是这四种形式的变型与组合。维克里详细分析对比了这四种拍卖方式，并在此基础上提出了著名的"收益等价定理"。

"收益等价定理"：在一些合理的约束条件保证下，四种拍卖形式最终的收益是相等的。

"收益等价定理"是整个拍卖理论研究的起点。"收益等价定理"表明，对于委托人来说，只要拍卖品不变，购买对象不变，无论采用什么拍卖方式，最终收益都是一样的。当然"收益等价定理"说的是理想状态，这里我们千万不要忘记约束条件。在现实中，虽然拍卖品是共同的，但由于参与竞标的人不同、不同的拍卖流程和规则，结果产生拍卖结果的巨大差异。甚至同样一种拍卖办法，放到不同的国家，结果也会有天壤之别，原因在于现实的约束条件不同。这一点在后面例3的"多物品拍卖市场"中可以感受得更清楚。

在单一物品拍卖机制中，无论竞买人是否对称，英式拍卖中每个竞买人的占优策略都是保持竞价，直到价格达到自己的估价为止，估价最高的竞买人将以大致等于次高估价的价格得到拍卖品，这种配置结果显然是帕累托有效的。在竞买人对称的荷式拍卖中，每个竞买人的报价应该严格低于自己的估价，估价最高的竞买人也必定成为赢家，因而也是帕累托有效的。但是，如果竞买人非对称，荷式拍卖的配置结果很可能是无效率的。不过，荷式拍卖与第一价格密封拍卖在策略上是完全等价的，因为竞买人在两种情形中所面临的局势完全相同；而英式拍卖与第二价格拍卖的机制是相同的。荷式拍卖与英式拍卖所产生的期望价格相同。

不过，竞买人合谋以及代理拍卖人败德可能成为密封拍卖的致命劣势。

一般来说，只要弄懂上述四种基本拍卖形式和"收益等价定理"，就可以基本了解拍卖理论。

【例1】

连续价格一级密封拍卖(The First-Price Sealed-Bid Auction)

首先我们还是来讨论前面提到的典型静态贝叶斯博弈——密封拍卖，投标方的价格选择是连续的。假设有两个参加投标的人(Bidder)，分别为博弈方1和博弈方2，再假设这两个博弈方对拍卖品的估价分别是 v_1 和 v_2，并假设 v_1 和 v_2 是相互独立的，并服从[0，1]上的均匀分布，各博弈方知道自己的估价和另一方估价的概率分布。上述情况和假设两博弈方都清楚，这样博弈方 i 以价格 P 拍卖品，其得益为 v_i-P。

为了把该问题转化为标准的静态贝叶斯博弈，我们需要明确两博弈方的行动空间、类型空间、推断及其得益函数。显然，博弈方 i 的行动就是他的标价 b_i(标价应该是非负的)，其行动空间为 $A_i=[0，\infty]$。博弈方 i 的类型即他的估价 v_i，其类型空间 T_i 就是估价的可能取值区间[0，1]。此外，由于博弈方 i 的实际类型只有他自己知道，其他博弈方只知道其类型 v_i 是[0，1]上的标准分布，因此，推断博弈方 i 的估价取[0，1]中任何数值的机会均等是合理的，这就是他们相互对对方类型的判断。根据上述信息我们可以给出博弈方 i 的得益函数为：

$$u_i = u_i(b_1, \ b_2, \ v_1, \ v_2) = \begin{cases} v_i - b_i & (b_i > b_j) \\ (v_i - b_i)/2 & (b_i = b_j) \\ 0 & (b_i < b_j) \end{cases}$$

此得益函数中的第一种情况表示的是博弈方 i 的标价由于高于博弈方 j 的标价而中标时的得益；第二种情况是博弈方 i 的标价与博弈方 j 的标价相同，博弈方 i 的中标机会为 $1/2$，其期望得益 $(1/2) \times (v_i - b_i) = (v_i - b_i)/2$；第三种情况是博弈方 i 的标价低于博弈方 j，博弈方 i 没有中标，此时博弈方 i 的得益为 0。

为得到贝叶斯纳什均衡，首先要找到两博弈方的策略空间，我们知道，静态贝叶斯博弈中博弈方的策略是根据类型决定行为的函数关系。因此，博弈方 i 的一个策略就是符合要求的一个函数关系 $b_i(v_i)$，所有这种函数关系 $b_i(v_i)$ 的集合，就构成博弈方 i 的策略空间，即博弈方 i 在每一种类型下的投标价格选择。比如，如果博弈 1 的策略 $b_1(v_1)$，是对博弈方 2 的策略 $b_2(v_2)$ 的最佳反应，则 $[b_1(v_1), \ b_2(v_2)]$ 就是一个贝叶斯纳什均衡。对每个博弈方 i 的每个类型 $v_i \in [0, 1]$，$b_i(v_i)$ 满足

$$\max_{b_i} \left[(v_i - b_i) P\{b_i > b_j\} + \frac{1}{2} (v_i - b) P\{b_i = b_j\} \right] \quad i, j = 1, 2$$

由于各个博弈方构成策略的函数关系可以有多种多样的情况，因此博弈方策略空间中的策略及贝叶斯纳什均衡策略组合通常是非常多的，为此，我们把博弈方的策略限制在线性函数的范围之内。假设 $b_1(v_1)$ 和 $b_2(v_2)$ 都是线性函数，$b_1(v_1) = a_1 + c_1 v_1$，$b_2(v_2) = a_2 + c_2 v_2$，其中 $a_1 < 1$，$a_2 < 1$ 且 $c_1 \geqslant 0$，$c_2 \geqslant 0$（因为如果 c_1，$c_2 \geqslant 0$，且 a_1 或 a_2 都大于或等于 1，则意味着 b_1 大于 v_1 或 b_2 大于或等于 v_2，标价比估价还要高，这是不现实的）。由于博弈方的估价是均匀分布的，因此，线性函数的假设是合理的，而且，线性函数下的线性均衡解不仅存在，而且是唯一的。

于是对于博弈方 j 的策略 $b_j(v_j) = a_j + c_j v_j$，对任意给定的 v_i，博弈方 i 的最佳反应 b_i 应满足：

$$\max_{b_i} \left[(v_i - b_i) P\{b_i > a_j + c_j v_j\} + \frac{1}{2} (v_i - b_i) P\{b_i = b_j\} \right]$$

其中 v_j 服从标准分布。由于 $b_j = b_j(v_j) = a_j + c_j v_j$ 也是标准分布的，$P\{b_i = b_j\} = 0$，因此，上式就变为

$$\max_{b_i} \left[(v_i - b_i) P\{b_i > a_j + c_j v_j\} \right]$$

$$= \max_{b_i} \left[(v_i - b_i) P\left\{ v_j < \frac{b_i - a_j}{c_j} \right\} \right]$$

$$= \max_{b_i} \left[(v_i - b_i) \frac{b_i - a_j}{c_j} \right]$$

其一阶条件为

$$b_i = \frac{v_i + a_j}{2}$$

此即当博弈方 j 的策略为 $b_j(v_j) = a_j + c_j v_j$ 时，博弈方 i 的最佳反应策略。如果 $v_i < a_j$，此时由

于 $b_i = \dfrac{v_i + a_j}{2} < a_j$，博弈方 i 采用上述线性策略根本不可能中标，此时，$b_i(v_i)$ 采用线性策略就无效了。这时不妨就设 $b_i = a_j$。此时，博弈方 i 对博弈方 j 策略的最佳反应是：

$$b_i(v_i) = \begin{cases} \dfrac{v_i + a_j}{2} & \text{当 } v_i \geq a_j \\ a_j & \text{当 } v_i < a_j \end{cases}$$

上述反应函数是一个分段线性函数而不是严格的线性函数，$v_i < a_j$ 时是一条水平直线，当 $v_i \geq a_j$ 以后则是以 1/2 的正斜率上升的直线。不过分段函数的情况只有在 $0 < a_j < 1$ 的情况下出现。若要求双方策略是严格的线性函数，应该有 $a_j \leq 0$。此时，博弈方 i 的最佳反应策略为

$$b_i(v_i) = \dfrac{v_i + a_j}{2} = \dfrac{a_j}{2} + \dfrac{v_i}{2}$$

将此式与 $b_i(v_i) = a_i + c_i v_i$ 相比较，可得 $a_i = a_j/2$，$c_i = 1/2$。

同样可得在 $a_i \leq 0$ 的情况下，$a_j = a_i/2$，$c_j = 1/2$ 是博弈方 j 的最佳反应。解这两组结果构成的方程组，可得 $a_i = a_j = 0$，$c_i = c_j = 1/2$，即 $b_i(v_i) = v_i/2$。这就是说，每个博弈方的最佳策略是把自己的报价定在自己对拍品估价一半的水平，即采用兼顾中标机会和得益大小的折中报价，也就是自己估价的一半，这是博弈方的最佳选择。

需要注意的是，上述贝叶斯纳什均衡都是基于两博弈方的估价是 [0，1] 上的标准分布，以及博弈方采用线性策略的假设前提下得出的，如果没有线性策略函数的限制，而是非线性函数，博弈方估价的概率分布，对应两博弈方相互对对方类型的判断，也不是标准分布，则密封拍卖博弈的贝叶斯纳什均衡也会发生变化。

【例 2】

双向报价拍卖

我们下面考虑一个在拍卖中，买主和卖方对自己的估价都存在私人信息的"双向报价拍卖"问题。

双向报价拍卖是这样一种市场交易模式：买方和卖方就某货物进行交易，交易的规则为：买方和卖方同时各报一个价格，拍卖商然后选择成交价格 P 出清市场；设买方的报价为 P_b，卖方的报价为 P_s，如果 $P_b \geq P_s$，则以价格 $P = (P_b + P_s)/2$ 成交，否则不成交。

在双向报价拍卖中，由于买卖双方对货物的估价都是他们各自的私人信息，相互对对方的估价都不能完全清楚。因此，它是一个静态贝叶斯博弈问题，我们假设买方对货物的估价为 v_b，卖方的估价为 v_s，并设买卖双方相互间都知道对方的估价均匀分布于 [0，1] 区间上。如果买卖双方以价格 P 成交，那么买方的得益为 $v_b - P$，卖方的得益为 $P - v_s$。如果没有成交，则双方得益为 0。

在这个静态贝叶斯博弈中，买方的策略其实是关于自己估价 v_b 的一个价格函数，即 $P_b(v_b)$，它确定了买方对自己每一种可能估价 v_b 的出价。卖方的策略是设定他自己每种估价 v_s 下其要价的一个函数，即 $P_s(v_s)$。如果 $[P_b(v_b)，P_s(v_s)]$ 是贝叶斯纳什均衡，则对任

意的 $v_b \in [0, 1]$，$P_b(v_b)$ 必须满足

$$\max_{P_b} \left[v_b - \frac{P_b + E[P_s(v_s) \mid P_b \geqslant P_s(v_s)]}{2} \right] P\{P_b \geqslant P_s(v_s)\} \tag{1}$$

其中 $E[P_s(v_s) \mid P_b \geqslant P_s(v_s)]$ 是在符合买方的出价大于卖方要价的前提下，买方期望卖方的要价。对任意的 $v_s \in [0, 1]$，$P_s(v_s)$ 必须满足

$$\max_{P_s} \left[\frac{P_s + E[P_b(v_b) \mid P_b(v_b) \geqslant P_s]}{2} - v_s \right] P\{P_b(v_b) \geqslant P_s\} \tag{2}$$

其中 $E[P_b(v_b) \mid P_b(v_b) \geqslant P_s]$ 是在买方出价高于卖方的前提下，卖方期望买方的出价。

此静态贝叶斯也有许多贝叶斯纳什均衡，只要 P_b、P_s 的函数关系，v_b、v_s 的值及它们的概率分布同时满足上述两个最大化问题，就构成一个贝叶斯纳什均衡。

为此，我们考虑下面一种比较特殊的交易价格情况，如果最后交易达成，交易价格就只是单一的价格，即在给定价格水平上的均衡。该均衡的特征是：给定 $[0, 1]$ 中的任意一个值 x，买方的策略为，当 $v_b \geqslant x$ 时，则出买价即报价 $P_b = x$，否则 $P_b = 0$，即不买；同时卖方的策略为 $v_s \leqslant x$，则出卖价，即卖方报价 $P_s = x$，否则 $P_s = 1$，即卖者不卖。

设买方的策略已设定，则卖方只能在以价格 x 成交或不能成交之间进行选择，此时卖方的策略就是卖方对买方策略的最优反应。如在交易有可能成交，即 $v_s \leqslant x \leqslant x_b$ 时，$P_s = x$ 是卖方能实现的最高要价，也是对买方策略的最优反应，任何 $P_s > x$ 都不可能成交，因为此时成交的得益 $P - v_s = x - v_s \geqslant 0$。在 $v_s > x$ 的情况下，以价格 $P = x$ 成交的得益 $P - v_s = x - v_s < 0$，此时不妨要价 $P_s = 1$，此为该种情况下，卖方可能得到的最高卖价，在此价格下，不成交至少能避免损失。因此，卖方的上述策略确实是对买方策略的最佳反应策略。

同样，我们也可以证明，在给定卖方的策略时，买方的上述策略也是对卖方策略的最优反应。由于在这个均衡中可行的成交价格只有 x 一种，因此这个均衡也被称为"单一价格均衡"。在该均衡策略下，我们可以用图 5.6 来说明该博弈均衡策略下的效率情况。

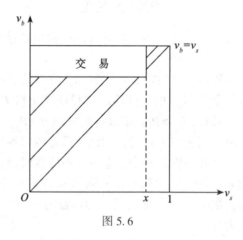

图 5.6

在上述均衡策略中，由于只有当 $v_s \leqslant x \leqslant v_b$ 时，交易才会发生，因此只有在图中注明"交易"的长方形区域中的点 (v_b, v_s) 代表的双方类型下，才可能发生交易。其实对所有满

足 $v_b \geqslant v_s$ 的$(v_b，v_s)$的组合来说，交易都是有效率的，因为如果价格可变，那么理论上总是可以找到满足 $v_s \leqslant p \leqslant v_b$ 的价格 p，使双方以此价格成交都能获得一定的利益。然而，由于单一价格策略均衡中双方的策略都是，"要么在 x 这个价格下成交，否则宁愿不成交"，因此当$(v_b，v_s)$落在图中两块阴影部分中时就无法成交，虽然阴影部分满足效率条件，但最终无法成交，这意味着双方失去了许多获益的机会，这说明了单一价格均衡未必是双方报价拍卖效率较高的贝叶斯纳什均衡。

现在我们也把二价拍卖中博弈方的策略设定为线性函数策略，分析其线性的贝叶斯纳什均衡。假设买方的策略为 $P_b(v_b) = a_b + c_b v_b$，卖方的策略为 $P_s(v_s) = a_s + c_s v_s$，且 v_b 和 v_s 服从$[0，1]$上的均匀分布，因此 $P_b(v_b)$ 和 $P_s(v_s)$ 也分别服从于$[a_b，a_b + c_b v_b]$和$[a_s，a_s + c_s v_s]$的均匀分布。如果$[P_b(v_b)，P_s(v_s)]$是贝叶斯纳什均衡，由 1 式得，P_b 必须满足

$$\max_{P_b} \left[v_b - \frac{1}{2} \left(P_b + \frac{a_s + P_b}{2} \right) \right] \frac{P_b - a_s}{c_s}$$

其一阶条件为

$$P_b = \frac{2}{3} v_b + \frac{1}{3} a_s$$

即如果卖方的策略是线性的，那么买方的最优反应策略也是线性的。

同样，由(2)式得，$P_s(v_s)$ 必须满足

$$\max_{P_s} \left[\frac{1}{2} \left(P_s + \frac{P_s + a_b + c_b}{2} \right) \right] \frac{a_b + c_b - P_s}{c_b}$$

其一阶条件为

$$P_s = \frac{2}{3} v_s + \frac{1}{3} (a_b + c_b)$$

亦即，如果买方的策略是线性的，那么卖方的最优反应策略也是线性的。将这两个一阶条件与假设的双方线性策略函数相对照，可得 $a_b = a_s / 3$，$c_b = 2/3$，$a_s = (a_b + c_b)/3$，$c_s = 2/3$。于是可得"线性策略均衡"如下：

$$\begin{cases} P_b = \frac{2}{3} v_b + \frac{1}{12} \\ P_s = \frac{2}{3} v_s + \frac{1}{4} \end{cases}$$

这就是本博弈的线性策略贝叶斯纳什均衡。

由于二价拍卖中只有当 $P_b \geqslant P_s$ 时交易才会成交，因此成交必须满足

$$\frac{2}{3} v_b + \frac{1}{12} \geqslant \frac{2}{3} v_s + \frac{1}{4}$$

即 $v_b \geqslant v_s + (1/4)$ 时交易才会发生。我们用图 5.7 来表示在上述线性策略均衡下会发生交易的情况。

从图 5.7 中可以看出，在该博弈的线性策略均衡中，只有直线 $v_b = v_s + (1/4)$ 上方的点 $(v_b，v_s)$ 所对应的双方类型下交易才会发生。图中阴影部分的点所代表的双方类型，满足 $v_b \geqslant v_s$，即买方的估价 v_b 高于卖方的估价 v_s，此时交易不会发生。这意味着线性策略的均

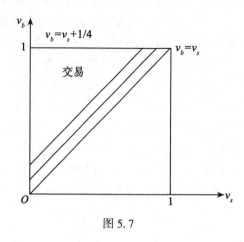

图 5.7

衡也不能达到最高的效率状态。

比较图 5.6 和图 5.7 我们可以发现，线性策略贝叶斯纳什均衡中双方进行交易的机会，大于单一价格策略贝叶斯纳什均衡的交易机会。两者都包含了最有效的交易，即当 $v_s = 0$，$v_b = 1$，卖方认为毫无价值的东西，买方却愿意以最大价值来交易，而单一价格均衡则排除了很多有价值的交易。例如当 $v_s = 0$ 且 v_b 小于但接近于 x 时（$v_b = x - \varepsilon$，ε 为一足够小的正数），在单一价格均衡中无法成交，而在线性策略均衡中这种情况是能够成交的，并且双方能够获得相当可观的利益（都接近 $x/2$）。另一方面，一些无多大价值的交易却能够在单一价格策略下成交，如 v_b 略大于 x（$v_b = x + \varepsilon$），v_s 略小于 x（$v_s = x - \varepsilon$），即在图 5.6 的交易区域中接近 (x, x) 的点所对应的双方类型组合，在线性策略均衡中是不包括无多大价值的交易的。只包含了价值至少在 1/4 以上的交易。因此，总体上线性策略均衡的效率要比单一价格均衡更高一些。

由此得到的结论是线性策略均衡优于单一价格均衡。1983 年梅尔森（Myerson）和塞特舒卫德（Satterthwaite）证明了在估价为均匀分布的前提下，双方报价拍卖静态贝叶斯博弈中的线性策略均衡能够产生比其他任何贝叶斯纳什均衡更高的期望得益。这也意味着这个博弈不存在当且仅当有效率（$v_b \geq v_s$）时成交的贝叶斯纳什均衡。他们后来进一步证明了该结果，并发现这一结果相当普遍。这种效率的损失正是由于信息不完全所带来的。下面我们将介绍如何应用显示原理来证明这一普遍的结果。

【例 3】

多物品拍卖市场

20 世纪 90 年代以来，经济学家们日渐意识到，许多真实市场都可以通过拍卖理论得到最佳理解，而单物品拍卖理论已不足以反映多物品拍卖市场的现实。

近年来，各国政府越来越多地通过拍卖市场实施国有企业的私有化、配置公共稀缺资源以及增加财政收入渠道，私人部门也更多地通过拍卖转让资产所有权或者采购原材料。

这些应用领域往往涉及多个同质或者类似的拍卖标的。目前，对多单位同质物品拍卖的研究大多以国债这个规模最大也最典型的拍卖市场为背景。

多物品拍卖可以采取同步与序贯拍卖两种方式。在同步拍卖方式下，所有物品同时拍卖，具体程序包括密封的同一价格拍卖（Uniform-Price Auction，UPA）和歧视性拍卖（Discriminate-Price Auction，DA）以及公开的加价式拍卖。序贯拍卖方式是按顺序逐个地重复拍卖，具体程序包括序贯第一价格密封拍卖、序贯第二价格密封拍卖以及序贯加价式拍卖。

（1）频谱拍卖（Spectrum Auctions）市场。1994年，美国联邦通讯委员会（Federal Communications Commission，FCC）采用拍卖机制配置无线电频谱许可证，此前采取的是行政比较听证会或者随机抽取方式。若采用拍卖方式最大的优势在于通过竞争，将许可证分配给最有能力使用这些稀缺的频谱资源的电信运营商，并且能够带来较高的财政收入，减少不合理的税收。最终，FCC选用了一种"同步加价拍卖"（SAA）机制：多组相关的许可证同步开始竞价，竞价由多轮密封递价组成，在每轮竞拍中竞买人可以对任何许可证递交比规定报价更高的报价，各轮竞价的结果在下一轮竞价开始之前全部公开。如果某一轮中无人对任何许可证提价，拍卖即告终止。1995年《纽约时报》上的一篇文章将美国的这一频谱拍卖形容为"历史上最伟大的拍卖"。

这一拍卖机制将英式拍卖拓展到了多个相关物品的情形。FCC采用SAA机制的原因在于不同的许可证之间存在相互依赖关系。这种机制具有两大特征：同步多轮竞价与公开加价。同步拍卖相对于序贯拍卖的主要优势在于它允许竞买人根据价格变化在可以相互替代的许可证之间进行转换，因而可以创造市场价格。相对于密封竞价而言，公开加价拍卖过程显示了对许可证估价的信息，在价值相互关联的情况下，这种信息降低了"赢家的诅咒"效应，因而可以提高拍卖价格。而且，竞买人可以利用竞价过程中显示出的信息实现互补性许可证的有效聚集。

（2）欧洲各国的频谱资源拍卖。FCC频谱拍卖，无论从效率还是从收入和竞争的角度来看，都大大超出了既定目标。继美国之后，欧洲各国陆续转向采用拍卖分配频谱资源，这涉及1000多亿美元的买卖。显然，在世纪之交，没有比拍卖3G无线通讯牌照更大的买卖了，也没有比3G牌照拍卖设计失败更大的打击了。

英国在欧洲第一个进行3G牌照拍卖，共拍卖4张3G牌照。政府觉得国内现有5家大型2G电信运营商，这些电信运营商为了保证自己在这个寡头垄断市场里的地位，一定会积极地在拍卖中竞价。于是英国政府首先进行一次英式拍卖（升价拍卖），挑选出5个候选竞拍者。然后再让它们进行密封式荷式拍卖（降价竞价），出价最高的4家运营商取得这4张牌照。这次拍卖大获成功，英国政府为此收入高达390亿欧元。

英国的成功让其他国家看到了希望，荷兰也马上效仿，并照搬英国的拍卖模式。然而他们提供的3G牌照是5张，市场上的在位运营商也是5个，同时没有设计出让其他小厂商参与竞拍的激励机制。结果，荷兰最终收入大约只有英国的1/4。

瑞士同样也想模仿英国的拍卖经验，然而他们不仅没有准确预测好候选竞拍者和3G牌照的数量，而且在拍卖程序上犯了大错，允许企业在最后阶段联合竞价，导致竞拍者之间进行合谋！当政府意识到错误，试图推迟拍卖并改变规则时，遭到企业的联合抵制。最终，政府不得不以低得极低的价格卖出 5 张 3G 牌照。

德国人发现英国方式存在的缺陷，觉得要想办法吸引潜在竞拍者一起竞争，才有压力把价格推到合适的位置。于是，德国政府把牌照拆成小的无线波段，让更多运营商进来竞争。那些得到波段的运营商必须把几个波段合起来才能变成一张大的 3G 牌照。于是，德国政府取得了和英国一样好的拍卖效果。

奥地利也仿效德国的方式来拍卖分拆的 3G 波段。然而，他们没预料到不同的小厂商会在拍卖中进行合谋。结果，奥地利的拍卖也走了滑铁卢。

从上面的分析中可以看出，虽然拍品是共同的，但参与竞标的人完全不同，不同的拍卖流程和规则就会产生巨大的不同。甚至同样一种拍卖办法，放到英国和瑞士去试，结果也是天壤之别，原因在于现实的约束条件不同。这就是拍卖理论的复杂性。

第四节　机制设计理论及显示原理

第三节我们所讨论的给定拍卖规则下的竞标博弈，涉及拍卖问题一个非常重要的方面，那就是如何设计一个富有效率的拍卖机制，使得竞拍者不会隐藏自己的真实行为和真实信息，在非合作的条件下实现整体的目标。

在前面几章所阐述的内容中，我们所做的工作都是对于给定的博弈问题，设法寻找其均衡解。但现实生活中，还存在着该问题的逆问题：给定一个有几个人参与的博弈，给定博弈方的得益水平以及有关这些得益的私人信息，在信息不对称的情况下，能否构造一个博弈，使得该博弈的均衡满足相关约束条件的要求，博弈在非合作的条件下也能实现集体的目标。拍卖就是这类问题。设计什么样的拍卖形式使卖方的期望得益最大是拍卖所要解决的一个主要问题。

一、机制设计问题(Mechanism Design)

机制设计理论是最近 20 年微观经济领域中发展最快的一个分支，在实际经济中具有很广阔的应用空间。机制设计理论可以看作是博弈论和社会选择理论的综合运用，简单地说，如果假设人们按照博弈论所刻画的方式行动，并且假设按照社会选择理论人们对各种情形都有一个社会目标存在，那么机制设计就是考虑构造怎样的博弈，使得该博弈的均衡解就是这一社会目标，或者均衡解落在社会目标集合里，或者无限接近它。2007 年诺贝尔经济学奖授予了对机制设计理论的开创及发展做出了巨大贡献的赫维茨（Leonid Hurwicz）、马斯金（Eric S. Maskin）和迈尔森（Roger B. Myerson）三位学者。他们在这方面的原创性成果包括赫尔维茨 1960 年的论文"资源配置过程中的信息效率和最优化"和 1972 年的论文"论信息分散系统"；马斯金在 1977 年提交给夏季巴黎经济学会、后于 1979 年发表在《经济研究评论》上的论文"纳什均衡与福利最优化"；以及迈尔森于 1981 年发表在《运筹学研究》上的论文"最优拍卖设计"。

我们知道，亚当·斯密用"看不见的手"比喻市场如何在理想状态下保证稀缺资源的有效分配，但是现实情况经常是不理想的，例如竞争不是完全自由的，消费者没有获得完全的信息。与传统理论相比，机制设计理论解决了信息不对称情况下微观主体隐藏个人信息及隐藏个人行为的问题——如何设计机制或者规则，使得微观主体真实显示个人信息（避免隐藏个人信息），由个人真实信息和经济机制使得个人产生真实的行为方式（避免隐藏个人行为）最终保证社会目标的实现。因此，机制设计理论通过解释个人激励和私人信息，大大提高了人们在这些条件下对最优配置机制性质的理解，使得人们能够区分市场是否运行良好的不同情形。它帮助经济学家区分有效的交易机制、规则体系以及政治上的投票程序。

通常认为，评价某种经济机制优劣的基本标准有三个：资源的有效配置、信息的有效利用以及激励相容。资源的有效配置通常采用帕累托最优标准，信息的有效利用要求机制运行花费尽可能低的信息成本，激励相容要求个人理性和集体理性一致。于是，问题变成什么样的经济制度能同时满足以上三个要求，以及如何设计这样的经济机制。

机制设计主要涉及两个方面的问题：信息效率和激励相容。任何一个经济机制的设计和执行都需要信息传递，而信息传递是需要花费成本的，因此，信号空间的维度成为影响机制运行成本的一个重要因素。对于制度设计者来说，信息空间的维数越小越好。信息效率（Informational Efficiency）就是关于经济机制实现既定社会目标所要求的信息量多少的问题，即机制运行的成本问题，它要求所设计的机制只需要较少的关于消费者、生产者以及其他经济活动参与者的信息和较低的信息成本。

激励相容（Incentive Compatibility）是赫尔维茨 1972 年提出的一个核心概念，其定义为，如果在给定机制下，真实报告自己的个人信息是参与者的占优策略均衡，那么这个机制就是激励相容的。此时，即便每个人按照自利原则制订个人目标，机制实施的客观效果也能达到设计者所要实现的目标。机制设计在信息不完全的情况下将理性经济人假定进一步深化，除非得到好处，否则参与者一般不会真实地显示个人的信息。这样，在进行制度或规则设计时，设计者要掌握的一个基本原则，就是在不了解所有个人信息的情况下，所制定的机制能够给每个参与者一个激励，使参与者在最大化个人利益的同时也实现了集体的目标。这就是机制设计理论的激励相容问题。具体来说，就是假定机制设计者以某个经济目标作为社会目标，如资源帕累托最优配置、社会福利最大化，设计者采用什么样的机制或者制定什么样的规则能保证在参与者参与，并实现个人自利行为假定的前提下，也激励这些参与者，如企业、家庭、基层机构等，一起实现上述目标。

显然，机制设计理论提出的激励相容是非常深刻的。因为个人利益与社会利益不一致是一种常态，并且信息不完全、个人自利行为下隐藏真实经济特征的设定也与现实相符合。在很多情况下，讲真话不一定是占优均衡策略，在别人都讲真话的时候，可以通过虚假显示自己的偏好来操纵最后结果以便从中得利。赫尔维茨认为，在参与约束条件下，不存在一个有效的分散化的经济机制能够导致帕累托最优配置，并使人们有动力去显示自己的真实信息。也就是说，真实显示偏好和资源的帕累托最优配置是不可能同时实现的。因而在机制设计中，要想能够形成帕累托最优配置的机制，在很多时候就必须放弃占优均衡假设，这也决定了任何机制设计都不得不考虑激励问题。由此，激励相容成为机制设计理论，甚至是现代经济学的一个核心概念，也成为实际经济机制设计中一个无法回避的重要问题。

显然，由赫尔维茨开创并由马斯金和迈尔森发展运用的机制设计理论已经深深地影响和改变了信息经济学、规制经济学、公共经济学、劳动经济学等现代经济学的许多学科。目前，机制设计理论已经进入了主流经济学的核心部分，被广泛地运用于垄断定价、最优税收、契约理论、委托—代理理论以及拍卖理论等诸多领域。许多现实和理论问题如规章或法规制定、最优税制设计、行政管理、民主选举、社会制度设计等都可归结为机制设计问题。

二、委托—代理理论(Principal-Agent Theory) 与道德风险

委托人(Principal)和代理人(Agents)之间的博弈关系是现代经济学研究的重要内容，通常称为"委托—代理理论"。在委托人—代理人关系中，存在信息的不对称。掌握信息多的市场参与者为代理人，掌握信息少的市场参加者为委托人。由于代理人掌握委托人不了解的市场信息和个人信息，如企业的实际经营情况、代理人个人的能力和工作的努力程度，外部环境对企业的影响等，因此委托人需要进行有效的机制设计来对代理人进行激励和约束。

1. 委托—代理关系(Principal-Agent Relationship)：生产博弈

在市场经济活动中，由于所有权和经营权的分离，经常有大量的所有权一方委托另一经营方完成某些特定的企业生产经营活动。如企业主聘用员工进行生产，董事会聘请职业经理管理企业等。最典型的委托人—代理人关系就是上市公司的股东和公司管理层之间的关系。这些活动的共同特征是委托方的行为依赖于代理人的私人信息，委托方对代理人的行为具有不完全信息，即委托方的利益直接取决于被委托方的行为，被委托方行为效率的高低在一定程度上直接决定了委托方利益的好坏，比如政府对被管制垄断企业(代理人)的成本结构具有不完全信息，政府只能依据这些不完全信息来设计激励方案，以便根据垄断企业的成本来确定对它的转移收益。然而在委托人—代理人关系中，委托方却不能直接控制被委托方的行为，有时对被委托方工作的监督也非常困难，除非被委托方直接将其私人信息告诉委托方，然而被委托方一般是不会讲实话的，委托方只能通过薪酬及其他福利等条件来间接影响被委托方的行为。如政府和被管制垄断企业之间、基金购买者与基金管理者之间、股民与上市公司之间等就是如此，所有这些关系在经济学中都称为"委托人—代理人关系"，其中委托方称为"委托人"，被委托方称为"代理人"。

委托人—代理人关系有多种不同的表现形式，其中最主要的区别是监督的难易及由此而产生的代理人道德风险。例如在车间里工作的工人，其工作是比较容易监督的，但奔波在外的采购员的工作却很难监督，你不能准确地了解他们工作的状况和工作业绩之间的关系。如果采购员的工作状况能够完全反映其工作成果，也就是说其工作业绩完全取决于其工作情况，那么就不存在监督问题，此时根据工作业绩完全可断定采购员的工作情况。然而，工作成果往往不完全取决于代理人的工作情况，如律师努力工作并不能保证打赢官司，销售员非常努力，但工作业绩(销售额)仍然很差，在这种情况下由于监督问题而产生的代理人道德风险就可能无法避免。

正是因为监督困难及代理人道德风险的存在，委托人如何通过委托合同的设计等"机制设计"来激励代理人的道德行为，并使其符合委托人的利益，就是委托—代理理论中非常最重要的一个问题。这样上述委托—代理问题就转化为有效的"激励机制设计"或"机制

设计"问题，如委托合同中的核心条款常常设计的主要是工资、奖金或股权等薪酬制度内容等问题，因此委托人—代理人关系常常就是工资制度等激励机制选择的博弈。

2. 基于确定性工作成果的生产博弈激励机制设计

机制设计的特点是假设委托人选择一种能给自己带来最大期望值的机制，而不是由于历史或制度的原因来选择一种特定的机制。委托—代理关系中的激励机制设计也是如此，它是一个典型的三阶段不完全信息博弈。在第一阶段，委托人设计一种"机制"、"契约"或"激励方案"，委托人发出无成本的信息，该信息"配置"的结果取决于某些可观察的变量以及委托人向代理人转移的得益（可以为正值，也可以为负值）；在第二阶段，代理人接受或拒绝该机制，拒绝的代理人得到某种外生的保留得益；在第三阶段，接受该机制的代理人在该机制下选择自己的博弈行为。关于机制设计我们在下一章将会专门阐述。

我们首先分析委托人—代理人激励机制设计中具有完全工作成果（产出）信息时的激励机制设计，此时委托人关于代理人的工作成果是确定的。根据"效率工资博弈"模型，我们假设某企业（上市公司），其经理层（代理人）的工作成果和工作状况之间具有确定性，即经理层的工作成果是工作努力程度的确定性函数，这样企业的股东（委托人）就可以根据经理层的工作成果掌握其工作情况，不需要任何监督。此外，假设委托关系是基于标准的合同委托，股东的策略选择是提供或不提供委托合同给经理层，即是否选择这样一个独立的经理层来帮助经营企业，经理层的策略选择是否接受合同，以及接受合同后是否努力工作，也就是经理层只有"努力"或"偷懒"两种选择。这构成一个三阶段的有不完全信息的动态博弈，每阶段博弈双方都有两种选择，如图5.8所示。

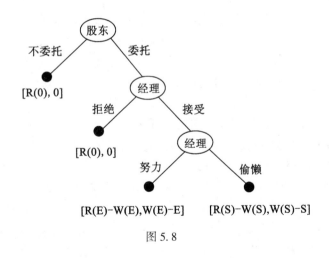

图 5.8

在该博弈中，博弈方1代表股东，博弈方2代表经理层。首先是股东进行选择，选择是否给予经理层以委托，即是否给予经理层委托合同。如果股东不委托，股东自己既是企业的所有者，又是企业的经理者，此时他得不到外聘经理层的服务，我们用 $R(0)$ 表示没有经理层的服务时股东的利益，其取值可能是正值、0，甚至是负值。当股东选择不委托时，经理层就没有收益，得益数为0（这里不考虑经理层自雇或接受其他的委托）。如果委托人选择接受委托，则转入由经理层进行选择的第二阶段。

在第二阶段经理层先选择是否接受股东的委托。若经理层选择不接受委托，双方得益与第一阶段股东不委托完全相同。如果经理层选择接受委托，则他还需要在第三阶段选择是"努力"还是"偷懒"。如果经理层在第三阶段选择"努力"，那么股东得到的产出 $R(E)$ 将较高，不过股东要给经理层支付的报酬 $\omega(E)$ 也较高，此时经理层有较高的负效用 $-E$（如休息时间的减少、损害身体健康等），因此股东和经理层的得益分别是 $R(E)-\omega(E)$ 和 $\omega(E)-E$。如果经理层在第二阶段选择"偷懒"，股东得到的产出 $R(S)$ 肯定较低，股东给经理层支付的报酬 $\omega(S)$ 也较低，但经理层此时只有较低的负效用 $-S$，这时双方得益分别为 $R(S)-\omega(S)$ 和 $\omega(S)-S$。

由于经理层的工作成果具有确定性，股东和经理层双方都清楚自己和对方的得益情况，都能观察到对方的选择，显然这是一个完全且完美信息的动态博弈，我们仍然用逆向归纳法来分析该博弈。

首先分析股东在第一阶段选择了委托，经理层在第二阶段选择接受委托的情况下，第三阶段经理层是选择"努力"还是"偷懒"的情况。显然当

$$\omega(E)-E>\omega(S)-S$$
$$\omega(E)>\omega(S)+E-S$$

时，即当经理层努力工作时得到的报酬，大于偷懒时得到的报酬，以及至少还有一个不低于能补偿其努力工作时的负效用后的增加额时，经理层才可能自觉选择努力工作。我们称上述不等式为经理层"努力"的"激励相容约束"（Incentive Compatibility Constraint，IC），或"刺激一致性"，即给定股东提出委托和经理层接受委托的前提下，经理层在所设计的机制内努力工作，不会产生经理层道德风险时必须满足的条件。如果

$$\omega(S)-S>\omega(E)-E$$

经理层一定会选择懒惰，经理层的道德风险肯定产生。此时偷懒的负效用肯定小于努力工作的负效用，因此如果懒惰和努力得到的报酬相同，即 $\omega(S)=\omega(E)$，经理层必然选择偷懒。

倒推回到第二阶段，经理层对是否接受委托进行选择。由于第三阶段经理层的选择有努力和懒惰两种可能，经理层在第二阶段的选择对应着努力和懒惰两种情况下的得益，因此我们必须分两种情况讨论第二阶段的选择。如图 5.9 所示，其中(a)是经理层在第三阶段选择"努力"的情况，(b)则是经理层第三阶段选择"偷懒"的情况。

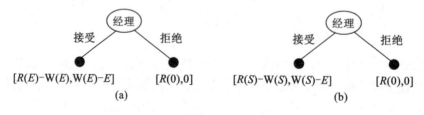

图 5.9

根据图5.9可以看出，当$\omega(E)-E>0$和$\omega(S)-S>0$时，经理层选择接受委托而不是拒绝委托。这两个关系式分别称为两种情况下的"参与约束"（Participation Constraint，PC），即经理层愿意接受股东委托的基本条件，此时，经理层接受委托所得到的好处，至少比不接受时要好。

最后再倒推回到第一阶段股东的选择。如果经理层在第二阶段的选择是拒绝，那么股东委托不委托结果都一样。如果经理层第二阶段选择接受，那么又有两种不同的情况，即分别对应经理层第三阶段选择努力和懒惰时的两种情况。其面临的两种选择如图5.10所示，其中（a）图为第三阶段经理层选择努力的情况，（b）图为第三阶段经理层选择偷懒的情况。

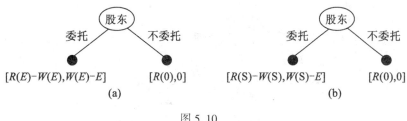

图5.10

在图5.10（a）所示的情况下，股东选择委托的"参与约束"为：$R(E)-W(E)>R(0)$，$R(E)-W(E)<R(0)$时，股东会选择不委托。在图5.10（b）的情况下，股东选择委托的条件是$R(S)-W(S)>R(0)$，当$R(S)-W(S)<R(0)$时股东选择不委托。综合上述三个阶段两博弈方的选择，就可以得到本博弈的子博弈精练纳什均衡。下面我们用一个数值来做进一步说明假设。设经理层努力工作时的投入产出函数为$R(e)=10e-e^2$，$E=3$，$S=2$。因此$R(0)=0$，$R(E)=21$，$R(S)=16$。再假设$W(E)=4$，$W(S)=2$，显然，$W(E)-E=1>W(S)-S=0$，满足促使经理层努力的激励相容约束，$w(E)-E=1>0$，满足经理层接受委托的参与约束，$R(E)-W(E)=15>R(0)=0$也满足股东提出委托的条件，此时，博弈具体的子博弈精练纳什均衡是：股东选择委托，经理层接受委托并努力工作。

以上"激励相容约束"和"参与约束"条件就是在该生产博弈具有确定性工作成果时进行激励机制设计的具体依据。

3. 基于不确定工作成果时的生产博弈激励机制设计

具有不确定工作成果的激励机制设计问题要复杂许多，它又可以分为以下两种情况：

（1）具有不确定工作成果但可观察时的激励机制

假设在该生产博弈中，关于经理层的工作成果的信息具有不完全性，即股东对经理层的工作成果具有不确定性，但股东对经理层有完全监督的能力。此时经理层的努力水平和其工作成果之间不再完全一致，因此股东必须对是根据经理层的工作情况还是其工作成果来对经理层实施报酬激励进行选择的问题。当股东对经理层的工作可完全观察或监督时，股东可根据经理层的工作情况而不是工作成果来支付其报酬。股东根据经理层的工作情况而不是工作成果支付报酬，意味着经理层工作成果的不确定性直接影响的只有股东的选择，不会影响经理层的选择，但会通过股东的选择对经理层的利益产生间接影响。

假设模型中的不确定性表现为：产出水平分别有 30 和 15 单位两种不同的状态，经理层选择努力工作时有 0.8 的可能得到 30 的产出水平，有 0.2 的可能得到 15 的产出水平；经理层选择偷懒时有 0.2 的可能得到 30 的产出水平，有 0.8 的可能得到 15 的产出水平。再假设 $R(0)=0$，其他条件则与上面模型一样，则博弈可用图 5.11 来表示该博弈。

我们仍然用逆向归纳法进行分析。由于博弈方为 0，也就是"自然"是按照概率分布随机选择，因此不需要对它进行分析，我们的分析从代理人第三阶段的选择开始。

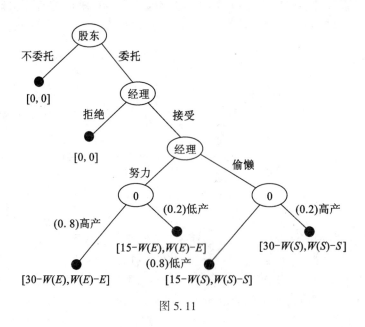

图 5.11

不难发现对于经理层的选择来说，该模型与前一个模型其实没有差别。由于经理层的报酬和"努力"时的负效用都与工作成果没有关系，"自然"对产出高低的选择并不直接影响经理层的利益，因此，经理层在该模型中努力或偷懒的激励相容约束和参与约束条件为：当 $W(E)-E>W(S)-S$ 时选择"努力"，当 $W(E)-E>0$ 和 $W(S)-S>0$ 会接受"委托"，与前面模型的激励相容约束和参与约束条件完全相同。

最后再来分析股东在第一阶段的选择。由于股东对经理层的工作状况有完全的监督，也完全清楚经理层的选择，因此股东对经理层的工作信息的掌握是全面的，不过股东仍需根据"懒惰"和"努力"两种不同的情况来分别进行选择。

如果经理层选择接受股东的委托并选择"努力"工作，那么股东有 0.8 的可能性获得高产出的得益，有 0.2 的可能性获得低产出的得益。对股东来说，如果他是风险中性的，当他选择委托的期望得益大于不委托，即有下式成立时：

$$0.8 \times [30 - W(E)] + 0.2 \times [15 - W(E)] > 0$$

他应该选择委托，如果选择委托的期望得益小于不委托，即

$$0.8 \times [30 - W(E)] + 0.2 \times [15 - W(E)] < 0$$

他应该拒绝委托。

如果经理层选择接受股东的委托但选择"偷懒"，则股东有 0.2 的可能性获得高产出的得益，有 0.8 的可能性得到低产出的得益。同样，如果股东是风险中性的，且

$$0.2\times[30-W(S)]+0.8\times[15-W(S)]>0$$

即他选择委托的期望得益大于不委托时，他应该选择委托，如果

$$0.2\times[30-W(S)]+0.8\times[15-W(S)]<0$$

即他选择委托的期望得益小于不委托时，则他应该选择不委托。上述双方的选择都是对应两种不同情况的子博弈精练纳什均衡。

（2）具有不确定工作成果但不可观察时的激励机制

假设在该生产博弈中，关于经理层的工作成果的信息具有不完全性，即股东对经理层的工作成果具有不确定性，而且股东无法监督经理层的工作情况。此时股东只能根据经理层的工作成果支付报酬。和上一个模型相比，假设除了股东对经理层的监督从可以监督改为无法监督，以及股东只能是根据经理层的工作成果而不是工作情况支付报酬以外，模型的其他方面都完全一致，则我们可以用图 5.12 来表示该博弈。

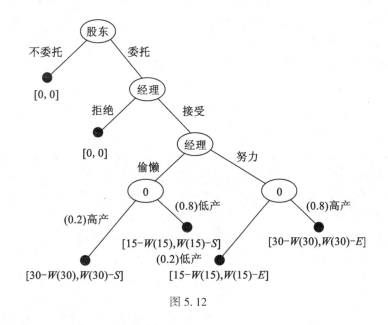

图 5.12

此时，博弈双方的策略选择及最后的均衡与前面的模型有较大的区别，最大的不同是，现在经理层的利益也直接受到了不确定性的影响。在这种情况下，股东核心的问题是如何设计有效的机制来激励经理层努力工作，而不是偷懒，下面我们就来分析促使经理层选择"努力"的激励相容约束、参与约束条件，以及股东相应选择委托的条件。

首先假设在第三阶段经理层选择努力工作，此时，只要风险中性的经理层选择努力工作的期望得益大于选择偷懒的期望得益，即"激励相容约束条件"IC 为：

$$0.8\times[W(30)-E]+0.2\times[W(15)-E]$$
$$>0.2\times[W(30)-S]+0.8\times[W(15)-S]$$

时，经理层就会选择努力工作。

倒推回第二阶段，当经理层选择接受的期望得益大于不接受的得益值 0 时，即"参与约束"PC 为：

$$0.8\times[W(30)-E]+0.2\times[W(15)-E]>0$$

时，经理层会选择接受委托。

再倒推回第一阶段。此时，股东肯定无法看到经理层在第三阶段的选择，但他非常了解经理层的决策思路，只要给定模型中的 E、S 及 $W(20)$、$W(10)$，股东就可以知道经理层是否会选择努力。假设经理层选择努力，则股东选择委托的基本条件为：

$$0.8\times[30-W(30)]+0.2\times[15-W(15)]>0$$

在上述几个约束条件满足的情况下，双方的上述选择构成该模型的子博弈精练纳什均衡。显然，此时股东应该根据上述激励相容约束和参与约束条件，以及 E 和 S 的数值，确定出 $W(30)$ 和 $W(15)$ 的数值，来设计相应的激励机制以激励经理层努力工作。

4. 一般性的生产博弈激励机制设计模型

前面讨论的生产博弈激励机制设计模型在条件上或多或少都带有一些特殊性，现在我们讨论一个一般性的激励机制设计模型。

假设不仅经理层努力的成果不确定且不可监督，而且股东可以选择不同的薪酬制度（也就是薪酬函数），经理层选择努力水平 e，并假设 e 分布在某个连续区间，其产出 R 是 e 的随机函数 $R=R(e)$。同时，我们还假设经理层在不接受该委托而接受其他委托时可能得到的利益为 $\bar{U}$，并假设努力的负效用是努力水平的单调递增的凸函数 $C=C(e)$。由于股东不可以完全监督经理层，因此股东并不知道 e，他只能根据 R 支付薪酬，即 $W=W(R)$。然而由于 $R=R(e)$，因此 ω 也是关于 e 的复合函数 $W=W(R)=W[R(e)]$。显然，股东的得益函数为 $R-W=R(e)-W[R(e)]$，经理层的得益函数为 $W-C=W[R(e)]-C(e)$。

我们仍然利用参与约束和激励相容约束的思想，来讨论该模型的激励机制设计问题。

（1）PC 约束条件

根据前面模型分析的结论，经理层只有在接受委托得到的利益不小于机会成本 $\bar{U}$，即：

PC：　　　　　　　　$W[R(e)]-C(e)\geqslant\bar{U}$

时才愿意接受委托，因此该不等式就是本模型的参与约束。从参与约束的角度考虑，在经理层接受委托的前提下，股东当然希望付出的报酬越小越好，因此实际的参与约束是 $W[R(e)]=C(e)+\bar{U}$。这样股东的得益函数就是 $R(e)-W[R(e)]=R(e)-C(e)-\bar{U}$。

依据上述得益函数，根据求极值原理，股东可以求出最符合自身利益的经理层努力水平 e^*。由于 $R(e)$ 通常是凹函数，而 $C(e)$ 是单调递增的凸函数，因此 e^* 就是使 $R(e)$ 曲线的切线与 $C(e)+\bar{U}$ 曲线的切线平行的努力水平。

（2）IC 约束条件

在满足参与约束 IC 的条件下，经理层可能愿意接受委托，但工作的努力水平却不一定是 e^*。只有当 e^* 也符合经理层自己的最大利益时，经理层才会自觉选择 e^*，即对经理

层的其他任何努力水平 e，都有下列关系存在

IC: $$W[R(e^*)]-C(e^*)\geq W[R(e)-C(e)]$$

这就是该模型的激励相容约束。在激励相容约束条件下，经理层的利益与股东的利益是完全一致的，此时经理层的行为一定是努力水平 e^*，这正是股东所需要的。

由于利润（产出）不仅取决于经理层的努力程度，还取决于市场情况等外部环境等因素，因此 R 是 e 的随机函数，我们假设二者是一个线性随机函数 $R=R(e)=4e+\eta$，其中 η 是均值为 0 的随机扰动项。再假设经理层的负效用函数为 $C=C(e)=e^2$，经理层接受该工作的机会成本 $\bar{U}=1$。

由于股东无法掌握经理层的努力与否的真实信息，因此只能根据利润水平来支付薪酬。假设股东选择的薪酬模式为 $S=A+B[R(e)]=A+B[4e+\eta]$，其中 A 和 B 为待确定的常数。该薪酬模式意味着经理层的工资由固定工资 A 和利润分成 $B[4e+\eta]$ 两部分组成。股东的得益函数为

$$4e+\eta-A-B[4e+\eta]=4(1-B)e+(1-B)\eta-A$$

由于 η 是均值为 0 的随机变量，因此期望得益为 $4(1-B)e-A$。经理层的得益函数为

$$A+B[4e+\eta]-e^2$$

期望得益为

$$A+4Be-e^2$$

在上述假设下，参与约束条件为

$$A+B[4e+\eta]-e^2\geq 1$$

当经理层的期望得益为

$$A+4Be-e^2\geq 1$$

时，他就愿意接受该工作。

假设经理层已经接受了股东的委托，由于经理层的得益为 $A+B[4e+\eta]-e^2$，期望得益为 $A+4Be-e^2$，因此，当 $e^*=2B$ 时，薪酬制度符合经理层的最大利益。显然当 $B=0$ 时 $e^*=0$，经理层是没有努力的愿望的，当 B 较大时，经理层的努力愿望 e^* 也随之增长，当 $B=0.5$，即提成比例为 50% 时，经理层愿意付出的努力 $e^*=1$。

对于股东的选择而言，股东的选择首先必须满足经理层参与约束条件的下限，即

$$A+B[4e+\eta]=e^2+1$$

此时股东的得益为 $4e+\eta-e^2-1$，期望得益为 $4e-e^2-1$。其极值一阶条件为 $4-2e=0$，即当 $e^{**}=2$ 时，股东的期望得益等于 3 为最大值，经理层的最佳努力水平 $e^{**}=2$ 符合股东的最大利益。令 $e^*=e^{**}=2$，代入经理层的最优选择 $e^*=2B$，可得 $B=1$，再将 $e^*=e^{**}=2$ 代入参与约束 $A+B[4e+\eta]=e^2+1$，得 $A+B(8+\eta)=5$。对其取数学期望得 $A+8B=5$，由此可以解得 $B=1$，$A=-3$。即股东的最优激励薪酬计算公式是 $\omega=A+B(R)=-3+R$。这个工资激励模式的经济意义是，企业全部的经济利润都成为经理层薪酬的提成，股东不发给经理层任何的固定工资，而且还向经理层收取 3 单位的代理费用，如保证金、抵押金等。

综合上面的分析，在委托—代理关系中，如果委托人依照上述参与约束和激励相容条件来设计激励机制，以此来激励和约束代理人的行为，就能使代理人的行为符合委托人自

已的利益，避免代理人可能产生的各种道德风险。

三、显示原理(Revelation Principle)

现实经济社会中，经济博弈者常常会面临这样的情形：信息分散在整个社会，一个人不可能掌握所有博弈者的信息。那么，为了自身的利益隐藏或虚报个人信息的情况便有可能出现。如何使说真话成为一种占优策略，便是机制设计理论要解决的核心问题。赫维茨认为，在一个信息分散的个人经济环境里，不存在一个有效率的机制让人们有动力显示其真正信息，这就是赫维茨的不可能定理。吉巴德－萨特斯维特的操纵定理(Gibbard-Satterthwaite Manipulation)认为：能被占优策略均衡所执行的社会选择规则只能是独裁性的，即好和坏由一个人说了算。因此，在进行拍卖机制设计时，卖方需要思考如何进行有效的机制设计，迫使人们说真话。显示原理大大简化了机制设计理论在这一问题上的分析。

1. 直接机制(Direct Mechanism)

现实中的拍卖机制可能有很多，我们在这里首先介绍 Gibbard 提出的"直接机制"：

(1)投标者同时声明自己对标的的估价(即他们的类型)。投标人 i 可以选择其类型空间 T_i 中的任一类型作声明，不管他的真实类型 t_i 是什么。

(2)假如各投标人的声明为 $(t'_1, \cdots, t'_n)$，投标人 i 以概率 $q_i(t'_1, \cdots, t'_n)$ 得到标的物品，如果投标方 i 中标，则价格为 $p_i(t'_1, \cdots, t'_n)$。对各种可能的声明情况 $(t'_1, \cdots, t'_n)$，概率之和 $q_1(t'_1, \cdots, t'_n)+q_2(t'_1, \cdots, t'_n)+\cdots+q_n(t'_1, \cdots, t'_n) \leqslant 1$。

这种类型的拍卖博弈机制称为"直接机制"。"直接机制"的意义是投标人只声明自己对拍卖标的估价(类型)，而不需要他们报出标价，卖方根据预先确定的运作机制来确定中标者及中标价格。

直接机制与一般的投标拍卖规则的不同之处在于，在直接机制中，各投标方在形式上要决定的不是其真实的标价，而是关于自己类型的声明，而且在这种规则下并不一定声明估价最高者中标，声明估价较高者只是中标的机会更大一些；再就是中标的价格也不一定是可能的最高价格，以什么价格中标取决于 $p_i(t'_1, \cdots, t'_n)$ 的具体形式。

那么设计这种"直接机制"有什么意义呢？我们说，直接机制中最有意义的是所谓"说实话的直接机制"。如果我们所设计的直接机制能使得各投标人讲实话，也就是声明自己的真实类型是贝叶斯纳什均衡，则我们称这样的直接机制为"说实话的直接机制"。下面我们来看一个说实话的直接机制的例子。

【例】

"实话实说"机制模型

设有两个投标人，他们的估价类型 V_1、V_2 都是 $[0, 1]$ 上的标准分布。直接机制是这样设计的：

①两投标人同时声明 V'_1、V'_2。

②投标人 i 以概率 $q_i = V'_i/2$ 中标，中标的价格为 $p_i = V'_i/\theta$。

由于 $V_i \in [0, 1]$，因此 $V'_i \in [0, 1]$，$q_1+q_2 \le 1$，上述两条规则符合直接机制的定义。其中价格函数中的 θ 是待定参数，其数值正是决定投标人都说实话是否能成为贝叶斯纳什均衡的关键。那么这种直接机制是否真的能成为说实话的机制，在什么条件下是说实话的机制，即在什么情况下两投标人的声明肯定会是他们的真实估价。

假设他们的声明是线性齐次的，具有 $V'_i = a_i V_i$ 的形式，也即两投标人声明的估价是他们真实估价的一定倍数或比例。这样投标人 i 声明 V'_i 的期望得益为

$$Eu_i = \frac{V'_i}{2} \times \left(V_i - \frac{V'_i}{\theta} \right) = \frac{a_i V_i}{2} \left(V_i - \frac{a_i V_i}{\theta} \right)$$

其均衡条件是找出 a_i 使期望得益取得最大值，即

$$\max_{a_i} \frac{a_i V_i}{2} \left(V_i - \frac{a_i V_i}{\theta} \right)$$

其一阶条件为 $a_i = \theta/2$。所谓投标人 i 说实话，即 $a_i = 1$，$V'_i = V_i$。因此，当 $\theta = 2$ 时，也就是中标价格为中标人声明估价的一半时，上述直接机制使得两投标人都讲真话是贝叶斯纳什均衡，此时的声明估价也是其真实的估价，因此，是说实话的直接机制。说实话的机制又叫做激励相容的直接机制。

在二级密封价格拍卖机制中，每个竞拍者会由于这种机制报出他愿意支付的真实价格。因为，如果某个竞买者(假设为 A)的竞价高于他自己真正愿意支付的价格，而其他竞拍者(假设为 B)也依此原则行事，那么自己(A)就极有可能不得不以某种损失(高于该标的物的实际价值的价格)为代价买下标的物；相反，如果他(A)的出价低于自己愿意支付的价格，那么其他竞拍者(B)就有可能以低于自己(A)原本愿意支付的价格竞得该标的物。因此，在二级密封价格拍卖机制中，真实地出价是一种"占优策略"，即不管竞争对手如何出价，每个竞买人的占优策略都是按其真实支付意愿出价，即"说真话"，这种拍卖机制显然是激励相容的。由于拍卖品最终为支付意愿最高价的竞买人所得，因此这也是一种具有帕累托效率的资源配置机制。在此之前，经济学理论认为，在一场商品交易中，如果交易双方所掌握的信息不对称，市场所产生的均衡结果将是缺乏效率的。但是二级密封价格拍卖机制证明这种观点有失偏颇。市场是否有效率，取决于拍卖机制能否有效地诱导竞拍者"说实话"，报出他们真正愿意支付的最高价格。

2. 显示原理(Revelation Principle)

说明了什么是说实话的直接机制，我们再来介绍迈尔森(Myerson)1979 年提出的"显示原理"(Revelation Principle)。梅尔森认为，任意一个机制的任何一个均衡结果都能通过一个激励相容的直接机制来实施。因此，在寻找最优机制时不需要在整个范围内去寻找，只要找到其中直接显示私人信息的直接机制，将其还原为现实的机制，就可以使"说实话"成为占优策略，成为均衡的结果。可见，显示原理大大简化了机制设计理论在这一问题上的分析。

显示原理：任何贝叶斯博弈的任何贝叶斯纳什均衡，都可以重新表示为一个经过适当设计的说真话的直接机制。

这里"重新表示"意味着不管原来的贝叶斯博弈是什么情况，对各博弈方类型的各种可能的组合 $(t_1, \cdots, t_n)$，直接机制的均衡结果和博弈方得益，与原贝叶斯博弈的均衡结

果和博弈方得益是相同的。无论原博弈是什么问题，新的贝叶斯博弈总是一个直接机制。该定理之所以称为"显示原理"，是因为它揭示了这样一个事实：任何贝叶斯博弈的任何贝叶斯纳什均衡，都能设计出一种促使各博弈方"显示"自己真实类型的直接机制来实现它。

在委托人—代理人关系的机制设计中，"显示原理"表明，为了获得最高期望得益，委托人可以只考虑在第二阶段被代理人接受并且在第三阶段使代理人同时如实显示其类型的机制，这表明委托人可以通过代理人之间的静态贝叶斯博弈而获得自己的最高期望得益。

"显示原理"保证了没有其他比说真话更好的直接机制，该机制下的贝叶斯纳什均衡可以使拍卖方得到更好的期望得益，因为说实话的直接机制，把所有激励相容的直接机制都考虑在内了。前面两投标人暗标拍卖直接机制的例子就是该定理的一个直接例证。对其他具体问题也可以用类似的方法设计相应的说实话的直接机制。

下面我们就证明"显示原理"在静态贝叶斯博弈中是成立的。在静态贝叶斯博弈 $G = \{A_1, \cdots, A_n; T_1, \cdots, T_n; p_1, \cdots, p_n; u_1, \cdots, u_n\}$ 中，设 $s^* = (s_1^*, \cdots, s_n^*)$ 是它的一个贝叶斯纳什均衡，根据显示原理的内容，如果我们能够重新设计出一个说实话的直接机制，可以重新表示 s^*，那就证明在静态贝叶斯博弈范围内显示原理是成立的。

显然，我们需要构造的直接机制是一个和 G 有相同的类型空间和类型推断，但行为空间和得益函数则与 G 有所不同的静态贝叶斯博弈。由于直接机制中，博弈方 i 的行为就是声明自己的"类型"，因此直接机制中博弈方 i 的行为空间与类型空间是完全对应的，我们也可记其为 T_i。直接机制中博弈方的得益函数要复杂得多，它们既要与原博弈保持一致，还要使直接机制是说实话的，并能代表原博弈的均衡 s^*。因此，我们重新设计的关键思路是要利用 s^* 是原博弈 G 的贝叶斯均衡的事实，去保证实话实说的声明是直接机制的一个贝叶斯纳什均衡。具体证明的步骤如下：

如果承认 s^* 是原博弈 G 的一个贝叶斯纳什均衡，这意味着对每个博弈方 i，s_i^* 都是博弈方 i 对其他博弈方策略组合 $(s_1^*, \cdots, s_{i-1}^*, s_{i+1}^*, \cdots, s_n^*)$ 的最佳反应，即对博弈方 i 的各种可能的类型 $t_i \in T_i$，在给定其他博弈方的策略组合为 $(s_1^*, \cdots, s_{i-1}^*, s_{i+1}^*, \cdots, s_n^*)$ 之后，$s_i^*(t_i)$ 是博弈方 i 能从 A_i 中选择出的最佳行动方案。并且，在给定上述条件的情况下，如果允许博弈方 i 从包含 $s_i^*(t_i)$ 的任何 A_i 的子集中选择，他理所当然地一直选择 $s_i^*(t_i)$。因为 $s_i^*(t_i)$ 既然是 A_i 中的最佳策略，在包含它的更小范围内的子集中当然更是最佳。选择直接机制中的得益函数，就是想办法让每一个博弈方面临和上面相同的选择。

下面我们就来确定直接机制中的得益函数。我们将各博弈方声明的类型组合 $t = (t_1', \cdots, t_n')$ 代入原博弈 G 的贝叶斯纳什均衡 s^* 之中，得到策略组合 $s^*(t') = (s_1^*(t_1'), \cdots, s_n^*(t_n'))$，并且将 $s^*(t')$ 代入到得益函数 V 中，这种做法就像是"替"各博弈方采取这些策略，于是博弈方 i 的得益函数为 $u_i(t', t) = u_i[s^*(t'), t]$。显然各博弈方的得益既取决于所有各方的真实类型，也取决于他们声明的类型。而且，如果不是我们强制性地替各博弈方采取这些策略，肯定不会所有博弈方都自觉采取它们，因为 $s^*(t') = (s_1^*(t_i'), \cdots, s_n^*(t_n'))$ 在 $t_i' \neq t_i$ 时一般并不是均衡的，强制性替各博弈方实施这些策略正是直接机制的关键。

怎样可以简单而形象地理解上述机制是如何强制性替各博弈方采取策略的呢？我们可以假想有这么一个局外人与各博弈方之间有如下的谈话："我知道你们都已了解自己的类型，而且将在博弈 G 中选择均衡策略组合 s^*"。现在我们来参加一种叫作'直接机制'的新博弈。首先你们每人都先签一份合约，允许我在你们作出进一步的声明时听我的指挥；第二是你们每个人都写一个关于自己类型的声明 t'_i 交给我；第三，我会把你们各自声明的类型 t'_1，…，t'_n 统统代入 G 的贝叶斯纳什均衡 s^*，确定你们各自的行为方案 $s_1^*(t'_1)$，…，$s_n^*(t'_n)$；最后你们按照我为你们计算出的这些行为方案行动，并各自取得相应的得益。

在上述重新设计的直接机制中，说实话是贝叶斯纳什均衡，现在我们就来证明之。在上述机制下，博弈方 i 作声明 t'_i 实际上等于选择了行为方案 $s_i^*(t'_i)$。如果除了博弈方 i 以外的所有其他博弈方作的都是诚实的声明，即声明的类型就是他们的实际类型，这表明这些博弈方最终采用的策略组合是 $[s_1^*(t'_1)$，…，$s_{i-1}^*(t'_{i-1})$，$s_{i+1}^*(t'_{i+1})$，…，$s_n^*(t'_n)] = [s_1^*(t_1)$，…，$s_{i-1}^*(t_{i-1})$，$s_{i+1}^*(t_{i+1})$，…，$s_n^*(t_n)] = (s_1^*$，…，$s_{i-1}^*$，$s_{i+1}^*$，…，$s_n^*)$，因此如果博弈方 i 的声明也是真实的，即 $t'_i = t_i$，那么他的策略也是 $s_i^*(t_i)$，很显然该策略与其他博弈方的策略一起构成贝叶斯纳什均衡 s^*。这实际上意味着所有博弈方都讲实话，是这个直接机制的一个贝叶斯纳什均衡，即实话实说是一个均衡解。由于 G 是一个一般的静态贝叶斯博弈，s^* 是 G 的一个任意的贝叶斯纳什均衡，因此这说明了对于任意静态贝叶斯博弈的任何贝叶斯纳什均衡，我们都可以构造出一个说实话的直接机制。于是，我们得到一般性结论：在静态贝叶斯博弈 $G = \{A_1$，…，A_n；T_1，…，T_n；P_1，…，P_n；u_1，…，$u_n\}$ 中，对 T_i 中的每一种 t_i，每一博弈方 i 选择说真话的策略 $T_i(t_i) = t_i$ 构成一个贝叶斯均衡，这样我们就在静态贝叶斯博弈范围内证明了显示原理。

第六章　不完美信息动态博弈

第一节　不完美信息动态博弈的表示

一、不完美信息动态博弈的概念(Imperfect Information Dynamic Game)

动态博弈的基本特征是各个博弈方的行为有先后次序。既然各个博弈方都不在同一个时刻进行策略(行动)选择，那么在多数情况下，后选择的博弈方在自己实际选择之前都可以观察到先于自己选择的其他博弈方的行为，也即后面阶段选择的博弈方有关于前面阶段博弈进程的充分信息。我们把这种完全了解自己行动之前博弈进程信息的博弈方称为"有完美信息(Perfect Information)的博弈方"。如果一个动态博弈中的所有博弈方都是有完美信息的，我们就称这种博弈为"完美信息动态博弈"。

上述完美信息动态博弈在现实生活中常常难以实现的，经常的情况是，由于博弈方保密、信息传递不畅或信息的非对称等原因，可能存在少数后选择的博弈方，无法全部了解自己选择之前已经发生的博弈方行动的信息。如果后行动的博弈者中只有部分博弈方无法看到自己选择之前的博弈过程，或者各博弈方对博弈进程信息的掌握不均衡，或者各博弈方虽然有多次行为选择，但却无法观察到前面的博弈进程的任何信息，这种博弈是没有关于博弈进程完美信息的动态博弈，我们称其为"不完美信息动态博弈"。

不完美信息动态博弈的基本特征之一是博弈方之间在信息方面的不对称性。以阿卡洛夫(Akerlof)提出的著名旧车市场博弈为例。假如某人在旧车市场上购买了一辆旧车，在使用时这个人也许会发觉这一购买是合算或不合算。之所以会有这种感觉，主要是他作为买方在旧车交易中所掌握的关于车的信息太少。也许他可以通过诸如品牌、型号、出厂日期等比较容易确定的因素，以及车的外观等方面来判断旧车的质量和价值，但许多内部的毛病却不容易直观地判断出来。如果恰好是一部质量还不错的旧车，而当买车人支付的成本与他对车的期望值比较接近时，买车的人可能就会觉得合算了。如果由于不了解关于车的真实信息，花大价钱买了一部没有多少价值的旧车可能就会非常不合算。

为了分析方便起见，我们假设旧车有好、差两种方式，分别对应旧车市场上质量好、质量差两种情况的旧车，这样我们可以把这个旧车交易活动抽象成这样一个博弈问题：首先是卖方选择如何使用车子；然后是作为卖方的原车主决定是否卖掉旧车，卖价可以只有一种，也可以有高低两种或更多种情况，当然价格越多分析也就越复杂；最后是买方决定是否买下，我们假设买方要么接受卖方价格，要么不买，不能够讨价还价。由于在这个动态博弈中，买方作为一个博弈方对第一阶段卖方行为不了解，即买方具有不完美信息，这是一个不完美信息的动态博弈。

二、不完美信息动态博弈的扩展形

不完美信息动态博弈的表示方法，也就是如何去反映动态博弈方信息不完美的问题。我们仍然可以采用完美信息动态博弈的扩展形表示法。

以旧车交易为例，根据前面的介绍可用图 6.1 来表示这个不完美信息博弈问题。设汽车有"好"和"差"两种可能的状态。卖方清楚自己的选择，第二阶段他选择"卖"还是"不卖"时，是根据汽车是"好"和"差"的状况来做选择。在第一阶段为"好"和"差"的情况下，卖方第二阶段都可以选择"卖"或"不卖"。如果他选择的是"不卖"，则显然不管第一阶段是"好"还是"差"，博弈都立即结束。如果卖方选择是"卖"，则博弈进行到第三阶段，轮到买方进行选择。我们假设买方（博弈方 2）无法知道第一阶段的卖方选择，因此在第二阶段卖方选择卖的情况下，买方无法知道卖方前两阶段的路径究竟是"好"而"卖"还是"差"而"卖"，显然他无法做出准确的选择。我们把两个代表前面阶段博弈不同路径的节点放在一个信息集中，表示买方在该决策阶段的信息具有不完美性。这意味着虽然买方在此处只有"买"、"不买"两种选择，但可能的结果却有四种，包括"买"到好车、差车，"不买"好车、差车。前两种结果对买方、卖方都有差异，而后两种结果则最多只对卖方有差异。

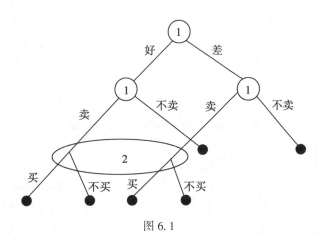

图 6.1

设车况好时对买方来说该车值 3 千元，车况差时值 1 千元，卖方要价 2 千元。再假设车况差时卖方需要花费 1 千元才能将车伪装成状况良好的车。如果用净收益作为卖方的得益，用消费者剩余（价值减价格）作为买方的得益，则该博弈的双方得益如图 6.2 所示。各个得益数组的第一个数字为卖方的得益。显然当车况差时卖方想卖必须先花代价装扮，卖不出去就会白白损失这笔费用，即 1 千元的损失。

根据上述得益情况，可见在卖方选择卖时，买方选择买既有赚钱的可能，也有亏的可能，因为车况有好有差，选择不买当然肯定不会吃亏，但也放弃了获得利益的机会，因此在各种选择中，没有一个选择是绝对比另一个好的。对卖方来说，车况好时卖不卖得出去都无损失，只有赢利的可能，因此选择卖肯定比不卖要好，但当车况差时能否卖得出去结

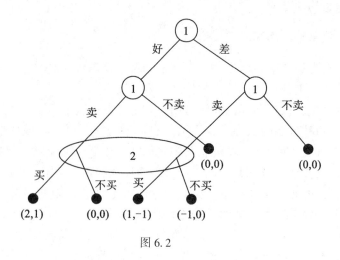

图 6.2

果却完全不一样。卖得出会有利所得，卖不出却要亏损。因此，要让买方下决心是否购买，买方还必须要有进一步的信息或判断，这些信息和判断就是在卖方选择的前提下车况好、车况差各自的概率。要让卖方在车况差时下决心是否卖也必须要有进一步的信息或判断，即买方会买下的概率究竟有多大。有了这些信息或判断，买方或卖方就能对自己获利的机会、损失风险的大小程度心中有数，从而作出正确的判断和选择。在这个博弈中双方决策需要的信息或判断与双方的选择有关，两个博弈方的选择、信息和判断之间形成了一种复杂的交互决定关系。

第二节　精练贝叶斯均衡

在一个博弈问题中，寻找均衡策略组合是一个很关键的问题，对不完美信息动态博弈也不例外。我们知道，在动态博弈中，理想的均衡必须能够排除任何不可信的威胁或承诺。在完全且完美信息动态博弈中，核心的均衡概念是子博弈精练纳什均衡。但是，在不完美信息的动态博弈中，因为存在多节点信息集，一些重要的选择及其后续阶段不构成子博弈，此时子博弈精练性对于不完美信息的动态博弈不起作用，为此我们必须提出新的均衡概念，这就是精练贝叶斯均衡(Perfect Bayesian Equilibrium)。

一、精练贝叶斯均衡的定义(Perfect Bayesian Equilibrium)

根据完全但不完美信息动态博弈的讨论，借鉴子博弈精练纳什均衡的思想，我们提出精练贝叶斯均衡概念必须满足的一些要求：

要求 1：在每一个信息集中，轮到选择的博弈方必须具有一个关于博弈达到该信息集中每个节点可能性的"推断"(Belief)。对多节点信息集，一个"推断"就是博弈达到该信息集中各个节点可能性的概率分布，对单节点信息集，博弈方的推断可理解为达到该节点的概率为 1。

　　图6.3是一个两博弈方各进行一次选择的动态博弈。博弈方在 R、L、M 3 个行为中
进行选择。因为在第一个阶段博弈方 1 选择不是 R 的情况下，博弈方 2 虽然知道博弈方没
有选 R，但无法看到博弈方 1 究竟选择的是 L 还是 M，因此博弈方 2 具有不完美信息，这
是一个不完美信息的动态博弈。从本博弈的得益情况容易看出，如果博弈方 2 在轮到选择
时(博弈方 1 第一阶段没选 R)，不但看不到博弈方 1 的实际选择，而且对博弈方 1 选 L 还
是 M 的可能性大小毫无推断，则他就不知该选 U 和 D 中哪一个才算合理。因为如果博弈
方 1 选择 L，那么博弈方 2 选 U 得益较大，如果博弈方 1 选择是 M，博弈方 2 选 D 的得益
较大，如果博弈方 1 的选择是 M，博弈方 2 选 D 的得益较大。因此，博弈方 2 在博弈方 1
没有选 R 的情况下对具体到达 L、M 哪一个节点有一个具体的推断，这样的推断就是到达
两个节点的概率 p 和 $1-p$。这说明了要求 1 的必要性。

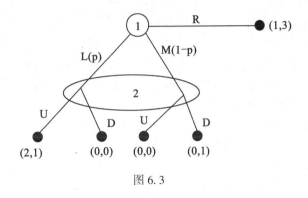

图 6.3

　　要求 2：给定各博弈方的“推断”，他们的策略必须是满足“序列理性”(Sequentially
Rational)的要求，即在每个信息集中，如果给定轮到选择博弈方的推断和其他博弈方的
“随后的策略”，该博弈方的行为及以后阶段的“随后的策略”，必须使自己的得益或期望
得益最大。这里所谓的“随后的策略”是指相应的博弈方在达到给定的信息集以后的阶段
中，对所有可能的情况如何行动的完整计划。

　　要求 3：在均衡路径上的信息集处，“推断”由贝叶斯法则和各博弈方的均衡策略
决定。

　　要求 4：对不处于均衡路径上的信息集，“推断”由贝叶斯法则和各博弈方在此处可能
有的均衡策略决定。

　　当一个策略组合及相应的判断满足上面四个要求时，称其为“精练贝叶斯均衡”。之
所以称这种均衡为精练贝叶斯均衡，首先是因为它的第二个要求“序列理性”，与子博弈
精练纳什均衡中的子博弈精练性要求相似；其次是因为要求 3 和要求 4 中规定“推断”的
形成必须符合贝叶斯法则。

　　到现在为止，我们就有了四个均衡概念：完全信息静态博弈中的纳什均衡、完全信息
动态博弈中的子博弈精练纳什均衡、不完全信息静态博弈中的贝叶斯纳什均衡以及不完美
信息动态博弈中的精练贝叶斯均衡。

　　从上述定义我们可以看出，精练贝叶斯均衡是完全信息动态博弈的子博弈精练纳什均

衡与不完全信息静态博弈的贝叶斯纳什均衡的结合。贝叶斯方法是概率统计中的一种分析方法。它是指根据所观察到现象的有关特征，并对有关特征的概率分布的主观判断（即先验概率）进行修正的标准方法。子博弈精练纳什均衡是精练贝叶斯均衡在完全且完美信息动态博弈中的特例，即在完全且完美信息博弈中精练贝叶斯均衡就是子博弈精练纳什均衡。实际上，序列理性在子博弈中就是子博弈的精练性，在整个博弈中就是纳什均衡，而在完全且完美信息动态博弈中，所有轮到选择博弈方的信息集都是单节点的，他们对博弈达到该节点的"推断"都是概率等于1。这些判断当然都是满足贝叶斯法则和以其他博弈方随后的策略为基础的。而且，精练贝叶斯均衡在静态博弈中就是纳什均衡。

这里用成语故事"黔驴技穷"，对贝叶斯方法进行一下简单的说明。

一头驴子被一个好事者运到黔（今贵州省），扔在了森林里，生长在黔的老虎从来没有见过驴子，不知道驴子到底有多大本领。老虎采取不断接近驴子的方法进行试探。通过试探，修正自己关于驴子的信息，从而选择自己对付驴子的策略。一开始，老虎见驴子没什么反应，认为驴子本领不大；当看见驴子大叫时，又以为驴子的本领非常大；然而，经过进一步试探，老虎却发现驴子的最大本领只是甩甩蹄子而已；最后，通过不断试探，老虎逐步得到关于驴子的准确信息，确认驴子没有什么本领，就选择了冲上去把驴子吃掉的策略。这显然是老虎的最优策略选择。

再比如前面提到的"市场进入"博弈。进入企业 B 不知道在位企业 A 属于高成本阻止类型，还是低成本阻止类型。但是 B 知道，如果 A 属于高成本阻止类型，B 选择进入时，A 选择阻止的概率为30%；如果 A 属于低成本阻止类型，B 选择进入时，A 选择阻止的概率为100%。一开始，B 假定 A 属于高成本阻止企业的概率为70%，属于低成本阻止企业的概率为30%。因此，根据贝叶斯法则，企业 B 在进入时，受到企业 A 阻止的先验概率为：

$$0.7×0.3+0.3×1=0.51$$

0.51 是给定企业 A 所属类型的先验概率下，企业 A 可能选择阻止的概率。

当企业 B 实际进入市场时，如果企业 A 确实进行了阻止。根据贝叶斯法则，结合 A 阻止这一实际观察到的行为，B 认为 A 属于高阻止成本企业的概率变为：

$$(0.7×0.3)÷0.51≈0.41$$

依据这一新的概率，企业 B 预测自己选择进入时，受到 A 的阻止的概率变为：

$$0.41×0.3+0.59×1≈0.71$$

如果企业 B 再一次进入又受到企业 A 的阻止，再次运用贝叶斯法则，B 认为 A 属于高成本企业的概率变为

$$(0.41×0.3)÷0.71≈0.17$$

如此循环，企业 B 一次次进入，都遭到企业 A 的阻止，B 对企业 A 所属类型的判断不断得到修正，越来越倾向于判断企业 A 属于低成本阻止企业。这时候，企业 B 选择停止进入市场是其最优策略。

引入精练贝叶斯均衡的目的是为了进一步强化贝叶斯纳什均衡，这和子博弈纳什均衡强化了纳什均衡是相同的，因为纳什均衡无法包含威胁和承诺都是可信的这一思想。

二、关于精练贝叶斯均衡条件的分析

不完美信息动态博弈的均衡概念为什么需要那么多条件？

实际上，要求 1 就是前面已提到的解决完全但不完美信息动态博弈的基本前提，在多节点信息集处轮到选择的博弈方，至少必须对其中每个节点达到的可能性大小有一个基本判断，否则其决策就会失去根据，从而也不可能存在策略的稳定性，更谈不上均衡。

要求 2 的序列理性相当于子博弈精练纳什均衡中的子博弈精练性的要求，实际上在子博弈中(不完美信息动态博弈中也可能有子博弈)就是子博弈精练性，而在多节点信息集开始的不构成子博弈的部分中，序列理性通过要求各博弈方遵守最大利益原则而排除博弈方策略中不可信的威胁或承诺。

在图 6.3 所示的例子中，如果没有要求 2，只要求满足纳什均衡和子博弈精练性，那么博弈方 2 可以威胁在轮到自己选择时将唯一地只选 D，这样可为自己争取到最大利益 3，但这个均衡策略是不可信的威胁，因为如果博弈方 2 真的采取这个策略，那么博弈方 1 的最佳策略就是第一阶段直接选择策略 R，结束博弈，双方的得益是(1，3)。上述策略组合显然是一个纳什均衡，由于本博弈没有子博弈，因此子博弈精练性要求就自动满足，它也是一个子博弈精练纳什均衡。然而，如果我们认真分析就会发现，在博弈方 1 不选策略 R，而选择 L，且选择 L 的概率很大时，博弈方 2 只选 D 的策略明显是一个不可置信的威胁，因为这时博弈方 2 选 D 的期望得益为 0，比选 U 的得益 1 要小，选 D 显然不符合其最大利益原则。可见，要求 2 对于保证在不完美信息动态博弈的均衡策略中，没有不可信的威胁承诺具有关键作用。因此，要求 2 保证了各个博弈方在单节点信息集和多节点信息集处进行策略选择时，都会按照最大利益原则来进行，就是当博弈方 2 在博弈方 1 第一阶段没有选 R 的情况下，如果"推断"博弈方 1 选 L 的概率 p 大于选 M 的概率 $1-p$，他就应该选择 U 而不是 D。博弈方 1 在第一阶段的选择就应该是 L 而不是 M，也不是 R，这样博弈方 1 在第一阶段选 L，博弈方 2 在博弈方 1 第一阶段未选 R 的情况下选择 U，加上博弈方 2 对博弈方 1 选 L、M 的概率判断 p 和 $1-p(p \geqslant 1-p)$，构成一个满足序列理性要求的策略组合。

此外，在要求 3 和要求 4 中提到了"均衡路径上"和"非均衡路径上"两个概念。在完全且完美信息动态博弈中，所谓信息集在均衡路径上(On the Equilibrium Path)是指如果博弈按照均衡策略进行，则博弈一定会以正的概率达到该信息集，不在均衡路径上(Off the Eequilibrium Path)的信息集则肯定不会达到，或者达到的概率为 0。其中均衡可以是纳什均衡、子博弈精练纳什均衡、贝叶斯以及精练贝叶斯纳什均衡。在图 6.3 中，对于博弈方 2 的信息集而言，当博弈方 1 第一阶段的均衡策略选择是 R 时，其不在均衡路径上，而当不是 R 时，则就在均衡路径上。

我们仍然用图 6.3 中的博弈来分析一下要求 3 和要求 4。首先讨论要求 3。为此，我们先假设均衡策略组合就是上面提到的"博弈方 1 在第一阶段选择 L，博弈方 2 在第二阶段选 U"。

因为该博弈中只有博弈方 2 有一个两节点信息集，因此要求 3 实际上针对的就是博弈方 2 在其两节点信息处"如何做"的"推断"。由于博弈方 1 的均衡策略为在第一阶段选择

策略 L，因此博弈方 2 的"推断"只能是"博弈方 1 以概率 $p=1$ 选择 L"，这样才与博弈方 1 的策略选择相符合，同时这种推断也与博弈方 2 自己在第二阶段选择 U 的行为相符合，该"推断"正是博弈方 2 的决策和双方策略均衡的稳定基础。如果博弈方 2"推断"博弈方 1 选择 L 的概率 $p=0.85$ 而不是 1，那么与博弈方 1 的选择是不相符的，而且这种判断对博弈方 2 选 U 的信心有不良影响，使得均衡也不稳定。如果博弈方 2 进而"推断" $p=0.20$，则与"博弈方 1 选 L，博弈方 2 选择 U"的均衡策略完全矛盾，因为如果是这样的话，博弈方 2 的最佳选择不是 U 而是 D，而博弈方 1 也就不会选 L 而会选 R，这时候上述策略组合根本不可能是真正的均衡，因此该"推断"与策略之间的矛盾会完全破坏策略的均衡。另外，我们假设该博弈存在一个混合策略均衡，其中博弈方 1 选择 L 的概率为 q_1，选择 M 的概率为 q_2，选择 R 的概率为 $1-q_1-q_2$，则要求 3 强制性地要求博弈方 2 此时的推断为 $p=q_1/(q_1+q_2)$。

要求 1 到要求 3 包含了精练贝叶斯均衡的主要内容，即在精练贝叶斯均衡的定义中，"推断"被提高到和策略同等重要的地位。也就是说，一个均衡不再只是由每个博弈者的一个策略所构成，还包括了两个博弈者在行动的每一信息集中的一个"推断"。通过这种方式使博弈者的"推断"得以明确的价值在于，和前面强调博弈者选择可信的策略一样，现在我们就可以强调博弈方持有理性的"推断"，无论是处于均衡路径之上，还是处于均衡路径之外（要求 4）。

现在我们讨论要求 4。对于均衡策略组合"博弈方 1 在第一阶段选择 L，博弈方 2 在第二阶段选择 U"而言，因为博弈方 2 的多节点信息集在均衡路径上，不存在不在均衡路径上的需要"推断"的信息点信息集，因此要求 4 自动满足，不用再作讨论。

为了进一步帮助大家理解上述 4 个要求的内涵，我们再分析一个三人博弈例子。图 6.4 是一个有三个博弈方的三阶段不完全信息动态博弈。显然，在第一阶段博弈方 1 有 A 和 D 两种选择，对于博弈方 1 的具体选择，博弈方 2 和博弈方 3 也都能了解。在第二阶段博弈方 2 有 L 和 R 两种选择，但博弈方 3 看不见其选择。博弈方 3 在第三阶段有 L′、R′ 两种选择，这是一个两节点信息集，反映出博弈方 3 所观察到的博弈方 2 的选择信息具有不完美性。假设博弈方 3"推断"博弈方 2 选 L 和 R 的概率分别是 p 和 $1-p$。如果博弈方 1 在第一阶段选择策略 A，直接结束博弈，此时三博弈方的得益分别为 $(4，0，0)$，如果博弈方 1 在第一阶段选择策略 D，那么博弈将继续进行下去，进入第二阶段，博弈方 2 以概率 p 和 $1-p$ 分别选择策略 L 和 R，于是博弈进入第三阶段。

下面我们采用逆向归纳法考虑博弈方 3 的选择，此时博弈方 3 若选 L′，期望得益为 $p\cdot1+(1-p)\cdot2=2-p$，若选 R′，期望得益为 $p\cdot3+(1-p)\cdot1=1+2p$，显然当 $3-p>2+3p$，即 $p<1/4$ 时，博弈方 3 应该选 L′，当 $p>1/4$ 时博弈方该选 R′，当 $p=1/4$ 时，选 L′、R′ 或者混合策略无差异。我们现在先假设博弈方 3"推断" $p>1/3$，那么他的选择应该是 R′。下面把博弈倒推回到第二阶段，我们再来看博弈方 2 的选择。此时博弈方 2 的选择实际上只有 L 一种，因为 L 是博弈方 2 相对于 R 的严格占优策略，在选择 L 时得益均高于选择策略 R 时的得益，因此他无需考虑博弈方 3 在第三阶段的具体选择。再进一步推回到第一阶段，看博弈方 1 的选择。显然博弈方 1 知道从博弈方 2 的选择开始的子博弈的均衡必然为 $(L，R′)$，意味着自己选择 D 可以获得 3 单位得益，比选 A 的得益 2 要好，因此 D 是他

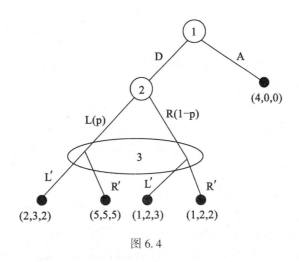

图 6.4

的均衡策略。这样我们找到一个均衡策略组合(D，L，R′)。

　　根据上面的分析我们发现，上述策略组合及相应判断完全符合精练贝叶斯均衡要求1至要求3，并且由于在上述策略组合下不存在不在均衡路径上的需要推断的信息集，因此要求4自动满足，这是一个精练贝叶斯均衡。

　　为了进一步说明要求4存在的必要性，我们考察下面的策略组合(A，L，L′)，显然该策略是一个纳什均衡，没有哪个博弈方指望可以通过单独改变自己的策略来改善自身的得益。此时，博弈方3"推断"博弈方2的选择是 $p=0$，因为博弈方1在第一阶段选择 A，结束博弈。如果博弈方3"推断"博弈方2的选择 $p\neq0$ 就是一种不合实际的选择，此时(A，L，L′)是序列理性的。因此策略组合(A，L，L′)和博弈方3的"推断" $p=0$ 是满足精练贝叶斯的要求1至要求3的。如果没有要求4，我们可以判定其构成一个精练贝叶斯均衡，此时各方面得益为(4，0，0)，显然是很不理想的均衡结果。

　　然而由于要求4的存在，使得博弈方3必须使其在不均衡路径上的信息集处的"推断"也必须符合各方的均衡策略，在此均衡策略组合下博弈方3的信息集，正是不在均衡路径上的信息集，但博弈方3在此处的"推断" $p=0$，显然与博弈方2的策略 L 不相符合，因此上述策略组合和"推断"不能构成精练贝叶斯均衡。这就把(A，L，L′)从精练贝叶斯均衡的范畴中排除出去了，使得精练贝叶斯均衡更加稳定可靠。

第三节　柠檬博弈模型

　　前面提到的旧车市场交易模型代表的是一类典型的交易市场：旧货市场，由此产生的博弈叫做旧货市场博弈或柠檬博弈(Lemons Game)，它是不完美信息动态博弈的典型代表，搞清了旧车市场交易中的博弈关系及其各种均衡，就会对此类博弈问题有更深刻的理解。下面我们结合旧货市场博弈模型对不完美信息动态博弈进行进一步的讨论分析。

一、市场精练贝叶斯均衡的类型

1. 市场类型

在分析旧车市场交易的效率之前，我们首先根据效率差异将市场交易的精练贝叶斯均衡分为下面四种不同的类型。

(1)市场完全失败型。如果旧车市场上所有的卖方(包括质量"好"的商品的卖方)，因为担心商品卖不出去而不敢将商品投入市场，从而使得市场交易不可能实现，那么我们就称这种旧车市场交易为"市场完全失败"型，在这种市场类型下，任何市场行为都不可能发生。

(2)市场完全成功型。如果只有质量好的商品投放市场，我们称这种交易情况为"市场完全成功"型，由于此时市场上的商品都是货真价实的，买方因为完全了解市场上商品的真实信息会买下市场上的所有商品，因此，买方实现的得益是最大的。

(3)市场部分成功型。如果所有卖方(包括有好商品的和有差商品的)都将商品投放市场，而买方也不管商品好坏全部买下。这种市场状况我们称为"市场部分成功"型，因为这种情形下能够进行交易，潜在的交易利益能够实现，但同时也会存在部分"不良交易"，即买方买进质量差的商品时蒙受的损失，因此，从效率的角度讲，最多只是部分成功的。

(4)市场接近失败型。假如卖方将所有质量好的商品都投入市场，将质量"差"的商品的一部分投入市场，买方不是买下市场上的全部商品，而是以一定的概率随机决定购买行为，即双方都采用混合策略。这样的市场我们称为"市场接近失败"型，之所以称这种市场为"接近失败型"是因为这种市场的总体效率低于市场完全成功型和市场部分成功型，但比市场完全失败型要强。从表面上看，市场接近失败型似乎比市场部分成功型更好，因为只有部分而不是全部差商品进入市场，但这种市场上差商品的总体比重所造成的危害其实更大，会出现我们后面将要介绍的"逆向选择"问题，结果使市场很容易变成完全失败的类型。

在具体的市场交易中，最终出现上述哪一种市场结构，主要取决于模型中买卖双方的利益与风险的对比，取决于质量好和质量差的商品的价值 V 和 W、交易价格 P、旧货的装饰费用 K 及商品好、差的比例 p_g 和 p_b。显然，通过改变 V、W、P 和 K，及 p_g、p_b，我们可以将市场从一种类型的均衡转变为另一种类型的均衡。

2. 混同均衡(Pooling Equilibrium)

在上述四类市场交易均衡中，如果所有的卖方(即具有完美信息的博弈方)采用同样的交易策略，而不管他们商品的类型是好还是差，如市场完全失败型中所有卖方都选择不卖，市场部分成功型中所有卖方都选择卖。这种不同市场类型下，博弈方采取相同行为的市场均衡，称为"混同均衡"(Pooling Equilibrium)。即不同类型的卖方选择相同的市场行为，或者说没有任何类型选择与其他类型不同的行为。由于混同均衡中完美信息博弈方类型的不同，并不会导致他们行为的不同，那么他们的行为也就不会给不完美信息的博弈方发出任何有价值的信息，不完美信息的博弈方也就不用修正自己关于完美信息博弈方的先验概率(判断)，即不完美信息博弈方形成关于完美信息博弈方的"判断"时可以忽略完美信息博弈方的行为。

3. 分离均衡(Separating Equilibrium)

如果一些市场均衡中，拥有不同商品质量类型的卖方会采取完全不同的策略，即不同类型的卖方以概率 1 选择不同的行为，或者说没有任何类型选择与其他类型相同的行为，这种不同情况的完美信息博弈方采取完全不同策略时的市场均衡，我们称为"分离均衡"(Separating Equilibrium)。如在市场完全成功型的均衡中，商品质量好的卖方将商品投放市场，而商品质量差的卖方则不敢将商品投入市场，这时卖方的行为完全反映他销售商品的质量，这种均衡能把不同类型的卖方完全区分开来。在分离均衡中完美信息博弈方的行为准确地揭示了他的类型，因此能给不完美信息博弈方的"判断"提供充分信息和依据。

4. 准分离均衡(Semi-Separating Equilibrium)

如果在一些市场均衡中，一些拥有不同商品类型的卖方随机地选择不同的交易策略，而另一些卖方以概率 1 选择某一特定的交易策略，这种市场均衡，我们称为"准分离均衡"(Semi-Separating Equilibrium)，也称作部分混同均衡(Partially Pooling Equili-brium)。

当所有好商品的卖方都选择同样的行为，而商品质量差的卖方随机地选择市场行为时，这时的接近失败均衡类型就是"准分离均衡"。在这种均衡中，卖方的行为会给买方提供一定信息，但这些信息又不足以让买方以卖方的情况得出肯定的"判断"，只能得到一个概率分布的"判断"。

为了使我们更准确地理解上述三类均衡的概念，我们再来看图 6.5 所示的博弈。

这是一个简单的抽象信号博弈(关于信号博弈，我们在后面将会专题介绍)，其中 N 表示自然，信号发送方有两种类型 t_1 和 t_2，其可行的策略选择也有两种，分别为 S_1 和 S_2，信号接收者可行的策略选择为 m_1 和 m_2。

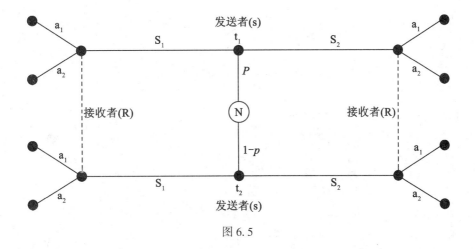

图6.5

图中 p 和 $1-p$ 表示自然随机地选择发送方的类型的概率分布。在该信号博弈中，信号的发送者和接收者都有四个纯策略。

(1)信号发送方的纯策略

策略 1：如果自然随机抽取 t_1，选择 S_1；若自然随机抽取 t_2，仍取 S_1。

策略 2：如果自然随机抽取 t_1，选择 S_1；若自然随机抽取 t_2，则取 S_2。

策略 3：如果自然随机抽取 t_1，选择 S_2；若自然随机抽取 t_2，则取 S_1。

策略 4：如果自然随机抽取 t_1，选择 S_2；若自然随机抽取 t_2，则取 S_2。

（2）信号接收方的纯策略

策略 1：如果发送方选择 S_1，选择行为 a_1；如果发送者选择 S_2，选择行为 a_1。

策略 2：如果发送方选择 S_1，选择行为 a_1；如果发送者选择 S_2，选择行为 a_2。

策略 3：如果发送方选择 S_1，选择行为 a_2；如果发送者选择 S_2，选择行为 a_1。

策略 4：如果发送方选择 S_1，选择行为 a_2；如果发送者选择 S_2，选择行为 a_2。

显然信号发送者的第 1、4 策略为混同策略；第 2、3 策略则为分离策略。

二、交易价格唯一的旧车交易博弈模型

下面我们就依据上述四种市场类型和混同均衡、分离均衡和准均衡概念来更加清楚和准确地分析完全但不完美信息条件下的旧货市场交易。

首先讨论交易价格唯一的旧车交易问题。假设旧车有好、差两种情况，对买方来讲价值分别为 V 和 W，再假设买方希望买到的都是好车，因此卖方不管车况好坏要想卖出车子，必须把车都当作好车卖，此时车的交易价格只有一种类型 P。对于车况差的旧车，卖方必须花一定的费用对其进行装修，假设装修的费用为 k。这时旧车交易可用图 6.6 中的扩展形表示。由于 V、W、P 和 k 的具体数值可以有各种不同的具体表现情况，因此该模型其实可代表多种具体模型。

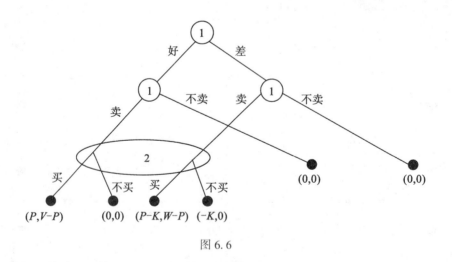

图 6.6

依据图中的得益关系，我们通过分析可以发现，如果 $P>K$，$V>P>W$，即车的交易价格大于装修费用，此时，对买方来说，车的状况较好时，车的价值大于交易价格，而车况较差时，车的价值小于交易价格，显然车况好时成交对买卖双方都有利；而车的状况较差时成交，对卖方有利买方遭受损失；车况较好时，成交未实现，买卖双方虽没有直接的损失，但也丧失了得益的机会，有机会成本发生；车况较差时如果卖方想卖而又没有卖出

去，则卖方就将损失一笔用于车的装修的费用，买方不会有任何损失。

当旧车交易满足上述关于旧车价值、价格和费用的条件时，买卖双方都有积极的选择，但这些选择对自己可能有一定的风险，如果选择比较保守则又可能丧失获得潜在交易利益的机会。因此，当买方无法通过比较多的信息来确定车况好坏的情况下，买方的任何策略选择都不可能是绝对的上策，卖方也可能遭受因为需要花费一定的金钱去装修车况较差的车，但仍卖不出去而受到损失的危险，其卖或不卖两种选择也没有绝对的优劣，可见，买卖双方的决策和博弈结果具有不确定性。

三、旧车市场交易模型的精练贝叶斯均衡

如果我们假设旧车市场上质量差的旧车出现的概率 p_b 很小，买方也相信市场上还是好车占绝大多数，同时卖方用来装修差车的费用 k 相对于价格 P 而言是很小的，那么下列策略组合和判断构成一个市场部分成功型的精练贝叶斯均衡：

（1）不管旧车子质量好坏，卖方都选择卖；

（2）只要卖方愿意卖，买方就选择买；

（3）买方关于旧车质量状况的推断是 $p(g|s)=p_g$，$p(b|s)=p_b$。

下面我们用动态博弈分析中的逆向归纳法来证明上述策略组合是一个精练贝叶斯均衡。显然买方在自己的决策信息集处选择买时的期望得益为 $p_g(V-P)+p_b(W-P)$，根据前面的假设 $V>P>W$ 及 p_b 很小的条件，显然该期望得益是一个正值，因此买方选择买能实现较大的期望得益。如果买方选择不买，他的得益为 0，因此只要卖方选择卖，轮到买方选择时必然会选择买。

对于卖方而言，卖方清楚买方上述推断和决策思路，只要自己选择卖就一定能卖得出去。如果卖方的旧车是部质量还不错的好车，则选择卖的得益（P）大于选择不卖的得益（0），肯定会选择卖；如果车的质量较差，那么卖方仍然选择卖的得益为 $P-K$，为正值，因此卖方肯定选择卖，即无论卖方的商品是好是差，卖都是他唯一合理的选择。卖方的这种均衡策略正好与买方关于旧车质量的推断 $p(g|s)=p_g$ 和 $p(b|s)=p_b$ 相符合，因此上述策略组合推断满足精练贝叶斯均衡 1 至 3 的要求。在上述均衡策略下，本博弈不存在不在均衡路径上的信息集，要求 4 是自动满足的。这就证明了上述策略组合及推断是一个精练贝叶斯均衡，而且是该博弈在上述假定条件下唯一的精练贝叶斯均衡。

根据前面介绍的市场实现精练贝叶斯均衡类型的分类方法，上述均衡属于市场部分成功的均衡类型，也是一个混同均衡，在该均衡中，卖方的行为完全不能传递商品质量的真实信息。在这样的市场中，虽然大多数情况下商品都是好的，买卖双方能分享到贸易的利益，但也有少数时候买方受骗上当蒙受损失。

在该交易模型中，精练贝叶斯均衡存在两个关键条件 $P>K$ 和 $p_g(V-p)+p_b(W-P)>0$，不能忽视前者，使得拥有差车的卖方有出售的意愿，后者使得买方在信息不完美的情况下仍然有信心购买，这两个条件使得信息不完美的市场得以运作，尽管有时也会有些问题存在。

如果我们设 $P<K$，即将差车装修成好车的费用比较高，则该博弈的精练贝叶斯均衡将会发生很大的变化。当 $P<K$ 时，若车况差，即使交易成功，卖方仍然要亏损，若卖方

卖不出去则要净亏 K，因此他的唯一选择是不卖。假设其他条件都没有变，则车况好时卖方仍会选择卖。这时下列策略组合就构成一个贝叶斯均衡，而且是一个市场完全成功的分离均衡：

(1)卖方在车况好时选择卖，车况差时选择不卖；

(2)只要卖方愿意卖，买方就选择买；

(3)买方关于旧车质量的推断为 $p(g|s)=1$，$p(b|s)=0$。

此时，买方完全拥有关于旧车质量的完全信息，包括对卖方装修差车所需费用等信息都是了解的，了解不同车况条件下卖方的行为选择：若卖方卖车时，车况肯定是好的，若不卖则表明车况很差。这样卖方的行为选择就给买方提供了进行准确决策的信息，即推断 $p(g|s)=1$ 和 $p(b|s)=0$。

在上述判断下，我们就可以用逆向归纳法来论证上述策略组合和推断是一个精练贝叶斯均衡。买方在轮到自己选择时，买下旧车的期望得益为 $1\times(V-P)+0\times(W-P)=V-P>0$，不买的得益为 0，因此买是他的唯一选择。现在再看卖方的选择，给定买方的策略，如果车况较好，那么卖车时的可能得益为 $p>0$，不卖则得益为 0，不卖比卖好，显然卖方应该选择卖；如果车况较差，那么卖方选择卖时的得益 $P-k<0$，不卖得益为 0，他只能选择不卖。因此卖方的最佳策略是在好、差两种车况下分别选择卖和不卖。

此时我们可以看出买方在均衡路径上信息的判断符合双方的均衡策略和贝叶斯法则，该均衡策略组合下也不存在不在均衡路径上的信息集，这就证明了上述策略组合是精练贝叶斯均衡。根据市场实现精练贝叶斯均衡类型的分类方法，可以看出这是一个市场完全成功类型的分离均衡。

上述两种均衡中的推断是依据得益而作出的。如果关于某个节点将以何种概率大小达到的判断，不是从得益中直接得到，而是需要买方根据以往的经验或其他信息推断出来，甚至买方根据以往的经验，推断当卖方选择卖时车况一定是很差的，即 $p(g|s)=0$ 和 $p(b|s)=1$，那么下列策略组合和该推断一起构成一个最不理想的市场完全失败的精练贝叶斯均衡：

(1)卖方选择不卖；

(2)买方选择不买；

(3)$p(g|s)=0$ 和 $p(b|s)=1$。

这是一个买方的推断信息集根本不会达到的策略组合，即买方的推断是不在均衡路径上的信息集处的推断，因此满足精练贝叶斯均衡的要求 4。该推断可以理解为：如果卖方决定卖车，那么该车一定是差的。在这样悲观判断下，市场完全失败当然不足为怪。

在该推断下，买方选择买的期望得益 $0\times(V-P)+1\times(W-P)=W-P<0$，"1"改为 0 显然买方的策略选择是不买。此时得益至多为 0，而不会是一个负数。而给定买方不买，则卖主选择卖时对应车况好、差的得益分别为 0、$-K$，都比不卖差，因此不卖是他的合理选择。这说明上述策略组合推断满足序列理性要求，而且判断已经满足精练贝叶斯均衡的要求 4，这说明上述策略构成一个市场完全失败类型的精练贝叶斯均衡，而且是一个混同均衡。

四、旧货交易模型的混合策略精练贝叶斯均衡

我们已经讨论了四种市场类型中的三种市场类型的精练贝叶斯均衡，而且是纯策略精练贝叶斯均衡，但还是没有对市场接近失败的均衡类型进行讨论，下面我们就对其进行分析。

我们知道，市场接近失败类型的均衡市场的特征是，其精练贝叶斯均衡必须满足两个条件：$P>k$，即价格高于差车装修的费用，此时差车的拥有者愿意卖车，以及 $p(g|s)(V-P)+p(b|s)(W-P)<0$，即如果买方买下所有卖方出售的车子，他的期望得益小于 0。在这种情况下，如果双方采用纯策略，买方只能选择不买，而卖方也只好选择不卖，市场完全失败。下面我们采用混合策略进行分析。所谓混合策略即拥有差车的卖方以一定概率随机选择卖还是不卖，而买方也以一定的概率随机选择买还是不买。如果它是一个均衡，则正是前面所说的市场接近失败类型的均衡。

为了方便分析，我们用一个数值例子来说明。如果 $V=6\,000$，$W=0$，$P=4\,000$，$k=2\,000$，如果和差车的概率均为 $p_g=p_b=0.5$，由于 $P=4\,000>k=2\,000$，因此拥有差车的卖主有卖的愿望。并且，当买方不管车况好坏全都选择购买，而卖方一定会选择卖时，买方的期望得益为

$$p_g(V-P)+p_b(W-P)=0.5×2\,000+0.5×(-4\,000)$$
$$=-1\,000<0$$

因此买方不顾车况好坏全部购买的选择不是好的策略，如果限于纯策略，结果必然是市场完全失败。

如果博弈方使用混合策略，情况又会是怎样的呢？我们可以证明下述策略组合及推断构成一个市场接近失败（而不是市场完全失败类型）的精练贝叶斯均衡，即把一个市场完全失败类型，转化为了市场接近失败的类型。

(1)卖方在车况好时选择卖，在车况差时以 0.5 的概率随机选择卖或不卖；

(2)买方以 0.5 的概率随机选择买或不买；

(3)买方关于旧车质量的推断为 $p(g|s)=2/3$，$p(b|s)=1/3$。

由于 $p_g=p_b=0.5$，根据卖方的策略可知 $p(s|g)=1$，$p(s|b)=0.5$。因此根据贝叶斯法则，卖方选择卖的情况下车况好的条件概率为

$$p(g|s)=\frac{p_g \cdot p(s|g)}{p_g \cdot p(s|g)+p_b \cdot p(s|b)}$$
$$=\frac{0.5×1}{0.5×1+0.5×0.5}=\frac{0.5}{0.75}=\frac{2}{3}$$

显然同买方的推断完全一致，二者的推断均符合贝叶斯法则。

我们再来看双方的策略是否满足序列理性的要求。在上述推断下，买方选择买的期望得益为

$$p(g|s)(V-P)+p(b|s)(W-P)$$
$$=\frac{2}{3}×2\,000+\frac{1}{3}×(-4\,000)=0$$

这与选择不买时的得益相同，因此买方的混合策略满足了序列理性的要求。

在交易的旧车车况好时，如果买方以 0.5 的概率随机选择买和不买的策略，则车况好的卖方选择卖的期望得益为

$$0.5×4\ 000+0.5×0 = 2\ 000>0$$

比不卖时的期望得益大，卖是卖方此时唯一的选择。

在交易的旧车车况较差时，卖方装修旧车之后卖掉车时的期望得益为

$$0.5×2\ 000+0.5×(-2\ 000)= 0$$

与选择不卖的得益是相同的，因此卖方的混合策略也满足序列理性的要求。

上述分析表明，买卖双方的上述混合策略组合和买方的推断构成一个精练贝叶斯均衡，而且是一种市场接近失败类型的均衡。

五、有两种价格的旧货交易模型

下面我们讨论旧车价格分高低两种情况的旧车交易模型，这比单一价格的旧车市场交易模型要接近现实。

设旧车有好、差两种类型，显然卖方的选择除了卖或不卖之外，还有卖高价还是卖低价两种选择。我们设卖方在车况好和差时都可选择卖高价或低价。用 p_h 和 p_L 分别表示高价和低价。再假设只有车况差而卖方又想卖高价时才需要对车子进行装修，设费用仍为 C。其他假设和单一价格模型相同。该两种价格的旧车交易模型可用图 6.7 表示，显然应有 $V>W$ 和 $P_h>P_L$。

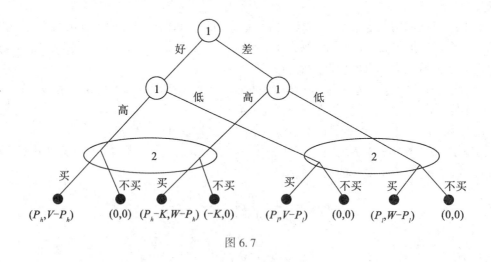

图 6.7

进一步作如下合理性假设：

$$V-P_h>W-P_l>0>W-P_h$$

该不等式意味着用高价买好车比用低价买差车要合算，而用低价买差车还不至于亏本，但如果用高价买到一辆差车则要吃亏。不过对于买方来说，如果能低价买好车，这时他的得益比用高价买到好车还要大（$V-P_l>V-P_h$），这当然是最好不过的了，不过这

种机会一般只会是小概率事情。

在上述模型中，由于卖方在车况好和车况差时都有选择高、低两种价格的可能性，此时买方并不能简单地根据价格的高低判断车况的好差。买方要作出"推断"必须根据对方策略、自己的经验和贝叶斯法则才能实现。

下面我们再来分析具有两种价格的旧车交易模型的策略均衡问题，我们首先证明当 $C>P_h$ 时，该博弈模型出现市场完全成功的精练贝叶斯均衡。假设车的价格能完全反映车况的好差，车况好时卖方会卖高价，车况差时卖方会卖低价，而买方全部购买卖方所出售的车子。该精练贝叶斯均衡的双方策略组合和相应的推断为：

（1）卖方在车况好时卖高价，车况差时卖低价；

（2）买方全部买下卖方出售的旧车；

（3）买方关于旧车质量的推断是 $p(g|h)=1$，$p(b|h)=0$，$p(g|l)=0$，$p(b|l)=1$。其中四个条件概率依次为卖方卖高价时车况好、卖高价时车况差、卖低价时车况好、卖低价时车况差的条件概率。

我们仍然用逆向归纳法来论证上述策略组合和推断确实构成精练贝叶斯均衡。对买方来说，给定自己的上述判断，如果卖方索要的是高价，则选择买时的期望得益为

$$p(g|h)(V-P_h)+p(b|h)(W-P_h)=V-P_h>0$$

两种情况下选不买的得益都是 0，因此对买方来说买是相对于不买的绝对上策。

对于卖方来说，在买方的上述推断和策略下，当车况较好时，即有 $P_h>P_l$ 时，应当索要高价，当车况较差时，由于 $P_l>0>P_h-C$，因此卖低价才是合理的，因此车况好时卖高价，车况差时卖低价确实是卖方唯一的符合序列理性的策略。

当卖方采取上述策略时，再看前面买方的推断显然是完全合理的。这样上述策略组合及相关的推断就通过了精练贝叶斯均衡的各个要求的检验，是一个精练贝叶斯均衡。根据前面关于市场和均衡类型的分析方法，该精练贝叶斯均衡也是一个市场完全成功类型的分离均衡，显然这是市场均衡中最有效率的一种。

第四节　逆向选择与道德风险

一、逆向选择（Adverse Selection）

上述有关两种价格旧车交易的较为理想的市场均衡状态，在现实的旧车交易中并不普遍，因为在某些情况下，特别是 C 的大小比较不利的情况下，常常会导致较差的市场均衡情况，包括市场完全失败的情况。一种极端的情况是 $C=0$，即以次充好完全不需要装修成本的情况。在这种情况下只有傻瓜才会卖低价，高价已完全不能够证明车况的好坏，如果这时再满足

$$p_g(V-P_h)+p_b(W-P_h)<0$$

即买方选择购买的期望得益小于 0，则买方的选择必然是不买。这时旧车根本卖不出去，这样的市场实际上就是无效市场，根本无法进行任何市场交易活动，卖方最后只好全部退出市场，即使是质量好的旧车，也不再有人购买。上述这种在信息不完美情况下，劣质品

赶走优质品，搞垮整个市场的现象叫做"逆向选择"（Adverse Selection）问题，它最先是由乔治·阿克罗夫（George Akerlof）在讨论柠檬市场交易问题时提出的，亦即经济学上的"柠檬原理"（Lemons Theory）或"柠檬市场"。

逆向选择是指由于信息的差异性或非对称性而导致的市场失灵现象，具体是指在市场交易双方中，参与交易的一方持有某些与交易相关的信息而另一方却不能直接或者间接地完全知晓，而且不知情的一方对他方的信息由于验证信息成本的昂贵使得验证在经济上不现实或是不合算，在这种情况下，拥有信息优势的一方有可能隐藏自己的私人信息，甚至借此向他人提供不真实的信息以获取私利。或者逆向选择是指信息不对称的市场会把优秀的资源赶出局，而不是把低劣的资源淘汰掉，从而导致市场运作无效率的现象。

比如在二手车市场上，卖方较为全面地掌握着有关旧车性能的信息，而买方则对此信息知之甚少。这样当性能较好的旧车与性能较差的旧车同时出现在交易市场上时，由于潜在买方缺乏信息量而降低其分辨能力，他在购买时选择的可能是性能较差的旧车。整个交易的结果是一些性能较好的旧车卖不出去，而一些性能较差的旧车可能被买走。

下面我们来分析逆向选择这一现象是如何发生的。

在一般情况下，由于不完美信息，旧车市场上的卖方了解每部旧车的真实信息，但买方不完全了解这些信息，因此，买方要想确切地辨认出旧车市场上哪些是好的车，哪些是差的车是困难的。所以，对于那些希望购买旧车的买主来说，在购买旧车之前就能了解哪辆旧车属于好的车，或哪辆旧车属于差的车是难以办到的，最多只能了解好车和差车的概率分布。假设有一个买主购买了一辆新车，在使用过一段时期后，买方逐渐了解这辆新车的质量状态。我们假定这辆车的质量是"好"的，然而，当这辆车被放在旧汽车市场出售时，它并不一定能够按照卖主预期的"高价"卖出。原因在于，由于旧车市场中同时也存在一定比例的低质量差车，而且这些差车表面上与这些要出手的车没有什么差别，因此，任何旧车的交易价格取决于那些差车的交易价格。然而，因为买方事先不能区别所购买的旧车之间质量的高低，所以，所有外表相同的旧车都以同样的价格交易。这样，高质量好的旧车的存在使那些拥有低质量差的旧车的卖主不愿意以较低的价格卖出旧车，他们更愿意将旧车保留到它们的低质量性质将要显示出来为止。在这种情况下，拥有好车的卖主往往将他们的旧车撤出市场。简单地说，那些低质量的旧车将高质量的旧车排挤到市场之外。很显然，这是一个逆向选择问题。由此，阿克洛夫解释了为什么即使是只使用过一次的"新"车，在旧车市场上也难以卖到高价钱。

下面通过一个简单例子进一步说明逆向选择问题。假设存在这样一个市场，有100人希望出售他们的旧汽车，同时又有100人想买旧汽车，买主和卖主都了解这些旧汽车中高质量与低质量的汽车各占50%。并且，拥有高质量和低质量旧汽车的卖主的预期售价分别为2 000美元和1 000美元，而高质量和低质量旧汽车的潜在买主的预期支付价格则分别为2 400美元和1 200美元。

如果买卖双方关于旧汽车的信息是完美的，那么买主很容易确定旧汽车质量状态，该市场交易不存在什么问题。低质量旧汽车按1 000~1 200美元的某个价格出售，高质量旧汽车按2 000~2 400美元的某个价格交易。然而，由于信息的不完美，买主不能掌握某辆旧汽车的具体质量状态，在这种情况下，买主不得不对每辆旧汽车的质量进行推断。假定如果某辆旧汽车属于高质量或低质量汽车的概率相等，那么，典型的买主将愿意以预期值购买这辆旧汽车，即愿意支付 1/2×1 200 美元+1/2×2 400 美元＝1 800美元购买旧汽车。但是，哪些卖主愿意以该价格出售他们的旧汽车呢？拥有低质量旧汽车的卖主当然愿意以该价格出售他们的商品，而拥有高质量旧汽车的卖主则不愿意以此价格出售旧汽车——他们出售旧汽车的最低预期价格为 2 000 美元。结果，买主希望以平均质量购买旧汽车，而这个预期价格一般低于高质量旧汽车的最低预期售价，故旧汽车市场上只有低质量旧汽车可供出售。

　　如果买主确信他们将只能购买到低质量的旧汽车，那么，他们将不愿意再以原有市场的平均质量的预期值 1 800 美元购买旧汽车。因此，该市场的均衡价格必然在1 000~1 200美元。在该价格范畴内，只有低质量的旧汽车出售，而没有高质量的旧汽车交易。这时，由于买不到所期望的高质量的旧汽车，买方就会做出相应对策，将他们愿意购买的旧车价格下调，如价格调至 800~1 000 美元，这样价格高于 1 000~1 200 美元的旧车又将撤出市场，如此循环，最后，市场均衡的结果就是没有任何旧车交易发生，市场出现失灵，成为一个完全失败的市场。

　　逆向选择的例子很多，比如保险市场、劳动力市场、货币市场及资本市场上都存在这一问题。

　　在保险市场中，保险合同的缔约双方之间存在着不容忽视的信息差别，这个事实已经并且将继续妨碍着某些高效合同的签订。例如，假定参加人寿保险的社会成员根据意外事件的不同概率被划分为不同的风险类别，保险公司仅仅知道投保人在某类意外事件的平均风险。又假设每个希望保险的社会成员都知道他属于哪个风险类别的成员，因而也了解其承担风险的概率。但是，保险公司不能准确地按照投保人的真实风险水平区分投保人。由于受到这种约束，保险公司只能向所有投保人提出大致相同的保险费用。因此，在保险公司任何指定的价格水平上，高风险的社会成员将购买更多保险，而低风险的个人必然购买更少的保险。结果，保险统计的预期与所有参加保险者同等参与的结果相比，或者与不同风险水平支付不同保险费用这样一种理想模式的结果相比，保险公司所处的选择境况更为不利。在实际操作中，保险公司为了避免这种窘境不得不投入大量人力、物力和财力收集投保人私人信息，然而，这样做只能降低或减缓保险公司的不利选择程度，风险并没有由此得到有效分担。再比如愿意参加保险的人很可能是身体有问题的人。身体是否有问题，投保人比保险公司更清楚，也就是说，投保人具有私人信息。保险公司知道这点，就把保险费定得很高，这样，身体好的人就更不愿参加保险，这部分人就退出了市场。所以，热衷于买保险的人往往是身体不好或年龄较大的人。因此，保险公司不能从根本上消除逆向选择境况，社会风险承担的均衡配置将是低效率的。

　　保险公司为社会提供两种保险合同，一是总体保险合同，即保险公司对于不同风险个人都按同样方式收取同样保险费，这样，投保人在发生意外时也将得到同样的赔偿。显然，采用统一合同的保险公司的收益取决于具有不同风险类别的投保人的比例，如果高风险个人在投保人中所占比例较高，那么，保险公司有可能收益较小或者亏损。为了避免高风险个人"搭便车"的情况发生，保险公司又提供另外一种保险合同，即差别保险合同，它根据投保人不同风险类别收取不同保险费用，并以此给予不同的损失补偿。这样，低风险的个人就被这类保险合同吸引了，在总体保险合同市场只剩下高风险的个人，从而提高了提供这类保险的保险公司的经营风险，因此，几乎所有的保险公司都不愿意向社会提供总体保险合同。然而，当保险公司不向社会提供总体保险合同时，高风险的个人将转移到提供差别保险合同的市场中，使差别保险合同的市场既存在高风险个人，也存在低风险个人。但是，保险公司不能准确地将这两类投保者区分开来，只能设计出一套不完备的保险体系，使高风险个人与低风险个人能够分别购买不同的保险合同。当然，如果人们能够找到这样一种保险体系，由此达到的均衡就是所谓的差别保险的纳什均衡。由于作为委托人的保险公司难以有效识别出作为代理人的投保者的风险类别，保险合同所发挥的市场效用将变得较低，由此出现的市场效率也是低下的。

在劳动力市场上，劳动者的能力是劳动者的私人信息。所以，企业愿意出的工资是一个平均数，这样，能力特别强的人就会退出这个市场。所以，在一般劳动力市场上的往往是能力中等或能力差的人。但企业又需要能力强的人，于是就有了猎头市场。企业把识别劳动者能力的任务交给猎头公司，并且猎头公司要承担风险。

在货币市场上项目是否有风险是借款人的私人信息，因此，贷款人对贷款利率的出价是一个平均风险水平的价格，于是风险低收益低的稳定型借款者就会逐步退出市场。这样银行的坏账就会一天天增加。在资本市场上，每个借贷者要求同样数目的贷款条件下，银行不能将借款者按照回报率的大小给予不同的利息率。银行能否收回贷款并获得利润，既取决于借款者的经济效益，也取决于银行所处环境状态的各种不确定性。如果银行以借款者的经济收益作为利息率标准，那么借款者就会利用银行难以观察或不可能观察到的信息做出对策，比如虚报利润额、人为地扩大成本等，由此在一定程度上减少银行承担的风险。但是，银行借贷的预期仍然存在着许多不确定结果，如借款者难以抗拒的风险力量，借款者破产或携款逃亡等。因此，所有的信贷活动都涉及借款者因主观或客观原因丧失清偿能力的违约风险。显然，正是银行与借款者之间信息的非对称性，才出现了使作为委托人的银行不利的市场选择境况。

为了避免不利选择的结果，市场参加者都试图明确产品或服务价格与质量之间的关系。斯彭塞将这种关系用"市场信号"（Market Information）的概念来描述。阿罗则认为，通过有效的信息收集，人们能够直接认识到不利选择的内容，并相应地限制这类现象的出现。保险公司也发现，从事信息收集和建立高效率的信息系统以减少不利选择的范围是一项有利可图的工作。在资本市场上，银行系统活动中的相当部分就是准确地收集有关潜在债务人的信息，并对借款者进行间接的信息控制，从中限制不利选择的范围。

二、道德风险（Moral Hazard）

上述旧车交易市场还给我们揭示了交易博弈中的另一个问题：道德风险。

道德风险是指占有信息优势的一方在最大化自己利益的同时采取不利于他人利益的策略。道德风险存在于信息不对称、合同不完备、合同实施成本过大等情况下。

信息不对称：由于一个人拥有私人信息，就占有信息优势，从而可以找机会偷懒或不负责任。在委托—代理问题中，代理人具有委托人不知道的私人信息。

合同不完备：由于人们的知识和预测能力是有限的，不可能把所有可能发生的情况都写进合同中。合同实施成本过大，即便能够把所有可能情况都写进合同中，由于实施成本过大，往往也难以完全实施。

经济学意义上的道德风险是指，交易过程中从事经济活动的主体，在交易契约生效以后，在最大限度地增进自身效益的同时，所采取的不利于其他主体的恶意行为。比如，某人在为其汽车购买了防盗保险以后，很可能他对汽车所采取的防盗措施没有购买保险以前那么认真，而导致汽车被盗。车主因为能从保险公司那里得到一定的赔偿而不致损失过多，但保险公司则可能遭受额外的损失。

很显然，以契约生效为界限，在通常情况下，逆向选择发生在契约生效前，而道德风险发生在契约生效之后。

例如，美国联邦储备银行为了避免银行经营失败引发社会问题，给商业银行提供贷款保护，这可能引发商业银行的道德风险。因为商业银行以及所有的经济主体都追求利润的最大化，它们想方设法要将贷款规模扩张到边际成本等于边际收益的水平，如果没有联邦储备银行的保护，它们享有贷款规模的边际收益与边际成本相等，此时没有道德风险。但因为联邦储备银行提供保护，商业银行贷款的风险会相应下降，防范风险的成本为联邦储备银行承担，商业银行的边际成本也下降，因此，各商业银行势必扩大信贷规模，以便更多地享有贷款的收益。这种利用保护而获得额外利益的行为显然是不道德的。社会承担的风险则会随着商业银行道德水平的下降而提高，因为在没有保护的情况下，由商业银行造成的风险小，社会承担的风险就不会大；而在有联邦储备银行保护的情况下，商业银行扩大其信贷规模，一部分风险转嫁给社会承担，但商业银行承担的部分没有改变，风险成本的差额部分则为联邦储备银行承担。显然，联邦储备银行的保护引发了商业银行的道德风险。在这个过程中，商业银行追求利润最大化的本性没有改变，改变的是联邦储备银行保护下其边际成本的改变，以及刺激信贷规模和风险的相应变化。匈牙利经济学家科尔纳关于计划经济对企业的"父爱主义"势必导致企业效率下降的理论，就是对"道德风险"的最好注解。

总之，由于信息不对称、合同不完备、合同实施成本等原因，人们往往宁愿接受由于道德风险所带来的损失。因为搜寻信息需要成本、制订完备合同需要成本、完美实施合同需要成本，当这些成本高于因道德风险造成的损失时，就选择任由道德风险的存在。所以，在委托人—代理人之间，往往寻求的是一种均衡，当监督和签订、实施合同的边际成本等于道德风险的边际成本时，均衡就形成了。

第七章　不完全信息动态博弈

不完全信息博弈包括静态博弈和动态博弈。在不完全信息条件下，博弈的每一方都知道其他博弈者的可能类型，并知道自然赋予博弈者的不同类型及其相应选择之间的关系，但是博弈者并不知道其他博弈者的真实类型。

第一节　不完全信息动态博弈的海萨尼转换

在不完全信息静态博弈中，我们通过海萨尼转换，即通过假定其他博弈者知道某一博弈者的所属类型的概率分布，计算博弈的贝叶斯纳什均衡解。在不完全信息动态博弈中，由于博弈有先后顺序，后博弈者可以通过观察先行者的行为，获得有关先行者的信息，从而证实或修正自己对先行者的行动。因此，在不完全信息动态博弈中，问题变得更加复杂。不过动态贝叶斯博弈与静态贝叶斯博弈在许多方面是相似的，如也可以把信息不完全理解成对类型的不完全了解，因此，对动态贝叶斯博弈的分析，我们同样可以借助海萨尼转换方法来进行，通过海萨尼转换把不完全信息动态博弈转化成完全但不完美信息动态博弈。

在静态贝叶斯博弈中，处理不完全信息的方法，是将博弈方得益的不同情况转化为博弈方的不同类型，并引进一个为博弈方选择类型的虚拟博弈方，从而把不完全信息博弈转化成完全但不完美信息动态博弈，这种处理方法就是海萨尼转换。由于动态贝叶斯博弈本身就是动态博弈，不存在静态博弈中的同时选择问题，因此可以通过海萨尼转换将其转化成完全但不完美信息动态博弈，这种通过海萨尼转换而来的完全但不完美信息动态博弈，与前面讨论的一般完全但不完美信息动态博弈没有多大差别。因此，有了海萨尼转换之后，不完全信息和不完美信息之间的区别就不再重要，所有的不完美信息动态博弈都可以被转化成完全但不完美信息动态博弈进行分析，不完全信息动态博弈和不完美信息动态博弈可以混同使用。

第二节　信 号 博 弈

不完全信息导致的复杂性在"信号博弈"（Signaling Game）中表现得最为明显，"信号博弈"也是不完全信息动态博弈的经典模型，它是两个博弈方之间进行的非完全信息动态博弈。信号博弈的基本特征是：博弈方分为信号发出方和信号接收方两类，先行动的信号发出方的行为，对后行动的信号接收方来说，具有传递信息的作用。下面我们讨论具有信息传递机制作用的"信号博弈"。

声明博弈就是信号博弈，声明博弈中的声明方相当于信号发出方，接收方就是信号接收者。只不过这是一种所谓的"空口声明"，即声明博弈中信号发出方的行为是既没有直接成本，也不会影响各方利益。现实生活中，一般信号博弈中信号发出方的行为本身往往都是有意义的现实行为，自身既有成本代价，同时对各方的利益也有直接的影响。例如每年大学生就业时，每个学生通过自身受教育的经历，向可能的雇主传递自身素质能力方面的信息，但受教育却是有代价的，而且这种代价的大小，即学生学历水平的高低及其所产生的学习成本(包括货币、时间等)的大小，对学生就业后的劳动生产率及学生与企业双方的利益也有直接影响，这与毕业生只作一个关于自身综合能力大小的口头声明是不同的，在声明的可信性方面和对决策的影响都有差异，显然一个有直接成本或优价的声明比一个"空口声明"要可信得多。可见，声明博弈只是信号博弈的特例，是一种没有成本的"空口声明"，而信号博弈则是声明博弈的一般化，是研究信息传递机制的更重要的一般模型，因为一个声明的成本越高，威胁的信息就越可信，因此，研究这一不完全信息动态博弈中一般性的模型，比前面讨论的声明博弈更有意义。

一、行为传递信号的机制

1. 信息的传递

信息的完全与否对拥有信息和缺乏信息的各方来说都会产生影响。对拥有个人信息的博弈方来说，虽然有时保守秘密对自己有利，但许多情况下他也希望将私人信息传递给别人，比如对于恋爱中的各方，双方可能都希望把自己较好的综合能力的信息完全传递给对方，以赢得对方的好感。再比如在前面介绍的旧车交易模型中，拥有较好的旧车的销售方就希望将自己旧车质量的真实信息传递给购买者，希望购买方能够了解车的真实情况。同样，当大学毕业生有真才实学的时候，也非常想让招聘的公司或企业了解自己的真实水平。对缺乏信息的博弈方来说，当然更是希望尽可能快地、尽可能多地掌握信息，摆脱自己的信息不完全状况，并减少由此可能造成的损失。不过这只是信息传递问题的一个方面，即诚实地(真实地)向信息接收方表达自己的各种信息。但信息传递问题的另外一个方面，就是信息传递的非真实性和非可靠性。许多拥有私人信息者往往有故意隐瞒和欺骗的动机，而缺乏信息又很难判断信息的真伪。比如仍然是恋爱问题，可能一个品质恶劣、能力低下的人故障隐瞒自己的真实情况，反而把自己打扮成一个品德高尚的人。因此，在信息不完全、不对称的情况下，如何识别和克服信息传递中的不完全性，是一件比较困难的事情。

在上一节的分析中，我们已经知道，在拥有信息和缺乏信息的双方之间的偏好和利益完全一致的情况下，即使是没有任何成本的"空口声明"也能够有效地传递信息，但当双方的偏好和利益不一致时，"空口声明"在传递信息方面就不再有效了，此时，拥有信息的一方可能有欺骗对方的动机，进而破坏整个信息传递的机制。比如，现在许多大学都要选留拥有博士学位的人到学校任教，博士学位成为大学挑选青年教师的重要标准。虽然说博士学位获得者未必就一定比其他低学位者能力强，但从现实的情况来看，博士学位获得者一般在科研能力、综合素养方面比低学位者要强；而且一个人若能获得博士学位，其付出的成本比其他低学位者都要高，这种高成本所传递的信息往往也是可信的，即高学位者一般拥高能力。这也正是信号博弈的发现人，2001年诺贝尔经济学奖获得者斯彭塞指出的文凭是劳动市场上求职者向雇主发出的信号的理论。

再看另一个有趣的例子。有一个叫萨摩亚岛的地方，该岛上的居民对文身有着特殊的看法。在萨摩亚岛上，武士有很高的地位，要成为一名武士必须首先有一身好的文身。文身之所以成为该岛选择武士的标准，不是因为它本身对打仗杀敌有什么特别的作用，而是因为该岛上的居民认为只有能够忍受文身巨大痛苦的青年，才是有巨大勇气的，而足够的勇气正是成为好武士的必要条件。这就是文身成为该岛挑选武士标准的根本原因，即文身是反映青年人的品质，传递部落想要了解的信息的手段。

在"市场进入"博弈中，如果假设在位者先行动，如先定价(P)，那么P就可能传递出有关在位者成本函数的信息。如果进一步假设，存在一个价格P_0，只有低成本的企业进入才有利可图，高成本企业进入就是非理性的，那么，精练贝叶斯均衡就是：低成本在位者选择P^*，高成本企业选择较高的垄断价格；如果进入者观察到在位者选择了P_0，就推断其为低成本，不进入；否则进入。这就是著名的"垄断限价模型"。

在动物世界中也有大量类似的例子，一些动物通过展示自己美丽的羽毛，或者大声吼叫等行为来传递求偶的信息或者吓走来犯之敌。我们很常见的孔雀开屏就是雄孔雀向雌孔雀传递自身健康和美丽的主要信号机制。

"黔驴技穷"给出的也是一个不完全信息动态博弈问题。当驴刚到贵州时，老虎从没见过如此的庞然大物，对其"信息"完全不了解，此时，老虎的最佳策略选择是躲起来偷偷地观察驴。当老虎走出树林，走向驴，想获得关于驴本身的事实信息时，驴突然大叫一声，老虎受惊之下，迅速逃走，这种叫声老虎不曾见过，逃走是最佳选择。再后来，老虎发现驴除了叫声之外，似乎再没有别的能耐，就又走向驴，但仍然心存疑虑，因为它对驴真实本事的信息还不完全了解。于是它故意离驴很近，甚至故意靠近驴，驴一怒之下，用蹄子去踢老虎。这一下，老虎高兴异常：原来这庞然大物不过如此。驴这一踢向老虎彻底地传递出了自己本领的真实信息。于是老虎扑上去，把驴吃了。

2. 信号传递机制(Signaling Mechanism)

在信息博弈中，具有信息传递作用的行为我们把它称为"信号"(Signals)，通过信号传递信息的过程则称为"信号机制"(Signaling Mechanism)。

从前面所举例子中不难发现，一种行为要成为能够传递信息的信号，能够形成一种信号机制，关键并不是它是否具有实际意义，而在于它们必须都是有成本代价的行为，而且通常对于不同"特征"的发信号方，成本代价要有差异。如果一种行为没有成本，或者不同"特征"的发出方采用这种行为的成本代价没有差异，那么"特征"差的发出方会发出与"特征"好的发出方同样的信号，以伪装"特征"好，从而使信号机制失去作用。例如获得博士学位和获得学士学位是一样的容易的话，那么博士学位获得者就不会得到社会和用人单位的重视，从而获得比本科毕业生更高的社会地位。

旧车模型也是商业活动中利用信号机制的一种典型例子。我们知道商品市场常常是信息极不完全的，因为消费者通常对所购买的商品只有很有限的知识，并不总是能够识别商品的真实质量，或者是否假冒伪劣商品。因此，很容易出现所谓的"逆向选择"：劣质品驱赶优质品，市场完全失灵。比如，当公司打折低价销售商品时，它并不能确定将会卖出多少产品，因为它不确定有关消费者对商品信息把握的程度；在资本市场上，股民由于不拥有关于他们交易的上市公司的完全信息，从而使得他们在复杂的股市博弈中要承受较大的风险。所以，在商品市场中，生产经营的优质商品要与其他企业的劣质商品区别开来，做不到这一点就可能会比伪劣产品更早地被赶出市场。不过，生产优质产品的企业如果仅仅声称自己的产品是优质产品也是不够的，因为生产优质产品的企业这样做没有发生成本或只发生少量的广告成本，搞假冒伪劣的企业也可以仿效这么做。生产优质产品的企业只能通过某种有成本，而且如果产品质量越差成本越高的方法传递自己的产品质量的信息。

由于具有昂贵成本的承诺能够成功地将不同质量特征的产品区别开来，消费者可以买到货真价实的商品，诚实经营企业的利益可以得到有效保护，假冒伪劣的企业要么转向诚实经营，要么被淘汰，因此上述"信号机制"对提高社会经济活动效率，鼓励诚信经营有很大的积极作用，是保证经济正常运行和经济发展的有效制度安排。

二、信号博弈模型和精练贝叶斯均衡

1. "信号博弈"（Signaling Game）

【例 1】

信号博弈模型（Signaling Game）

"信号博弈"（Signaling Game）是研究具有信息传递特征的信号机制的一般非完全信息动态博弈模型。信号博弈的基本特征是两个（或两类，每类又有若干个）博弈方，分别称为信号发出方（Sender）和信号接收方（Receiver），他们先后各选择一次行为，其中信号接收方具有不完全信息，但他们可以从信号发出方的行为中获得部分信息，信号发出方的行为对信号接收方来说，好像是一种（以某种方式）反映其有关得益信息的信号。这也正是这类博弈被称为"信号博弈"的原因。

由于信号博弈也是动态贝叶斯博弈，因此也可以通过海萨尼转换直接表示成完全但不完美信息动态博弈。设自然（博弈方 0）先按特定的概率分布从信号发出方的类型空间中为发出方随机选择一个类型，并将该类型告诉发出方（即发出一个信号）；然后是接收方在自己的行为空间中选择一个行为（也称发出一个信号）；最后接收方根据发出方的行为选择自己的行为。如果我们用 S 表示信号发出方，用 R 表示信号接收方，用 $T=\{t_1, \cdots, t_I\}$ 表示 S 的类型空间，用 $M=\{m_1, \cdots, m_J\}$ 表示 S 的行为空间，或者称信号空间，用 $a=\{a_1, \cdots, a_K\}$ 表示 R 的行为空间，用 u_s 和 u_R 分别表示 S 和 R 的得益，并且自然为 S 选择类型的概率分布为 $\{p(t_1), \cdots, p(t_I)\}$。因此，信号博弈的时间顺序可表示为：

（1）博弈方 0（自然）以概率 $p(t_i)$ 从可行的类型集 T 中为发送者 S 选择类型 t_i，并让 S 知道，这里对所有的 i，$p(t_i)>0$，且 $p(t_1), \cdots, p(t_I)=1$。

（2）发送者 S 观测到 t_i 后，从可行的信号集 M 中选择行为 m_j。

（3）接收者 R 看到 m_j（但不能观测到 t_i）后从可行的行为空间中选择行为 a_k。

（4）发送者 S 和接收者 R 的得益 u_s 和 u_R 都取决于 t_i、m_j 和 a_k。

注意 T、M 和 A 既可以是离散空间，也可以是连续空间。

2. 信号博弈精练贝叶斯均衡

这里，我们简单地将类型空间、可行信号集与可行行动集定义为有限集合，在实际应用中，它们常常表现为连续的区间，显然，此时可行信号集依赖于类型空间，而可行行动集则依赖于发送者发出的信号。

这是一个简单的信号博弈，其中 N 表示自然，$T = \{t_1, t_2\}$，$M = \{m_1, m_2\}$，$A = \{a_1, a_2\}$，图中 $[p]$ 及 $[1-p]$ 表示自然选择类型时的概率分布。

在信号博弈中，发送者的纯策略是根据自然抽取的可能类型来选取相应的信号，因此，信号可视作类型 t 的函数 $m(t_i)$。接收者的纯策略是信号的函数 $a(m_j)$，即根据观察到的发送者发出的信号确定自己的行动。在图 7.9 的信号博弈中，发送者 S 与接收者 R 各有四个纯策略。

发送者的纯策略：

发送者 S 的策略 1，记为 $S(1)$：若自然抽取 t_1，选择 m_1；若自然抽取 t_2，仍选择 m_1；

发送者 S 的策略 2，记为 $S(2)$：若自然抽取 t_1，选择 m_1；若自然抽取 t_2，则选择 m_2；

发送者 S 的策略 3，记为 $S(3)$：若自然抽取 t_1，选择 m_2；若自然抽取 t_2，则选择 m_1；

发送者 S 的策略 4，记为 $S(4)$：若自然抽取 t_1，选择 m_2；若自然抽取 t_2，仍选择 m_2。

接收者的纯策略：

接收者 R 的策略 1，记为 $R(1)$：若 S 发出 m_1，选择 a_1；若 S 发出 m_2，仍选择 a_1；

接收者 R 的策略 2，记为 $R(2)$：若 S 发出 m_1，选择 a_1；若 S 发出 m_2，则选择 a_2；

接收者 R 的策略 3，记为 $R(3)$：若 S 发出 m_1，选择 a_2；若 S 发出 m_2，则选择 a_1；

接收者 R 的策略 1，记为 $R(1)$：若 S 发出 m_1，选择 a_2；若 S 发出 m_2，仍选择 a_2；

发送者 S 的纯策略中的 $S(1)$ 与 $S(4)$ 有一个特点，对于"自然"抽取的不同类型，S 选择相同的信号，我们称具有这类特点的策略称为混同(Pooling)策略。对于 $S(2)$ 与 $S(3)$，由于对不同的类型发出不同的信号，称为分离(Separating)策略。由于在这个简单情况中各种集合只有两个元素，因此博弈方的纯策略也只有混同与分离这两种，假如类型空间的元素多于两个，那么就有部分混同(Partially Pooling)或准分离(Semi-Separating)策略。实际上各种类型分为不同的组，对于给定的类型组中所有类型，发送者发出相同的信号，而对于不同组的类型则发生不同的信号。

在图 7.1 的博弈中当自然抽取 t_2，S 在 m_1 和 m_2 这两个信号中随机选择，这样的策略称为杂合(Hybrid)策略。这里只讨论纯策略。

由于信号博弈可以表示为完全但不完美信息动态博弈的形式，我们就可以利用精练贝叶斯均衡对它们进行分析。

由于信号发送者在选择信号时知道博弈全过程，这一选择发生于单节信息集(对自然可能抽取的每一种类型都存在一个这样的信息集)。因此要求 1 在应用于发送者时就无需附加任何条件；如果接收者在不知道发送者类型的条件下观察到发送者的信号，并选择行动，也就是说接收者的选择处于一个非单点的信息集(对发送者可能选择的每一种信号都存在一个这样的信息集，而且每一个这样的信息集中，各有一个节点对应于自然可能抽取的每一种类型)。下面我们把关于精练贝叶斯均衡要求 1 至要求 4 的表述转化为信号博弈中对精练贝叶斯均衡的要求。根据信号博弈的特点，其精练贝叶斯

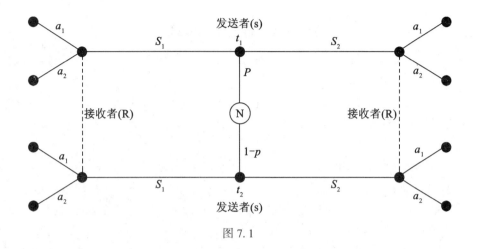

图 7.1

均衡的条件是：

信号要求1：(把要求1应用于R)信号接收者R在观察到信号发出者S的信号后，必须有关于S的类型的推断，即S选择m_j时，S是每种类型t_i的概率分布$p(t_i \mid m_j)$·$p(t_i \mid m_j) \geqslant 0$,且$\Sigma p(t_i \mid m_j) = 1$。

给出了信号发出方S信号和信号接收方R的推断后，再描述R的最优行为便十分简单。

信号要求2R：(把要求2应用于R)给定R的判断$p(t_i \mid m_j)$和S的信号m_j，R的行为$a^*(m_j)$必须使R的期望得益最大，即$a^*(m_j)$是最大化问题

$$\max_{a_k} \sum_{t_i} p(t_i \mid m_j) u_R(t_i,\ m_j,\ a_k)$$

的解。

信号要求2S：(把要求2应用于S)给定R的策略$a^*(m_j)$时，S的选择$m^*(t_i)$必须使S的得益最大，即$m^*(t_i)$是最大化问题

$$\max_{m_j} u_s[t_i,\ m_j,\ a^*(m_j)]$$

的解。

信号要求3：(把要求3、4应用于R)对每个$m_j \in M$，如果存在$t_i \in T$使得$m^*(t_i) = m_j$，则R在对应于m_j的信息集处的判断必须符合S的策略和贝叶斯法则。即使不存在$t_i \in T$使$m^*(t_i) = m_j$，R在m_j对应的信息集处的判断也仍要符合S的策略和贝叶斯法则。即：

$$u(t_i \mid m_j) = \frac{p(t_i)}{\sum\limits_{t_i \in T_j} p(t_i)}$$

因为上述双方策略都是纯策略，因此是纯策略精练贝叶斯均衡。

下面以企业并购为例来分析其中的信号传递模型。

【例 2】

企业并购中的信号传递模型

在企业并购过程中，并购双方对于并购信息的掌握是不对称的，并购企业总是处于信息不利的地位。目标企业的管理水平、产品开发能力、机构效率、投资政策、财务政策、未来生产经营情况等因素将会影响企业未来的价值，但并购企业并不完全了解这些信息，因此，企业并购中存在信息不对称现象。

1. 基本假设

(1)假定有两个时期 T_1 和 T_2，两个参与人(并购企业与目标企业)。

(2)假定目标企业在 T_2 时期的价值 v 服从 $[0, \theta]$ 上的均匀分布，目标企业知道 θ 的确切值；高质量的目标企业价值大，低质量的目标企业价值小；并购企业不知道 θ，但知道目标企业属于 θ 的先验概率 $p(\theta)$。

(3)目标企业根据自己的类型向并购企业传递信号 x(我们假定目标企业发出的信号 x 能真实地反映目标企业的类型，不存在欺诈现象)。并购企业能从信号中推断出目标企业的预期价值水平，也就是目标企业会根据自己的真实情况向并购企业传递信息，而不是传递虚假信息。若并购企业为知情者，则其推断出目标企业的预期价值水平为 $\beta\theta(x)$，若并购企业为未知情者，则其推断出目标企业的预期价值水平为 $\theta(x)/2$，其中，x 为目标企业发出的信号，$\theta(x)$ 为未知情的并购企业依据目标企业的信号 x 推断出的目标企业的最大预期价值水平。

(4)并购企业不知道目标企业的类型 θ，只知道目标企业属于 θ 的概率分布 $p(\theta)$，则目标企业向并购企业发出信号 x 时，并购企业根据目标企业发出的信号 x 推断出目标企业的预期价值水平为 $\bar{v}(x) = \theta(x)/2$。

(5)对于目标企业而言，其目标是最大化 T_1 时企业的价值和 T_2 时的预期价值水平的加权平均：

$$u(x, \bar{v}(x), \theta) = (1-\omega) \cdot \bar{v}_0(x) + \omega \cdot (\theta \cdot p_s(\theta) - L_1 \cdot p_1(\theta) + L_2 \cdot p_2(\theta))$$

其中，$\bar{v}_0(x)$ 是目标企业发出信号 x 时，目标企业在 T_1 时期的价值；ω 是 T_2 时期目标企业预期价值的权重，$0 \leqslant \omega \leqslant 1$；$p_s$ 为目标企业在寿命期内经营成功的概率；$p_1 = x/\theta \leqslant 1$，是目标企业在寿命期内经营失败的概率；$p_2$ 为目标企业在寿命期内经营一般的概率；L_1 是目标企业在寿命期内完全失败时遭受的破产惩罚，$L_1 \geqslant 0$；L_2 是目标企业经营一般时企业的价值，$L_2 \geqslant 0$。

2. 信号博弈过程

(1)"自然"选择目标企业的类型，目标企业在了解到自己的类型后，向并购企业发出关于自身企业的产品质量、投资及财务状况等方面的信号 x。

(2)并购企业在观察到目标企业发出的信号 x 后，依据贝叶斯法则对其先验概率 $p(\theta)$ 进行修正，得出后验概率 $\tilde{p}(\theta_i/x_i)$，并据此判断目标企业的预期价值水平 $\bar{v}(x)$。

(3)目标企业知道并购企业对其发出信号的反应，因而发出最优信号值 x^*，使自身的效用函数最大，即通过求 $\max u(x, \bar{v}(x), \theta)$，得出 x 的最优值 x^*。

3. 精练贝叶斯均衡

在信息不完全条件下，并购企业不能直接观察到目标企业的类型，因而对目标企业价值的判断只能根据所观察到的目标企业的信号 x 而定，此时，精练贝叶斯均衡满足：

(1)目标企业发出信号 x；

(2)并购企业接收到的信号 x 得出后验概率 $\tilde{p}=\tilde{p}(\theta/x)$，并确定对目标企业预期价值水平的评估为 $\bar{v}(x)$，使得：

①基于目标企业的信念，给定并购企业对信号 x 的反应，假定目标企业的目标是最大化 T_1 时的价值和 T_2 时的预期价值水平的加权平均，即：

$$u(x,\ \bar{v}(x),\ \theta)=(1-\omega)\cdot\bar{v}_0(x)+\omega\cdot(\theta\cdot p_s(\theta)-L_1\cdot p_1(\theta)+L_2\cdot p_2(\theta)) \tag{1}$$

②从并购企业的角度来看，并购企业对于目标企业发出信号 x 的反应，其目的是最大化自己的效用函数 u_A。

③$\tilde{p}=\tilde{p}(\theta/x)=\dfrac{p(x/\theta)p(\theta)}{\tilde{p}(x)}$。

4. 均衡结果分析

根据信号博弈的顺序，当目标企业选择信号 x 时，将预测到并购企业将据此估计目标企业的价值水平 $\bar{v}(x)=\theta(x)/2$，即并购企业认为目标企业属于类型 θ 的期望是 $\theta(x)$。考虑分离均衡：

$$\begin{aligned}u(x,\bar{v}(x),\theta)&=(1-\omega)\cdot\bar{v}_0(x)+\omega\cdot(\theta\cdot p_s(\theta)-L_1\cdot p_1(\theta)+L_2\cdot p_2(\theta))\\&=(1-\omega)\cdot\bar{v}_0(x)+\omega\cdot\theta\cdot p_s(\theta)-\omega\cdot L_1\cdot p_1(\theta)+\omega\cdot L_2(1-p_s(\theta)-p_1(\theta))\\&=(1-\omega)\cdot\bar{v}_0(x)+\omega\cdot L_2+\omega\cdot p_s(\theta)\cdot(\theta-L_2)-\omega\cdot\frac{x}{\theta}\cdot(L_1+L_2)\end{aligned}$$

有：$\dfrac{\partial^2 u(x,\ \bar{v}(x),\ \theta)}{\partial x\partial\theta}=\dfrac{\partial(\bar{v}'_0(x)-\omega\cdot\bar{v}'_0(x)-\frac{w}{\theta}\cdot(L_1+L_2))}{\partial\theta}=\dfrac{\omega}{\theta^2}\cdot(L_1+L_2)>0 \tag{2}$

根据(2)式可以看出，价值水平 θ 越高的目标企业，其失败的可能性越小，将 $\bar{v}(x)=\theta(x)/2$ 代入(1)式，有：

$$u(x,\ \bar{v}(x),\ \theta)=(1-\omega)\frac{\theta(x)}{2}+\omega\cdot L_2+\omega\cdot p_s(\theta)\cdot(\theta-L_2)-\omega\cdot\frac{x}{\theta}(L_1+L_2) \tag{3}$$

对(3)式求导，得一阶条件：

$$\frac{\partial u}{\partial x}=(1-\omega)\cdot\frac{\theta'(x)}{2}-\omega\cdot\frac{L_1+L_2}{\theta}=0 \tag{4}$$

出现均衡时，并购企业能从目标企业发出的信号 x 正确的推断出 θ，即如果 $x(\theta)$ 是属于类型 θ 的目标企业的最好选择，则 $\theta(x(\theta))=\theta$，所以 $\dfrac{\partial\theta}{\partial x}=\left(\dfrac{\partial x}{\partial\theta}\right)^{-1}$，将其代入(4)式得：

$$2\omega\cdot(L_1+L_2)\cdot\frac{\partial x}{\partial\theta}=(1-\omega)\cdot\theta \tag{5}$$

求解(5)式得:

$$x(\theta) = \frac{1-\omega}{4\omega \cdot (L_1+L_2)} \cdot \theta^2 + C, \quad C \text{ 为常数} \tag{6}$$

(6)式为目标企业经营者的均衡策略,将 $\bar{v}(x) = \frac{\theta(x)}{2}$ 代入(6)式,可以得到目标企业的价值水平表达式如(7)式所示:

$$\bar{v}(x) = \left((x-C) \cdot \frac{\omega \cdot (L_1+L_2)}{1-\omega} \right)^{\frac{1}{2}} \tag{7}$$

根据(7)式可以看出,目标企业的质量越高,价值就越大;虽然并购企业不能直接观察到目标企业的准确信息,但可以通过分析目标企业发出的信号 x 来判断目标企业真实的价值水平,从而做出正确的并购决策。

【例3】

股权与投资的置换博弈

设想一家股份制企业需要融入一笔外来资本,以投入一个新的项目。假设该企业拥有关于企业自身盈利能力的私人信息,这些信息潜在的投资者却不能完全观测得到。如果该企业向潜在投资者提议用一定比例的股份换取所需的投资。那么,在什么样的情况下会有人愿意投资,企业应该承诺转让多少股份才比较合理呢?

为了把该问题转化为一个信号博弈,为简单起见,我们假设该企业的利润只有高低两种可能,$x=H$ 或 $\pi=L$,$H>L>0$。再设新项目所需投资为 I,其收益为 R。设 r 为潜在投资者的收益率,因此只有该项目的收益大于投资到其他项目的收益时这个项目才有意义,即 I 和 R 必须满足 $R>I(1+r)$,此信号博弈模型可如下表示为:

1. "自然"随机决定该企业原有利润 π 是高还是低,已知 $p(\pi=H)=p$,$p(\pi=L)=1-p$。

2. 企业自己了解 π 的真实状况,愿出 S 比例股权向投资者换取这笔投资,$0 \leqslant s \leqslant 1$。

3. 投资者看到 S,但观测不到 π 的真实状况,只知道 π 以一定的概率大小呈现出高低两种可能性,然后选择是接受还是拒绝企业的提议。

4. 如投资者拒绝,则投资者的得益为 $I(1+r)$,企业的得益为 π,如投资者接受,则投资者的得益为 $S(\pi+R)$,企业的得益为 $(1-S)(\pi+R)$。

这个信号博弈是比较简单的,其信号发出方的类型只有两种,信号接收方的行为也只有两种,而信号发出方的信号空间则是一个连续区间 $0<S<1$。其实,企业如果考虑到自身是否合算以及自身的投资信息可能不被投资者所接受,企业发出的信号虽然比较多,但其实许多都是无效率的,因此 S 的实际范围要小得多。例如投资人在看到 S 以后判断 $\pi=H$ 的概率为 q,即 $p(H|S)=q$,则他只有在

$$S[qH+(1-q)L+R] \geqslant I(1+r)$$

即

$$S \geqslant I(1+r)/[qH+(1-q)L+R]$$

时,才会接受 S。对企业来说,只有当

$$(1-S)(\pi+R) \geqslant \pi$$

即：
$$S \leq R/(\pi+R)$$
时，才会愿意出价 S。

现在我们先来看一下信号博弈中存在混同精练贝叶斯均衡的条件，即"企业不管实际的 π 是 H 还是 L，都出 S，而投资方接受"，在什么情况下是一个混同精练贝叶斯均衡。

首先，对企业来说，S 是其均衡策略必须满足 $S \leq R/(\pi+R)$。因为 $R/(H+R) \leq R/(L+R)$，因此如果 S 满足 $S \leq R/(H+R)$，就一定满足 $S \leq R/(L+R)$。其次，只有当
$$S \geq I(1+r)/[qH+(1-q)L+R]$$
时，接受才是投资方的均衡策略。因此，"企业出 S，投资方接受"及相应判断成为混同精练贝叶斯均衡的前提条件是

$$\frac{I(1+r)}{qH+(1-q)L+R} \leq \frac{R}{H+R} \tag{8}$$

当 q 趋向于 1 时，因为 $R>I(1+r)$，所以（8）式肯定成立，意味着必然存在混同精练贝叶斯均衡。当 q 趋向于 0 时，则只有当

$$R-I(1+r) \geq [I(1+r)/R] \cdot H-L$$

即该项目的收益 R，与该投资资金用于其他投资目的可得到的利润 $I(1+r)$ 之差，大于等于右边的数值时，混同精练贝叶斯均衡才有可能出现。由于 q 是投资方判断该企业为高利润的概率，因此，上述结论表明当投资方相信企业有较强的盈利能力时，他会接受较高的股价，即较低的股权比例，而当投资人不大相信企业有较高盈利能力时，他会接受较低的股价，即要求较高的股权比例。因此，在这种混同精练贝叶斯均衡中，企业将为无法使投资人相信它有高盈利能力而付出代价，这个代价有时候甚至会超过企业从新项目中可能获得的利润，此时企业只能放弃该项目。该分析也说明，对于一个经营良好的企业来说，应该提高经营状况的透明度和保持良好的公众形象。

当（8）式不成立时，混同精练贝叶斯均衡也就不存在，不过在 $R \geq I(1+r)$ 的情况下，分离均衡总是存在的。其中低利润类型的企业出价 $S=I(1+r)/(L+R)$，由于 $L+R \leq qH+(1-q)L+R$，因此投资者会接受企业的出价；而高利润类型企业的出价 $S=I(1+r)/(H+R)$，由于 $H+R \geq qH+(1-q)L+R$，因此投资者会拒绝接受。这时分离均衡很显然是低效率的，因为投资流向效率差的企业，投资效率被降低了。结果是高盈利能力的企业只能放弃这个有价值的项目，低盈利类型的较差企业反而能投资这个项目。这种分离均衡是一种失败的信号机制，也就是说发送者的可行信号集是无效率的，因为高盈利的企业无法突出自己的高盈利能力条件的吸引力。这也是信息不完全对市场经济效率影响的体现。当这种情况出现时，优秀的企业要么像低盈利企业一样用更优惠的条件吸引投资（而这又意味着更大的代价和成本），要么只能转向借贷筹资或内部集资。

【例 4】

斯彭塞（Spence）劳动力市场信号博弈

1. 劳动力素质的信号机制

在企业人力资源管理中，人力资源部门在企业招聘员工的时候，总是希望招聘到素质

比较高的劳动者，因为高素质劳动者的劳动生产率一般来说都比较高，这样可以给企业带来更大的经济效益。但是，识别劳动者素质的高低是一件很困难的事。在人力资源管理中我们知道，企业通常招聘员工时往往会设计一套选拔机制，例如学历要求、笔试和面试等。由于不同素质的劳动者获得学历或者通过各种考试的边际成本通常是不同的，低素质劳动者比高素质劳动者的成本高得多，这样通过成本与利益的比较，不同素质的劳动者常常会选择不同的教育水平或只能考出不同的成绩。这样企业就有条件区别不同素质的劳动者，从而提高录用劳动者的平均素质。此时，企业设计采用的选拔机制其实就是信号机制。

从上述例子可以看到，一般来说，素质高的劳动者劳动生产率高，素质低的劳动者劳动生产率低。要想成功地筛选出素质好的劳动者，就必须(1)设计出能够区别不同素质的劳动者发出信号的成本差别大小的信号机制，如果不同素质的劳动者发信号的成本差异不大，就不可能进行甄别。也就是说对劳动者的要求不能太低，要求太低，太容易达到就起不到应有的作用。(2)对劳动者的素质要求也不能太高，因为当要求太高，"高出不胜寒"，以至于很少有人愿意发这种信号，这样就无法网罗到足够数量的人。(3)工资不能给得太高，因为当工资太高，从而使得工作所得到的得益高于所有素质的工人发信号的成本时，低素质的人发信号也是合算的，也会选择发同样的信号，这样信号机制也起不到甄别劳动者素质的作用。因此，企业在设计信号机制的时候，应该注意这些方面目标的平衡。

2. 博弈模型

下面我们通过扩展式博弈来介绍斯彭塞(Spence)提出的劳动力市场博弈模型。斯彭塞的劳动力市场博弈模型是信号博弈中的一个典型代表。按照信号博弈的表达方法，该博弈的时间顺序可表述如下：

(1)自然随机地决定一个劳动者的生产能力 η，η 有高低两种可能，分别记为 H 和 L。并且自然选择生产能力高低的概率 $p(\eta=H)$ 和 $p(\eta=L)$ 是劳动者和企业的共同知识。

(2)劳动者明白自己的生产能力是高还是低，并为自己选择一个受教育的水平 $e \geq 0$。

(3)有两个企业同时观察到劳动者的受教育水平，然后同时提出愿意支付给劳动者的工资水平。

(4)劳动者接受工资较高的工作。若两企业的工资相同，则通过掷硬币随机决定为谁工作。用 ω 表示劳动者接受工作时的工资水平。

在这个博弈中，劳动者的得益为 $\omega-c(\eta,e)$，其中 $c(\eta,e)$ 是能力为 η，受教育程度为 e 的劳动者供给劳动的成本；雇到该劳动者的企业的得益为 $y(\eta,e)-\omega$，其中 $y(\eta,e)$ 为能力为 η、受教育 e 的劳动者的产出水平；没雇到该劳动者的厂商的得益为 0。由于该博弈中劳动者选择受多少教育对厂商来讲是一个劳动者生产能力高低的信号，因此这是一个信号博弈问题。不过这个信号博弈中的信号接收方是两个而不是一个，这是一个三个博弈方之间有同时选择的两阶段不完全信息信号博弈。

由于未雇到劳动者的企业的得益(即利润)为 0，因此斯彭塞认为两企业之间的竞争会使企业的期望得益趋向 0，即企业的最佳策略就是让工资接近其产出水平。如果确定了这一点，那么市场上究竟是一个企业还是很多企业就无关紧要了，因为此时企业的行为与现

实中竞争性市场上的企业的行为是一致的。这里我们用单一企业模型来代替两个信号接受企业，我们可以先假设唯一企业的得益函数为$-[y(\eta, e)-\omega]^2$，因为在这个得益函数下，企业会选择尽可能接近$y(\eta, e)$的工资ω，以使得益逼近其最大值0。为了在假设有两个企业同时作为信号接收方的情况下，保证它们之间的竞争会使它们所出的工资率相当于劳动者的劳动生产率，还需要假设两企业观察到劳动者的受教育程度e以后，对劳动者的能力有相同的推断$p(H|e)$和$p(L|e)=1-p(H|e)$，或者说上述推断是这两个企业之间的共同知识。这样两企业愿意出的工资水平均为：

$$\omega(e)=p(H|e) \cdot y(H, e)+(1-p(H|e)) \cdot y(L, e)$$

由于精练贝叶斯均衡要求判断必须符合均衡策略和贝叶斯法则，因此只要自然选择劳动者能力高低的概率分布是共同知识，两企业的判断相同应该是不成问题的。

下面我们对模型中受教育程度e的具体含义来进一步地给予说明。一般来说，我们以学习年限作为受教育程度e的指标和量值，因为学习年限与工资率之间的正相关关系，在市场经济中一般总是成立的，并且学习年限较高的员工有较高的产出水平，也是一条容易为人们接受的一般平均规律。原因就是员工的受教育年限和成绩等对企业来说是反映其能力的一个信号，因为对于能力强的学生（未来的员工）来说，接受较多的教育，获得更好的成绩，选修更多的课程，获得更高的学历、学位，比能力差的学生要容易一些，实际成本低一些，因此他们会倾向于接受更多的教育、选修更多的课程和争取更好的成绩，并以此突出自己，表明自己的能力。相反，能力差的学生则会觉得受更多教育、获高学位、进名校和得好成绩都非常困难，实际成本太高，因此倾向于选择较低的教育程度，即对所有的e有：

$$Ce(L, e)>Ce(H, e)$$

其中$Ce(\eta, e)$表示能力为η、教育水平为e的劳动者接受教育的边际成本。

为了更容易理解上述博弈问题中劳动者的选择及其均衡，我们先简单讨论和这个问题相对应的完全信息博弈。完全信息博弈是指不仅劳动者自己知道自己的实际能力，而且两企业也都非常清楚，是它们之间的共同知识，而不只是劳动者的私人信息，设其为η。这时，两企业的竞争使得这个能力为η的劳动者如果受教育e，可得到工资$\omega(e)=y(\eta, e)$。该能力的劳动者选择的教育水平e满足：

$$\max_e[y(\eta, e)-c(\eta, e)]$$

设其最优解为$e^*(\eta)$，则$\omega^*(\eta)=y[\eta, e^*(\eta)]$。工资和教育水平之间的均衡如图7.2所示。图中的$\eta_0$、$\eta_1$、$\eta_2$是给定不同能力$\eta$的收入努力无差异曲线。

现在我们再回到劳动者的能力η是私人信息的不完全信息的情况。这种不完全信息给低素质能力的劳动者提供了伪装成高素质能力劳动者的机会，伪装的方法是接受较多的教育，这样做是否合算则取决于伪装的代价，也就是受更多教育的成本，与获得较高工资相比是否合算。这时可能会发生两种情况：

(1)当$\omega^*(L)-c[L, e^*(L)]<\omega^*(H)-c[L, e^*(H)]$时，低能力劳动者会选择接受较多教育，伪装成高能力。

(2)当在$\omega^*(L)-c[L, e^*(L)]>\omega^*(H)-c[L, e^*(H)]$时，即使可骗取企业的信任，并获得高工资，但仍然是得不偿失，低素质劳动者最好还是老实承认低能力，选择接受较

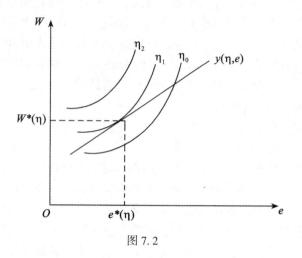

图 7.2

低工资，不应该盲目地追求高教育、高学历。

在这个不完全信息的博弈中，同样存在混同均衡、分离均衡和混合均衡。我们首先讨论它的混同精练贝叶斯均衡。

在这个博弈中混同均衡是指拥有不同素质能力类型的劳动者采用单一策略，即相同的教育水平的均衡。我们记这个相同的教育水平为 e_p。这时候劳动者的选择不能反映他们的素质能力，根据信号博弈要求 4，企业在观测到 e_{pi} 后的推断必须等于其先验推断，即推断 $p(H \mid e_p) = p(H)$，即劳动者受教育 e_p 的情况下高能力的概率与自然决定劳动者高能力的概率是相同的。

两企业在观察到 e_p 以后，根据上述判断，选择的均衡水平应为：
$$\omega(e_p) = p(H) \cdot y(H, e_p) + (1-p(H)) \cdot y(L, e_p) \tag{9}$$

精练贝叶斯均衡还要求企业设定当劳动者的教育是非均衡的 $e \neq e_p$ 时的判断和选择 $\omega(e)$，以及证明两类劳动者对企业的策略的最佳反应都是 $e = e_p$。为此，我们可以设企业在 $e \neq e_p$ 时判断劳动者肯定为低能力，即：
$$p(H \mid e) = \begin{cases} 0 & \text{当 } e \neq e_p \text{ 时} \\ p(H) & \text{当 } e = e_p \text{ 时} \end{cases} \tag{10}$$

企业的策略为：
$$\omega(e) = \begin{cases} y(L, e) & \text{当 } e \neq e_p \text{ 时} \\ \omega(e_p) & \text{当 } e = e_p \text{ 时} \end{cases} \tag{11}$$

其中 $\omega(e_p)$ 为(9)式所表达。

能力为 η 的劳动者的序列理性选择 e 应该满足：
$$\max_e [\omega(e) - c(\eta, e)] \tag{12}$$

该式的解很简单：只有当 $e = e_p$ 时工资 $\omega(e) = \omega(e_p)$，$e \neq e_p$ 时工资 $\omega(e) = y(L, e)$，而且 $\omega(e_p)$ 肯定大于 $y(L, e)$。因此，当 $\omega(e) - c(\eta, e_p) \geq y(L, e) - c(\eta, e)$ 时，劳动者选择 e_p，而且上述不等式逆转时，劳动者应该选择使 $y(L, e) - c(\eta, e)$ 取最大值的教育水

平。因此，上述不等式成立时，劳动者的选择是序列理性的，而如果两种类型劳动者的生产率、教育成本等都满足该不等式时，e_p 就是混同精练贝叶斯均衡策略。

在这里，能够构成混同精练贝叶斯均衡的教育水平 e_p 不是唯一的，而是可能有很多种，只要满足上述不等式，并使企业形成相应的判断就可以了。

现在我们再来看一下本博弈中的分离精练贝叶斯均衡。分离均衡意味着不同能力的劳动者选择不同的教育水平 $e^*(H)$ 和 $e^*(L)$。假设没有嫉妒的情况，就是说能力低的劳动者不羡慕乃至嫉妒高能力劳动者的工资水平，这时候劳动者选择的教育水平将反映出劳动者能力的类型。企业的判断是：

$$p[H \mid e^*(H)] = 1, \quad p[L \mid e^*(H)] = 0, \quad p[H \mid e^*(L)] = 0, \quad p[L \mid e^*(L)] = 1$$

如果考虑到教育水平不止高、低两种，则可将上述判断改为：

$$p[L \mid e^*(H)] = \begin{cases} 0 & \text{当 } e \leq e^*(H) \\ 1 & \text{当 } e \geq e^*(H) \end{cases} \tag{13}$$

企业的序列理性策略是：

$$\omega(e) = \begin{cases} y(L, e) & \text{当 } e \leq e^*(H) \\ y(H, e) & \text{当 } e \geq e^*(H) \end{cases} \tag{14}$$

因为 $e^*(H)$ 是高能力劳动者对工资函数 $\omega(e) = y(H, e)$ 的最佳反应，因此也是对企业策略的最佳反应。对低能力的劳动者，$e^*(L)$ 是他对反工资函数 $\omega(e) = y(L, e)$ 的最佳反应，当 $\omega'(L) - c(L, e^*(H)) \geq \omega^*(H) - c(L, e^*(H))$ 时，$e^*(L)$ 也是他对企业策略的最佳反应。因此在上述不等式成立的前提下，上述不同类型劳动者分别选择不同的教育水平，企业给出不同的工资，以及相应的判断，构成一个分离精练贝叶斯均衡。

下面我们再分析有嫉妒情况下的分离精练贝叶斯均衡。

现在，在有嫉妒情况下高能力劳动者不能简单地通过选择在完全信息下选取的教育 $e^*(H)$ 来获得高工资 $\omega(e) = y(H, e)$。设此时劳动者"发送"的教育水平为 e_s，这样为发送有关自己能力的信号，高能力劳动者必须选择 $e_s > e^*(H)$。这是因为低能力劳动者将以 $e^*(H)$ 与 e_s 之间的任何 e 值作为发送的教育水平信号，只要这样做可以骗取企业相信他具有高能力，他一定会发出较高信号 e。因此，由于社会上存在低能力劳动者以较高学历争取到高工资的可能，高能力的劳动者只能以更高的学历作为信号使企业认识到他的才华。

自然的分离精练贝叶斯均衡在形式上包含了劳动者的策略 $[e(L) = e^*(L), e(H) = e_s]$，$\mu(H \mid e^*(L)) = 0$，$\mu(H \mid e_s) = 1$ 以及企业的均衡工资成本

$$\omega[e^*(L)] = \omega^*(L)$$
$$\omega(e_s) = y(H, e_s)$$

支持上述均衡说法的企业在非均衡路径信息集上的得益是：

$$\mu(H \mid e) = \begin{cases} 0 & e < e_s \\ 1 & e \geq e_s \end{cases} \tag{15}$$

即，当 $e \geq e_s$ 时认为劳动者具有高能力，否则认为劳动者仅具有低能力。于是，企业的相应策略是：

$$\omega(e)=\begin{cases} y(L,\ e) & e<e_s \\ y(H,\ e) & e\geqslant e_s \end{cases} \tag{16}$$

给定这个工资函数之后，低能力劳动者对此有两个最优反应：老老实实地选取 $e^*(L)$ 以得到 $\omega^*(L)$；选取 e_s 以获得工资 $y(H,\ e_s)$。我们假定，选择适当的 e_s，使得低能力劳动者对这两种反应表示无所谓，从而他的选取将有利于 $e^*(L)$（一个可能的解释是，花了很大代价，低能力劳动者以高学历获得高工资，但总的得益并不增加，倒不如真实地以 $e^*(L)$ 获得 $\omega^*(L)$ 为好）。事实上，我们只要这样去求 e_s，使得：

$$y(H,\ e_s)-C(L,\ e_s)=y(L,\ e^*(L))-C(L,\ e^*(L)) \tag{17}$$

上式在一般情况下有解，因为劳动者的成本函数随 e 增长的速度将高于 y 的增长速度，因此，常能找到一个 e_s 使上式成立。现在来看高能力劳动者是否会偏离分离策略。由于 $e_s>e^*(H)$，而根据前面的分析，当 $e>e^*(H)$ 时，高能力劳动者的盈利呈下降趋势，故在这里，至少 $e>e_s$ 不是一个好的选择。当 $e<e_s$ 时，由(16)式，高能力劳动者也只能被企业认为是低能力而得到工资 $y(L,\ e)$，此时是否会有：

$$y(L,\ e)-C(H,\ e)\leqslant y(H,\ e_s)-C(H,\ e_s) \tag{18}$$

就成为分析的关键。回忆 e_s 的选择满足：

$$y(L,\ e^*(L))-C(L,\ e^*(L))=y(H,\ e_s)-C(L,\ e_s)$$

由于当 $e<e_s$ 时，低能力劳动者最优选择为 $e^*(L)$，因此当 $e<e_s$ 时，应有：

$$y(L,\ e)-C(L,\ e)\leqslant y(H,\ e)-C(L,\ e_s) \tag{19}$$

将(19)式改写为：

$$y(L,\ e)\leqslant y(H,\ e)-\{-C(L,\ e_s)-C(L,\ e)\} \tag{20}$$

注意到教育从 e 改善到 e_s，低能力劳动者将比高能力劳动者花费更多，因此：

$$C(L,\ e_s)-C(L,\ e)\geqslant C(L,\ e_s)-C(L,\ e) \tag{21}$$

利用(21)式代入(20)式得：

$$y(L,\ e)\leqslant y(H,\ e)-\{C(L,\ e_s)-C(L,\ e)\},\ 当 e<e_s \tag{22}$$

(22)式就是(18)式，这表明当 $e<e_s$ 时所有的 e 都不是高能力劳动者的好选择。这样我们实际上就证明了在有嫉妒情况下也存在分离精练贝叶斯均衡。

除了上述混同均衡和分离均衡这两种精练贝叶斯均衡以外，本博弈也存在混合策略的精练贝叶斯均衡，或称为"混合均衡"。混合均衡一般是高能力类型的劳动者选择同样的教育水平，而低能力类型的劳动者则随机地在与高能力劳动者相同的教育水平，以及某种不同的教育水平之间进行选择。

设高能力劳动者都选择教育 e_H^*，而低能力的劳动者则分别以概率 π 和 $1-\pi$ 在 e_L^* 之间随机选择。根据贝叶斯法则，企业符合劳动者策略的判断为：

$$p(H\mid e_H^*)=\frac{p(H)}{p(H)+(1-p(H))\cdot\pi}（观测到 e_H^* 后的推断）$$

$$p(L\mid e_H^*)=1-p(H\mid e_H^*)（观测到 e_H^* 后的推断）$$

$$p(H\mid e_L^*)=0（观测到 e_L^* 后的推断）$$

$$p(L\mid e_L^*)=1（观测到 e_L^* 后的推断）$$

这些判断反映了下列几个方面：

（1）由于高能力的劳动者总是选择 e_H^*，只有一部分低能力的劳动者选择 e_L^*，因此选择教育水平 e_H^* 的劳动者中高能力的比例比在所有劳动者中的比例要高，即 $p(H\mid e_H^*)>p(H)$。

（2）当 $\pi\to 0$ 时，只有很少低能力劳动者选择接受高教育水平，低能力劳动者几乎不会和高能力者混淆，因此 $p(H\mid e_H^*)\to 1$，即受教育程度基本能反映能力水平。

（3）当 $\pi\to 1$ 时，低能力劳动者也都倾向于接受高教育水平，几乎和高能力劳动者混同，$p(H\mid e_H^*)\to p(H)$，受教育程度几乎与能力水平无关。

为了使低能力劳动者愿意在 e_H^* 和 e_L^* 之间随机选择，给高教育水平劳动者的工资 $\omega^*(e_H^*)$ 和给低教育水平劳动者的工资 $\omega^*(e_L)=\omega^*(L)$ 必须满足

$$\omega^*(L)-c(L,\ e_L^*)=\omega^*(e_H^*)-c(L,\ e_H^*) \tag{23}$$

即低能力劳动者选择低教育水平的得益与选择高教育水平的得益相同。当然其中 e_L^* 是使 $\omega(L)-c(L,\ e_L)$ 取最大值的 e_L，而 e_H^* 是使高能力劳动者的得益 $\omega(e_H)-c(H,\ e_H)$ 取得大值的 e_H。

在给定劳动者的上述混合策略和企业的前述判断的情况下，企业的均衡策略为当劳动者受教育水平为 e_L^* 时，支付工资 $\omega^*(L)=y(L,\ e_L^*)$，而当劳动者受教育水平为 e_H^* 时，企业支付工资

$$\omega^*(e_H^*)=\frac{p(H)}{p(H)+(1-p(H))\cdot\pi}\cdot y(H,\ e_H^*)$$
$$+\frac{(1-p(H))\pi}{p(H)+(1-p(H))\pi}\cdot y(L,\ e_H^*) \tag{24}$$

因为不管劳动者选择的教育水平是 e_H^* 还是 e_L^*，在企业的策略和其相应的判断下，上述工资水平都等于产出水平或期望产出水平，因此是均衡的。对劳动者来说，在满足（23）式的前提下，给定企业的策略，前述混合策略也是他的最佳反应。这就证明了双方策略在前述判断下都是序列理性的，而且反过来判断的形成又符合均衡策略和贝叶斯法则，因此这是一个混合策略的精练贝叶斯均衡，或者说混合均衡。

第三节 空口声明博弈

在博弈论中存在一种言语博弈叫做"空口声明"（Cheep Talk），它是一口头表态，发话者说出某些话语无需某些成本，也无须承担某些责任，它不是"威胁"也不是"承诺"，但说话者说出它是有目的的。听者要分析他话中的含义，即要分析"空口声明"是真还是假。这里我们就来分析不完全信息动态博弈的经典例子——"空口声明"博弈。显然，这类博弈模型主要研究在有私人信息、信息不对称的情况下，人们通过口头或书面的声明传递信息的问题。在这类博弈中，博弈方的口头或书面声明既不需要成本，也没有约束作用，因此，就产生了声明博弈中信息的可信性问题，即博弈方的声誉。因此，我们也可以把"空口声明"博弈叫做声誉博弈。因为声明也是一种行为，会对接受声明者的行为和各方的利益产生影响，因此声明和对声明的反应确实可以构成一种动态博弈关系。由于声明者声明

内容的真实性通常是接受声明者无法完全确定的，因此接受声明者很难完全清楚声明者的实际利益，所以声明博弈一般是不完全信息的博弈，也就是动态贝叶斯博弈。

一、声明的信息传递

声明是我们日常活动中经常见到的一种行为。如一个人声言要报复另外一个人，中央银行宣布加息政策，各国的外交声明，战争中或战争之前各方发布的真假策略（如在海湾战争中，伊拉克对美国说：如果你打我们的话，我们将向以色列发射导弹），企业表达对竞争对手某项营销策略的立场，以及国家之间在军事方面的威胁恐吓，等等，都是发布声明的例子，都是声明博弈。在博弈论中也称为信号博弈。

声明对事物的发展及相关各方利益的影响，是通过影响声明接受方的行为来实现的，其对各方利益的影响是间接的影响，而不是由声明作用而产生的直接影响。因此，一个声明在实践中究竟能否产生影响，能够产生多大的影响及什么样的影响，取决于声明接受者如何理解这些声明、相信这些声明，以及采取怎样的行为反应等。

正如前面所说，由于声明几乎没有什么成本也没有任何约束，因此只要对声明者自己有利，声明者可以发布任何声明，声明内容的真实性显然是没有保证的。但是，一个声明发出后，声明的接受方又不可能视而不见，必须对其进行分析，然后采取自己的应对行为：置之不理还是采取相应的应对措施。因此，接受者是否应该相信声明者的声明，在什么情况下可以相信，并采取什么样的行为，声明究竟能否有效地传递信息，对这些问题的研究是非常有价值的。

比如，长期在中央电视台黄金时段做广告的企业传递的信号是：本企业经营效益持续良好！出示自己的高学历证书和各种获奖证书的求职者传递的信号是：我是一个优秀的应聘者。某些公司对其他公司的业务员采取不冷不热的态度，传递的信号是：我业务很多，不缺你这一家业务。故意装着要离开的顾客传递的信号是：把价格再降点，否则我走了。初恋时经常有事无事找不怎么合理的借口去找对方，其所传递的信号是：我对你有意思。

一般来说，当声明者和声明接受者利益一致或至少没有冲突时，声明的内容会使接受者相信。如公共汽车上，某人喊"前面堵车了"，这一声明肯定会让乘客相信，因为喊的乘客也会因堵车而无法前行；顾客在饭店声明自己的某种口味，饭店的厨师也会相信，因为顾客对口味的偏好跟他的利益没有冲突；医生说不可乱吃药，病人一般也会相信，因为这对病人有好处。在这些例子中，声明的信息得到了很好的传递。但当双方利益不一致时，口头声明就不一定能让对方相信。例如一个工人说"我的能力很高"往往是不可信的，因为高素质的工人意味着雇主必须付出高工资，而这是雇主所不愿意的；某大学校长说"明年上学不收学费"也是不可信的，因为这样的话，大学的收入就会减少，这时信息就不能有效传递。顾客喜欢买名牌产品，名牌传递的信号就是：质量好，服务好。企业招聘看重学历，因为学历容易甄别，比起能力的描述来相对可靠。

以企业招聘工人为例。假设工人按能力标准分析在[0，1]区间。一般来说，高学历工人的劳动生产率高，低学历工人的劳动生产率也低。因此，假设工人素质与劳动生产率的关系可以用图7.3表示。图中横轴反映工人学历，从左至右对应于一个学历从高到低的工人。设图中 PP' 代表各种学历工人对应的劳动生产率，劳动生产率与工人学历之间呈线性函数关系。

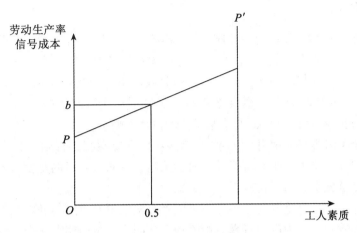

图 7.3　工人与劳动生产率的关系

　　工人的学历和相应的劳动生产率如图 7.3 所示。如果企业不运用任何信号机制,随机选择工人,那么所招工人的平均期望学历是 0.5,平均期望劳动生产率为 b,都属于平均水平。企业通常会运用信号机制,如对应聘者提学历要求或进行招工考试。设工人满足学历要求和通过考试的成本与工人的素质负相关,即成本是素质的线性减函数,如图 7.4 中的曲线 cc' 所示。

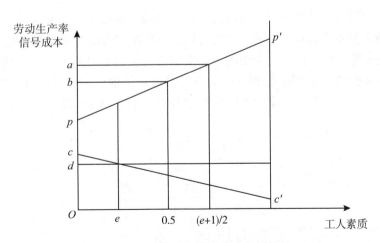

图 7.4　工人素质与劳动生产率的关系

　　假设到该企业工作的收益是 d,那么发出信号的成本低于 d 的工人,也就是素质高于 e 的人给企业发信号是合算的,有发信号的愿望,而素质低于 e 的人发信号的成本高于发信号的收益,因此没有发信号的意义。于是,企业最后录取的都是发出信号的高素质工人,这样企业通过采取上述学历要求作为筛选机制,就将素质低的人自然而然地排除掉,录用的工人的平均期望素质能够达到$(e+1)/2$，工人的平均期望劳动生产率为$a(a>b)$。

二、声明博弈

声明博弈涉及真实的策略选择和声明的策略决定。如当有人说"人不犯我，我不犯人；人若犯我，我必犯人"时，这含有什么意思呢？如果"别人犯我，我不犯别人"的话，别人会不断地犯我，我将不断地受到侵犯，这是我所不希望的；如果"别人不犯我，我犯别人"的话，我犯人的时候别人也会来犯我，这也不是我所期望的。因此，"人不犯我，我不犯人；人若犯我，我必犯人"的策略是我的占优策略。

同时，这个策略本身有信息"传递"的功能：你不要犯我，否则我肯定犯你；你不犯我，我也不会犯你。这里声明者将行动的可能策略告诉对方，目的是使双方避免出现不希望的结果，当然首先也是为了自己得益的最大化。

在声明博弈中，最为重要的是要弄清声明者真实的策略决定与其声明的策略决定。真实的策略决定，我们称之为声明者真的策略规定，因为它是声明者从个人得益的最大化的角度来确定的，声明者没有理由作出对自己不利的策略决定，而声明的策略决定本身也是一种策略，声明者通过这个行动来达到某种目的，声明的策略可以是真实的策略，也可能是假的。

因此，"人不犯我，我不犯人；人若犯我，我必犯人"是一种声称的策略决定。"如果天下雨，我将带伞"则是真正的策略决定。如果假设在可能策略下的得益，我们可以得到下面图7.5的得益矩阵。

其实，声明的策略决定首先是一种语言行动，而真正的策略决定不是语言上的。声称的策略决定是声明者向其他博弈者通过言语说出去的一种行为，它是行动者的一种行动。真正的策略决定是不需表达出来的，其他行动者有可能知道也有可能不知道，有时这种真正的策略决定是保密的。同时，声明的策略决定与真实的策略决定可以相同也可以不同。例如在"囚徒困境"中，被警察抓到的囚徒在警察设定了他们的得益矩阵后，他们就会分析出自己的策略决定，即：无论对方的策略选择是"坦白"还是"抗拒"，他的最优策略选择是"坦白"。

	敌方 犯	敌方 不犯
我方 犯	-1, -1	0, -3
我方 不犯	-3, 0	1, 1

图 7.5

图7.6是一个声明能够被相信，能够有效传递信息的另外一个声明博弈。在该声明博弈中发布声明的博弈方为"声明方"，接受声明的博弈方为"接受方"，前者是发布一个声明，后者是对该声明采取一个具体的行为。

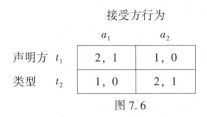

接受方行为

图 7.6

该博弈中的声明方有两种可能的类型 t_1、t_2，接受方有两种可能的行为 a_1、a_2，对于声明方的两种不同类型，接受方采取两种不同行为时双方的得益如图 7.6 所示，得益数组中第一个数字为声明方的得益，第二个数字为接受方的得益。假设此时声明的类型是完全真实的。

在该博弈中，声明方的 t_1 类型和 t_2 类型分别偏好于接受方的不同行为 a_1 和 a_2，因此两个博弈方的偏好具有完全的一致性。由于这种偏好的一致性声明方愿意让接受方了解自己的真实类型，接受方也完全相信声明方的声明。在这种情况下，声明就能有效地传递信息。

如果模型中的得益变成图 7.6 中的情况，声明的信息传递功能就会消失。

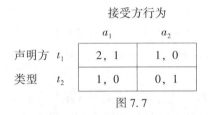

接受方行为

图 7.7

在图 7.6 的得益情况下，声明方的两种类型都希望接受方采用 a_1，而接受方只有在声明方的类型是 t_1 时才偏好 a_1，为了使接受方采取行为 a_1，声明方会声明自己的类型是 t_1，此时，接受方肯定不会相信声明方的声明。因此，当声明方的不同类型的偏好与接受方在声明方的类型的偏好不同时，声明是不可能有效传递信息的。

同样，在图 7.8 所示的得益中声明的信息传递作用也不会存在。

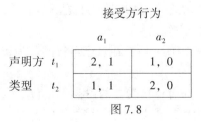

接受方行为

图 7.8

在图 7.9 所示的得益矩阵中，声明方的类型与接受方与之相对应的行为正好相反。此时声明的信息传递机制作用也不会存在。

接受方行为

声明方		a_1	a_2
	t_1	2, 0	1, 1
类型	t_2	1, 1	2, 0

图 7.9

通过上面的分析，我们可以得到要使声明起作用（即使声明博弈中声明能有效传递信息）的几个必要条件：

首先是不同类型的声明方必须对应于接受方的不同行为。如果所有类型的声明方都偏好接受方同样的行为，声明方就不可能作不同的声明，声明就不可能有效传递信息，图 7.8 展示的就是这种情况。只有当不同类型的声明方偏好不同的接受方行为时，声明方的声明才可能有信息传递作用，如图 7.5 所示的情况。

然后是对应声明方的不同类型，接受方选择的最优行为也不同，否则就意味着声明方的类型与接受方的行为无关，接受方完全可以忽视声明方的声明，声明也就不可能传递任何信息。

最后的条件是接受方的偏好必须与声明方的偏好具有一致性，或者说接受者所偏好的行为至少不会完全遭到声明者的反对。否则，此时不管声明方作了什么声明，接受方都会怀疑其真实性。

然而在现实的声明博弈中，声明方和接受方在偏好和利益关系上并不是只有上述完全一致、完全相反和无关这么简单，而是往往既有一定程度的一致性，又有很大的差异。这样，一个声明的信息传递作用、信息传递的程度和效率取决于双方偏好和利益一致程度的高低，而声明博弈研究的关键问题就是声明方和接受方偏好、利益的一致程度问题。

设声明博弈中的声明方有 I 种可能的类型，行为方有 k 种可能的行为，此种博弈的时间顺序可以表述为：

1. "自然"从可行的类型集合 $T = \{t_1, \cdots, t_I\}$ 中以概率分布 $p(t_1), \cdots, p(t_I)$ 随机抽取声明方的类型 t_i，其中 $p(t_i) > 0$，$\sum_{i=1}^{I} p(t_i) = 1$。

2. 声明方观察到 t_i 以后，从 T 中选择 t_j 作为自己声明的类型。当然 t_j 可以与 t_i 相同（即说真话），也可以与 t_i 不同（即说假话）。

3. 接受方在了解声明方的声明 t_j 后，在自己可行的行为集合 $A = \{a_1, \cdots, a_K\}$ 中选择行为 a_k。

4. 声明方的得益为 $u_s(t_i, a_k)$，接受方的得益为 $u_R(t_i, a_k)$。

此类声明博弈我们称之为离散声明博弈。该类声明博弈与一般不完美信息动态博弈有很大的相似性，差别只是声明方的行为只是一种对双方得益无直接影响的口头声明，但分析方法与一般的不完美信息动态博弈基本上是相同的，就是进行精炼贝叶斯均衡分析。

图 7.5 所示的声明博弈就是一个离散型声明博弈。在该博弈中，虽然接受方不能完全知道声明方的真实类型，但双方对声明方的不同类型和接受方不同行为下的双方得益都是清楚的。当博弈双方的偏好和利益完全一致，具有两种类型的声明方愿意声明自己的真实类型 t_i，而接受方也会相信声明方的声明，并采取偏好一致下的真实行为 a_i。这时，(t_i, a_i) 就构成一个纯策略精练贝叶斯均衡。

在图 7.7 和图 7.8 的得益矩阵对应的博弈中，其模型都是精练贝叶斯均衡，也就是不同类型的声明。这意味着在这两种情况下声明都是完全没有信息传递作用的。

下面我们讨论声明博弈的类型空间和行为空间都是连续的情况。

假设声明方的类型标准分布于区间 [0, 1] 上，即 $T=[0, 1]$。接受方的空间也是 0 到 1 之间的区间 $A=[0, 1]$。再设声明方的得益函数是 $U_s(t, a)=-[a-(t+b)]^2$，接受方的得益函数为 $U_R(t, a)=-(a-t)^2$。显然，当声明方的类型是 t 时，声明方最希望的接受方行为是 $a=t+b$，但对接受方来说此时最有利的行为是 $a=t$，显然，二者在得益函数上存在一个偏差 b，参数 b 正是反映双方偏好差距的参数。

由声明方和接受方的得益函数可以看出，不同类型的声明方偏好接受方的不同行为，具体来说，就是对较高的类型，其偏好的行动也较高，反之，则较低。而且对声明方的不同类型，行为方自己也偏好不同行为。另外，双方的偏好既不是完全对立的，也不是完全一致的，双方偏好的差异为 b。具体分析就是如果 $b>0$，那么 b 越小双方的偏好越接近，b 越大双方的偏好的差距就越大。当 b 接近于 0 时双方的偏好倾向于一致，此时声明的信息传递作用最强，这可以说是一种最理想，也是最特殊的情况。

克劳复得（Crawford）和索贝尔（Sobel）两个人曾证明，当 b 不等于 0 时，该模型所有的精练贝叶斯均衡等价于以下类型的部分混同均衡。这种均衡的基本特征是：类型空间 [0, 1] 被分成 n 个区间 $[0, x_1), [x_1, x_2), \cdots, [x_{n-1}, 1]$，属于同一区间类型的声明方都作同样的声明，而在不同区间中类型的声明方则作不同的声明。声明方采用这种分组的混同均衡策略时，最后形成的精练贝叶斯均衡称为"部分混同精练贝叶斯均衡"。部分混同均衡中可以分成的区间数越大，也意味着声明方通过声明对自己真实类型位置的反映也越精确，即声明的信息传递作用越强，n 趋向于无穷大时信息越接近充分传递。

下面我们将说明，给定反映双方偏好一致性程度的偏好参数 b，存在一个取决于 b 的能够在部分混同均衡中出现的最大区间数量，记为 $n^*(b)$，对每一个 $n=1, \cdots, n^*(b)$，都可以按某种方式将类型空间 [0, 1] 分成 n 个区间，在这 n 个区间上构造部分混同精练贝叶斯均衡。显然 b 越小，即一致性偏差程度越小，则 $n^*(b)$ 越大，信息传递越充分。当 b 趋向于 0 时，$n^*(b)$ 趋向于无穷大，信息接近充分传递。

为简单起见，我们先对 $n=2$ 时的两段均衡进行分析。假设将整个类型空间 $T=[0, 1]$ 分为 $[0, x_1]$ 和 $[x_1, 1]$ 两个区间，这样所有属于 $[0, x_1]$ 中类型的声明方的声明是相同的类型，而属于 $[x_1, 1]$ 中类型的声明方也是另外一个相同的类型，接受方在听到前一种声明时会判断声明方的类型均匀分布于 $[0, x_1]$ 上，在听到后一种声明时会判断声明方的类型均匀分布于 $[x_1, 1]$ 上。显然在前一种情况下，即接受到声明方发自区间 $[0, x_1]$ 的信息后，根据个人期望得益最大化的原理及分析方法，接受方此时符合自身利益最大化的最佳行为选择是 $x_1/2$，在后一种情况下，即接收到声明方发区间 $[x_1, 1]$ 的信息后，接受方也可以确定自己的最佳行为选择是$(x_1+1)/2$。

也就是说，声明方对接受方的上述判断和决策思路是完全清楚的，当声明方声明自己的类型分别属于$[0, x_1]$和$[x_1, 1]$两个区间时，接受方的行为必然分别为$x_1/2$和$(x_1+1)/2$。为使类型属于$[0, x_1]$的声明方愿意真实地选择自己的信号，即表明自己的类型，必须使得声明方在接受方的两个行为$x_1/2$和$(x_1+1)/2$之间，偏好$x_1/2$而不是$(x_1+1)/2$，即前者给$[0, x_1]$区间类型的声明方带来的得益一定要大于后者带来的得益。与此类似地，要使类型属于$[x_1, 1]$的声明方愿意真实地选择自己的信号，即声明自己的类型必须使得声明方在接受方的两个行为$x_1/2$和$(x_1+1)/2$之间偏好$(x_1+1)/2$而不是$x_1/2$，即后者给声明方带来的利益大于前者所带来的利益。根据假设的声明方的得益函数$U_s(t, a) = -[a-(t+b)]^2$，实现声明方最大得益的接受方的行为选择是$a=t+b$，也就是说接受方的行为离$t+b$越近，声明方的得益就越大，反之则越小，可见声明方的偏好是分布于$t+b$点两侧的。当t类型的声明方在$x_1/2$和$(x_1+1)/2$之间的中点大于$t+b$时，会偏好前者，而该中点小于$t+b$时，则会偏好后者。可见，要上述两部分混合均衡存在，x_1必须满足，小于x_1的类型都偏好$x_1/2$，大于x_1的都偏好$(x_1+1)/2$，因此对x_1所表示的类型t_1，声明方最喜欢的接受方行为x_1+b必须正好等于$x_1/2$和$(x_1+1)/2$的中点，如图7.9所示，即

$$x_1+b = \left(\frac{x_1}{2}+\frac{x_1+1}{2}\right)\Big/2$$

即：
$$x_1 = 0.5-2b$$

由于类型空间为$[0, 1]$且x_1必须大于零，即$0.5-2b>0$成立，于是有$b<0.25$，也就是说，当$b<0.25$时，两部分混合均衡才可能存在，如果$b \geqslant 0.25$，则因为双方的偏好相差太大，过于不一致，这种最低限度的信息传递也不可能存在，博弈只存在完全没有信息交流、声明完全无意义的混合精练贝叶斯均衡。

在图7.10中，$x_1/2$和$(x_1+1)/2$的中点$x_1/2+0.25$等于x_1+b。此时，类型位于$[0, x_1]$中的声明方不会偏好$(x_1+1)/2$，因为他偏好的行为小于x_1+b，而$x_1/2$离偏好的行为较近；类型位于$[x_1, 1]$中的声明方不会偏好$x_1/2$，因为他偏好的行为大于x_1+b，而$(x_1+1)/2$离最偏好的行为较近。此时属于上述两个区间类型的声明方的最佳选择就是真实地声明自己的类型。

下面，我们再来分析不在均衡路径上的声明方的声明问题。为此，我们介绍克劳复得和索贝尔设计的策略方案。克劳复得和索贝尔通过指定声明方的混合策略，来完全排除可能存在于非均衡路径上的声明，这种策略设计是：所有的$t<x_1$的类型声明方在$[0, x_1]$上以均匀分布随机选择一个类型作为"声明类型"（不一定是他的真实类型），而$t>x_1$的类型声明方则在$[x_1, 1]$中以均匀分布随机选择一个"声明类型"。这样均衡中就没有任何声明不在均衡路径上了。此时接受方的判断只需要满足精练贝叶斯均衡的要求3；当接受方在听到声明方的声明属于$[0, x_1]$时，他判断声明方的真实类型均匀分布于$[0, x_1]$；接受方听到声明方的声明是属于$[x_1, 1]$时，判断声明方的类型均匀分布于$[x_1, 1]$。显然，接受方的判断符合声明方的策略和贝叶斯法则，因此满足要求3（在声明方的混同策略中使用均匀分布于两个区间的概率，与原本真实类型落在两个区间的概率分布也是均匀分布之间并没有什么关系，其实声明方的混同策略也可以用任何其他分布，只要区间中所有点

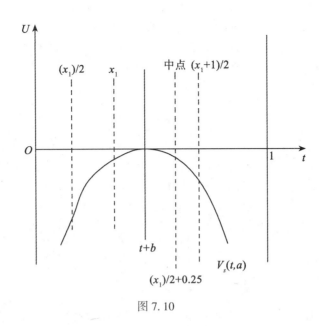

图 7.10

都可能被选中，就能把所有点都包括到均衡路径中来。)

　　在策略设计时，除了上述混同策略以外，我们也可以指定声明方采用纯策略，这时候就可能存在不在均衡策略路径上的声明了。例如令声明方的纯策略为"所有 $t<x_1$ 的类型都声明 0，$t \geq x_1$ 的类型声明 x_1"，并令接受方在观测到落在 $(0, x_1)$ 中的声明时，判断声明方的真实类型均匀分布于 $[0, x_1)$，观测到落在 $(x_1, 0]$ 上的声明时判断声明方的真实类型均匀分布于 $[x_1, 1]$。这样除了这两种声明的类型以外，两区间上其他所有类型都不在均衡路径上。

　　在上述两部分混同均衡声明中，由于接受方只是知道声明的真实类型属于两个区间中的哪一个，但具体在两个区间内的哪个位置仍然不清楚，因此，这种信息交流是比较有限的。现在我们设想，如果可以将声明方的类型空间分成更多个区间，并且能在这些区间的基础上构造更多部分的部分混同精练贝叶斯均衡，这样声明方就能把自己真实类型的位置表达得更清楚，接受方对声明方的类型也就了解得更精确，信息传递更充分。能否这样做的关键取决于 b 的大小，下面我们就来具体分析。

　　在两个区间的部分混合均衡中，区间 $[0, x_1)$ 比 $[x_1, 1]$ 要短 $4b$（$x_1 = 0.5 - 2b$，前一个区间的长度是 $x_1 - 0 = 0.5 - 2b$，后一个区间的长度为 $1 - x_1 = 0.5 + 2b$，前一个区间比后一个区间短 $4b$）。这一结果说明，给定声明的类型，对声明方而言，其最优行动 $(t+b)$ 比接收方的最优行动高出 b。如果相邻两区间的长度相等，两区间之间的临界类型就会严格偏好于选择与上面区间相对应的信号。使临界类型在两区间没有差别的办法就是恰当地使上面一个区间稍长于下面一个区间。该结论对分割为更多区间的部分合并均衡也是成立的。

　　下面我们来分析一个 n 段均衡。我们把区间划分为 n 个小区间，$[x_{k-1}, x_k]$ 是 n 个小区间之一，长度为 c，根据前面的分析，此时接受方与该区间相应的最优行为是

$(x_{k-1}+x_k)/2$。同上面的分析，要使临界处的 x_k 类型声明方偏好接受方的行为，必须使其行为在 $(x_{k-1}+x_k)/2$ 和 $(x_k+x_{k+1})/2$ 之间无差异，即

$$x_k+b=\frac{1}{2}\left(\frac{x_{k-1}+x_k}{2}+\frac{x_k+x_{k+1}}{2}\right)$$

因为 $(x_{k-1}+x_k)/2=x_k-c/2$，代入上式，得：

$$x_k+b=\frac{1}{2}\left(x_k-\frac{c}{2}+\frac{x_k+x_{k+1}}{2}\right)$$

化简得 $x_{k+1}-x_k=c+4b$。也就是说，后一个区间的长度正好比前一个区间长 $4b$。

在把类型区间 $[0,1]$ 分成的 n 个小区间中，如果第一个区间的长度为 d，则第二个区间长度必须为 $d+4b$，第三个区间的长度为 $d+8b$，依此类推。由于该 n 个小区间的总长度等于 1，于是有：

$$\begin{aligned}d+(d+4b)+\cdots+[d+(n-1)\cdot(4b)]\\=nd+4d[1+2+\cdots+(n-1)]\\=nd+n(n-1)\cdot(2b)=1\end{aligned}$$

对于任何一个满足 $n(n-1)\cdot(2b)<1$ 的 n，都存在满足上述等式的 d。也就是说，对于任何满足条件 $n(n-1)\cdot(2b)<1$ 的 n，都存在一个 n 个区间的部分混合均衡，并且其第一个区间的长度为满足上述等式的相应的 d 值。从该关于 n 的一元二次不等式中可解得，部分混同均衡可以分成的最大区间个数 $n^*(b)$ 必须小于 $[1+\sqrt{1+2/b}]/2$，该结果与前面两区间均衡中的结论是一致的，即当 $b\geq1/4$ 时，$n^*(b)=1$，表明声明方和接受方的偏好过于不一致时，双方之间的信息交流完全不可能发生；当 b 趋向于 0 时，$n^*(b)$ 趋向于无穷大，也即信息接近充分交流，声明方接近能声明自己的真实类型；只有当 b 等于 0，即双方偏好完全一致时，信息才可能完全交流。

第四节　不完全信息下的谈判博弈

在前面第三章我们曾经讨论过一个工会和企业之间关于工资和雇用的博弈，在该博弈中博弈双方的信息都是完全且完美的。然而，现实中工会和企业之间的博弈问题，信息往往并不是完全的，尤其是工会一般很难完全了解企业盈利或亏损的真实情况。现在，我们讨论在劳资双方已发生严重对立（如罢工）的情况下，双方之间必须通过谈判限期达成协议，工会和企业之间的谈判是不完全信息动态博弈的问题。

假设企业的利润 π 是企业的私人信息，工会无法知道其真实情况，只知道是均匀分布于区间 $[0,\pi_h]$，假设员工不被企业雇用就会失去全部收入，没有自雇机会，即收入为 0。为简单起见，假设企业和工会之间只进行两回合的讨价还价，每个回合都是先由工会提出工资水平 ω_1 要求，博弈结束时工会的收益为 ω_1，企业的收益为 $\pi-\omega_1$，否则博弈进入第二个回合，工会给出第二个工资要价 ω_2。如第二个回合企业不接受，则表示企业不再雇用工会的工人；若在第二个回合双方达成协议，则双方的得益都要打折扣，折算成第

一个回合达成协议得益的折算系数为 δ，这表示晚达成协议对双方都有代价。

此时，第二个回合达成协议后工会的得益为 $\delta\omega_2$，企业的得益为 $\delta(\pi-\omega_2)$，如果企业拒绝工会的第二个要价 ω_2，即第二个回合仍达不成协议，则博弈结束，双方得益均为 0。

在本博弈中，推断精练贝叶斯均衡比较复杂，但最终的结果都比较简单。我们首先直接给出该博弈唯一的精练贝叶斯均衡：

1. 工会第一个回合的工资要价水平为 $\omega_1^* = \dfrac{(2-\delta)^2}{2(4-3\delta)}\pi_h$。

2. 如果企业的利润 π 超过 $\pi_1^* = \dfrac{2-\delta}{4-3\delta}\pi_h$，则企业接受 ω_1^*，否则拒绝 ω_1^*。

3. 如果第一个回合的工资要求被拒绝，工会将对企业利润的推断修改为均匀分布于 $[0, \pi_1^*]$，于是第二个回合要求的工资水平为 $\omega_2^* = \dfrac{1}{2}\pi_1^* = \dfrac{1}{2}\left(\dfrac{2-\delta}{4-3\delta}\right)\pi_h$。

4. 如果企业的利润 π 超过 ω_2^*，则接受该工资要求水平，否则继续拒绝。

在上述均衡中，每个回合谈判都是高利润企业接受工会的工资，而低利润的企业则遭拒绝。工会在第二个回合时的推断反映出工会相信高利润企业在第一个回合时将会接受工会的要求。在该均衡中，低利润的企业会忍受第一阶段的罢工以迫使工会降低第二个回合谈判时的工资要求。不过如果利润太低，则即使是较低的工资要求，企业也无法满足，只能再次拒绝。

现在我们来分析上述策略组合，为什么会是本博弈中企业和工会的精练贝叶斯均衡。我们用逆向归纳法的思路，先从第二个回合谈判开始企业的选择。假设在第一个回合谈判中，企业已经拒绝了工会的要求，对企业来说，第二个回合谈判是最后的机会，如果拒绝意味着得益为 0，因此只要 $\pi>\omega_2^*$，就一定会选择接受，而不管第一个回合的 ω_1^* 是多少。此时企业的得益为 $\delta(\pi-\omega_2^*)>0$。

现在我们来看第二个回合工会的选择。首先，工会知道企业在该阶段的选择方式，即企业以 $\pi>\omega_2^*$ 是否成立作为选择标准；其次，工会此时推断企业的利润是标准分布于 $[0, \pi_1]$ 的（π_1 的值在第一回合讨论，它可以为任何值）。因此，工会选择的 ω_2^* 要使自己的期望得益最大化，即：

$$\max_{\omega_2}(\omega_2 \cdot p_{2a}+0 \cdot p_{2r})$$

其中 p_{2a} 和 p_{2r} 分别是企业接受和拒绝 ω_2 的概率。$p_{2a}=p\{\pi>\omega_2\}$ 和 $p_{2r}=\{\pi\leqslant\omega_2\}$。根据工会对企业利润的判断，$p_{2a}=p\{\pi>\omega_2\}=(\pi_1-\omega_2)/\pi_1$，而 $p_{2r}=\{\pi\leqslant\omega_2\}=\omega_2/\pi_1$。上述最大值问题于是变为：

$$\max_{\omega_2}\left[\omega_2\left(\dfrac{\pi_1-\omega_2}{\pi_1}\right)\right]$$

工会的最优工资要价水平为 $\omega_2^*=\pi_1/2$。因此，如果谈判进行到第二回合，并且企业接受要求，则双方的得益为：工会 $\delta\pi_1/2$，企业 $\delta(\pi-\pi_1/2)$。

现在我们回到第一回合谈判，对企业来说，由于他知道如果谈判进行到第二回合，所能够得到的最大得益是 $\delta(\pi-\pi_1/2)$。如果工会第一回合的工资要价为 ω_1^*，并且企业希望其在第二回合的工资要价为 ω_2^* 的得益为 $\sigma(\pi-\omega_2)$，则第一回合企业选择接受 ω_1^* 的条件，是选择接受的得益 $\pi-\omega_1\geq\delta(\pi-\pi_1/2)$。整理得：

$$\pi\geq\frac{\omega_1^*-\delta\pi_1/2}{1-\sigma}$$

即企业的利润 π 等于上述不等式时，选择接受 ω_1^*，否则不接受。

因此，上述不等式的右边就是我们前面所说的 π_1，令：

$$\pi_1=\frac{\omega_1^*-\delta\pi_1/2}{1-\sigma}$$

解得：

$$\pi_1=\frac{2\omega_1^*}{2-\delta}$$

现在我们就把该博弈简化成了工会的单个回合的最优化问题。由于工会了解到了企业在第一回合的上述决策方式及第二回合的最优反应，因此，工会在第一回合谈判中所选择的工资 ω_1^*，应该是使自己的期望得益最大，即满足：

$$\max_{\omega_1}\left[\omega_1\cdot p_{1a}+\delta\omega_2(\omega_1)\cdot p_{2a}+\sigma\cdot o\cdot p_{12}\right]$$

其中 p_{1a} 表示第一个回合企业接受 ω_1 的概率：

$$p_{1a}=\frac{\pi_h-\pi_1}{\pi_h}=\left[\pi_h-2\omega_1/(2-\delta)\right]/\pi_h=\left[(2-\delta)\pi_h-2\omega_1\right]/(2-\delta)\pi_h$$

而 p_{2a} 表示第一回合拒绝但第二回合接受的概率：

$$p_{2a}=p_{1r}\cdot p_{2r}=\frac{\pi_1}{\pi_h}\cdot\frac{\pi_1-\omega_2}{\pi_1}=\frac{\left(\dfrac{2\omega_1}{2-\sigma}-\dfrac{\omega_1}{2-\sigma}\right)}{\pi_h}=\frac{\omega_1}{\pi_h(2-\sigma)}$$

$$=2\omega_1/(2-\delta)\cdot(\pi_1-\pi_1/2)/\pi_1=\omega_1/(2-\delta)$$

p_{12} 为第一回合和第二回合均拒绝的概率。代入上式得：

$$\max_{\omega_1}\left(\omega_1\frac{(2-\delta)\pi_h-2\omega_1}{2-\delta}+\delta\frac{\omega_1}{2-\delta}\frac{\omega_1}{2-\delta}\right)$$

$$=\max_{\omega_1}\frac{(2-\delta)^2\pi_h\omega_1-2(2-\delta)\omega_1^2+\delta\omega_1^2}{(2-\delta)^2}$$

解之，得：

$$\omega_1^*=\frac{(2-\sigma)^2}{2(4-3\sigma)}\pi_n$$

把 ω_1^* 代入上述各式得出 π_1^*，ω_2^* 等，就是开始我们给出的策略组合中的数值，这就证明了该策略组合在相应判断下满足精练贝叶斯均衡的序列理性要求，而且该精练贝叶斯均衡关于判断的几个要求也完全满足。因此，上述策略组合和相关判断是本博弈唯一的精练贝叶斯均衡。本博弈过程可以用图7.11阐释。

在本博弈中，$\omega_L=0$。

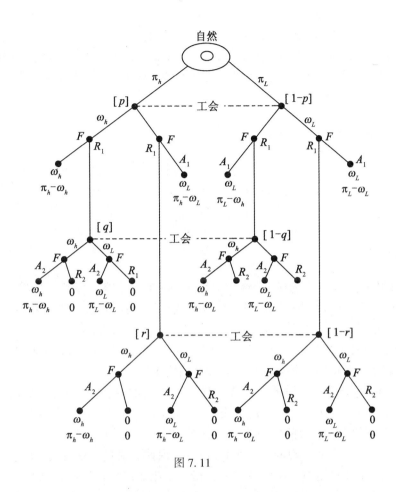

图 7.11

第五节　不完全信息下的声誉模型

在重复博弈分析中，我们已经得到过一般性结论：在完全信息条件下，如果阶段博弈有唯一的纳什均衡，那么，无论博弈重复多少次，只要重复的次数是有限的，那么有限次重复博弈存在的唯一子博弈精练纳什均衡是每个博弈方在每次博弈中选择静态均衡战略，即有限次重复不可能导致参与人的合作行为。以囚徒困境博弈为例，该阶段博弈有唯一的纳什均衡(坦白，坦白)，在有限次重复囚徒博弈中，每次都选择"坦白"是囚徒的最优策略。然而，这一理论结果似乎与人们的直觉并不一致，大量的实验或实践表明，令警方头痛的是在有限次重复囚徒困境中的"抗拒"经常性地发生。1982 年由克雷普斯(Kreps)、米尔格龙(Milgrom)、罗伯特(Roberts)和威尔逊(Wilson)所建立的声誉(Reputation Model)模型(又称为 KMRW 模型)通过将不完全信息引入重复博弈，对这种现象提供了合理的解释。他们证明，一个博弈方对其他博弈方的得益函数和策略空间的不完全信息对均衡结果有深刻的影响，合作在有限次博弈中有可能出现，只要博弈重复的次数足够长(没有必要是无限的，在无限次重复博弈中，合作是可以发生的）。

下面我们就来分析有限次重复囚徒困境中的 KMRW 模型。

假定囚徒 1 有两种类型：理性的（Rational）或非理性的（Irrational），概率分别为（1−P）和 P。再假定囚徒 2 只有理性一种类型，理性的囚徒可以选择任何战略，阶段博弈的得益矩阵如图 7.12 所示。

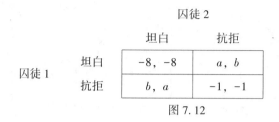

图 7.12

非理性的囚徒 1，只能选择"针锋相对"（Tit-for-Tat）策略，即开始选择"抗拒"，然后在 t 阶段选择囚徒 2 在 t−1 阶段的选择（你抗拒我也抗拒，你坦白我也坦白）。我们考虑有限次重复博弈的情况，假设只考虑两个阶段，此时博弈的顺序为：

1. 自然先为囚徒 1 选择一种类型，囚徒 1 明白自己的类型，囚徒 2 不知道。囚徒 2 只知道囚徒 1 属于理性的概率是（1−P），非理性的概率为 P。

2. 两个囚徒进行第一阶段博弈，博弈双方在这一阶段的选择为公共知识。

3. 第一阶段博弈结束后，双方进行第二阶段博弈，也是最后一个阶段。

4. 囚徒双方的得益是每阶段博弈的现值之和（不考虑时间因素）。

需要说明的是，上面所说的"非理性"并不是说博弈者的行为是非理性的，即不追求效用的最大化，而是说他有一类特殊的得益函数。比如在"市场进入"博弈中，"非理性囚徒"可理解为低成本的在位者。因此，"非理性"囚徒只是对具有不同于我们熟悉的行为方式的囚徒的概括，如讲义气重信用的"囚徒"，具有合作精神的"囚徒"等，"理性"囚徒只是对我们已经熟悉的"囚徒"及其行为的一个简单描述，如非合作型的"囚徒"、具有机会主义倾向的"囚徒"。显然"囚徒"的这些行为特征往往是"囚徒"的典型特征，也是我们所感知的"囚徒"的一般特征。同时，我们假设非理性的囚徒 1 只有一种策略，只是为了分析的方便。我们其实仍然可以假定非理性的囚徒 1 还有其他可行的策略。之所以假定其只有"针锋相对"这一种策略，是因为一旦囚徒 1 偏离了该策略，就显示出他是"理性的"。这样在此假设下，我们就可以只分析理性囚徒的策略选择。

为使图 7.12 成为囚徒困境的得益矩阵，我们假定 b<−8，a>−1。我们从第二阶段博弈开始运用逆向归纳法进行分析。为方便起见。我们用 C（Confess）表示"坦白"，D（Deny）表示抗拒。则当 T=2，即单独考虑最后阶段囚徒的困境时，理性的囚徒 1 和囚徒 2 都将选择 C，这是因为 C 严格优于 D，而非理性囚徒 1 的选择依赖于囚徒 2 在第一阶段的选择。对于理性囚徒 1 来说，他考虑到在第二阶段囚徒 2 肯定选择 C，因此自己没有理由在第一阶段选择 D，而也会和囚徒 2 一样选择 C，而且这一选择也不会影响囚徒 2 在第二阶段的选择。在第一阶段，根据前面的假设，非理性囚徒 1 的策略是选择 D。由于囚徒 2

不知道囚徒 *1* 的真实类型，即到底是非理性的还是理性的，因此，假定其在第一阶段的行动为 $x(x$ 可取 C 和 D)，我们只需要考虑囚徒 2 在第一阶段的选择下，他们选择将影响非理性因徒 1 在第二阶段的选择，此时博弈情况如图 7.13 所示。

	$t=1$	$t=2$
非理性囚徒 1	D	x
理性囚徒 1	C	C
囚徒 2	x	C

图 7.13

如果 $x=D$，则因徒 2 的期望得益为

$$[(-1)p+b(1-p)]+[a \cdot p+(-8)(1-p)]$$

其中第一项是第一阶段的期望得益，第二项为第二阶段的期望得益。

如果 $x=c$，则囚徒 2 在第一阶段的期望得益为 $a \cdot p+(-8)(1-p)$，在第二阶段的期望得益为 -8，因此，当

$$[(-b)p+b(1-p)]+[a \cdot p+(-8)(1-p)] \geqslant [a \cdot p+(-8)(1-p)]-8$$

即 $$-p+(1-p)b \geqslant -8 \qquad\qquad (1)$$

时，因徒 2 将选择 $x=D$。若 $b=-10$，则 $p \geqslant \dfrac{2}{9}$，即如果囚徒 1 属于非理性的概率不小于 2/9，则因徒 2 将在第一阶段选择抗拒。在下面的讨论中，我们不妨假设 $[-p+(1-p)b] \geqslant -8$ 总是成立。

现在我们考虑博弈重复三次 $(T=3)$ 的情况。如果理性囚徒 1 和因徒 2 在第一阶段都选择 D，即合作，则第二、三阶段的均衡路径与图 7.13 相同 $(x=D)$，于是三次重复的博弈的路径如图 7.14 所示。

	$t=1$	$t=2$	$t=3$
非理性囚徒 1	D	D	D
理性囚徒 1	D	C	C
囚徒 2	D	D	C

图 7.14

要使图 7.14 构成三次重复博弈的均衡，必须考虑囚徒 2 与理性囚徒 1 在第一阶段采取合作策略的充要条件是什么。

首先考虑理性囚徒 1 在第一阶段的策略。首先，当博弈重复三次时，C 不一定是理性囚徒 1 在第一阶段的最优选择，因为当囚徒 2 选择 D 时，尽管选择 C 在第一阶段可能得 a

单位的最大支付，但这样会暴露出他是理性的，因徒 2 在第二阶段就不会选择 D，理性囚徒 1 在第二阶段的最大支付是(-8)。如果选择 D，不暴露自己是理性的，则理性囚徒 1 可能在第一阶段得到(-1)，第二阶段得到 0。

　　因此，在图 7.13 的路径中，给定因徒 2 在第一阶段的选择，如果理性囚徒 1 选择 D，因徒 2 则将在第二、三阶段选择策略(D，C)，理性囚徒 1 的期望得益为

$$-1+a-8=a-9$$

　　如果理性囚徒 1 在第一阶段选择 C，暴露了其理性特征，因徒 2 将在第二、三阶段均选择策略 C，则理性囚徒 1 的期望得益为

$$a+(-8)+(-8)=a-16$$

　　由于 $a-16<a-9$，因此理性囚徒 1 的最优选择是 D，而没有动力偏离图 7.13 所示的策略。

　　对于因徒 2 来说，他有三种策略可以选择，分别是第一、二阶段选择策略 D，第三阶段选择 C。如果理性囚徒 1 在第一阶段选择 D，第二、三阶段选择 C，则因徒 2 在三个阶段分别选择上述策略的得益为

$$(-1)+[(-1)p+b(1-p)]+[a \times p+(-8)(1-p)]$$

　　如果因徒 2 在三个阶段的策略选择均为 C，博弈路径如图 7.15，此时因徒 2 的期望得益为：

$$a+(-8)+(-8)=a-16$$

	$t=1$	$t=2$	$t=3$
非理性因徒 1	D	C	C
理性囚徒 1	D	C	C
因徒 2	C	C	C

图 7.15

　　假定：

$$(-1)+(-1)p+b(1-p)+a \cdot p+(-8)(1-p) \geqslant a-16$$

则因徒 2 将在第一、二阶段偏离 C，而按照图 7.14 的博弈路径进行。由于已假定条件(1)式成立，因此因徒 2 不取图 7.14 所示的偏离方式的充分条件可以写成

$$-1+p \cdot (8+a) \geqslant a \qquad (2)$$

　　如果因徒 2 在第一、三阶段选 C，第二阶段选择 D，即在第一阶段发生偏离而取 C，但在第二阶段却又取 D 时，博弈路径如图 7.14 所示，此时因徒 2 的期望得益为：

$$[(a+b+a)p+(a+b-8)(1-p)=(a+b)+a \cdot p-8(1-p)]$$

同样，如果：$(-1)+(-1)p+b(1-p)+a \cdot p-8(1-p) \geqslant (a+b)+a \cdot p-8(1-p)$

则因徒 2 仍将在第一、二阶段选 D，第三阶段选择 C，而不会发生上述的偏离，因此，因徒 2 不发生如图 7.16 所示的偏离的充分条件为：

$$a+b \leqslant -9 \qquad (3)$$

	$t=1$	$t=2$	$t=3$
非理性囚徒 1	D	C	D
理性囚徒 1	D	C	C
囚徒 2	C	D	C

图 7.16

综合上述分析，如果关系式（1）、（2）、（3）同时成立，则图 7.13 所示的策略组合就是一个精练贝叶斯均衡，即理性囚徒 1 在第一阶段选择策略 D，然后在第二、三阶段选择策略 C；囚徒 2 在第一、二阶段选择策略 D，然后在第三阶段选择策略 C。

对于每一个给定的 $p\in(0,1)$，a 和 b 必须同时满足（1），（2）和（3）式才能使图 7.13 所示的策略组合成为精练贝叶斯均衡。如果 $p\to0$，则（1）式趋于 $b\geqslant-8$，（2）式趋于 $a\leqslant-1$，与前面关于 $b<-8$，$a>-1$ 的假设条件不符。表示当 $p\to0$ 时，满足上面三个条件的 a 与 b 的可能性将越来越少。

在以上的讨论中，我们假定只有关于囚徒 1 的类型是私人信息。在此假设下，如果上述三个条件关系式不满足，则合作均衡不可能作为精练贝叶斯均衡出现。因为如果囚徒 2 在 $t=T-1$ 阶段不选择策略 D，在 $t=T$，即使非理性囚徒 1 也不会选择策略 D，从 $t=T-2$ 期开始的博弈类似于一个重复两次的博弈，囚徒 2 在 $t=T-2$ 阶段也不会选择策略 D，因此，囚徒 2 在任何阶段都不会选择策略 D，这里的所谓合作均衡（Cooperative Equilibrium）表示的是 T 次重复囚徒困境中如下的精练贝叶斯的均衡，即理性囚徒 1 和囚徒 2 从博弈开始至 $T-2$ 次重复全部选择合作，并在其后的第 $T-1$ 次和第 T 次重复时遵循图 7.12 所示的路径。囚徒 1 也不会选择策略 D。此时，唯一的精练贝叶斯均衡就是静态博弈纳什均衡的重复。

如果假设两个囚徒的类型都是私人信息，即每个囚徒都是理性的，但理性的概率不是 1，也就是说存在一定概率 $p(p>0)$ 程度上的非理性，那么，无论 p 是多么地小（但必须为正数），只要博弈重复的次数足够多（但不是无限多次），那么合作均衡就可能会出现。例如，非理性囚徒选择前面说到过的"冷酷策略"：开始时选择合作（即策略 D）直到对方在第 t 阶段背叛（即策略 C）为止，然后从第 $t+1$ 阶段开始选择策略（直到最后阶段）。例如对于囚徒 1，如果他在第一阶段 $t=1$ 时就选择策略 C，从而暴露出自己是理性的，那么，从 $t=2$ 阶段开始，两个囚徒都将选择 C 直到最后阶段策略 C 进行报复，而且有给对方以改正错误的机会，此时，理性囚徒 2 也将会选择 C。在囚徒 2 作如此选择的条件下，理性囚徒 1 的最优选择也只是 C，其最大期望得益为：

$$a+(-8)+\cdots+(-8)=a-8(T-1)$$

如果理性囚徒 1 的策略是：在博弈的一开始就选择策略 D 直到最后的 T 期，如果囚徒 2 在 t 阶段选择策略 C，那么理性囚徒 1 从第 $t+1$ 期开始选择 C 直到 T 期结束。如果囚徒 2 是非理性的，理性囚徒 1 从该策略中的得益为 $(-1)T$；如果囚徒 2 是理性的，理性囚徒 1 的最小得益是 $[6+(-8)(T-1)]$。因此，理性囚徒 1 从该策略中得到的期望得益为：

$$P(-T)+(1-P)[b+(-8)(T-1)]$$

如果
$$P(-T)+(1-P)[b+(-8)(T-1)]>a+(-8)(T-1)$$

即
$$T>\frac{[a-b+p(b+8)]}{7p}$$

成立，说明该策略优于从一开始就选择 C 的策略。

如果我们令 $a=0$，$b=-10$，则 $T>\frac{(10-2p)}{7p}$，令 $T^*=\frac{(10-2p)}{7p}$，显然 T^* 随 p 的增大而递减。如当 $p=0.1$ 时，$T^*=14$；当 $p=0.01$ 时，$T^*=142$，这表明，博弈在重复次数足够多的情况下，即使很小的不确定性也将会导致合作发生。于是我们有下列 KMRW 定理。

KMRW 定理：在 T 次重复囚徒博弈中，如果每个囚徒都有概率 $p(p>0)$ 的可能是非理性的（即选择"冷酷策略"），如果 T 足够大，那么存在 $T_0(T_0<T)$，使得下列策略组合构成一个精练贝叶斯均衡：所有理性囚徒在 $t<T_0$ 阶段选择相互合作（共同抗拒），在 $t>t_0$ 阶段选择不合作（坦白）；且非合作阶段（即背叛阶段）$(T-T_0)$ 数量的大小只与 p 及阶段博弈的盈利有关而与博弈重复的次数 T 无关。

KMRW 定理告诉我们，即使 p 非常小，但这个小小的不确定性却有着巨大的影响。KMRW 定理直观解释是，尽管每一个囚徒在选择合作时有可能遭遇其他囚徒不合作的风险，并进而得到一个较低的现阶段支付，但如果该囚徒在一开始就选择不合作，就暴露了自己非合作的类型，这样就可能遇到其他囚徒的"冷酷策略"，从而失去获得长期合作收益的可能。因此，在博弈开始的时候，每一个博弈方都想树立一个合作形象，即使他们本性上并不愿意合作。当博弈快要结束时，如果当期及随后几期的得益无关紧要，博弈者才会一次性地把自己过去建立的声誉利用干净，即选择不合作。如一个快要退休的国企领导，为了在最后几年获得退休后良好的生活条件，而不惜贪污、受贿，晚节不保，毁了一生的声誉，这就是所谓的"五十九现象"。

利用 KMRW 定理可以很好地解释我们曾经说到过的"市场进入"博弈及生活中大量的博弈问题。在该博弈中，市场在位者选择"斗争"策略类似于囚徒博弈中的"抗拒"策略（即大家共同合作，一起"抗拒"），"默许"策略则类似于囚徒博弈中的"坦白"（即双方没有合作，只是基于个人理性的最大化而选择"坦白"），如果市场进入者对在位者的成本函数不完全明白，即使市场在位者是高成本的（类似囚徒困境中的理性囚徒）也可能选择"斗争"策略以建立一个低成本形象，阻止进入者进入。

第六节　四种均衡概念的比较分析

在前面七章关于博弈论理论的分析中，我们分别介绍了完全且完美静态信息博弈、完全完美信息动态博弈、重复博弈、完全但不完美信息动态博弈、不完全信息静态博弈和不完全信息动态博弈。应该说，关于博弈论的基本内容我们到现在基本上都介绍给大家了。在关于这些基本内容的分析中，我们到目前为止，一共介绍了四个基本的博弈均衡概念，它们是纳什均衡（Nash Equilibrium）、子博弈精练纳什均衡（Subgame Perfect Nash Equilibrium）、贝叶斯均衡（Bayesian Equilibrium）和精练贝叶斯均衡（Perfect Bayesian

Equilibrium)。对这四个均衡概念，如果不作仔细分析，也许我们可能会认为每一个均衡概念对应于一种不同类型的博弈，彼此间都是完全不同的新概念，从而增加对这几个概念理解上的难度。因此，我们在这里对这四个均衡概念进行一下归纳分析和总结。事实上，这四个均衡概念是密切相连的。

博弈分析的目的是预测博弈的结果，正如我们说纳什均衡具有一致预测的性质一样。一个比较简单的博弈中的合理行为在另一个比较复杂的博弈中可能是完全非理性，不合情理的。因此，适用于简单博弈的均衡概念(如完全且完美信息博弈中的纳什均衡)却不一定适合较为复杂的博弈(如不完全信息动态博弈)，这样，随着博弈理论分析的不断深入，由较简单的博弈进入较复杂的博弈的时候，就需要引入更加严格的限制条件以强化原来的均衡概念，每一个新的均衡概念的相继引入正是为了剔除依据原有概念可能得出的不合理的博弈结果。当我们将完全且完美信息静态博弈中的纳什均衡概念应用到完全且完美信息动态博弈时，发现纳什均衡在动态博弈中包含着不可置信的威胁和承诺，为了剔除这些不可置信的威胁和承诺，我们就需要引入比纳什均衡适应性更加严格的子博弈精练纳什均衡概念，子博弈精练纳什均衡强化了纳什均衡。同样地，把纳什均衡引入不完全信息静态博弈时，纳什均衡已不再适用，而需要引进贝叶斯均衡这一新概念；当我们将贝叶斯均衡应用于不完全信息动态博弈时，我们发现贝叶斯均衡概念存在着同样的问题，需要进一步引进一个新的均衡概念——精练贝叶斯均衡，精练贝叶斯均衡是上述四个均衡概念中要求最严的均衡概念：博弈方的行动不仅在整个博弈上构成贝叶斯均衡，而且在每一个后续子博弈上构成贝叶斯均衡，并且博弈方必须根据贝叶斯法则修正信息。精练贝叶斯均衡强化了贝叶斯纳什均衡。

其实，精练贝叶斯均衡在不完全信息静态博弈中等价于贝叶斯纳什均衡，在完全且完美信息动态博弈中等价于子博弈精练纳什均衡，在完全信息静态博弈中等同于纳什均衡。四个均衡之间的这种关系，我们可以用图 7.17 的集合关系图表示。

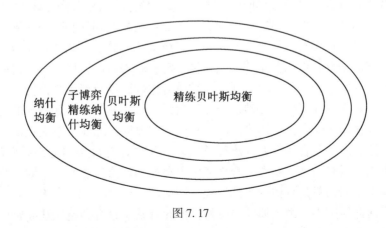

图 7.17

其中，每一个适用于较小集合的均衡概念也适用于对应较大集合的均衡概念，但反之不成立。

第八章　静态合作博弈

　　一般来说，博弈论可以分为合作博弈（Cooperative Games）与非合作博弈（Non-Cooperative Games），现代大多经济学家谈到的博弈论往往指的是非合作博弈论，很少提到合作博弈论，甚至很多博弈论教材也未曾提到合作博弈。实际上，合作博弈的出现和研究比非合作博弈要早，早在1881年，Edgeworth在他的《数学心理学》一书中就已经体现了合作博弈的思想。在冯·诺依曼（J. Von Neumann）与摩根斯特恩（O. Morgenstern）合著的《博弈论与经济行为》中也是用了大量的篇幅讨论合作博弈，而在非合作博弈中仅仅讨论了零和博弈（Zero-Sum Game）。而博弈论的早期开创者们，如纳什（John Nash）、夏普利（L. Shapley）、海萨尼（J. C. Harsanyi）、泽尔腾（P. Selten）和奥曼（R. Aumann）等人对非合作博弈与合作博弈均做出了奠基性贡献。20世纪后期，由于信息经济学的发展，非合作博弈在研究不对称信息情况下市场机制的效率问题中发挥了重要的作用，从而使得非合作博弈相对于合作博弈在经济学中占据了主流地位。从理论研究的发展来看，从20世纪50年代至今，非合作博弈得到了广泛的研究与应用，进入21世纪以来，合作博弈开始越来越受到理论界的重视，已经成为博弈论研究的一个热点问题。2005年诺贝尔经济学奖授予美国经济学家托马斯·谢林（Thomas Schelling）和以色列经济学家罗伯特·奥曼（Robert Aumann），以表彰他们在合作博弈方面的巨大贡献。

　　合作博弈的运用研究主要涉及企业、城市、区域经济以及国家之间的合作等多个方面问题。虽然这些分析所针对的合作问题类型不同，研究重点或在于阐明合作的内在逻辑，或在于揭示合作的动因，但是研究结果则有助于加强企业的相互联系、完善城市的合作模式、推动区域经济合作实践、促进国家之间的经济交往。其中，企业合作博弈研究主要集中于电力、农产品企业合作以及企业并购、供应链管理等方面；城市合作博弈研究主要集中于城市合作博弈阶段的划分、城市联盟与城市合作障碍以及城市合作博弈的实现途径等方面；区域经济合作博弈研究主要涉及长江三角洲、珠江三角洲各区域内的合作博弈以及东西部地区的合作博弈等方面；国家间的合作博弈主要以东北亚、东亚地区为研究对象。

　　与非合作博弈不同，合作博弈的解种类繁多，几乎针对每类问题都有专门定义的解，但是没有一种能够具有纳什均衡在非合作博弈中那样的地位。然而，不同的解所体现出的基本思想都是一致的，只是具体的表达形式不同而已。

　　在非合作博弈情况中，由于博弈中的每位博弈者基于自身利益往往导致两败俱伤的不利局面，因而这个在非合作的情况下的局面是远离帕累托最优的，这使得我们不能不问：合作是可能的吗？在本章中，我们首先介绍静态合作的基本概念，然后再介绍各种静态合作博弈的不同解法，包括核心（Core）与稳定集（Stable Sets）、沙普利值（Shapley Value）、谈判集（Negotiation Sets）、内核（Kernel）与核仁（Nucleolus），我们还举出了静态合作在现实经济方面的各种解法的应用例子。

第一节　合作博弈的基本概念

一、几个例子

为了更好地帮助我们了解合作博弈到底在现实中可以解决什么样的经济方面的问题，我们首先来看看以下的几个例子。

【例1】

市 场 博 弈

有3个工人(分别记为工人1、工人2和工人3)带了 $m=4$ 个商品(咖啡、茶、糖和牛奶)作为上午茶之用。假设工人1带了两杯咖啡，但是他喜欢喝加了牛奶的茶；工人2带了一杯茶，但是他喜欢喝加了糖的咖啡；工人3带了两份糖和牛奶，但是他喜欢加了牛奶和糖的咖啡。他们在交换之前所持有的物品可以表示为：

$$w^1=(2,\ 0,\ 0,\ 0),\ w^2=(0,\ 1,\ 0,\ 0),\ w^3=(0,\ 0,\ 2,\ 2)$$

他们各自的效用函数可以表示为：

$$u_1(x)=\min\{x_2,\ x_4\},\ u_2(x)=\min\{x_1,\ x_3\},\ u_3(x)=\min\{x_1,\ x_3,\ x_4\},$$

这里，向量 x 表示每个工人可以得到的原料(糖和牛奶)的数目，$u_i(x)$ 表示工人 i 可以交换到的饮料(包括牛奶、茶、咖啡)的杯数。

如果他们之间是可以相互交换的，那么最终的均衡分配(Equilibrium Allocation)应该是怎样的呢？

【例2】

三大汽车公司之间进行的市场博弈

现有通用汽车公司(G)、本田汽车公司(H)和大众汽车公司(V)三大汽车公司，它们正在酝酿它们之间的所有可能的联盟，并且估计这些联盟一旦真正达成后给各自来带的收益。显然，这将会出现5种可能性。下面用"分割函数" F(Partition Function)列出了这5种可能性，其中向量的每一个元素依次代表联盟给G、H、V带来的得益(Payoffs)。

$$F(\{\{G\},\ \{H\},\ \{V\}\})=(1,\ 2,\ 3),\ F(\{\{G\},\ \{H,\ V\}\})=(1,\ 4,\ 4)$$
$$F(\{\{H\},\ \{G,\ V\}\})=(1.5,\ 2,\ 5),\ F(\{\{V\},\ \{G,\ H,\}\})=(4,\ 4.2,\ 3)$$
$$F=(\{\{G,\ H,\ V\}\})=(1,\ 2,\ 4)$$

试问上述几种分割当中哪一种分割最有可能会出现？

【例3】

三个城市修建水库的成本分摊博弈

假设有3个城市(分别记为1，2，3)，计划修建一个城市用水系统以便利用公共的水库资源(用 Y 表示)。这三个城市都必须通过管道系统连接到水库。在城市之间以及在每个城市与水库之间铺设管道的成本如表 8.1 所示(单位：百万美元)。

显然，根据成本结构进行简单计算，我们可以得到修建用水系统的成本最小的方法是先从水库到城市 1，然后再从城市 1 分别到城市 2 和城市 3，这样，总铺设成本是 18+15+12=45。现在的问题是如何在这三个城市之间分摊这一成本？

表 8.1   铺设管道的成本

水库/城市 ＼ 城市	1	2	3
Y	18	21	27
1		15	12
2			24

【例 4】

3 个村庄合作修建电视接收塔的成本分摊博弈

有 3 个村庄合作在一个附近山峰上修建了一座电视接收塔，并用通信电缆将信号传送到 3 个村庄。设电视接收塔所在地为 0，3 个村庄的所在地分别为 1、2、3。任意两地之间架设通信电缆的成本费用标注如图 8.1，单位为万元。

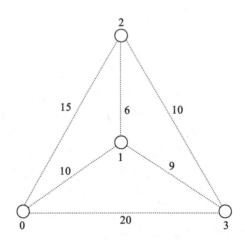

图 8.1 架设通信电缆的成本费用

若暂不考虑电视接收塔和信号中转站的成本费用。只考虑通信电缆的架设成本，我们可以清楚地看到，只须在(0，1)之间、(0，2)之间和(1，3)之间架电缆，就可以满足传输信号的要求，总成本是 25 万元。现在问题是，这 25 万元的总成本应该在这 3 个村庄之间如何分摊？

【例5】

货郎担博弈

一位加拿大的经济学教授计划访问美国的 3 所大学：波士顿的麻省理工学院、纽约的纽约大学和新泽西的普林斯顿大学。此次访问的总路费 1 600 美元由这三所大学承担。为了公平地分摊这笔费用，应该考虑的是其他访问方案的费用结构：假设单独访问每一所大学的费用都是 800 美元；访问纽约大学和普林斯顿大学的总费用是 1 000 美元；访问麻省理工学院和纽约大学，或者访问麻省理工学院和普林斯顿大学的总费用都是 1 400 美元。那么，应该按照何种顺序依次访问这三所学校使总成本最小，并且这 3 所大学各应该承担多少路费呢？

显然，从上述几个例子中我们可以看出，合作博弈并不仅仅是一种纯粹的博弈，还是解决实际经济方面问题的一种思想和方法，因此，"解"是合作博弈论中非常重要的概念。下面我们首先介绍合作博弈，然后在后面的几节中将具体的对各种静态合作博弈的不同解法进行介绍，并且介绍如何应用这些静态合作博弈的不同解法来解决现实中的经济问题。

二、合作博弈的刻画

在描述合作博弈的定义及其性质之前，我们首先来看一个被大家熟知的鹰鸽博弈的例子，该博弈的支付（或报酬）矩阵如图 8.2 所示。

参与者 2

		鸽态	鹰态
参与者 1	鸽态	10 000, 10 000	0, 10 001
	鹰态	10 001, 0	1, 1

图 8.2　支付矩阵

显然，此博弈是一个占优策略均衡，即（鹰态，鹰态）。也就是说，无论对手采取合作的鸽态还是不合作的鹰态，博弈者只要采取鹰态不合作的策略，对于该博弈者来说总是有利的，因此，每位博弈者基于自身利益的考虑都会采取不合作的鹰态策略，而在此种均衡的情况下，每位博弈者都只会得到双方合作下的万分之一的支付。然而，如果双方能够达成一个具有约束力的协议，那么，参与博弈的每位博弈者都会采取合作的鸽态策略，并且每位博弈者各得 10 000 个单位的支付。显然，此种情况下的结果是帕累托最优的。也就是说，只要博弈双方之间存在具有约束力的协议，参与博弈各方便能够同心协力，使整体达到最优局面。

在 1950 年到 1953 年间，纳什发表了四篇有关博弈论的重要文献（纳什，1950a，1950b，1951，1953），文献中很清楚地对合作博弈与非合作博弈进行了界定，他所用的界定条件就是博弈者之间是否具有约束力的协议。他认为如果一个博弈当中的博弈者能够达成具有约束力的协议，那么此博弈便是一个合作博弈，反之，则称为一个非合作博弈。

根据纳什的这一界定条件，由于合作博弈中存在具有约束力的协议，因此，每位博弈者都能够按自己的利益与其他部分的博弈者组成一个小集团，彼此合作以谋求更大的总支付。我们称这些小集团为联盟（Coalition），而由所有博弈者组成的联盟则称为总联盟（Grand Coalition）。因此，对有 n 个局中人参与的博弈，即 $N=\{1, 2, \cdots, n\}$，我们称集合 N 的任何一个子集 S 为一个联盟。

定义 1：设博弈的局中人集合为 $N=\{1, 2, \cdots, n\}$，则对于任意 $S\subseteq N$，我们称 S 为 N 的一个联盟。这里，允许取 $S=\phi$ 和 $S=N$ 两种特殊情况，我们把 $S=N$ 称为一个大联盟。

若 $|N|=n$，则 N 中联盟个数为 $C_n^0+C_n^1+C_n^2+\cdots+C_n^n=2^n$。正式的合作博弈的定义是以特征函数（Characteristic Function Form）$<N, v>$ 的形式给出的，简称博弈的特征性，也称联盟型（Coalitional Form）。

定义 2：给定一个有限的参与人集合 N，合作博弈的特征型是有序数对 $<N, v>$，其中特征函数 v 是从 $2^N=\{S \mid S\subseteq N\}$ 到实数集 R^N 的映射，即 $<N, v>$：$2^N\to R^N$，且 $v(\phi)=0$。

v 是 N 中的每个联盟 S（包括大联盟 N 本身）相对应的特征函数，$v(S)$ 表示如果联盟 S 中参与人相互合作所能获得的支付。在合作博弈中，支付可能是得益，也可能是成本（负效应）。如果这总得益是可以被瓜分的，我们则称它为可转移的（Transferable）；反之，则称为不可转移的（Non-Transferable）。

显然，根据上述定义，合作博弈可以分为支付可转移的合作博弈（Cooperative Games with Transferable Payoff）和支付不可转移的合作博弈（Cooperative Games with Non-Transferable Payoff）。一般来说，支付可转移的合作博弈主要是联盟型博弈，或更准确地称为支付可转移的联盟型博弈（Coalitional Game with Transferable Payoff），此种类型的博弈是冯·诺依曼与莫根斯特恩（1994）奠基的。

定义 3：一个支付可转移的联盟型博弈是由一个有限的博弈者集合 N 和一个定义在集合 N 的函数 v 所组成的，而这函数 v 对集合 N 当中的每一个可能的非空子集 S 都会进行赋值，其值为一个实数，我们用 $<N, v>$ 来表示一个博弈，而函数 v 为每一个集合 $S\subseteq N$ 所赋的值则称为 S 的联盟值（Coalition Worth）。

为了确保每位博弈者都愿意组成总联盟，合作博弈论一般要求支付可转移的联盟型博弈为有结合力的。

定义 4：一个支付可以转移的联盟型博弈 $<N, v>$ 是有结合力的（Cohesive），当且仅当，对于集合 N 的每个分割物（Parithion），即 $\{S_1, S_2, \cdots S_m\}$，且 $\bigcap_{j=1}^{m} S_j=\phi$，以下的关系式都成立：

$$v(N) \geqslant \sum_{j=1}^{m} v(S_j)$$

根据上述定义，我们可以得知，在一个具有结合力的支付可转移的联盟型博弈中，如果我们把总联盟 N 分成 m 个不相交的小联盟，那么，这 m 个小联盟的得益的总数是绝不会大于总联盟的得益的。由于这些博弈中的支付都是可转移的，因此，总联盟型的情况必定是帕累托最优的。在很多情况下，为了使得每位博弈者有更大的意欲组成总联盟，合作博弈论更会要求博弈具有可超加性（Supper-Additivity）或是超可加的（Supper-Additive）。

定义 5：在一个支付可转移的联盟型博弈$<N，v>$中，如果对于任意的 $S，T \in 2^N$，且 $S \cap T = \phi$，有 $v(S) + v(T) \leqslant v(S \cup T)$，那么，我们称该合作博弈$<N，v>$是超可加的（Supper-Additive）；如果对于任意的 $S，T \in 2^N$，且 $S \cap T = \phi$，有 $v(S) + v(T) \geqslant v(S \cup T)$，那么，我们称该合作博弈$<N，v>$是次可加的（Sub-Additive）；如果对于任意的 $S，T \in 2^N$，且 $S \cap T = \phi$，有 $v(S) + v(T) \equiv v(S \cup T)$，那么，我们称该合作博弈是$<N，v>$是可加的（Additive）。

根据上述定义，我们可以看出，在一个超可加的支付可转移的联盟型博弈中，如果我们把总联盟 N 分成两个不相交的小联盟，那么这个小联盟的得益的总数是绝不会大于总联盟的得益的，而如果把从总联盟中分出来的任何一个小联盟再分成两个不相交的更小的联盟，那么，这两个更小的联盟的得益的总数绝不会大于该小联盟的得益。也就是说，如果一个支付可转移的联盟型博弈是超可加的，那么它便是有结合力的，但一个有结合力的支付可转移的联盟型博弈却不一定是超可加的。

直观地讲，如果一个博弈是超可加的，就意味着"整体大于部分之和"。也就是说，如果两个互不相交的联盟能够实现某种剩余，那么这两个联盟联合起来也至少可以实现这种剩余，超可加博弈是现实生活中很普遍的一类博弈。为了更直观地了解这一性质，我们来看 1997 年 Imma Curiel 给出的一个例子。

【例 6】

利 润 分 配

假设有五个人 A、B、C、D、E，决定合资建厂。每个人或是以人力资本投资，或是以资金投资。经过认真的可行性研究，建成后的合资公司年利润为 100 单位（单位：10 000美元）。现在的问题是如何将这 100 单位的利润在 5 个人中合理地分配？

对于这个问题，从表面上来看将总利润进行平均分配（即每人 20 单位）似乎是一个合理的分配方案。但通过进一步的分析表明，如果 D 和 E 单独组建联盟进行合作建厂，其年利润为 45 单位，大于 D 和 E 在大联盟（即 5 个人合作建厂）所分配到的 40 单位。同样，A、B、C 发现，如果他们 3 人单独建厂，只能实现年利润 25 单位。这样，A、B、C 自然希望 D 和 E 留在大联盟中。因此，他们决定分给 D 和 E 46 单位，而把剩下的 54 单位在 A、B、C 3 人中平分。显然，这样还是不行，因为 C、D、E 发现他们 3 人单独建厂的年利润为 70 单位，大于在大联盟中得到的 64 单位（46+18），而 A、B 没有足够的资金自行建厂。因此，A 和 B 不得不分给 C、D、E 71 单位，而把剩下的 29 单位在 A 和 B 中平分。如果 C、D、E 将 71 单位利润平分的话，又会产生另一个问题。由于 B、D、E 3 人合作建厂的年利润为 65 单位，就使得刚才那个分配又变得不可行。因为 $65 > 2 \times \frac{71}{3} + \frac{29}{2}$。那么，他们该怎么办呢？

为了简单起见，我们记 $A = 1$，$B = 2$，$C = 3$，$D = 4$，$E = 5$，即 $N = \{1，2，3，4，5\}$。我们将此博弈的特征函数形式列在表 8.2 中。该表列出了每个可能的联盟可能获得的总利润。

表 8.2　　　　　　　　　　　　　　**各合作方案下联盟获得的总利润**

S	$V(S)$	S	$V(S)$	S	$V(S)$	S	$V(S)$
{1}	0	{1, 5}	20	{1, 2, 4}	35	{3, 4, 5}	70
{2}	0	{2, 3}	15	{1, 2, 5}	40	{1, 2, 3, 4}	60
{3}	0	{2, 4}	25	{1, 3, 4}	40	{1, 2, 3, 5}	65
{4}	5	{2, 5}	30	{1, 3, 5}	45	{1, 2, 4, 5}	75
{5}	10	{3, 4}	30	{1, 4, 5}	55	{1, 3, 4, 5}	80
{1, 2}	0	{3, 5}	35	{2, 3, 4}	50	{2, 3, 4, 5}	90
{1, 3}	5	{4, 5}	45	{2, 3, 5}	55	{1, 2, 3, 4, 5}	100
{1, 4}	15	{1, 2, 3}	25	{2, 4, 5}	65	ϕ	0

通过观察表 8.2，我们就会发现，当任意两个联盟的交集为空集的时候，这两个联盟中的所有参与人组成的新联盟的总利润总不小于原先的两个联盟的利润之和。因此，这种博弈就是前面我们所讨论的超可加博弈。

另外，我们发现此博弈还满足一个更强的性质：凸性（Convex）。也就是说，如果两个联盟（交集不一定为空集）联合起来，那么这两个联盟中的所有参与人组成的联盟所获得的总利润与其交集的联盟获得的利润之和，不小于原先的两个联盟的利润之和。关于凸性的定义如下：

定义 6：在合作博弈 $<N, v>$ 中，若对于任意的 $S, T \in 2^N$，满足以下条件：

$$v(S) + v(T) \leq v(S \cup T) + v(S \cap T)$$

则称特征函数 v 具有凸性，相对应的博弈称为凸博弈。

从上述定义中可以看出，参与人对某个联盟的边际贡献随着联盟规模的扩大而增加。也就是说，在凸博弈中，合作是规模报酬递增的。显然，特征函数满足凸性的一定满足超可加性。特征函数的凸性表示联盟越大，新成员的实际贡献就越大。下面我们做出简要的阐述：

设 $S = \{1, 2, \cdots, m\} \subseteq N$，对于任意 $K \subseteq S$，有某一成员 $m+1 \in N$ 被称为新加入的成员，记 $T = K \cup \{m+1\}$。由定义 1.6 有：

$$v(\{1, 2, \cdots, m\}) + v(K \cup \{m+1\}) \leq v(\{1, 2, \cdots, m+1\}) + v(\{K\})$$

则有：

$$v(K \cup \{m+1\}) - v(\{K\}) \leq v(\{1, 2, \cdots, m+1\}) - v(\{1, 2, \cdots, m\})$$

也就是说，新成员 $m+1$ 加入到联盟 S 后边际贡献要大于或等于新成员与联盟 S 的任何子联盟 K 所组合产生的边际贡献，即新成员的边际贡献越来越大。

定义 7：一个合作博弈 $<N, v>$，若特征函数满足下面的两个条件：

$$v(\{i\}) = 0, \quad i = 1, 2, \cdots, n$$
$$v(N) = 1$$

则称该博弈为 (0, 1) 标准化博弈。

(0, 1) 标准化博弈主要是为了简化证明过程而假设的，要求单个参与人不会产生任何得益，而大联盟所产生的得益标准化为1。

第二节 核心与稳定集

下面，我们将首先介绍个体理性和集体理性，然后再分别介绍合作博弈的两个解法概念——核心和稳定集。

一、个体理性和集体理性

在介绍个体理性和集体理性之前，我们先看看以下一个简单的三人联盟型博弈：

$$v(\Phi) = 0; \ v(\{i\}) = 0; \ i = 1, \ 2, \ 3; \ v(\{1, \ 2\}) = 0.2$$
$$v(\{1, \ 3\}) = 0.4; \ v(\{2, \ 3\}) = 0.4; \ v(N) = v(\{1, \ 2, \ 3\}) = 1$$

在这个 3 人联盟型博弈中，空的联盟的联盟价值是零，而由任何一位博弈者独自组成的联盟价值也是零，这说明没有一位博弈者可以单靠自己保证获得高于零的支付。此外，由任何两位博弈者所组成的联盟的联盟价值都大于零，这表示该联盟在任何情况下也能确保得益，而总联盟的价值则是一个单位。也就是说，博弈者 1 和博弈者 2 所组成的联盟的联盟价值是总联盟价值的 1/5，而博弈者 3 和博弈者 1 或博弈者 2 所组成的联盟的价值都是总联盟价值的 2/5。显然，这个博弈是标准化的联盟型博弈，而且是超可加的。

当一个博弈具有超可加性，那么便只有组成总联盟才能最优化所有博弈者的总得益。在一个支付可转移的联盟型博弈 $<N, v>$ 中，我们可以用一个支付向量（Payoff Vector）$x = (x_1, x_2, \cdots, x_i, \cdots, x_n)$ 来代表瓜分这总得益的方案，而这向量当中的 x_i 则是博弈者 i 组成联盟后所分得的支付。我们用 $x(N)$ 表示在这个支付向量中，每位博弈者所能获得的支付的总和。

由于每位博弈者都是理性的，所以一个能为所有博弈者接受的支付向量必定既符合联盟的集体理性，又符合每位参与联盟的博弈者的个体理性，而一个同时符合集体理性和个体理性的支付向量则称为一个分配（Imputation）或有效的分配（Valid Imputation）。下面我们对集体理性和个体理性给出如下定义：

定义 8：在一个支付可转移的联盟型博弈 $<N, v>$ 中，支付向量 $x = (x_1, x_2, \cdots, x_n)$ 是符合集体理性的，当且仅当，每位博弈者所分得的支付的总和等于总联盟的价值，即

$$x(N) = \sum_{i \in N} x_i = \sum_{i=1}^{n} x_i = v(N)$$

由于所有博弈者的总支付实现了最优化，因此，我们称之为集体理性或集体最优（Group Optimality）。

另外，定义 8 中的支付向量 $x = (x_1, x_2, \cdots, x_i, \cdots, x_n)$ 又称为 N 可行的支付向量（N-Feasible Payoff Vector），当且仅当联盟 S 是非空的，并且每位博弈者所分得的支付的总和等于联盟 S 的价值，即 $x(S) = \sum_{i \in S} x^i = v(S)$，$S \neq \Phi$。

定义 9：在一个支付可转移的联盟型博弈 $<N, v>$ 中，支付向量 $x = (x_1, x_2, \cdots, x_i, \cdots, x_n)$ 是符合个体理性的，当且仅当，每位博弈者所分得的支付都比各自为政时高，即 $x_i \geqslant v(\{i\})$，$i \in N$。

作为一个理性的参与人，在评价某个分配方案时，都会把参与到联盟中所能分配到的

支付与离开联盟单干所能获得的收益相比较，如果每位博弈者各自为政时收获的得益比参与联盟分得的支付更多，他就宁愿离开联盟。反之，则会参与到该联盟中，此时，称该联盟中的支付向量是符合个体理性的。

在一个支付可转移的联盟型博弈$<N, v>$中，支付向量$x = (x_1, x_2, \cdots, x_i, \cdots, x_n)$称为一个分配或有效的分配，当且仅当，它是符合个体理性和集体理性的。

定义 10：一个支付可转移的联盟型博弈$<N, v>$的分配集（Imputation）$I(v)$定义为：

$$I(v) \equiv \{x \in R^n \mid x(N) = v(N)\}，且对于 \forall i \in N，都有 x_i \geqslant v(\{i\})。$$

从上述定义中可以看出，$I(v)$是所有符合个体理性和集体理性的分配方案x的集合。

下面，我们通过一个简单的例子来直观地理解分配集的含义。

假设有一个 3 人参与的博弈$<N, v>$：$v(1) = v(3) = 0$，$v(2) = 3$，$v(1, 2, 3) = 5$，对于其他$S \subseteq N$，$c(S) = 0$。因此，此博弈的分配集就是以$f^1 = (2, 3, 0)$，$f^2 = (0, 5, 0)$，$f^3 = (0, 3, 2)$为顶点的三角形（如图 8.3）。

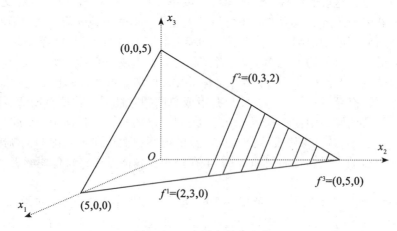

图 8.3　三人博弈的分配集

有了上述对集体理性、个体理性和分配的概念的界定，我们不难发现，在一个联盟型博弈中，能够符合个体理性和集体理性的分配是非常多的。一个支付向量$x = (x_1, x_2, x_3)$只要符合$x_1 + x_2 + x_3 = 1$，$x_i \geqslant 0$，$i = 1, 2, 3$，便是一个有效的分配。

二、核心

在这一小节中，我们将首先介绍核心（Core）的概念，然后再介绍它的特性以及它在实际经济方面的应用。

1. 核心的概念

在上一小节中，我们介绍过一个简单的三人联盟型博弈：

$$v(\Phi) = 0；v(\{i\}) = 0，i = 1, 2, 3；v(\{1, 2\}) = 0.2；$$
$$v(\{1, 3\}) = v(\{2, 3\}) = 0.4；v(N) = v(\{1, 2, 3\}) = 1$$

我们知道，这个博弈中存在无数个分配，但是并非每个分配都是稳定的，如$x = (0, 1, 0)$便属于不稳定的分配。虽然说这个分配符合个体理性和集体理性，但博弈者 1 和博弈者3仍然不会接受它，因为他们可以脱离总联盟 N，并组成一个新的联盟，即 $S = (\{1, 3\})$，然后瓜分一个比他们的分配总和大的联盟价值，即 $v(\{1, 3\}) = 0.4 \geqslant x_1 + x_2$。另外，分配 $x = (0.1, 0.05, 0.85)$ 也属于不稳定的分配，因为博弈者 1 和博弈者 2 可以脱离总联盟 N，并组成一个联盟 $S = (\{1, 2\})$，然后瓜分一个比他们的分配总和大的价值，即 $v(\{1, 2\}) = 0.2 \geqslant x_1 + x_2$。

也就是说，在一个稳定的分配下，由于组成一个新联盟并不能使该博弈者组合获取更大的得益，任何博弈者组合都不会脱离总联盟，我们把这些稳定的分配的集合称为核心，它是合作博弈的一个主要解法，下面我们对核心给出如下的定义：

定义 11：一个支付可转移的联盟型博弈 $<N, v>$ 的核心 $C(v)$ 是一个集合，当中包含所有能满足以下两个条件的支付向量 $x = (x_1, x_2, \cdots, x_i, \cdots, x_n)$：

(1) $x(N) = v(N)$

(2) $x(S) \geqslant v(S)$，$\forall S \subset N$

根据上述定义，核心不仅要满足集体理性，还要满足集合 N 中每个小联盟 S 的"理性"。否则，联盟 S 的成员的整体支付便没有最优化。也就是说，只要通过脱离总联盟 N，然后成立新的联盟 S，那么新联盟 S 的成员便能够瓜分一个比他们的分配的总和大的联盟价值。因此，核心是一个不仅能满足个体理性和集体理性，而且能满足每个联盟的"理性"的集合。

为更好地理解核心的概念，我们来看以下的例子：

有 3 个人准备合作办一个企业，局中人 1 仅有核心技术，若他将技术转让可得 20 万元；局中人 2 有资金，若他将投入企业的资金用于其他项目投资，可获利共 30 万元；局中人 3 有很强的组织管理和营销能力，若他参与其他企业服务，可得 15 万元收益。若局中人 1 和局中人 2 合作，将企业承包给第三方，可获得 60 万元；若局中人 1 和局中人 3 合作，由于融资的不畅，但仍可获得 40 万元；若局中人 2 和局中人 3 合作，进行其他项目开发，考虑到技术原因造成的项目风险，因而可获得 65 万元。若 3 人合作，可获得 100 万元，现 3 人合作后应该对所得如何分配？

显然，这是一个 3 人合作博弈问题 $<N, v>$，其中 $N = \{1, 2, 3\}$，特征函数为：

$v(\phi) = 0$，$v(\{1\}) = 20$，$v(\{2\}) = 30$，$v(\{3\}) = 15$，$v(\{1, 2\}) = 60$，$v(\{1, 3\}) = 40$，$v(\{2, 3\}) = 65$，$v(\{1, 2, 3\}) = 100$

根据上述给出的核心的定义，$x = (x_1, x_2, x_3)$ 是一个稳定的分配的充要条件为：

$x_1 \geqslant v(\{1\}) = 20$，$x_2 \geqslant v(\{2\}) = 30$，$x_3 \geqslant v(\{3\}) = 15$，$x_1 + x_2 \geqslant v(\{1, 2\}) = 60$，

$$x_1 + x_3 \geqslant v(\{1, 3\}) = 40，x_2 + x_3 \geqslant v(\{2, 3\}) = 65，$$

$$x_1 + x_2 + x_3 \geqslant v(\{1, 2, 3\}) = v(N) = 100$$

因此，基于以上条件，我们可以得到：

$100 - x_3 \geqslant 60$ 即 $x_3 \leqslant 40$；$100 - x_2 \geqslant 40$ 即 $x_2 \leqslant 60$；$100 - x_1 \geqslant 65$ 即 $x_3 \leqslant 35$

我们画出平面上的重心三角形 $\triangle 123$，即高为 $v(N)$ 的等边三角形，以及各不等式要求，见图 8.4。

在图 8.4 中，分配集 $I(v)$ 为三角形 $\triangle MNQ$ 内的点集，而阴影六边形 $ABDEFG$ 为核心，其中 6 个顶点的坐标分别为 $A(20, 60, 20)$，$B(20, 40, 40)$，$D(30, 30, 40)$，$E(35, 30, 35)$，$F(30, 50, 15)$，$G(25, 60, 10)$。

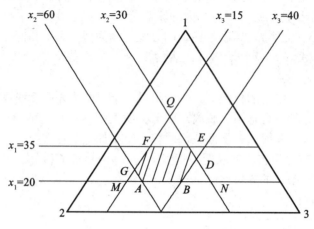

图 8.4　三人合作博弈的核心

2. 核心的应用

核心作为合作博弈，其中一个最基本的解法，应用范围也非常广泛，以下是一些在现实经济方面的应用例子。

（1）3 人社会合作

我们用 $N = \{1, 2, 3\}$ 代表这 3 人的集合，如果 3 人同心协力地合作，并组成一个单一联盟，那么，他们便能把这个社会的总利益最优化，并通过协同效应创造出 30 个单位的总得益。而如果只有其中 2 人合作并组成联盟，而剩下的一人独自为政，那么这 2 人也能创造出 α，$\alpha \in (12, 30)$ 个单位的利益。但 α 个单位的利益只供那 2 人分享，而剩下的 1 位在独自为政的情况下只能创造出 6 个单位的得益。

现在把以上的 3 人社会转换为一个支付可转移的联盟型博弈：

$$v(\Phi) = 0;\ v(\{i\}) = 6,\ i \in N;\ v(S) = \alpha,\ \text{当}\ |S| = 2;\ v(N) = 30$$

其中，$|S|$ 则代表联盟 S 的成员数目。

由于这个博弈中共有 3 位博弈者，因而核心是一个由非负的支付向量 (x_1, x_2, x_3) 所组成的集合。在博弈中，核心要满足集体理性，故此 $x(N) = 30$，同时，核心又要满足由一位或两位博弈者所组成的小联盟 S 的"理性"，故此 $x(S) \geqslant \alpha$，当 $|S| = 2$，以及 $x(S) \geqslant 0$，当 $|S| = 1$。

当 $\alpha < 20$，核心便是由无数个支付向量所组成的，即

$$(6 + a_1,\ 6 + a_2,\ 6 + a_3),\ a_i \in [0,\ 24 - \alpha],\ i \in N,\ \sum_{i \in N} a_i = 12$$

也就是说，每位博弈者至少也可以获得独自为政时的支付，但最多只可以得到整体合作下和其中 2 人合作下的利益的差。

当 $\alpha = 20$，核心便只包含一个支付向量 $(10, 10, 10)$，就是 3 人平分整体合作下的利益。

当 $\alpha > 20$，核心便是空的，也就是说，这个社会并不存在属于核心的合作方案。

（2）雇主与雇员的合作

有 n 个人，其中一位为雇主，而其余的人为雇员。我们用 $N = \{1, 2, \cdots, n\}$ 来代表 n

人的集合，其中编号 1 代表雇主，而编号 2 到编号 n 代表 $n-1$ 位雇员。雇主拥有的是那一家企业和他自己的劳动力，而每个雇员则只拥有各自的劳动力。假设在企业以外，雇员是没有生产力的。又假设每个人都拥有一个单位的基本生产力，而企业的生产力则是工作人数 n 的一个凹面不降函数：

$$g(n), \quad g = R_+ \to R_+, \quad \text{并} \ g(0) = 0, \ g(S) > |S| \tag{1}$$

式(1)表示如果企业的工作人数增加，那么企业的生产力只增不减，而在企业工作的生产力是必定高于同样的人数的基本生产力，但如果没有人在企业工作，那么企业便没有生产力。

我们可以把以上问题转换为支付可转移的联盟型博弈 $<N, v>$，则每个联盟的价值为：

$$v(S) = \begin{cases} |S| & \text{当} \quad \{1\} \notin S \\ g(S) & \{1\} \in S \end{cases}, \ S \subseteq N$$

在这个博弈中，每个雇员都能通过与雇主结盟而提升生产力，而不和雇主结盟便只有各自的基本生产力。在总联盟成立的情况下，每个雇员的单方面离开，将会减少总联盟 $[g(n)-g(n-1)]$ 的生产力。

根据以上条件，这个博弈存在一个由无数的支付向量所组成的核心，即

$$(g(n)-(n-1)a, \ a, \ a, \ \cdots, \ a), \ a \in [1, \ g(n)-g(n-1)]$$

也就是说，每个雇员的所得是介于他的基本生产力和他对总联盟的边际生产力贡献之间。

三、稳定集

1. 稳定集的定义

由于合作可能是不稳定的，因此解需要具备的一个重要特性就是稳定性，即内部稳定性和外部稳定性。与此密切相关的一个解的概念是稳定集(Stable Sets)，稳定集是由 Von Neumann 和 Oskar Morgenstern(1944)提出来的。这里，我们将介绍与核心关系密切的另一解法概念——稳定集。在上一小节中，我们提到核心是基于每个联盟的"理性"的，也就是说，核心是基于分配的占优的。

在一个 n 人博弈中，联盟 $S \subseteq N$ 对于一个任意的分配 x 是有效果的，当且仅当，这个联盟的价值高于他们在分配 x 下的支付的总和，即 $v(S) \geqslant \sum_{i \in S} x_i$。也就是说，如果联盟 S 对于分配 x 是有效果的，那么分配 x 便是不稳定的。有了有"效果"的概念，我们便可以介绍分配的占优，以下是它们的定义：

定义 12：在一个支付可转移的联盟型合作博弈 $<N, v>$ 中，分配 x 通过联盟 S 占优(Dominating)分配 y，当且仅当：$x(N) = v(N)$ 且 $x_i \geqslant v_i$，$\forall i \in S$，当严格不等式成立时称分配 x 通过联盟 S 严格占优于(Strictly Dominate)分配 y。

定义 13：支付可转移的联盟型合作博弈 $<N, v>$ 的解集符合内部稳定性(Internal Stability)，如果该集合内的任何分配都不会通过联盟 S 占优于该集合内的其他分配，也就是说内部稳定性要求联盟内部的任意两个分配不存在占优关系。

定义 14：支付可转移的联盟型合作博弈 $<N, v>$ 的解集符合外部稳定性(External Stability)，如果对于集合外的任意分配，联盟 S 都存在某配置占优于该集合外的分配。

定义 15：在支付可转移的联盟型合作博弈 $<N, v>$ 中，集合 X 称为稳定集(Stable

Set)，当且仅当该集合既符合内部稳定性，也符合外部稳定性。

Von Neumann 和 Oskar Morgenstern(1944)最初是针对可转移支付博弈提出稳定集的概念，Aumann 和 Peleg(1960)把稳定集的概念推广到支付不可转移博弈中。尽管稳定集的存在性要比核心强一些，但也并不总存在的，而且即使存在，也有可能不唯一。

2. 稳定集的应用

以上我们介绍了稳定集的定义，接下来我们将介绍两个例子，第一个例子是有关核心和稳定集重叠的情况，而在第二个例子，我们将看到核心并不存在而稳定集却很多的情况。

【例1】

地主和佃农

这里，我们简单地考虑一个只有 3 人的农业社会，其中一人是地主而其余两人则为佃农。我们用 $N=\{1, 2, 3\}$ 代表这 3 人的集合，其中博弈者 1 和博弈者 2 代表佃农 1 和佃农 2，博弈者 3 则代表地主。在这个农业社会中只有一块可耕作的田地，而这块田地是地主所拥有的。地主除了拥有田地，还拥有他自己的劳动力，而每个佃农则只拥有各自的劳动力。两个佃农的生产力都比地主高，而佃农 1 的生产力又比佃农 2 高。此外，佃农如果不与地主合作便没有田地，那么他们便不能耕作。假设地主独自耕作可以得到 20 个单位的收成，而与佃农 1 和佃农 2 合作的收成则分别为 70 个单位和 50 个单位，而 3 人一同合作的收成则为 100 个单位。

我们可以把以上的决策情况转换为一个联盟型博弈：

$$v(\Phi)=0;\ v(\{3\})=20,\ v(\{2, 3\})=50,\ v(\{1, 2, 3\})=100$$

在这个博弈中，只有一个稳定集，并与博弈的核心重叠。这个稳定集是一个由非负的支付向量 (x_1, x_2, x_3) 所组成的集合，其中

$$x(\{1, 3\})\geq 70,\ x(\{2, 3\})\geq 50,\ x(N)=100,\ x_3\geq 20,\ x_2,\ x_3\geq 0$$

根据以上条件，这个博弈存在一个由无数的支付向量所组成的稳定集：

$$(a_1, a_2, 100-a_1-a_2),\ a_1\in[0, 50],\ a_2\in[0, 30]$$

因此，在这 3 人组成总联盟的情况下，每个佃农的所得都不会高于各自对总联盟的边际生产力贡献。事实上，在这博弈中，虽然地主的耕作能力最低，但由于他拥有田地，所以即使他只给予每个佃农极少的收成，这 3 人仍然是会合作的。

【例2】

3人社会合作

在前面我们已经用到了 3 人社会合作的例子，这里，我们再来考虑 3 人社会合作问题。

$$v(\{1, 2, 3\})=30;\ v(\{i\})=6,\ i\in\{1, 2, 3\};\ v(S)=\alpha,\ 当|S|=2，$$而 $|S|$ 则是联盟 S 的成员数目。

在这个博弈中，任何一个单人联盟的价值都是 6 个单位，而任何一个 2 人联盟的价值

都是 α 个单位，而总联盟的价值是 30 个单位。在前面，我们提到，当 $\alpha>20$，即 2 人联盟的价值是 24 个单位，以下我们将看到，虽然核心在这种情况下并不存在，但稳定集却多于一个。

我们现在考虑一个集合 $Y=\{(12，12，6)，(12，6，12)，(6，12，12)\}$。明显地，集合 Y 内的 3 个分配是对称的，因而存在一个分配劣于另一个分配，也就是说，集合 Y 符合内在稳定性。我们用 $z=(z_1，z_2，z_3)$ 表示一个不在集合 Y 内的分配。由于任何一个单人联盟的价值都是 6 个单位，故此每位博弈者所分得的支付必不能少于 6 个单位。因此，我们只需考虑以下两种情况：

① $z_i<12，z_j<12，z_k>6，i，j，k\in N，i\neq j\neq k$

② $z_i<12，z_j>12，z_k\geq 6，i，j，k\in N，i\neq j\neq k$

第一种情况是分配 z 通过联盟 $S=\{i，j\}$ 劣于集内的其中一个分配，而第二种情况是分配 z 亦通过联盟 $S=\{i，k\}$ 劣于 Y 集内其中一个分配。因此，集合 Y 具有外在稳定性。

由于 Y 符合内在稳定性和外在稳定性，它是一个稳定集。我们考虑另一个集合：

$$Y_{3+a}=\{(y_1，30-a-y_1，a)/y_1\in[6，24-a]，a\in[6，12]\}$$

我们用 Y_{3+a} 代表这个集，因为这个集内的所有分配都指定，博弈者 3 所分得的是 a 个单位，而 a 的值最小为 6，但最大却必定小于 12。以下我们将证明 Y_{3+a} 也是一个稳定集。

在这个博弈中，只有 3 位博弈者，因而可能组成的非空联盟只有 7 个：

$$S=\{1\}，\{2\}，\{3\}，\{1，2\}，\{1，3\}，\{2，3\}，\{1，2，3\}$$

我们用 x 和 y 代表 Y_{3+a} 集内的两个分配。由于 $x_3=y_3=a$，故此在联盟 $S=\{3\}，\{1，3\}，\{2，3\}，\{1，2，3\}$ 中，也不存在 x 通过 S 优于 y 的关系。由于任何一个 1 人联盟的价值都只是 6 个单位，而分配 x 和 y 中的每个数都大于 6，因而在 $S=\{1\}，\{2\}$ 中都不存在 x 通过 S 优于 y 的关系。最后，如果 x_1 大于 y_1，那么 x_2 便小于 y_2，故此，在 $S=\{1，2\}$ 中，也不存在 x 通过 S 优于 y 的关系。所以，Y_{3+a} 集符合内在稳定性。

我们用 z 代表 Y_{3+a} 集外的任何一个分配。我们只需考虑以下两种情况：

① $z_3>a$，故此 $z_1+z_2<30-a$

② $z_3<a$

第一种情况是必存在一个分配 $y\in Y_{3+a}$，其中 $y_1>z_1$，$y_2>z_2$，故此，y 通过 $S=\{1，2\}$ 优于 z。而第二种情况是假定 $z_1\leq z_2$，那么 Y_{3+a} 集内便存在一个分配 $(24-a，6，a)$ 通过 $S=\{1，3\}$ 优于 z。所以，Y_{3+a} 集符合外在稳定性。

由于博弈是对称的，因此

$$Y_{1,a}=\{(a，y_2，30-a-y_2)/y_2\in[6，24-a]，a\in[6，12]\}$$

和

$$Y_{2,a}=\{(30-a-y_3，a，y_3，)/y_3\in[6，24-a]，a\in[6，12]\}$$

都是稳定集。

第三节　沙普利值

合作博弈最困难也最有挑战性之处在于建立一个统一的"解"的概念，即从各种各样具有不良好性质的解中挑选唯一的分配方案。不难看出，这几乎是不可能也没有必要的事情。合作博弈与非合作博弈很大的不同之处在于合作博弈没有一个统一的解的概念，因为没有哪个解能够符合所有人对"公平"的理解。

根据前面的分析，我们知道博弈的核可能是空集，而且如果不是空集，核分配也很可能不唯一。随着合作博弈论的发展，现在已经有很多具有唯一解的概念，称为值（Values）。其中最重要的就是沙普利值（Shapley Values）。合作博弈在理论上的重要突破及其以后的发展在很大程度上起源于沙普利（Shapley）提出的沙普利值的解的概念及其公理化刻画。今天，沙普利值已经得到了广泛的研究，并且在经济与政治领域有大量的应用。

在第二节中，我们介绍过合作博弈的两个基本解法概念——核心和稳定集。它们都有两个主要问题，就是它们都不一定存在，而有时却又存在很多个。以下我们介绍的沙普利值有一个特点，就是它必定存在，并且是唯一的。

一、沙普利值

沙普利值是由沙普利提出的，最初只是应用在支付可转移的情况下，其后由沙普利扩展到支付不可转移的情况，这里我们只介绍支付可转移的沙普利值。

由于沙普利是建立在几个公理上，因此，在介绍沙普利值之前，我们需要介绍一些定义。在沙普利的设定中，存在着一个包含所有博弈者的宇集 U，而每个博弈中的所有博弈者集合 N，都是宇集的子集，并称为一个载形，以下是载形的定义：

定义 16：在一个支付可转移的联盟型博弈 $<N, v>$ 中，联盟 $N \subseteq U$ 称为一个载形，当且仅当，对于任何一个联盟 $S \subseteq U$，都存在着以下的关系：$v(S) = v(N \cap S)$。

根据定义 16，一个载形包含了所有会对至少一个联盟作出贡献的博弈者，也就是说，任何不属于载形的博弈者都不会对任何联盟作出贡献。

定义 17：博弈者 i 和博弈者 j 在博弈 $<N, v>$ 中是可互换的，当对于所有包括博弈者 i 但不包含博弈者 j 的联盟 S，都存在着以下的关系：$v(S \setminus \{i\}) \cup \{j\} = v(S)$。

根据定义 17，博弈者 i 和博弈者 j 对于联盟 S 的用处和贡献都是完全一样的。

根据以上的定义，我们称 n 维向量 $\varphi[v] = (\varphi_1[v], \varphi_2[v], \cdots, \varphi_n[v])$ 为一个值，这个值包含了 n 个实数，分别代表着在博弈 $<N, v>$ 中的 n 位博弈者所分得的支付。这个值可以理解为每位博弈者在博弈开始之前对自己所分得的支付的合理期望，而这个值必须满足以下的三个公理：

公理 1：如果集合 N 是一个载形，那么 $\sum_{i \in N} \varphi_i[v] = v(N)$。

此公理又称为效率公理，要求的是集体理性。

公理 2：如果博弈者 i 和博弈者 j 是可互换的，那么 $\varphi_i[v] = \varphi_j[v]$。

此公理又称对称公理，要求的是博弈者的名称并不会对博弈起任何作用。

公理 3：如果 $<N, u>$ 和 $<N, v>$ 是两个博弈，那么 $\varphi_i[u + v] = \varphi_i[v] + \varphi_i[u]$。

此公理又称集成定律，要求的是任何两个独立的博弈联合在一起，那么所组成的新博弈的值是原来的两个博弈的值的直接相加。

根据上述的定理和公理，可以得到一个能满足沙普利公理的函数：

定理 1（沙普利定理）：函数 φ 是唯一能够满足以上三个公理的函数，这个函数可以表达为

$$\varphi_i[v] = \sum_{S \subseteq N} \gamma_n(S)[v(S) - v(S - \{i\})], \quad \forall i \in N \tag{1}$$

其中

$$\gamma_n(S) = \frac{(|S| - 1)! \; (n - |S|)!}{n!} \tag{2}$$

$|S|$ 则为联盟 S 的成员数目，我们称 $\varphi[v]$ 为沙普利值。

在定理 1 中，$[v(S) - v(S - \{i\})]$ 可以理解为博弈者 $i \in N$ 对联盟 S 的边际贡献，而 $\gamma_n(S)$ 则是每个联盟 S 的加权因子。

在一个 n 人博弈中，假定每位博弈者都是随机进入博弈，那么博弈者共有 $n!$ 种不同的进入博弈的方法。根据沙普利的设定，如果博弈者 $i \in N$ 和在他进入博弈前已经达到的所有博弈者组成联盟 S，那么在他到达以后才进入博弈的其他博弈者则会组成另一个联盟 $N \setminus S$。由于联盟 S 在博弈者 i 未加入前共有 $|S - \{i\}|$ 种组成方法，而组成联盟 $N \setminus S$ 的 $|N - S|$ 位博弈者则有 $|N - S|!$ 种组成方法，只要假定每种进入方法有同样的可能，那么，$\gamma_n(S)$ 便是一个有关一位博弈者加入联盟 S 的特定概率。因此，沙普利值便可理解为每位博弈者在博弈中的每个可能联盟的平均边际贡献率。

有了沙普利值的基本概念，接下来我们介绍沙普利值的基本特征。沙普利值主要有三个基本特征，分别为个体理性、集体理性和唯一性。

（1）个体理性：沙普利值是建立在具有超可加性的函数 v 上的。如果我们从联盟 S 中抽出博弈者 i，并让博弈者 i 组成一个单人联盟，而其余的博弈者组成另一个联盟 $S \setminus \{i\}$，那么，联盟 S 的价值必不小于单人联盟 $\{i\}$ 的价值，即 $v(S) - v(S - \{i\}) \geqslant v(\{i\})$，$\forall i \in S$，$\forall S \in N$，也就是说，$\varphi_i[v] \geqslant v(\{i\})$。因此，沙普利值符合个体理性。

（2）集体理性：沙普利值是基于效率公理的。故此，每位博弈者所分得的支付的总和等于总联盟的价值，即 $\sum_{i \in N} \varphi_i[v] = v(N)$，因此，沙普利值符合集体理性。

（3）唯一性：根据定理 1，沙普利值的计算公式为

$$\varphi_i[v] = \sum_{S \subseteq N} \gamma_n(S)[v(S) - v(S - \{i\})]$$

明显地，采用以上公式在任何博弈中进行运算都能得到一个结果，而且这个结果也是唯一的。因此，沙普利值必定存在，不仅是唯一的，而且易于被用于量化计算。

由于沙普利值具备以上特点，因而它是一个在博弈论、经济学和其他社会科学上最被广泛使用的解法。在社会科学的应用上，我们通常会采用沙普利值的简式。考虑一个简单的 n 人多数博弈。在这个简单的博弈中，每个联盟都只有 $\{0, 1\}$ 两个可能的值。如果联盟的价值是 1，就表示该联盟是成功的，相反，如果该联盟的价值是 0，则说明该联盟是失败的。因此，每位博弈者对任何联盟的边际贡献都只有 $\{0, 1\}$ 两个值。如果联盟 S 的价值是 1 而联盟 $S \setminus \{i\}$ 的价值是 0，也就是说，博弈者 i 对于联盟 S 的输赢是决定性的，那么，博弈者 i 对联盟 S 的边际贡献 $v(S) - v(S - \{i\})$ 的值就是 1。因此，沙普利值可以简化为

$$\varphi_i[v] = \sum_{i \in S} \frac{(|S| - 1)! \; (n - |S|)!}{n!}, \; i = 1, 2, \cdots, n \tag{3}$$

以上的简式尤其常用于公司投票和选举，我们将在下面的例子中加以说明。

二、沙普利值的应用

沙普利值的用途广泛,尤其常用于经贸合作和政治科学。早在 20 世纪 50 年代,沙普利与苏比克便利用沙普利值来计算联合国安全理事会成员国的权力值,这亦是博弈论对于社会科学的一项最早应用。在 60 年代,苏比克把沙普利值应用在会计学上,并指出沙普利值适用于计算一个公司的内部成本调配,而苏比克亦把沙普利值应用在保险学上,并指出沙普利值能合理地计算所有类别的风险。以下是三个简单的应用例子,第一个例子是关于我国石油公司间竞合利益分配的,第二个例子是有关汽车买卖的,而第三个例子则是有关公司投票的。

【例 1】

我国石油公司间竞合利益分配

近两年来,我国石油对外依存度已超过 50% 的警戒线,经济发展对石油的依赖性明显增强。我国石油公司如何为我国经济发展保驾护航,针对石油行业是资金与风险密集型的特性,走与国内石油公司、国外石油公司竞合之路是石油公司战略的必然选择。从近几年中石油、中石化、中海油的经营策略看,也明显呈现出这样的特性。仅 2009 年,中海油与中石化已经达成了华东、华南市场异地油源置换的协议;中石油与中石化将在塔里木盆地展开广泛的合作;中石油与中海油联手提出了收购其阿根廷子公司 YPF 的收购提议,都能说明我国各大石油公司间的关系由原来单纯的竞争走向竞合。石油公司间要形成良好的合作关系,并能使该合作关系持续发展下去的基础就是有一个良好的利益分配机制。博弈论中的合作博弈为这种利益分配提供了理论基础。

设有三家石油企业合作开发某油田区块,如果单独开发必然需要消耗大量的资金、技术、工具等有形或无形资本,相反,如果每家公司都能利用自己的优势进行合作,则进度更快、质量更高而且取得的效益更大。针对石油项目开发,利用我国西部某油田的基础数据,对基础数据进行简化得出下列模拟数据。数据主要反映三家公司单独开发、两家合作开发或三家共同开发的收益,即 3 人合作博弈的特征函数值如下:$v(\phi) = 0$,$v(\{1\}) = 15$,$v(\{2\}) = 20$,$v(\{3\}) = 25$,$v(\{1, 2\}) = 40$,$v(\{1, 3\}) = 50$,$v(\{2, 3\}) = 60$,$v(N) = 80$。试计算三家油田企业合作的利益分配。

显然,以上的博弈具有超可加性,因此,我们可以求取这个博弈的沙普利值 $\varphi[v]$。根据上述对沙普利值计算方法的介绍,我们可以首先计算出第一家石油企业对每个可能联盟的平均边际贡献值:

$$\varphi_1 = \frac{(1-1)! \ (3-1)!}{3!}[v(\{1\}) - v(\Phi)] + \frac{(2-1)! \ (3-2)!}{3!}[v(\{1, 2\}) - v(2)] +$$

$$\frac{(2-1)! \ (3-2)!}{3!}[v(\{1, 3\}) - v(3)] + \frac{(3-1)! \ (3-3)!}{3!}[v(\{1, 2, 3\}) - v(2, 3)]$$

$$= 5 + 10/3 + 25/6 + 20/3 = 19.17$$

然后,我们可以计算出第二家石油企业对每个可能联盟的平均边际贡献值:

$$\varphi_2 = \frac{(1-1)! \ (3-1)!}{3!}[v(\{2\}) - v(\Phi)] + \frac{(2-1)! \ (3-2)!}{3!}[v(\{1, 2\}) - v(1)] +$$

$$\frac{(2-1)!\ (3-2)!}{3!}[v(\{2,\ 3\})-v(3)]+\frac{(3-1)!\ (3-3)!}{3!}[v(\{1,\ 2,\ 3\})-v(1,\ 3)]$$

$$=20/3+25/6+35/6+10=26.67$$

最后，我们可以计算出第三家石油企业对每个可能联盟的平均边际贡献值：

$$\varphi_3=\frac{(1-1)!\ (3-1)!}{3!}[v(\{3\})-v(\Phi)]+\frac{(2-1)!\ (3-2)!}{3!}[v(\{1,\ 3\})-v(1)]+$$

$$\frac{(2-1)!\ (3-2)!}{3!}[v(\{2,\ 3\})-v(2)]+\frac{(3-1)!\ (3-3)!}{3!}[v(\{1,\ 2,\ 3\})-v(1,\ 2)]$$

$$=25/3+35/6+20/3+10=30.83$$

因此，沙普利值为(19.17，26.67，30.83)。

【例2】

汽车买卖

有一个住 3 个人的小镇，我们用 $N=\{1,\ 2,\ 3\}$ 代表这 3 人的集合。假设博弈者 1 在无意中得到一部汽车，但由于他不懂驾驶，该车对他来说只有观赏价值。博弈者 2 懂得驾驶，但他却没有汽车，而博弈者 3 则是经营废铁回收的。假定博弈者 1 认为该车的观赏价值等于 1 000 元，博弈者 2 认为该车价值 10 000 元，而博弈者 3 认为该车价值等于 3 000元的废铁。

可以把以上的决策情况转换为一个支付可转移的联盟型博弈：

$$v(\Phi)=0;\ v(\{1\})=1\ 000;\ v(\{2\})=v(\{3\})=0$$

$$v(\{1,\ 2\})=1\ 000;\ v(\{1,\ 3\})=3\ 000;\ v(\{1,\ 2,\ 3\})=10\ 000$$

显然，以上的博弈同样具有超可加性，因此，我们可以求取这个博弈的沙普利值 $\varphi[v]$。

首先，我们计算博弈者 1 对每个可能联盟的平均边际贡献值：

$$\varphi_1=\frac{(1-1)!\ (3-1)!}{3!}[v(\{1\})-v(\Phi)]+\frac{(2-1)!\ (3-2)!}{3!}[v(\{1,\ 2\})-v(2)]+$$

$$\frac{(2-1)!\ (3-2)!}{3!}[v(\{1,\ 3\})-v(3)]+\frac{(3-1)!\ (3-3)!}{3!}[v(\{1,\ 2,\ 3\})-v(2,\ 3)]$$

$$=5\ 833\frac{1}{3}$$

然后，我们计算博弈者 2 对每个可能联盟的平均边际贡献值：

$$\varphi_2=\frac{(1-1)!\ (3-1)!}{3!}[v(\{2\})-v(\Phi)]+\frac{(2-1)!\ (3-2)!}{3!}[v(\{1,\ 2\})-v(1)]+$$

$$\frac{(2-1)!\ (3-2)!}{3!}[v(\{2,\ 3\})-v(3)]+\frac{(3-1)!\ (3-3)!}{3!}[v(\{1,\ 2,\ 3\})-v(1,\ 3)]$$

$$=3\ 833\frac{1}{3}$$

最后，我们计算博弈者 3 对每个可能联盟的平均边际贡献值：

$$\varphi_3 = \frac{(1-1)!\ (3-1)!}{3!}[v(\{3\})-v(\Phi)] + \frac{(2-1)!\ (3-2)!}{3!}[v(\{1,\ 3\})-v(1)] +$$

$$\frac{(2-1)!\ (3-2)!}{3!}[v(\{2,\ 3\})-v(2)] + \frac{(3-1)!\ (3-3)!}{3!}[v(\{1,\ 2,\ 3\})-v(1,\ 2)]$$

$$= 333\frac{1}{3}$$

因此，沙普利值为 $\left(5\ 833\ \frac{1}{3},\ 3\ 833\ \frac{1}{3},\ 333\ \frac{1}{3}\right)$。

　　根据沙普利值，博弈者 1 可分得总联盟的大半得益，博弈者 2 可分得小半得益，而博弈者 3 则可分得最少得益。根据欧文（1999）的研究，我们可以理解沙普利值为以下所有可能发生的情况的加权平均数。比如说，第一种可能情况是，博弈者 1 和博弈者 2 直接交易，而博弈者 3 不涉及整个交易。第二种可能情况是，博弈者 2 和博弈者 3 先达成一个买卖协议，从而让博弈者 2 以较低的价格购入该车，而博弈者 3 则从中得到一些好处。还有一种可能情况是，博弈者 2 在博弈者 1 和博弈者 3 的交易中途出现，故此博弈者 1 需要赔偿博弈者 3 在交易中的损失才可以把该车卖给最需要它的博弈者 2。

【例 3】

公 司 投 票

　　考虑一家有 4 位股东的公司，我们用 $N=\{1,\ 2,\ 3,\ 4\}$ 代表该 4 位股东的集合，而股东 1、2、3 和 4 的持股量分别为 6、10、35 和 49。假定这间公司所有决议皆按股东的持股量投票决定，在投票中只要得到超过 50% 的票量，决议便会获得通过。

　　把以上的决策情况转换为一个支付可转移的联盟型博弈，不难发现，博弈当中共有 8 个赢的联盟，分别为 $\{1,\ 4\}$、$\{2,\ 4\}$、$\{3,\ 4\}$、$\{1,\ 2,\ 3\}$、$\{1,\ 2,\ 4\}$、$\{1,\ 3,\ 4\}$、$\{2,\ 3,\ 4\}$ 和 $\{1,\ 2,\ 3,\ 4\}$。

　　由于这个博弈是一个具有超可加性的简单博弈，我们可以采用沙普利值简式来计算：

　　显然，股东 1 可以起着决定性作用的赢的联盟只有 $\{1,\ 2,\ 3\}$ 和 $\{1,\ 4\}$，股东 2 可以起着决定性作用的赢的联盟分别为 $\{1,\ 2,\ 3\}$ 和 $\{2,\ 4\}$，而股东 3 可以起着决定性作用的赢的联盟分别为 $\{1,\ 2,\ 3\}$ 和 $\{3,\ 4\}$，而股东 4 在联盟 $\{1,\ 4\}$、$\{2,\ 4\}$、$\{3,\ 4\}$、$\{1,\ 2,\ 4\}$、$\{1,\ 3,\ 4\}$ 和 $\{2,\ 3,\ 4\}$ 中都能起决定性作用。因此

$$\varphi_1 = \frac{1!\ 2!}{4!} + \frac{2!\ 1!}{4!} = \frac{1}{6} \qquad \varphi_2 = \frac{1!\ 2!}{4!} + \frac{2!\ 1!}{4!} = \frac{1}{6}$$

$$\varphi_3 = \frac{1!\ 2!}{4!} + \frac{2!\ 1!}{4!} = \frac{1}{6} \qquad \varphi_4 = \frac{1!\ 2!}{4!} \times 3 + \frac{2!\ 1!}{4!} \times 3 = \frac{1}{2}$$

因此，这个博弈的沙普利值为 $\left(\frac{1}{6},\ \frac{1}{6},\ \frac{1}{6},\ \frac{1}{2}\right)$。

　　根据沙普利值所示，票数向量所示的权利分布 $\left(\frac{3}{50},\ \frac{1}{10},\ \frac{7}{20},\ \frac{49}{100}\right)$ 高估了股东 2 和股东 3 的权利，并低估了股东 1 和股东 4 的权利。虽然股东 3 是第二大股东，比股东 1 有多于 5 倍的票数，但沙普利值显示，他们都拥有一样的权利。

第四节　谈判集、内核与核仁

在这一节里，我们介绍三个息息相关的解法的概念——谈判集、内核与核仁。我们将从谈判集开始，阐述由异议与反异议所构成的解法的概念。

一、谈判集

谈判解（Negotiation Sets），又被称为讨价还价解，也是合作博弈的一种解概念，它由奥曼（Aumann，2005 年诺贝尔经济学奖获得者）等人提出。与核心和稳定集不同，它是从反面、从局中人对分配结果的"异议"或不满意的角度来确定分配结果。这种"异议"或不满意的出现是一种"可置信的威胁"，因而局中人将进行谈判，并通过谈判来获得一种合理的分配结果。下面我们先介绍谈判集的定义，然后再举一些在实际中应用的例子。

1. 谈判集的定义

在介绍谈判集之前，我们先阐述博弈的联盟结构：

定义 18：在一个由 n 人组成的联盟型博弈中，一个联盟结构就是集合 N 的一个分割物或一个不相交的子集 $T = \{T_1, T_2, \cdots, T_n\}$。

也就是说，一个联盟的结构就代表了该博弈中有关联盟的组成情况。举个简单例子来说，如果 $N = 4$，而 $T = \{\{1, 2\}, \{3, 4\}\}$，那么就说明了此博弈里共组成了两个联盟：$\{1, 2\}$ 和 $\{3, 4\}$。

有了联盟结构的概念，接下来我们介绍在特定的联盟结构下的分配：

定义 19：在一个由 n 人组成的联盟型博弈中，对于联盟结构 T，n 维支付向量 $x = (x_1, x_2, \cdots, x_n)$ 称为一个分配，当且仅当，在每个联盟中，每个成员分得的支付的总和等于该联盟的价值，即

$$x_i \geq v(\{i\}) \text{ 和 } \sum_{i \in T_k} x_j = v(T_k), \ k = 1, 2, \cdots, n$$

我们用 $X(T)$ 表示在联盟结构 T 下的所有分配。

显然，从定义 19 可以看出，特定的联盟结构 T 下的分配不仅符合博弈中的每个已组成的联盟的"理性"，而且符合每位博弈者的个体理性。

根据以上定义，现在我们来考虑两位同属于联盟 $T_j \in T$ 的博弈者 k 和 l。假定博弈的联盟结构为 T，而现行采用的分配为 x，那么，博弈者 k 对 l 可以根据以下情况提出异议和反异议：

定义 20：给定博弈者 k 和 l 是同属于联盟 $T_j \in T$ 的两位博弈者，那么，博弈者 k 对 l 有一个异议 (y, S)，当且仅当，博弈者 k 可以提出组成一个包含博弈者 k 但不包含 l 的 S 人联盟 $S \subset N$，然后采用一个 S 可行的支付向量 $y = (y_1, y_2, \cdots, y_n)$，从而使得联盟中的每位成员 $i \in S$ 都获得比现行的支付多。

也就是说，博弈者 k 对 l 的异议 (y, S) 是能满足以下 3 项的二元组：

$(1) S \subset N, k \in S, l \notin S$　$(2) y \in R^s, \sum_{i \in S} y_i = v(S)$　$(3) y_i > x_i, \forall i \in S$

定义 21：对于博弈者 k 对于 l 的异议 (y, S)，博弈者 l 有一个反异议 (z, Q)，当且仅当，博弈者 l 可以提出组成一个包含博弈者 l 但不包含 k 的 q 人联盟 $Q \subset N$，然后采用一个

Q 可行的支付向量 $z = (z_1, z_2, \cdots, z_r)$，从而使得联盟 Q 中属于联盟 S 的每位成员 $i \in Q \cap S$ 的所得都不少于异议 (y, S) 所指定的支付，而联盟 Q 中不属于联盟 S 的每位成员 $i \in Q \setminus S$ 的所得也不会少于现行的支付。

也就是说，博弈者 l 对 (y, S) 的反异议 (z, Q) 是能满足以下 4 项的二元组：

(1) $Q \subset N$, $l \in Q$, $k \notin Q$　　　(2) $z \in R^r$, $\sum_{i \in Q} z_i = v(Q)$

(3) $z_i \geq y_i$, $\forall i \in Q \cap S$　　　(4) $z_i \geq x_i$, $\forall i \in Q \setminus S$

如果博弈者 l 对 k 的异议没有反异议，那么我们就称博弈者 k 对 l 的异议是具有正当理由的（Justified）。有了异议与反异议的概念，我们便可以介绍谈判集：

定义 22：在一个支付可转移的 n 人联盟型博弈 $\langle N, v \rangle$ 中，对于联盟结构 T，谈判集是一个集合，当中包含所有不存在任何具有正当理由的异议的分配 $x \in X(T)$，我们用 $M_1^i(T)$ 表示谈判集。

显然，从定义 22 中可以看出，如果现行采用的分配是属于谈判集的，那么，任何博弈者对另一博弈者的异议，都会遭受到另一博弈者的反异议。因此，谈判集内的分配都不会因为某一位博弈者的异议而不能采用。而且，一个博弈的谈判集依赖该博弈的联盟结构，该博弈的谈判集会根据联盟结构的改变而改变。也就是说，博弈的联盟结构并不能根据谈判集来推测。

在上述谈判解 $M_1^i(T)$ 的定义中，提出异议和反异议的都只涉及单个局中人。其实，谈判解 $M_1^i(T)$ 的概念也可以进行推广，如果把定义 21 中的单个博弈者 k 和 l 分别用互不相交的联盟 I 和联盟 J 来代替，且 I 的异议中不允许使用 J 的任何成员，而 J 的反异议中可以使用 I 的一部分局中人但是非全部，就可以得到新的谈判集，记为 $M(T)$。若局中人集合中联盟 I 对联盟 J 有异议，而联盟 J 中至少有一个成员有反异议，也可以得到新的谈判集，记为 $M_1(T)$。同理，若局中人集合中有任何一个成员 i 对 J 有异议，而 J 也针对该个别成员 i 有反异议，就可以得到新的谈判集，记为 $M_2(T)$。若局中人集合中某个联盟 I 对联盟 J 有异议，而联盟中至少有一个成员 $j \in J$ 对联盟 I 有反异议，可以得到新的谈判集 $M_2^i(T)$。

2. 谈判集的应用

下面，我们介绍两个关于谈判集在现实中的应用例子：第一个例子是由 3 位博弈者组成的担水问题，而第二个例子则是一个 4 人公司的合作问题。

【例 1】

3 人担水博弈

假设某地有一条小溪并住有 3 人，他们的集合为 $V = \{1, 2, 3\}$，这 3 人靠担水到市集贩卖为生，假定独自一人是担不成水的，而担水的工作只需要两个人便足够。假如一担水的价值为 30 分，那么这 3 人的担水问题便可以转换为一个合作博弈，博弈中每个联盟的价值为 $v(\{i\}) = 0$; $v(S) = 30$，当 $|S| \geq 2$。也就是说，只要有两位或两位以上的博弈者组成联盟便可得到 30 分。如果 3 人各自为政，那么谈判集内便只有一个分配 $(0, 0, 0)$。

如果联盟 $\{1, 2\}$ 组成了，那么谈判集内便只有一个分配 $(15, 15, 0)$。因为如果博弈者 $i \in \{1, 2\}$ 的支付小于 15，那么博弈者 i 便可提出一个具有正当理由的异议 $(z, \{1,$

3}），其中，$z=(0，15，15)$。由于博弈是对称的，如果联盟$\{1，3\}$组成了，那么谈判集内便只有一个分配$(15，0，15)$，而如果$\{2，3\}$组成了，那么谈判集内便只有一个分配$(0，15，15)$。

同理，如果总联盟N组成了，那么，谈判集内便只有一个分配$(10，10，10)$。让我们用$i，j，k \in \{1，2，3\}$，$i \neq j \neq k$来代表博弈的任意3位博弈者。假定x是一个分配，而$(y，S)$，$S=\{i，k\}$，则为博弈者i对j的异议。在异议$(y，S)$中，$y(S)=x(S)=30$，并且$y_i>x_i$，故此我们知道$y_k<30-x_i$。同样地，如果i对j有一个反异议$(z，T)$，$T=\{j，k\}$，那么必须$y_k+x_j \leqslant 30$和$z_k \geqslant y_k$，故此$z_k \leqslant 30-x_j$。也就是说，如果分配x是属于谈判集，那么对于任何博弈者i对j的异议，博弈者j都能对i做出反异议，这表示$30-x_i \leqslant 30-x_j$，或$x_j \leqslant x_i$，$\forall i，j \in N$，$i \neq j$。由于这博弈是对称的，故此$x_1=x_2=x_3=10$。

因此，根据谈判集的解法，在共同合作的情况下，3人将平分所有得益。

【例2】

4人公司的利润分配

考虑一家由4位股东所组成的公司，其中股东1、2、3和4的持股比例分别为15、20、25和40。也就是说，股东4是大股东，而股东1、2和3是相对的小股东。假定这家公司的任何议案都是按各股东的持股比例通过投票来决定，并且只要有过半数的股票支持，议案便能通过。假定公司今年的利润为9 000万元。根据上述资料，由最少成员组成的赢的联盟包括：$\{1，4\}$、$\{2，4\}$、$\{3，4\}$和$\{1，2，3\}$。由于$\{1，4\}$、$\{2，4\}$和$\{3，4\}$的情况相似，因此，我们下面只考虑当联盟$\{1，4\}$和$\{1，2，3\}$组成时的联盟结构。

假设股东1和4组成了联盟。由于其他股东的组合不会构成影响，我们假定联盟结构为$\Im=\{\{1，4\}，\{2\}，\{3\}\}$。给定这个联盟结构，分配集合$X(\Im)$包括所有符合以下公式的配合$x$：$x_1+x_4=9\,000$，$x_2=x_3=0$，$x_1 \geqslant 0$，$x_4 \geqslant 0$。

如果$x_4>6\,000$，则$x_1<3\,000$，那么，股东1便能对股东4作出具有正当理由的异议$((3\,000，3\,000，3\,000)，\{1，2，3\})$，因为$x_4$不能等于或小于6 000。相反地，如果$x_4 \leqslant 6\,000$，那么股东1的任何异议也必使股东2或股东3的所得小于3 000，因而股东4未必能做出反异议。

如果$x_4<4\,500$，那么x_4便能作出具正当理由的异议$((4\,500，4\,500)，\{3，4\})$。相反地，如果$x_4 \geqslant 4\,500$，股东4的任何异议$(y；S)$必使股东2或股东3的所得小于4 500，因而股东1能以$((4\,500，y_2+\varepsilon_2，y_3+\varepsilon_3)，\{1，2，3\})$，$\varepsilon_2，\varepsilon_3 \geqslant 0$作出反异议。因此，对于联盟结构$\Im$，谈判集合包含所有符合以下公式的分配$x \in X(\Im)$：

$$x_1+x_4=9\,000，\quad x_2 \geqslant 3\,000，\quad x_4 \geqslant 4\,500，\quad x_2=x_3=0$$

由于博弈的对称性，我们不难发现，倘若$\{2，4\}$或$\{3，4\}$结盟，也会出现类似的结果，也就是说，对于联盟结构$\Im=\{\{4，i\}，\{j\}，\{k\}\}$，$i，j，k=2，3，4$，$i \neq j \neq k$，谈判集合包含所有符合以下公式的分配$x \in X(\Im)$：

$$x_1+x_4=9\,000，\quad x_2 \geqslant 4\,500，\quad x_4 \geqslant 3\,000，\quad x_j=x_k=0$$

显然，如果$x_1>x_2$，那么股东2便能作出具正当理由的异议：

$$((x_2+\varepsilon, \ 9\,000-x_2-\varepsilon), \ \{2, \ 4\}), \ \varepsilon \in (0, \ x_1-x_2)$$

因此，基于类似的分析，谈判集只包括一个分配$(3\,000, \ 3\,000, \ 3\,000)$。

二、内核

1. 内核的定义

内核（Kernel）是由戴维斯（M. Davis）与马勒施（1965）提出的。内核是与谈判集息息相关的重要解法，与谈判集不同，内核并不是建立于基于异议和反异议，而是建立于过剩（Excess）和盈余（Surplus）这两个概念。

定义 23：在一个 n 人联盟型博弈$\langle N, \ v \rangle$中，对于联盟 S 和分配 $x = (x_1, \ x_2, \ \cdots, \ x_n)$，在分配 x 下联盟 S 的过剩为

$$e(S, \ x) = v(S) \ - \ \sum_{i \in S} x_i$$

从定义 23 中可以看出，过剩 $e(S, \ x)$ 表示联盟 S 的价值与在分配 x 下联盟 S 的所有成员的总得益的差，代表着集合 S 的成员拒绝分配 x 并组成联盟 S 的总得益。也就是说，如果过剩 $e(S, \ x)$ 越大，那么集合 S 的成员更愿意去组成联盟 S。如果过剩 $e(S, \ x)$ 是负数，那么它意味着集合 S 的成员拒绝分配 x 所招致的总损失，而数值越大表示总损失越大。

定义 24：在一个 n 人联盟型博弈$\langle N, \ v \rangle$中，对于分配 $x = (x_1, \ x_2, \ \cdots, \ x_n)$ 和两位不同的博弈者 i 和 j，在分配 x 下博弈者 i 对 j 的盈余为

$$S_{ij}(x) = \max e(S, \ x), \ \forall S, \ i \in S, \ j \notin S$$

从定义 24 中不难看出，i 对 j 的盈余 $S_{ij}(x)$ 就是在博弈者 i 拒绝与博弈者 j 合作的情况下，博弈者 i 所能得到的最好支付。如果盈余 $S_{ij}(x)$ 越大，那么博弈者 i 与博弈者 j 合作的愿望就越小。如果盈余 $S_{ij}(x)$ 是负数，那么就反映了博弈者 i 不与博弈者 j 合作的最小损失。显然，如果 i 对 j 的盈余 $S_{ij}(x)$ 比 j 对 i 的盈余 $S_{ji}(x)$ 大，那么在谈判中，博弈者 i 的本钱明显比博弈者 j 多，因为如果合作失败，博弈者 i 的情况比博弈者 j 更为有利。

定义 25：在联盟结构为 ϖ 的情况下，对于分配 x 和属于 $T_k \in \varpi$ 的两位不同博弈者 i 和 j，$i \neq j$，博弈者 i 比 j 有较大的比重（i Outweighs j），当且仅当 $S_{ij}(x) \geqslant S_{ji}(x)$ 并且 $x_j > v(\{j\})$。我们用 $i \gg j$ 来代表这关系。

显然，当 $i \gg j$ 时，由于博弈者 i 的谈判本钱比博弈者 j 多，因而分配 x 便是不稳定的。有了以上的概念，下面我们对内核做出如下界定：

定义 26：在一个支付可转移的 n 人联盟型博弈$\langle N, \ v \rangle$中，对于联盟结构 ϖ，内核是一个集合，当中包含所有不存在以下关系的分配

$$x \in X(\varpi): i \gg j, \ i, \ j \in T_k, \ T_k \in \varpi$$

我们用 $X(\varpi)$ 来表示联盟性博弈的内核。

为更好理解内核的相关定义，我们来看一个例子：有一个 3 人合作博弈问题$<N, \ v>$，其中 $N = \{1, \ 2, \ 3\}$，特征函数为 $v(\phi) = 0$，$v(\{i\}) = 0$，$i = 1, \ 2, \ 3$，$v(\{1, \ 2\}) = \dfrac{1}{3}$，$v(\{1, \ 3\}) = \dfrac{1}{6}$，$v(\{2, \ 3\}) = \dfrac{5}{6}$，$v(\{1, \ 2, \ 3\}) = 1$。

我们来讨论此合作博弈问题的内核。根据上述定义，我们可以得到：

$$S_{13}(x) = \max\{e(\{1\}, x), e(\{1, 2\}, x)\} = \max\left\{0-x_1, \frac{1}{3}-x_1-x_2\right\} = \begin{cases} \frac{1}{3}-x_1-x_2, & x_2 \leqslant \frac{1}{3} \\ x_2 \geqslant \frac{1}{3}-x_1, & x_2 > \frac{1}{3} \end{cases}$$

$$S_{31}(x) = \max\{e(\{3\}, x), e(\{2, 3\}, x)\} = \max\left\{0-x_3, \frac{5}{6}-x_2-x_3\right\} = \begin{cases} \frac{5}{6}-x_2-x_3, & x_2 \leqslant \frac{5}{6} \\ -x_3, & x_2 > \frac{5}{6} \end{cases}$$

因此，当 $0 \leqslant x_2 \leqslant \frac{1}{3}$ 时 $S_{13}(x) = S_{31}(x)$，即

$$\frac{1}{3}-x_1-x_2 = \frac{5}{6}-x_2-x_3, \quad \text{即} -x_1+x_3 = \frac{1}{2}$$

当 $\frac{1}{3} \leqslant x_2 \leqslant \frac{5}{6}$ 时　 $S_{13}(x) = S_{31}(x)$，即

$$-x_1 = \frac{5}{6}-x_2-x_3, \quad \text{即} \ x_1 = \frac{1}{12}$$

当 $\frac{5}{6} \leqslant x_2 \leqslant 1$ 时 $S_{13}(x) = S_{31}(x)$，即

$$-x_1 = -x_3, \quad \text{即} \ x_1-x_3 = 0$$

因此，根据上述分析，我们可以在高为 1 的重心三角形 △123 中作出满足 $S_{13}(x) = S_{31}(x)$ 的折线(图 8.5)。

同理，我们可以作出 $S_{23}(x) = S_{32}(x)$ 的折线和 $S_{12}(x) = S_{21}(x)$ 的折线(见图 8.6)。3 条折线的交点即为该 3 人合作博弈问题的内核，即 $X(\varpi) = \left\{\left(\frac{1}{12}, \frac{19}{24}, \frac{9}{24}\right)\right\}$

2. 内核的应用

为了方便比较谈判集和内核，下面我们再考虑前面在介绍谈判集时所采用的两个例子。一个是 3 人担水博弈问题，另一个是 4 人公司的利润分配问题。

【例 3】

3 人担水博弈

在前面介绍的 3 人担水博弈中共有 3 位博弈者，他们的集合为 $N = \{1, 2, 3\}$。由于独自一人无法担水，而担水的工作只需要两个人便足够。当一担水的价值为 30 分，这个担水问题可以转换为一个合作博弈，博弈中每个联盟的价值如下：

$$N = \{1, 2, 3\}, v(\{i\}) = 0; v(S) = 30; \text{当} |S| \geqslant 2$$

如果联盟 $\{1, 2\}$ 组成了，那么，内核只包含一个分配 $(15, 15, 0)$。在这个分配下 $S_{ij}(x) = S_{ji}(x) = 15, i, j \in \{1, 2\}, i \neq j$。

显然，当中并不存在 $i \gg j$ 的关系。另外，根据在谈判集中所阐述的，分配 $(15, 15, 0)$ 是在谈判集内的。由于博弈的对称性，当联盟 $\{1, 3\}$ 或 $\{2, 3\}$ 组成时，其结果都是类似的。

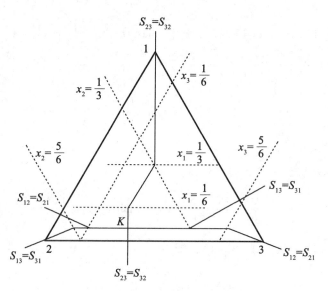

图 8.5 三人合作博弈内核

如果总联盟 N 组成了，$\varpi = \{N\}$，内核便只包含一个分配（10，10，10）。在这个分配下：

$$S_{ij}(x) = S_{ji}(x) = 10, \quad i, j \in N, \quad i \neq j$$

显然，当中并不存在 $i \gg j$ 的关系，而分配（10，10，10）也是在谈判集内的。

【例 4】

四人公司的利润分配

如前所述，该公司共有 4 位股东，持股比例分别为 15、20、25 和 40。由于只要有过半数的股票支持便能通过该公司的任何议案，因而只要组成一个持有过半数股票的联盟便能瓜分该公司的所有利润。此外，该公司今年的利润为 9 000 万元。根据上述资料，联盟 {1，4} 和 {1，2，3} 都是由最少成员组成的赢的联盟，而 {1，2，3，4} 则是总联盟。以下我们只考虑当联盟 {1，4}、{1，2，3} 和 {1，2，3，4} 组成时的情况。

假设股东 1 和股东 4 组成了联盟。由于其他股东的组合不会构成影响，我们假定联盟结构为 $\varpi = \{\{1, 4\}, \{2\}, \{3\}\}$。考虑分配 $x = (4\,500, 0, 0, 4\,500)$。在这分配下：

$$S_{ij}(x) = S_{ji}(x) = 4\,500, \quad i, j \in \{1, 4\}, \quad i \neq j$$

显然，分配 $x = (4\,500, 0, 0, 4\,500)$ 是属于内核的，并且是当中唯一的分配。由于 $x_4 \geqslant 4\,500$，$x_1 \geqslant 3\,000$，$x_1 + x_4 = 9\,000$，$x_2 + x_3 = 0$。因此，$x = (4\,500, 0, 0, 4\,500)$ 也是谈判集内的。

假设股东 1 和股东 2 与股东 3 组成了联盟。考虑分配 $x = (3\,000, 3\,000, 3\,000, 0)$。在这分配下

$$S_{ij}(x) = S_{ji}(x) = 6\,000, \quad i, j \in \{1, 2, 3\}, \quad i \neq j$$

显然，分配 $x=(3\,000,\,3\,000,\,3\,000,\,0)$ 是属于内核的，并且是当中唯一的分配。此外，如前所述，分配 $x=(3\,000,\,3\,000,\,3\,000,\,0)$ 也是谈判集内的。

最后考虑组成总联盟的情况，即 $\varpi=\{\{N\}\}$。考虑分配 $x=(1\,800,\,1\,800,\,1\,800,\,3\,600)$。在这分配下：$S_{ij}(x)=3\,600$，$S_{ji}(x)=3\,600$，$i,\,j\in N$，$i\neq j$。

显然，分配 $x=(1\,800,\,1\,800,\,1\,800,\,3\,600)$ 是属于内核的，并且是当中唯一的分配，而它也是谈判集内的，因为只有在以下情况

$x_4\geq 3\,600$，$x_4\leq 6\,000$，$x_1=x_2=x_3\leq 1\,800$，$x_1=x_2=x_3\geq 1\,000$，$x_1+x_2+x_3+x_4=9\,000$

才不存在任何具有正当理由的异议，而 $x=(1\,800,\,1\,800,\,1\,800,\,3\,600)$ 符合以上的公式规定。

三、核仁

核仁（Nucleolus）也是与内核和谈判集关联紧密的解法，它是由施迈德尔（Schmeidler）（1969）提出的。在介绍核仁之前，让我们先看看一个有关核仁的趣事：远在公元前 2 世纪至公元 5 世纪之间成书，并记载犹太人有关宗教、刑事和民事的各种法律的《塔木德》（Talmud），当中讨论过一个有关婚姻合约的遗产分配问题。假设某个男人有 3 个妻子，并与每一位妻子都订立了婚姻合约，合约中指明在那男人死后，3 位妻子分别得到 100、200 和 300 单位的遗产。如果那男人的遗产不足以支付那三张婚姻合约所指明的数目，并只有 100 个单位的遗产，那么《塔木德》的建议是，3 位妻子平分遗产（100/3，100/3，100/3）；而如果那男人的遗产是 300 个单位，《塔木德》则建议 3 位妻子按比例分发遗产（50，100，150）。最后，如果那男人的遗产是 200 个单位，《塔木德》的分配建议既不是平分，亦不是按比例分配，而是（50，75，75）。有趣的是，《塔木德》中这 3 个看似不一致的分配建议，只要转换成一个联盟型博弈，便与公元 20 世纪合作博弈论中的核仁相吻合（见奥曼与马施勒（1985））。因此，2 000 多年前的犹太文献中已有合作博弈论的元素存在。

1. 核仁的定义

在前面对内核的界定中，我们利用了超出值 $e(S,\,x)$ 的概念，超出值 $e(S,\,x)$ 表示联盟 S 对分配方案 x 的一种损失，超出值 $e(S,\,x)$ 越大，则采用分配方案 x 联盟 S 损失也越大。反之亦然。因此，超出值 $e(S,\,x)$ 也是对分配方案不满意的一种度量。那么，我们能否找到一个分配使得所有联盟的不满意达到最小呢？核仁就是各个联盟对分配方案中不满意值的最小的分配方案。从数学的角度来表示，核仁就表示 $x_0\in I(v)$，使得 x_0 是下式的解：

$$\min_{x\in I(v)}\max_{S\subseteq N} e(S,\,x) \tag{1}$$

当然，式（1）的解集合并不是核仁。因为它只找到了具有最大不满意度的分配集，在这个集合中又如何比较呢？其中的第二大不满意的分配又有哪些呢？因此，我们又需在新的约束下再求解式（1）。这样重复下去，一直到不能计算出为止。也就是说，不能简单地使用式（1）来求核仁，但该式也给我们提供了求解核仁的一种思路。

正面我们对核仁进行介绍。

对于任意给定的一个分配 $x\in I(v)$，由于 N 有 2^n 个不同的联盟，因此也有 2^n 个超出值 $e(S,\,x)$。以这 2^n 个超出值 $e(S,\,x)$ 为分量，按照从大到小的次序排序，可以构成一个

2^n 维向量 $\theta(x)$，我们把它称为字典序排列：

$$\theta(x) = [e(S_1, x), e(S_2, x), \cdots, e(S_{2^2}, x)]$$
$$e(S_i, x) \geqslant e(S_{i+1}, x), \quad i = 1, 2, \cdots, 2^n - 1$$

显然，对于任意的 $x, y \in I(v)$，都存在各自的 2^n 维向量 $\theta(x)$ 和 $\theta(y)$。

我们来看看下面这个例子，设有三人合作博弈 $\{N, v\}$，其中 $N = \{1, 2, 3\}$，特征函数 v 的取值为 $v(S)$，有

$$v(S) = \begin{cases} 1, & |S| > 1 \\ 0, & |S| < 1 \end{cases}$$

考察 $x = (0.3, 0.5, 0.2)$ 和 $y = (0.1, 0.5, 0.4)$ 两个分配字典序（Lexicographical Order）。我们可以首先列出 2^3 个超出值，如表 8.3 所示。

表 8.3   三人合作博弈的超出值

联盟	ϕ	$\{1\}$	$\{2\}$	$\{3\}$	$\{1, 2\}$	$\{1, 3\}$	$\{1, 2, 3\}$	N
$e(S, x)$	0	-0.3	-0.5	-0.2	0.2	0.5	0.3	0
$e(S, y)$	0	-0.1	-0.5	-0.4	0.4	0.5	0.1	0

通过表 8.3 可以得出：

$$\theta(x) = (0.5, 0.3, 0.2, 0, 0, -0.2, -0.3, -0.5)$$
$$\theta(y) = (0.5, 0.4, 0.1, 0, 0, -0.1, -0.4, -0.5)$$

定义 27：在 $\{\theta(x) \mid \theta(x) \in R^{2n}, x \in I(v)\}$ 中相应的字典序规定如下：

若存在 k_0，使得

$$\theta_k(x) = \theta_k(y), \quad k < k_0 \tag{2}$$
$$\theta_{k0}(x) < \theta_{k0}(y) \tag{3}$$

我们则称 $\theta(x)$ 的字典序在 $\theta(y)$ 之前，或者说 $\theta(x)$ 在字典序上小于 $\theta(y)$。记 $\theta(x) <_L \theta(y)$

同理，若 $\theta(y) <_L \theta(x)$ 不成立，则记为 $\theta(x) \leqslant_L \theta(y)$。

在上述定义中，式（2）和式（3）代表的意思是 $\theta(x)$ 和 $\theta(y)$ 的前 $k_0 - 1$ 个分量相等，而 $\theta(x)$ 的第 k_0 个分量比 $\theta(y)$ 的第 k_0 个分量小。因此，当 $\theta(x) <_L \theta(y)$ 时，分配方案 x 相对不满意的程度小于分配方案 y 相对不满意的程度。

定义 28：一个 n 人合作博弈 $<N, v>$ 的核仁（nucleolus）是分配 $x \in I(v)$ 的子集，记为 $Nu(v)$。$Nu(v)$ 为分配集中 x 在字典序上为最小。即

$$Nu(v) = \{x \mid x \in I(v), \text{对于一切的 } y \in I(v), \text{都有 } \theta(x) \leqslant_L \theta(y)\}$$

施迈德尔（Schmeidler）在提出核仁的定义的同时，给出了下面一些有用的结论：

（1）在 n 人合作博弈 $<N, v>$ 中，核仁 $Nu(v) \neq \phi$。

（2）在 n 人合作博弈 $<N, v>$ 中，有 $|Nu(v)| = 1$。即 $Nu(v)$ 由唯一的一个分配构成。

（3）在 n 人合作博弈 $<N, v>$ 中。内核 $X(\varpi)$ 和核仁 $Nu(v)$ 关系有 $Nu(v) \subseteq X(\varpi)$。

（4）在 n 人合作博弈 $<N, v>$ 中，若核心 $C(v) \neq \phi$ 时，$Nu(v) \subseteq C(v)$。

对于以上的结论，我们不给出数学证明，下面我们举例来说明核仁的求解。

设有三人合作博弈$<N, v>$，其中$N\{1, 2, 3\}$。特征函数v的取值为$v(\phi) = 0$，$v(\{1\}) = 0, v(\{2\}) = v(\{3\}) = 0$，$v(\{1, 2\}) = 5$，$v(\{1, 3\}) = 7$，$v(\{2, 3\}) = 6$，$v(\{1, 2, 3\}) = 10$

下面讨论该三人合作博弈$<N, v>$的核仁$Nu(v)$。

任给一个分配$x = (x_1, x_2, x_3) \in I(v)$，其超出值分别为：

$e(\phi, x) = -10$ $e(\{1\}, x) = 4 - x_2$ $e(\{2\}, x) = -x_2$ $e(\{3\}, x) = -x_3$

$e(\{1, 2\}, x) = 5 - x_1 - x_2 = -5 + x_3$ $e(\{1, 3\}, x) = 7 - x_1 - x_3 = -3 + x_2$

$e(\{2, 3\}, x) = 7 - x_2 - x_3 = -4 + x_1$ $e(N, x) = 0$

首先我们看超出值$e(\{1\}, x)$和$e(\{2, 3\}, x)$，当$x_1 = 4$时

$$\min_{x_1} \max\{e(\{1\}, x), e(\{2, 3\}, x)\} = \min_{x_1} \max\{4 - x_1, x_1 - 4\} = 0$$

当$x_1 \neq 4$时，$\max\{4 - x_1, x_1 - 4\} > 0$。

因此，当$x_1 = 4$时，分配的字典序小于$x_1 \neq 4$时分配的字典序。

若$x_1 = 4$，$x_2 + x_3 = 10 - x_1 = 6$，我们再考察$e(\{1\}, x)$和$e(\{2, 3\}, x)$。讨论$e(\{1\}, x)$和$\min_{x_2 + x_3 = 6} \max\{-5 + x_3, -4 + x_2\}$，通过简单的计算可以得到：当$x_2 = 2$，$x_3 = 4$时，$e(\{1, 2\}, x) = e(\{1, 3\}, x) = -1$。

因此，当$x_0 = (4, 2, 4)$时，$\theta(x_0) = (0, 0, 0, -1, -1, -2, -4, -10)$，且对任意的$y \in I(v)$，有$\theta(x_0) \underset{L}{<} \theta(y)$，则$Nu(v) = \{x_0\} = \{4, 2, 4\}$。

2. 核仁的应用

【例5】

区域共用网络输电费分配

在区域共用网络中，反向潮流的存在、交易负荷最大值的不同时性以及输电网的规模效应影响，促使各交易方在输电费用分配过程中相互合作，成员之间的合作可以在一定程度上减小输电高峰、缓解电网输电压力。因此，采用合作博弈方法对共用网络输电费进行分配，建立模型如下：

将区域共用网络输电费分配看作一个n人博弈问题，记合作博弈局中人即负荷用户的集合为$N = \{1, 2, \cdots, n\}$，N的非空子集S称为联盟，其特征函数$v(S)$的含义为当S中的局中人成为一个联盟时，不管S外的局中人采用什么策略，联盟S通过协调其成员的策略保证能达到的极值，这里特征函数$v(S)$指的是联盟承担的总输电费。联盟中成员i分配的结果记作x_i，联盟分配结果记为$x = \{x_1, x_2, \cdots, x_n\}$，这里指的是各用户分配的输电费用。在联盟中，应满足以下3个合理性条件：

(1) 个体合理性条件：$x_i \geqslant v(i)$, $\forall i \in N$

(2) 集体合理性条件：$\sum_{i \in N} x_i = v(N)$

(3) 联盟合理性条件：$\sum_{i \in S} x_i \geqslant v(S)$, $\forall S \in N$

合作博弈理论中存在多种解算方法，包括核心法、沙普利值法、核仁法等多种方法。其中只有核仁法是一定有解且存在唯一解的，核仁算法总能给出负荷的合理分配，各分配

能清晰地表示出各负荷分配的区域共用网络输电费用。核仁算法的基本思想是在属于核仁的条件下，最不理想的联盟也要优于任何其他向量的最不理想联盟。

因此，这里采用核仁法解算区域共用网络输电费分配问题。具体算法过程如下：

定义联盟 S 关于 x 的超出值 $e(S, x) = v(S) - x(S)$，它的大小反映联盟 x 对分配 x 的态度。超出值越大，S 对 x 越不满意。列举出 N 的 2^N 个子联盟 $S \in N$ 关于 x 的超出值，并按照从大到小的顺序排列，得到一个 2^N 维向量：

$$\theta(x) = [e(S_1, x), e(S_2, x), \cdots, e(S_{2n}, x)]$$
$$e(S_i, x) \geqslant e(S_{i+1}, x), \quad i = 1, 2, \cdots, 2^n - 1$$

根据定义 27 和定义 28，核仁就是使 $\theta(x)$ 按字典序达到最小的那种分配的全体，因此，核仁的解也就是对区域共用网络输电费的分配。这里我们不再利用具体的数字来进行详细说明，关键在于体现如何利用合作博弈理论中的核仁来对共用网络输电费进行分配的思想。

【例 6】

《塔木德》遗产分配问题

这里，我们讨论《塔木德》中当遗产共有 100 个和 300 个单位时的分配问题。

首先考虑当遗产共有 100 个单位时的情况。如前所述，我们假定联盟结构为 $T = \{1, 2, 3\}$。在这个博弈中，除了总联盟便没有一个联盟可以根据联盟成员的婚姻合约确保其支付。把这问题转换成一个联盟型博弈，其中：

$$v(\{1\}) = v(\{2\}) = v(\{3\}) = v(\{1, 2\}) = v(\{1, 3\}) = v(\{2, 3\}) = 0$$
$$v(\{1, 2, 3\}) = 100$$

而 X 则为所有分配的集合。

考虑支付向量 $x = \left(\dfrac{100}{3}, \dfrac{100}{3}, \dfrac{100}{3}\right)$，这个支付向量对集合 N 的每个子集 $S \subseteq N$ 所带来的过剩见表 8.4。

表 8.4   **各联盟的超出值**

S	$e(S, x)$	S	$e(S, x)$
$\{1, 2, 3\}$	0	$\{3\}$	$-100/3$
$\{\phi\}$	0	$\{1, 2\}$	$-200/3$
$\{1\}$	$-100/3$	$\{1, 3\}$	$-200/3$
$\{2\}$	$-100/3$	$\{2, 3\}$	$-200/3$

显然，《塔木德》对于遗产为 100 个单位时所建议的支付向量 $x = \left(\dfrac{100}{3}, \dfrac{100}{3}, \dfrac{100}{3}\right)$ 是核仁中的唯一向量。

接下来，再考虑当遗产共有 300 个单位时的情况。在这个博弈中，没有一位妻子可以根据各自的婚姻合约确保自身的支付。此外，妻子 1 和妻子 2 的联盟亦不能确保任何支付。但是，妻子 1 和妻子 3 的联盟与妻子 2 和妻子 3 的联盟可以分别确保 100 个和 200 个单位的支付，而总联盟则可以确保 300 个单位的支付。可以把这问题转换成一个联盟型博弈，其中：

$$v(\{1\}) = v(\{2\}) = v(\{3\}) = v(\{1, 2\}) = 0$$
$$v(\{1, 3\}) = 100, \ v(\{2, 3\}) = 200, \ v(\{1, 2, 3\}) = 100$$

而 X 为所有分配的集合。

考虑支付向量 $x = (50, 100, 150)$，这个支付向量对集合 N 的每个子集 $S \subseteq N$ 所带来的过剩见表 8.5。

表 8.5   **各联盟的超出值**

S	$e(S, x)$	S	$e(S, x)$
$\{1, 2, 3\}$	0	$\{2\}$	-100
$\{\phi\}$	0	$\{2, 3\}$	-100
$\{1\}$	-50	$\{3\}$	-150
$\{1, 3\}$	-50	$\{1, 2\}$	-150

对于遗产为 300 个单位时的分配问题，明显地，《塔木德》所建议的支付向量 $x = (50, 100, 150)$ 亦是核仁中的唯一向量。

第九章　动态合作博弈

在上一章中，我们介绍了静态合作博弈和它的局限性，这一章将介绍动态合作博弈。对于任何一个博弈，如果博弈的其中一位博弈者在某时间点的行动依赖于在他之前的行动，那么，该博弈便是一个动态博弈。按照每个阶段时间是否连续，可以将动态博弈分为离散动态博弈（Discrete Dynamic Game）和微分博弈（Differential Game），如重复博弈就是一种很特殊的离散动态博弈。本章主要介绍微分合作博弈，包括两人微分合作博弈和多人动态合作博弈。

第一节　两人微分合作博弈

一、开环、闭环和反馈纳什解法

这里，我们首先介绍相对较为简单的开环纳什均衡，然后再介绍较为复杂但较为实用的闭环纳什均衡和反馈纳什均衡。

假定在一个 n 人微分博弈中，每位博弈者 $i \in N$ 的目标函数或支付函数可以表达为：

$$\max_{u_i} \int_{t_0}^{T} g^i[s, x(s), u_1(s), u_2(s), \cdots, u_n(s)]ds + q^i(x(T)) \tag{1}$$

其中，$x(s) \in X \subset R^m$ 表示状态变量或状态，$u_i \in U^i$ 代表博弈者 i 的控制，它代表一条随着时间而进展的策略路径。$s \in [t_0, T]$ 表示博弈的每一时间点或时刻，t_0 和 T 分别是博弈的开始时间和结束时间，$T - t_0$ 则为博弈的持续时间。$g^i(\cdot) \geqslant 0$，$q^i(\cdot) \geqslant 0$，$g^i(\cdot)$ 代表博弈者 $i \in N$ 的瞬时支付，也就是博弈者在每一时间点获得的支付，而 $q^i(\cdot)$ 则是博弈的终点支付。博弈者的目标函数取决于一个决定性的动态系统：

$$\dot{x}(s) = f[s, x(s), u_1(s), u_2(s), \cdots, u_n(s)], x(t_0) = x_0 \tag{2}$$

1. 开环纳什均衡

如果每位博弈者在博弈的开始阶段便指定各自在整个博弈的策略，那么，他们的资讯结构便可以看作是开环的。在开环的资讯结构下，$r(s) = \{x_0\}$，$s \in [t_0, T]$，因此，博弈者的策略是开始状态（Initial State）和当前时间点 S 的函数：

$$\{u_i(s) = \vartheta_i(s, x_0)\} \text{ 对于 } i \in N$$

而由每位博弈者的最优策略所构成的集合就是博弈的开环纳什均衡。以下是有关开环纳什均衡的定理：

定理1：对于微分博弈（1）~（2），策略集合 $\{u_i^*(s) = \zeta_i^*(s, x_0)\}$，$i \in N$，构成一个开环纳什均衡，而 $\{x^*(s), t_0 \leqslant s \leqslant T\}$ 则为博弈对应的状态轨迹（State Trajectory），当

存在 m 个共态函数(Costate Functions) $\Lambda^i(s)$：$[t_0, T] \to R^m$，对于 $i \in N$，都满足以下代数式：

$$\zeta_i^*(s, x_0) \equiv u_i^*(s)$$
$$= \underset{u_i \in U^i}{\arg\max}\{g^i[s, x^*(s), u_1^*(s), u_2^*(s), \cdots, u_{i-1}^*(s), u_i(s), u_{i+1}^*(s), \cdots, u_n^*(s)]$$
$$+ \Lambda^i(s)f[s, x^*(s), u_1^*(s), u_2^*(s), \cdots, u_{i-1}^*(s), u_i(s), u_{i+1}^*(s), \cdots, u_n^*(s)]\}$$
$$\dot{x}^*(s) = f[s, x^*(s), u_1^*(s), u_2^*(s), \cdots, u_n^*(s)], x^*(t_0) = x_0$$
$$\dot{\Lambda}^i(s) = -\frac{\partial}{\partial x^*}\{g^i[s, x^*(s), u_1^*(s), u_2^*(s), \cdots u_n^*(s)]$$
$$+ \Lambda^i(s)f[s, x^*(s), u_1^*(s), u_2^*(s), \cdots, u_n^*(s)]\}$$
$$\Lambda^i(T) = \frac{\partial}{\partial x^*}q^i(x^*(T)); \quad i \in N$$

从上述定理 1 中可以看出，在开环纳什均衡解法中，包含了以下三个方面的内容：

（1）在其他博弈者都采用各自的最优策略既定的条件下，每位博弈者在每个时点都要最大化以下两个方面的总和：一是博弈者在当前的瞬时支付，二是博弈状态在当前的变化进展和自己在当前的共态函数的积。也就是说，每位博弈者在选择最优策略时，不仅要考虑自己在当前的瞬时支付，而且也要考虑博弈状态的变化进展对自己在未来所牵涉到的所有支付带来的影响。

（2）最优状态在当前的变化进展取决于所有博弈者的最优策略以及当前的时间和状态，而在开始时间的最优状态则与博弈的开始状态相同。

（3）在所有博弈者都采用各自的最优策略既定的条件下，而且博弈者这些最优策略只依赖当前时间和开始状态的情况下，每位博弈者的共态函数的变化进展便取决于他在当前的瞬时支付、状态在当前的变化进展和他在当前的共态函数等。博弈者的共态函数在博弈结束时的值则等于博弈最优状态对于他的最优终点支付的边际影响。

2. 闭环纳什均衡

在前面所阐述的开环纳什均衡中，每位博弈者的策略都依赖于博弈的当前时间和开始状态，而并不依赖博弈的当前状态。与开环的状态资讯相对应，在无记忆完美资讯(Memoryless Perfect Information)的情况下，每位博弈者的策略都依赖于开始状态、当前状态(Current State)和当前时间。因此，每位博弈者 $i \in N$ 的资讯结构的样式为：$\eta^i(s) = \{x_0, x(s)\}$，$s \in [t_0, T]$，也就是说，博弈者的策略是开始状态 x_0、当前状态 $x(s)$ 和当前时间点 s 的函数：

$$\{u_i(s) = \vartheta_i(s, x(s), x_0)\}, \quad i \in N$$

以下是有关任何闭环无记忆纳什均衡的必要条件的定理：

定理 2：策略集合 $\{u_i(s) = \vartheta_i(s, x(s), x_0)\}$，$i \in N$，为博弈(1)~(2)给出的一个闭环无记忆纳什均衡，其中 $\{x^*(s), t_0 \leqslant s \leqslant T\}$ 为博弈相应的状态轨迹，当存在 m 个共态函数 $\Lambda^i(s)$：$[t_0, T] \to R^m$，对于 $i \in N$，都满足以下代数式：

$$\vartheta_i^*(s, x_0) \equiv u_i^*(s) = \underset{u_i \in U^i}{\arg\max}\{g^i[s, x^*(s), u_1^*(s), u_2^*(s), \cdots, u_{i-1}^*(s), u_i(s), u_{i+1}^*(s), \cdots, u_n^*(s)]$$
$$+ \Lambda^i(s)f[s, x^*(s), u_1^*(s), u_2^*(s), \cdots, u_{i-1}^*(s), u_i(s), u_{i+1}^*(s), \cdots, u_n^*(s)]\}$$

$$\dot{x}^*(s) = f[s, x^*(s), u_1^*(s), u_2^*(s), \cdots, u_n^*(s)], x^*(t_0) = x_0$$

$$\dot{\Lambda}^i(s) = -\frac{\partial}{\partial x^*}\{g^i[s, x^*(s), \vartheta_1^*(s, x^*, x_0), \vartheta_2^*(s, x^*, x_0), \cdots, \vartheta_{i-1}^*(s, x^*, x_0), u_i^*(s),$$

$$\vartheta_{i+1}^*(s, x^*, x_0), \cdots, \vartheta_n^*(s, x^*, x_0)] + \Lambda^i(s)f[s, x^*(s), \vartheta_1^*(s, x^*, x_0), \vartheta_2^*(s, x^*, x_0), \cdots,$$

$$\vartheta_{i-1}^*(s, x^*, x_0), u_i^*(s), \vartheta_{i+1}^*(s, x^*, x_0), \cdots, \vartheta_n^*(s, x^*, x_0)]\}$$

$$\Lambda^i(T) = \frac{\partial}{\partial x^*}q^i(x^*(T)); \ i \in N$$

从定理 2 中可以看出，与在开环纳什均衡解法中类似，在微分博弈的闭环纳什均衡解法中，也包含以下三个方面的内容：

（1）在其他博弈者采用各自的最优策略既定的条件下，每位博弈者在每一个时点都要最大化以下两个方面的总和：一是自己在当前的瞬时支付，二是博弈状态在当前的变化进展和自己在当前的共态函数的积。

（2）最优状态在当前的变化进展取决于所有博弈者的最优策略以及当前的时间和状态，而在开始时间的最优状态则与博弈的开始状态相同。

（3）在所有博弈者都采用各自的最优策略既定的条件下，而且这些最优策略只依赖于当前时间和开始状态的情况下，每位博弈者的共态函数的变化进展取决于他在当前的瞬时支付、状态的瞬时变化和他在当前的共态函数等。博弈者的共态函数在博弈结束时的值等于最优状态对于他的最优终点支付的边际影响。

3. 反馈纳什均衡

为了消除推导纳什均衡时所要面对的资讯非唯一性，解法需符合反馈纳什均衡的特性。而且博弈者的资讯结构为闭环完美状态（Closed-Loop Perfect State）（CLPS），即 $\eta^i(s) = \{x(t), t_0 \leq t \leq s\}$ 或无记忆完美状态（Moneyless Prefect State）（MPS），即 $\eta^i(s) = \{x_0, x(s)\}$。此外，以下的反馈纳什均衡条件也需满足。

定义 1：对于带有 MPS 或 CLPS 资讯的 n 人微分博弈，n 序列值（n-tuple）策略集合

$$\{u_i^*(s) = \phi_i^*(s), x(s) \in U^i\}, i \in N$$

构成一个反馈纳什均衡解法，当存在定义在 $[t_0, T] \times R^m$ 的函数 $V^i(t, x)$，并对于每个 $i \in N$ 都满足以下关系式：

$$V^i(T, x) = q^i(x)$$

$$V^i(t, x) = \int_t^T g^i[s, x^*(s), \phi_1^*(s, \eta_s), \phi_2^*(s, \eta_s), \cdots, \phi_n^*(s, \eta_s)]ds + q^i(x^*(T))$$

$$\geq \int_t^T g^i[s, x^{[i]}(s), \phi_1^*(s, \eta_s), \phi_2^*(s, \eta_s), \cdots, \phi_{i-1}^*(s, \eta_s), \phi_{i-1}^*(s, \eta_s), \phi_i(s, \eta_s), \phi_{i+1}^*(s, \eta_s), \cdots,$$

$$\phi_n^*(s, \eta_s)]ds + q^i(x^{[i]}(T)), \forall \phi_i(\cdot, \cdot) \in \Gamma^i, x \in R^m$$

而在区间 $[t_0, T]$ 内有：

$$x^{[i]}(s) = f[s, x^{[i]}(s), \phi_1^*(s, \eta_s), \phi_2^*(s, \eta_s), \cdots,$$

$$\phi_{i-1}^*(s, \eta_s), \phi_{i-1}^*(s, \eta_s), \phi_i(s, \eta_s), \phi_{i+1}^*(s, \eta_s), \cdots, \phi_n^*(s, \eta_s)]$$

$$x^{[i]}(t) = x$$

$$x^*(s) = f[s, x^{[i]}(s), \phi_1^*(s, \eta_s), \phi_2^*(s, \eta_s), \cdots, \phi_n^*(s, \eta_s)], x(s) = x$$

其中，η_s 表示数据集合 $\{x(s)，x_0\}$ 或 $\{x(\tau)，\tau \leqslant s\}$，它主要取决于资讯样式是 MPS 还是 CLPS。$x^*(s)$ 和 $x^{[i]}(s)$ 分别为博弈的均衡状态和博弈者 i 独自偏离均衡时博弈的状态。

定义 1 所要满足的数学关系虽然比较复杂，但意义却易于明白。在反馈纳什均衡的情况下，博弈者 i 在博弈的每个时间点往后时段的支付都不少于独自偏离反馈纳什均衡时的支付，而博弈者在最后一个时间点的支付 $V^i(T，x)$ 则等于其终点支付。

上述概念有一个明显的特点，如果 n 序列值 $\{\phi_i^*(t，x)；i = 1，2\}$ 在一个持续时间为 $T - t_0$ 的 n 人微分博弈中，给出一个反馈纳什均衡解法，那么，把该 n 序列值限制在时区 $[t，T]$，$\forall t_0 \leqslant t \leqslant T$，也会在一个除了持续期间变为 $T - t$ 和开始状态变为 $x(t)$ 的同一博弈中给出一个反纳什均衡策略也只依赖于当前时间和当前状态的值，而并不依赖于任何记忆（包括开始状态）。因此，博弈者的策略可以表示为：

$$\{u_i^*(s) = \phi_i^*(s)，x(s) \in U^i\}，i \in N$$

以下是有关在博弈（1）～（2）的反馈纳什均衡解法的必要条件的定理：

定理 3：对于微分博弈（1）～（2），n 序列值的策略集合 $\{u_i^*(t) = \phi_i^*(t，x(t) \in U^i\}$，$i \in N$ 给出一个反馈纳什均衡解法，当存在可连续微分的函数 $V^i(t，x)$：$[t_0，T] \times R^m \to R$，对于每个 $i \in N$，都满足以下的偏微分方程：

$$- V_t^i(T，x)$$
$$= \max_{u_i}\{g^i[t，x，\phi_1^*(t，x)，\phi_2^*(t，x)，\cdots，\phi_{i-1}^*(t，x)，u_i(t，x)，\phi_{i+1}^*(t，x)，\cdots，\phi_n^*(t，x)]$$
$$+ V_x^i(t，x)f[t，x，\phi_1^*(t，x)，\phi_2^*(t，x)，\cdots，\phi_{i-1}^*(t，x)，u_i(t，x)，\phi_{i+1}^*(t，x)，\cdots，\phi_n^*(t，x)]\}$$
$$= \{g^i[t，x，\phi_1^*(t，x)，\phi_2^*(t，x)，\cdots，\phi_n^*(t，x)] + V_x^i(t，x)f[t，x，\phi_1^*(t，x)，\phi_2^*(t，x)，\cdots，\phi_n^*(t，x)]\}$$
$$V^i(T，x) = q^i(x)，i \in N$$

其中，$V^i(t，x)$ 是博弈者 $i \in N$ 在时间和状态分别为 t 和 x 时，他在以后的时区 $[t，T]$ 的支付，也就是他的价值函数。

从定理 3 中可以得知，在微分博弈的反馈纳什均衡解法中，包含以下两个方面的内容：

（1）当所有博弈者都采用根据当前时间和状态而定的最优策略时，博弈者的价值函数的值将随着时间的进展而转变，而在每一瞬间的转变的减数则等于他的瞬时支付，与状态的最优变化进展为价值函数的值所带来的转变之和。

（2）博弈者的价值函数在最后时间点的值等于博弈者在博弈的终点支付。

定理 3 适用于 n 人微分博弈（1）～（2）。当 $n = 2$，博弈（1）～（2）便成为一个两人微分博弈，以下考虑它的零和特例，即博弈者 1 的正支付便是博弈者 2 的负支付。也就是说，在两人零和微分博弈中，一方的所得是另一方的所失，两方此消彼长地进行博弈。那么，无论资讯样式为 MPS 或 CLPS，每个反馈鞍点（Feedback Saddle Point）也有以下特征：

定理 4：策略 $\{\phi_i^*(t，x)；i = 1，2\}$ 为博弈（1）～（2）的零和特例给出一个反馈鞍点解法，当存在一个函数 V：$[t_0，T] \times R^m \to R$ 满足以下的偏微分方程：

$$- V_t(t，x) = \min_{u_1 \in S^1} \max_{u_2 \in S^2}\{g[t，x，u_1(t)，u_2(t)] + V_x f[t，x，u_1(t)，u_2(t)]\}$$
$$= \max_{u_2 \in S^2} \min_{u_1 \in S^1}\{g[t，x，u_1(t)，u_2(t)] + V_x f[t，x，u_1(t)，u_2(t)]\}$$

$$= \{g[t,x,\phi_1^*(t,x),\phi_2^*(t,x)] + V_x f[t,x,\phi_1^*(t,x),\phi_2^*(t,x)]\}$$
$$V(T,x) = q(x)$$

其中，$V(t,x)$ 是其中一位博弈者在时间和状态分别为 t 和 x 时，他在以后的时区 $[t,T]$ 的支付，也就是他的价值函数。

根据定理 4，在微分博弈的反馈纳什均衡解法中，包含以下两个方面：

（1）在两位博弈者都采用根据当前时间和状态而定的最优策略时，每位博弈者的价值函数的值将随着时间的进展而转变，而在每一瞬间的转变的减数则等于他的瞬时支付，与博弈状态的最优变化进展为价值函数的值所带来的转变之和。

（2）每位博弈者在最后时间点的支付都相等于该博弈者在博弈的终点支付。

二、两人微分合作博弈

这里，我们介绍带有贴现的两人微分合作博弈。

1. 合作的安排

考虑一个两人非零和微分博弈，博弈的开始状态和持续期间分别为 x_0 和 $T-t_0$。博弈的状态空间为 $X \in R^m$，其中可允许的状态轨迹为 $\{x(s), t_0 \leqslant s \leqslant T\}$，博弈的状态的进展变化则取决于以下的向量值微分方程：

$$x(s) = f[s, x(s), u_1(s), u_2(s)], \quad x(t_0) = x_0 \tag{3}$$

在每一个时间点 $s \in [t_0, T]$，博弈者 $i \in \{1, 2\}$ 都会获得他的瞬时支付（或报酬）$g^i[s, x(s), u_1(s), u_2(s)]$，而在博弈的结束时间点 T，他会获得终点支付 $q^i(x(T))$。在此博弈中，支付是可以转移的。因此，两位博弈者的支付是可以互相比较的。但博弈者在不同时间点所获得的支付则需要进行相应的贴现后才能比较。给定一个随着时间转变的贴现率 $r(s)$，对于 $s \in [t_0, T]$，每位博弈者在时间点 t_0 后的时点 t 所获得的支付（或报酬），都需要根据贴现因子（Discount Factor）$\exp\left[-\int_{t_0}^{t} r(y)\mathrm{d}y\right]$ 进行贴现。因此，在时间点 t_0 时，博弈者 $i \in \{1, 2\}$ 的支付函数的现值可以表示为：

$$\int_{t_0}^{T} g^i\left[s, x(s), u_1(s), u_2(s)\right]\exp\left[-\int_{t_0}^{s} r(y)\mathrm{d}y\right] + \exp\left[-\int_{t_0}^{T} r(y)\mathrm{d}y\right] q^i(x(T)) \tag{4}$$

其中：$g^i(\cdot) \geqslant 0$，$q^i(\cdot) \geqslant 0$

现在考虑两位博弈者共同合作的情况，我们用 $\Gamma_c(x_0, T-t_0)$ 表示博弈的合作情况，其中每位博弈者都愿意根据一个双方都同意的最优共识原则来分配合作支付。一个合作方案的最优共识原则解法确定如何合作和如何分配合作的所得。在合作博弈 $\Gamma_c(x_0, T-t_0)$ 中，最优共识原则解法沿着博弈的合作状态轨迹路径 $\{x_s^*\}_{s=t_0}^{T}$ 都将生效。另外，任何的合作安排都必须符合博弈者的集体理性和个体理性。

（1）集体理性和最优轨迹

由于支付是可以转移的，因而集体理性要求参与两方共同议定的合作方案能最大化集体的合作支付。为了达到集体理性，合作博弈 $\Gamma_c(x_0, T-t_0)$ 的参与双方必须解决以下最优控制问题：

$$\max_{u_1, u_2}\left\{\int_{t_0}^{T} \sum_{j=1}^{2} g^j\left[s, x(s), u_1(s), u_2(s)\right]\right.$$

$$\exp\left[-\int_{t_0}^{s} r(y)\,\mathrm{d}y\right] + \exp\left[-\int_{t_0}^{T} r(y)\,\mathrm{d}y\right] \sum_{i=1}^{2} q^i(x(T))\Big\} \tag{5}$$

并受制于动态系统(3)。

我们用 $\psi(x_0,\ T-t_0)$ 表示控制问题(3)和(5)。引用贝尔曼的动态规则，便可以得到以下结果：

定理5：控制集合 $\{[\psi_1^{(t_0)*}(t,\ x),\ \psi_2^{(t_0)*}(t,\ x)],\ t\in[t_0,\ T]\}$ 为控制问题 $\psi(x_0,$ $T-t_0)$ 给出一个最优解法，当存在连续可微函数 $\mathbf{W}^{(t_0)}(t,\ x):[t_0,\ T]\times R^m\rightarrow R$，满足以下的贝尔曼方程(Bellman Equation)：

$$-\mathbf{W}_t^{(t_0)}(t,\ x)$$

$$=\max\Big\{\sum_{j=1}^{2} g^j[t,\ x,\ u_1,\ u_2]\exp\left[-\int_{t_0}^{t} r(y)\,\mathrm{d}y\right] + \mathbf{W}_x^{(t_0)}f[t,\ x,\ u_1,\ u_2]\Big\}$$

边界条件为：

$$\mathbf{W}_t^{(t_0)}(T,\ x)=\exp\left[-\int_{t_0}^{T} r(y)\,\mathrm{d}y\right]\sum_{j=1}^{2} q^j(x)$$

其中，$\mathbf{W}_t^{(t_0)}(t,\ x)$ 表示两位博弈者的集体在 t_0 开始的原博弈中，在时间和状态分别为 t 和 x 时，他们在以后的时区 $[t,\ T]$ 的支付的现值，也就是集体的价值函数。

从定理5中可以得出，控制问题 $\psi(x_0,\ T-t_0)$ 的最优解法包含以下两点：

① 两位博弈者集体的价值函数的值将随着时间的进展而转变，而在每一瞬间的转变的减数则等于集体的瞬时支付的现值，与博弈状态的最优变化发展为价值函数的值所带来的转变之和。

② 两位博弈者在 t_0 时刻开始的原博弈中，在结束时间获得的支付等于集体进行的相应贴现的终点支付。

在合作的安排下，博弈两方将采用事先约定的合作控制：

$$[\psi_1^{(t_0)*}(t,\ x),\ \psi_2^{(t_0)*}(t,\ x)],\ t\in[t_0,\ T]$$

而相应的最优合作轨迹的动态则可以表示为：

$$x(s)=f[s,\ x(s),\ \psi_1^{(t_0)*}(s,\ x(s)),\ \psi_2^{(t_0)*}(s,\ x(s))],\ x(t_0)=x_0 \tag{6}$$

设 $x^*(t)$ 为(6)的解，则最优轨迹 $\{x^*(t)\}_{t=t_0}^{T}$ 则可表示为：

$$x^*(t)=x_0 + \int_{t_0}^{t} f[s,\ x^*(s),\ \psi_1^{(t_0)*}(s,\ x^*(s)),\ \psi_2^{(t_0)*}(s,\ x^*(s))]\,\mathrm{d}s \tag{7}$$

为了方便起见，我们将交替使用 $x^*(t)$ 和 x_t^*。

另外，博弈 $\Gamma_c(x_0,\ T-t_0)$ 在时区 $[t_0,\ T]$ 的合作控制，可以更精确地表述为：

$$\{[\psi_1^{(t_0)*}(t,\ x^*(t)),\ \psi_2^{(t_0)*}(t,\ x^*(t))],\ t\in[t_0,\ T]\} \tag{8}$$

基于博弈双方的基本理性，博弈两方必须在整个时区 $[t_0,\ T]$ 中采用合作控制(8)。

【例1】

合作资源的开采

我们考虑两家资源开采商在动态情况下的合作性资源开采，假设两家开采商的开采权的有效时间都为$[t_0, T]$，而资源存量$x(s) \in X \subset R$的进展变化则取决于以下的动态系统：

$$x(s) = ax(s)^{1/2} - bx(s) - u_1(s) - u_2(s), \quad x(t_0) = x_0 \in X \tag{9}$$

其中，$u_i(s)$，$i \in \{1, 2\}$表示开发商i在时间点s的资源开采量，而a和b则是两个常数。在时间点$s \in [t_0, T]$，开采商1和开采商2获得的瞬时支付分别可以表示为：

$$\left[u_1(s)^{1/2} - \frac{c_1}{x(s)^{1/2}}u_1(s) \right] 和 \left[u_2(s)^{1/2} - \frac{c_2}{x(s)^{1/2}}u_2(s) \right]$$

其中，c_1和c_2都是常数，并且$c_1 \neq c_2$，分别表示开采商1和开采商2的开采成本。开采商$i \in \{1, 2\}$在时间点T将收到约满酬金$qx(T)^{1/2}$，酬金的金额取决于当时的资源存量，常数q则可理解为开采权结束时的资源存量对于约满酬金的边际影响。假定支付是可转移的，给定贴现率（市场利率）为r，博弈者在时间点t_0后的时点t的所获，都需要根据贴现因子$\exp[-r(t - t_0)]$进行贴现。在这种情况下，两家资源开采商都同意合作，并且共同开采资源。也就是说，这种合作情况是一个最优控制问题$\psi(x_0, T - t_0)$：

$$\int_{t_0}^{T} \left(\left[u_1(s)^{1/2} - \frac{c_1}{x(s)^{1/2}}u_1(s) \right] + \left[u_2(s)^{1/2} - \frac{c_2}{x(s)^{1/2}}u_2(s) \right] \right) \exp[-\tau(t - t_0)] ds$$

$$+ 2\exp[-\tau(T - t_0)qx(T)^{\frac{1}{2}}] \tag{10}$$

令$[\psi_1^{(t_0)*}(t, x), \psi_2^{(t_0)*}(t, x)]$为解决$\psi(x_0, T - t_0)$的控制集合，即资源共同开采的最优策略集合，又令$W^{(\tau)}(t, x): [\tau, T] \times R^m \to R$为相应的价值函数，即参与两方在时区$[t, T]$的集体合作支付在开始时间$t_0$的现值。引用定理5，并进行一连串的数学运算，我们得到以下结果：

双方共同合作下博弈的价值函数，在时间点t_0开始的合作计划中，在时间点t和状态为x时，在时区$[t, T]$的支付的现值为：

$$W^{(t_0)}(t, x) = \exp[-r(t - t_0)][\tilde{A}(t)x^{1/2} + \tilde{B}(t)] \tag{11}$$

其中，$\tilde{A}(t)$的值取决于资源的动态系统(9)中常数b、双方的开采成本和市场利率，以及结束时间的资源存量对于约满酬金的边际影响，而$\tilde{B}(t)$的值取决于资源的动态系统(9)中的常数a、市场利率和$\tilde{A}(t)$等。

$\tilde{A}(t)$和$\tilde{B}(t)$所依赖的动态系统和边际条件可以用数学公式表达如下：

$$\frac{d\tilde{A}(t)}{dt} = \left[r + \frac{b}{2} \right] \tilde{A}(t) - \frac{1}{2[c_1 + \tilde{A}(t)/2]} - \frac{1}{2[c_2 + \tilde{A}(t)/2]} + \frac{c_1}{4[c_1 + \tilde{A}(t)/2]^2} +$$

$$\frac{c_2}{4[c_2 + \tilde{A}(t)/2]^2} + \frac{\tilde{A}(t)}{8[c_1 + \tilde{A}(t)/2]^2} + \frac{\tilde{A}(t)}{8[c_2 + \tilde{A}(t)/2]^2}$$

$$\frac{\mathrm{d}\,\widetilde{\mathrm{B}}\,(t)}{\mathrm{d}t} = r\,\widetilde{\mathrm{B}}\,(t) - \frac{a}{2}\,\widetilde{\mathrm{A}}\,(t)$$

$$\widetilde{\mathrm{A}}\,(T) = q\ \text{和}\ \widetilde{\mathrm{B}}\,(T) = 0$$

博弈的合作策略，即双方共同开采的资源开采率为：

$$\psi_1^{(t_0)^*}(t,\,x_t^*) = \frac{x_t^*}{4\,(c_1 + \widetilde{\mathrm{A}}\,(t)/2)^2}\ \text{和}\ \psi_2^{(t_0)^*}(t,\,x_t^*) = \frac{x_t^*}{4\,(c_2 + \widetilde{\mathrm{A}}\,(t)/2)^2} \tag{12}$$

而其相应的博弈的最优状态，即资源存量在最优控制下的每一个时间点的存量则为：

$$x^*(s) = \widetilde{\omega}\,(t_0,\,s)^2\left[x_0^{1/2} + \int_{t_0}^s \widetilde{\omega}^{-1}(t_0,\,s)H_1\mathrm{d}t\right],\ s \in [t_0,\,T] \tag{13}$$

其中，H_1 的值取决于资源的动态系统(9)中的常数 a，而 $\widetilde{\omega}\,(t,\,s)$ 的值则取决于市场利率、资源开采成本、资源的动态系统(9)中的常数 b 和其他交互影响的变化。

H_1 和 $\widetilde{\omega}\,(t_0,\,s)$ 的数学表达式可以表示为：

$$H_1 = \frac{1}{2}a,\ \widetilde{\omega}\,(t_0,\,s) = \exp\left[-\int_{t_0}^s\left[\frac{1}{2}b + \frac{1}{8\,[c_1 + \widetilde{\mathrm{A}}\,(t)/2]^2} + \frac{1}{8\,[c_2 + \widetilde{\mathrm{A}}\,(t)/2]^2}\right]\mathrm{d}t\right]$$

根据上述分析，在双方都采用资源共同开采策略的每一时刻，即沿着最优状态轨迹 $\{x^*(s)\}_{s=t}^T$ 的每一个另一博弈 $\Gamma(x_\tau^*,\,T-\tau)$，$\tau \in [t_0,\,T]$ 中，最优控制问题 $\Psi(x_\tau,\,T-\tau)$ 的价值函数为：

$$W^{(\tau)}(t,\,x) = \exp[-r(t-\tau)]\,[\widetilde{\mathrm{A}}\,(t)x^{1/2} + \widetilde{\mathrm{B}}\,(t)] \tag{14}$$

其中，$\widetilde{\mathrm{A}}\,(t)$ 和 $\widetilde{\mathrm{B}}\,(t)$ 与(11)中的 $\widetilde{\mathrm{A}}\,(t)$ 和 $\widetilde{\mathrm{B}}\,(t)$ 满足的数学表达式相同。

解决最优控制问题 $\Psi(x_\tau,\,T-\tau)$ 的合作开采率则为：

$$\psi_1^{(\tau)^*}(t,\,x) = \frac{x}{4\,(c_1 + \widetilde{\mathrm{A}}\,(t)/2)^2}\ \text{和}\ \psi_2^{(\tau)^*}(t,\,x) = \frac{x}{4\,(c_2 + \widetilde{\mathrm{A}}\,(t)/2)^2} \tag{15}$$

其相应的最优轨迹为：

$$x^*(s) = \widetilde{\omega}\,(\tau,\,s)^2\left[(x_\tau^*)^{1/2} + \int_\tau^s \widetilde{\omega}^{-1}(\tau,\,s)H_1\mathrm{d}t\right],\ s \in [\tau,\,T] \tag{16}$$

其中，H_1 和 $\widetilde{\omega}\,(t_0,\,s)$ 与式(13)中的 H_1 和 $\widetilde{\omega}\,(t_0,\,s)$ 满足的数学表达式相同。

事实上，式(16)中的 $x^*(s)$ 是式(13)中 $x^*(s)$ 的子集，因此，沿着最优路径 $\{x^*(s)\}_{s=t_0}^T$，在每时每刻都维持集体理性。

(2) 个体理性

假定在开始时间 t_0 而开始状态为 x_0 时，每位博弈者都同意某一个特定的最优共识原则，而在这最优共识原则下的分配向量为：

$$\xi(x_0,\,T-t_0) = [\xi^1(x_0,\,T-t_0),\,\xi^2(x_0,\,T-t_0)]$$

这表示每位博弈者都同意在时区 $[t_0,\,T]$，博弈者 $i \in \{1,\,2\}$ 应该分得 $\xi^i(x_0,\,T-t_0)$。

根据前面所述，一个成功的合作安排必须满足个体理性，因此，在时间为 t_0 而开始状态为 x_0 时，以下的等式必须成立：

$$\xi^i(x_0, \ T - t_0) \geqslant V^{(t_0)i}(t_0, \ x_0), \ i \in \{1, \ 2\}$$

其中，$V^{(t_0)i}(t_0, \ x_0)$ 表示非合作情况下博弈者的价值函数。

引用同一个最优共识原则，在时间为 τ 而状态为 x_τ^* 时，这一最优共识原则下的分配向量为：

$$\xi(x_\tau^*, \ T - \tau) = [\xi^1(x_\tau^*, \ T - \tau), \ \xi^2(x_\tau^*, \ T - \tau)]$$

这表示每位博弈者都同意在时区 $[t_0, \ T]$，博弈者 $i \in \{1, \ 2\}$ 应该分得 $\xi^i(x_\tau^*, \ T - \tau)$。在时间为 τ 而状态为 x_τ^* 时，我们仍要满足个体理性，以下的不等式必须成立：

$$\xi^i(x_\tau^*, \ T - \tau) \geqslant V^{(\tau)i}(\tau, \ x_\tau^*), \ i \in \{1, \ 2\}$$

上式中 $V^{(\tau)i}(\tau, \ x_\tau^*)$ 表示非合作情况下博弈者的价值函数。

因此，在一个动态博弈的合作安排中，沿着博弈的最优轨迹 $\left\{x^*(s)\right\}_{s=t_0}^T$ 的每个时刻，个体理性都必须得到维持，否则，合作方案便只能告吹，因为理性的博弈者将偏离合作路线，以致双方无法获得合作下的帕累托最优。

2. 动态平稳合作与时间一致性

如前所述，每一个合作安排必须在每时每刻都满足集体理性和个体理性，而合作的成功则取决于时间一致性或动态平稳。一个动态平稳的解法具有以下特性：当博弈沿着最优轨迹进行，博弈者们根据最初制定的最优共识原则，在每时每刻都不愿意偏离一直采用的最优行为。关于两人微分合作博弈的时间一致性的精确概念将在以下给出。

考虑开始时间和开始状态分别为 t_0 和 x_0 的合作博弈 $\Gamma_c(x_0, \ T - t_0)$，在这个博弈中，每位博弈者都愿意最大化集体的支付，并同意采用某一个特定机制来分配集体支付。为了达到集体理性，博弈两方将采用定理5所描述的合作控制 $[\psi_1^{(t_0)*}(t, \ x), \ \psi_2^{(t_0)*}(t, \ x)]$，而博弈的最优合作状态轨迹将为 $\left\{x^*(s)\right\}_{s=t_0}^T$。我们用 $\xi^{(t_0)}(t_0, \ x_0)$ 表示当时间和状态分别为 t_0 和 x_0 时，博弈者 i 在时区 $[t_0, \ T]$ 根据最初共同制定的最优共识原则从整体合作支付中所分得的部分(或报酬)。

又考虑开始时间和状态分别为 $\tau \in [t_0, \ T]$ 和 x_τ^* 的合作博弈 $\Gamma_c(x_\tau^*, \ T - \tau)$，在这个博弈中，每位博弈者也都愿意最大化整体的支付，并同意采用同一个特定的最优共识原则。我们用 $\xi^{(\tau)i}(\tau, \ x_\tau^*)$ 表示当时间和状态分别为 $\tau \in [t_0, \ T]$ 和 x_τ^* 时，博弈者 i 在时区 $[\tau, \ T]$ 根据最初共同锁定的最优共识原则从集体合作支付中所分得的部分(或报酬)。

如果以下的条件成立，那么向量 $\xi^{(\tau)}(\tau, \ x_\tau^*) = [\xi^{(\tau)1}(\tau, \ x_\tau^*), \ \xi^{(\tau)2}(\tau, \ x_\tau^*)]$，对于时间 $\tau \in [t_0, \ T]$ 便是有效的分配。

定义2：支付向量 $\xi^{(\tau)}(\tau, \ x_\tau^*)$，$\tau \in [t_0, \ T]$ 是合作博弈 $\Gamma_c(x_\tau^*, \ T - \tau)$ 的分配，当以下条件成立：

$(1)\xi^{(\tau)}(\tau, \ x_\tau^*) = [\xi^{(\tau)1}(\tau, \ x_\tau^*), \ \xi^{(\tau)2}(\tau, \ x_\tau^*)]$ 是一个帕累托最优分配向量。

(2) 对于 $i \in \{1, \ 2\}$，$\xi^{(\tau)i}(\tau, \ x_\tau^*) \geqslant V^{(\tau)i}(\tau, \ x_\tau^*)$。

显然，条件(1)确保集体理性，而条件(2)则保证个体理性。

为了实现最初双方都同意的分配方案，依照彼得罗相和杨的方法，制定一个在每时每刻分发支付的机制。令向量 $B'(s) = [B_1^\tau(s), B_2^\tau(s)]$ 为在合作博弈 $\Gamma_c(x_\tau^*, T-\tau)$ 中，两位博弈者在时间点 $S \in [\tau, T]$ 从合作博弈所得的瞬时支付。也就是说，博弈者 $i \in \{1, 2\}$ 在时间点 s 将从分配机制中分得等于 $B_i^\tau(s)$ 的支付，而在博弈的结束时间点 T，每位博弈者都得到终点支付 $q'(x^*(T))$。

通过 $B_i^\tau(s)$ 和 $q'(x_T^*)$，便为博弈 $\Gamma_c(x_\tau^*, T-\tau)$ 构成了一个分配支付的机制，这个机制被称为得益分配程序。因为给定博弈状态沿着最优轨迹，$\xi^{(\tau)i}(\tau, x_\tau^*)$ 便等于博弈者 i 在时区 $[\tau, T]$ 中所收到的所有 B_i^τ 的现值与他在结束时间所收到的 $q'(x_T^*)$ 的现值之和。因此，对于 $i \in \{1, 2\}$ 和 $\tau \in [t_0, T]$：

$$\xi^{(\tau)i}(\tau, x_\tau^*) = \left\{ \left(\int_\tau^T B_i^\tau(s) \exp\left[-\int_\tau^s r(y)\,dy \right] ds + q^i(x_T^*) \exp\left[-\int_\tau^T r(y)\,dy \right] \right) \Big/ x(\tau) = x_\tau^* \right\}$$

(17)

令 $\xi^{(\tau)i}(t, x_\tau^*)$ 为在合作博弈 $\Gamma_c(x_\tau^*, T-\tau)$ 中，当时间和状态分别为 $t \in [\tau, T]$ 和 x_t^* 时，博弈者在时区 $[t, T]$ 根据最初共同制定的最优共识原则从整体合作收益中所分得的报酬，那么，给定博弈状态沿着最优轨迹，对于 $i \in \{1, 2\}$ 和 $t \in [\tau, T]$，$\xi^{(\tau)i}(t, x_\tau^*)$ 便等于博弈者 i 在时区 $[t, T]$ 中所收到的所有 B_i^τ 的现值与他在结束时所收到的 $q'(x_T^*)$ 的现值之和。因此，对于 $i \in \{1, 2\}$ 和 $t \in [\tau, T]$：

$$\xi^{(\tau)i}(t, x_\tau^*) = \left\{ \left(\int_\tau^T B_i^\tau(s) \exp\left[-\int_\tau^s r(y)\,dy \right] ds + q^i(x_T^*) \exp\left[-\int_\tau^T r(y)\,dy \right] \right) \Big/ x(t) = x_t^* \right\}$$

(18)

基于上述的概念，下面给出时间一致的分配的定义：

定义 3：根据式 (17) 和式 (18) 所定义的分配向量，对于 $\tau \in [t_0, T]$，$\xi^{(\tau)}(\tau, x_\tau^*) = [\xi^{(\tau)1}(\tau, x_\tau^*), \xi^{(\tau)2}(\tau, x_\tau^*)]$ 是博弈 $\Gamma_c(x_\tau^*, T-\tau)$ 的时间一致的分配，当它满足以下三点：

(1) $\xi^{(\tau)}(\tau, x_\tau^*)$ 是一个帕累托最优分配向量，$t \in [\tau, T]$；

(2) 当 $t \in [\tau, T]$，$\xi^{(\tau)i}(t, x_t^*) \geqslant V^{(t)i}(t, x_t^*)$，$i \in \{1, 2\}$；

(3) $\xi^{(\tau)i}(t, x_t^*) = \exp\left[-\int_\tau^t r(y)\,dy \right] \xi^{(t)i}(t, x_t^*)$，$\tau \leqslant t \leqslant T$，$t \in [\tau, T]$，$i \in \{12\}$。

从上述定义中可以看出，时间一致性确保贯彻整个博弈，个体理性和集体理性都得到维持，并且沿着博弈的最优轨迹，在当前开始的合作博弈的解决方案，即使应用到较后开始的合作博弈，仍然是最优的解决方案。

正如约恩森与扎库尔所指出的，确保合作解法符合动态平稳或时间一致性的条件，可以十分严厉，甚至是不可分析处理的。虽然定义 3 为我们提供了一个动态平稳或时间一致的分配方案 $\xi^{(\tau)}(\tau, x_\tau^*)$ 所要符合的条件，但也必须制定一套能实现这分配方案的机制。为此，杨荣基与彼得罗相在 2004 年作出了一项突破。他们创立了一套广泛的理论，这理论所推算出的得益分配程序，不仅在分析上是可处理的，并且能导致时间一致的分配方案得以实现。

下面，我们将详细介绍在决定性环境下的得益分配程序。

如上所述，得益分配程序(PDP)是 B^τ 和 $q(x^*(T))$ 所组成的，其中 $q(x^*(T))$ 是最优终点支付向量，而 B^τ 则称为协调转型补贴。为了实现两方都同意的分配方案，制定的得益分配程序必须符合式(17)和式(18)。

根据定义3，我们要求 $B_i^\tau(s) = B_i^t(s)$，对于 $i \in \{1, 2\}$，$\tau \in [t_0, T]$ 和 $t \in [t_0, T]$，并且 $\tau \neq t$，记 $B_i^\tau(s) = B_i^t(s) = B_i(s)$，那么，能实现时间一致的分配向量 $\xi^{(\tau)}(\tau, x_\tau^*)$ 的得益分配程序所带有的补贴 $B(s)$ 和最优终点收益向量 $q(x^*(T))$ 必须满足以下条件：

$(1)\ \sum_{j=1}^{2} B_j(s) = \sum_{j=1}^{2} g^j[s, x_s^*, \psi_1^{(\tau)*}(s, x_s^*), \psi_2^{(\tau)*}(s, x_s^*)]$，对于 $s \in [t_0, T]$

$(2)\ \int_\tau^T B_i(s) \exp\left[-\int_\tau^s r(y)\mathrm{d}y\right]\mathrm{d}s + q^i(x^*(T)) \exp\left[-\int_\tau^T r(y)\mathrm{d}y\right] \geqslant V^{(\tau)i}(\tau, x_\tau^*)$，$i \in \{1, 2\}$，$\tau \in [t_0, T]$

$(3)\ \xi^{(\tau)i}(\tau, x_\tau^*) = \int_\tau^{\tau+\Delta t} B_i(s) \exp\left[-\int_\tau^s r(y)\mathrm{d}y\right]\mathrm{d}s + \exp\left[-\int_\tau^{\tau+\Delta t} r(y)\mathrm{d}y\right]\xi^{(\tau+\Delta t)i}(\tau + \Delta t, x_\tau^* + \Delta x_\tau^*)$

对于 $\tau \in [t_0, T]$ 和 $i \in \{1, 2\}$，取决于以下的动态系统：

$\Delta x_\tau^* = f[\tau, x_\tau^*, \psi_1^{(\tau)*}(\tau, x_\tau^*), \psi_2^{(\tau)*}(\tau, x_\tau^*)]\Delta t + o(\Delta t)$ 和 当 $\Delta t \to 0$ 时，$o(\Delta t)/\Delta t \to 0$

显然，根据上述满足的条件，可以得出以下三点：

(1) 沿着最优轨迹的每一时间点，博弈双方的补贴的总和都等于双方在使用最优合作控制的情况下的瞬时收益的综合。

(2) 每位博弈者在时区 $[\tau, T]$ 中所收到的所有补贴的现值与他的最优终点收益的现值之和，都不少于他在相应的非合作情况下的价值函数。

(3) 沿着博弈的最优轨迹，每位博弈者在任何一个时间点开始的博弈中所得的收益都等于他在以后开始的另一个博弈中所分得的收益的现值，与他在当前博弈与该博弈之间所收到的所有补贴的现值之和，而最优状态在两个极其接近的时间点之间的进展变化则等于状态的瞬时变化。

为了制定能实现时间一致性的得益分配程序，我们要求分配向量 $\xi^{(\tau)}(t, x_t^*)$ 对于 $\tau \in [t_0, T]$ 和 $t \in [\tau, T]$，满足以下条件：

对于 $i \in \{1, 2\}$，$t \geqslant \tau$ 和 $\tau \in [t_0, T]$，$\xi^{(\tau)i}(t, x_t^*)$ 是一个可以被 t 和 x_t^* 连续两次微分的函数。

基于以上条件，可以得到以下定理：

定理 6：对于 $i \in \{1, 2\}$ 和 $\tau \in [t_0, T]$，如果分配解法 $\xi^{(\tau)i}(t, x_t^*)$ 都满足定义2和条件3，那么，为合作博弈 $\Gamma_c(x_0, T - t_0)$ 产生一个时间一致的解法的得益分配程序共由两个部分组成：一是每位博弈者 $i \in \{1, 2\}$ 在结束时间 T 所收到的最优终点支付 $q^i(x^*(T))$，二是每位博弈者 $i \in \{1, 2\}$ 在每个时间点 $\tau \in [t_0, T]$ 所收到的补贴 $B_i(\tau)$，即：

$$B_i(\tau) = -[\xi_t^{(\tau)i}(t, x_t^*)|t = \tau] - [\xi_{x_t^*}^{(\tau)i}(t, x_t^*)|t = \tau]$$

$$f[\tau,\ x_\tau^*,\ \pmb{\psi}_1^{(\tau)^*}(\tau,\ x_\tau^*),\ \pmb{\psi}_2^{(\tau)^*}(\tau,\ x_\tau^*)],\ i\in\{1,\ 2\}$$

从上述定理中可以看出，沿着最优轨迹的每个时间点 $\tau\in[t_0,\ T]$，每位博弈者在每时每刻所获得的补贴都足以平衡沿着最优轨迹进展而导致的所有有关他的支付的影响。

第二节　多人动态合作博弈

以上我们介绍了两人动态合作博弈，并介绍了动态合作的时间一致性问题的解决办法。在这一节，我们将会介绍多人动态合作，并以多个城市的经济合作为例加以说明。

一、动态经济合作

考虑一个由 n 个城市组成的动态经济合作决策情况。各城市的目标都是最优化该城市在时区 $[t_0,\ T]$ 中的净收入的现值，即

$$\int_{t_0}^T g^i[s,\ x_i(s),\ u_i(s)]\exp\left[-\int_{t_0}^s r(y)\mathrm{d}y\right]\mathrm{d}s\ +$$
$$\exp\left[-\int_{t_0}^T r(y)\mathrm{d}y q^i(x_i(T))\right],\ i\in[1,\ 2,\ \cdots,\ n]\equiv N \tag{1}$$

并受制于一个向量值微分方程集合：

$$\dot{x}_i(s)=f_i^i[s,\ x_i(s),\ u_i(s)],\ x_i(t_0)=x_i^0,\ 对于\ i\in[1,\ 2,\ \cdots,\ n]\equiv N \tag{2}$$

其中，$x_i(s)\in X_i\subset R^{m_i+}$ 则是城市 i 的科研技术、资源和基建设施等。向量值微分方程集合(2)是博弈的动态系统，它描述的是城市 i 科研技术、资源和基建设施等状态变量的进展变化。$u_i\in U_i\subset R^{l_i+}$ 则是城市 i 的控制向量，可以看作是城市 i 在基建、科研、教育和其他经济项目中投放的资金和其他资源。

在此博弈中，支付是可以转移的，因此，我们可以对不同城市的收益进行比较；而不同的城市在不同时间点所获得的收益则需要进行相应的贴现后才能比较。给定一个随着时间转变的贴现率 $r(s)$，对于 $s\in[t_0,\ T]$，每个城市在时间点 t_0 后的时点 t 的所获，都需要根据贴现因子 $\exp\left[-\int_{t_0}^t r(y)dy\right]$ 进行贴现，这个贴现因子可以看作各城市的资金的机会成本或市场利率。在每一个时间点 s，城市 i 都会收到瞬时支付 $g^i[s,\ x_i(s),\ u_i(s)]$，即城市 i 在该时间点从各个方面包括税收、投资赢利、利息等获得的净收入，在合作计划结束时根据当时城市在各方面的情况和经济潜力，计算出的未来潜在净收入的现值。瞬时收益和终点收益都与状态变量有着正的关系，也就是说，当状态变量 x_i 的值越大，瞬时支付 $g^i[s,\ x_i,\ u_i]$ 和终点支付 $q^i(x_i)$ 的值也都越大。我们用 $x_N(s)$ 代表向量 $[x_1(s),\ x_2(s),\ \cdots,\ x_n(s)]$，用 x_N^0 代表 $[x_1^0,\ x_2^0,\ \cdots,\ x_n^0]$。

考虑一个由城市集合 $K\subseteq N$ 所组成的经济合作联盟，参与城市在经济合作中，可以在资金、技术和人才等各方面产生协同效应，因此，城市 i 的状态所依赖的动态系统在加入城市联盟 K 后将变为：

$$\dot{x}_i(s)=f_i^K[s,\ x_K(s),\ u_i(s)],\ x_i(t_0)=x_i^0,\ 对于\ i\in K \tag{3}$$

其中，对于 $j\in K$，$x_K(s)$ 是向量 $x_j(s)$ 的链状排列，而且对于 $j\neq i$，$\partial f_i^K[s,\ x_K,$

$u_i]/\partial x_j \geq 0$。因此，在加入城市联盟 K 后，每一个联盟城市 $j \in K$ 的状态，都会为城市 i 的状态给予正面的影响。也就是说，在加入城市联盟 K 后，联盟中的每一个城市都能分享其他联盟城市在各方面的发展的成果。

二、城市联盟的收益

以上我们介绍了一个由 n 个城市组成的动态经济合作决策情况，现在介绍由其中的 K 个城市组成的城市联盟 $K \subseteq N$。在组成联盟 K 后，当中的参与城市便可以在经济合作中的各方面产生协同效应。因此，在时间点 t_0，对于 $K \subseteq N$，在协同效应下，联盟 K 的合作收益为：

$$\int_{t_0}^{T} \sum_{j \in K} g^i[s, x_i(s), u_i(s)] \exp\left[-\int_{t_0}^{s} r(y)\mathrm{d}y\right]\mathrm{d}s + \sum_{j \in K} \exp\left[-\int_{t_0}^{T} r(y)\mathrm{d}y\right] q^j(x_j(T)) \quad (4)$$

为了计算出联盟 K 的合作收益，需要考虑最优控制问题 $\bar{w}[K; t_0, x_K^0]$，也就是在受制于动态系统 (3) 的同时，最大化联盟 K 的合作收益函数 (4)。

为简单起见，将动态系统 (3) 表示为：

$$\dot{x}_K(s) = f^K[s, x_K(s), u_K(s)], \quad x_K(t_0) = x_K^0 \quad (5)$$

其中，对于 $j \in K$，u_K 是 u_j 的集合，而 $f^K[t, x_K, u_K]$ 则是一个包含 $f_j^K[t, x_K, u_j]$ 的列向量。

引用贝尔曼的动态规划技术，便可得到有关最优控制问题 $\bar{w}[K; t_0, x_K^0]$ 的解法的定理：

定理 7：最优控制集合 $\{u_K^*(t) = \psi_K^{(t_0)K^*}(t, x_K)\}$ 为控制问题 $\bar{w}[K; t_0, x_K^0]$ 提供最优解法，当存在连续可微分函数 $W^{(t_0)K}(t, x_K): [t_0, T] \times \prod_{j \in K} R^{m_j} \to R$，满足以下的贝尔曼方程：

$$-W_t^{(t_0)K}(t, x_K) = \max_{U_K}\left\{\sum_{j \in K} g^j[t, x_j, u_j]\exp\left[-\int_{t_0}^{t} r(y)\mathrm{d}y\right] + \sum_{j \in K} W_{x_j}^{(x_0)K}(t, x_K, u_j)\right\}$$

$$W^{(t_0)K}(T, x_K) = \sum_{j \in K} \exp\left[-\int_{t_0}^{T} r(y)\mathrm{d}y\right] q^j(x_j)$$

在上述定理中，$W^{(t_0)K}(t, x_K)$ 表示联盟 K 在时间点 t_0 开始的合作计划中，在时间和状态分别为 t 和 x_K 时，在时区 $[t, T]$ 的收益的现值，也就是联盟 K 在 t_0 的价值函数。根据定理 6，联盟在时间点 t_0 开始的合作计划中的价值函数的值将随着时间的进展而转变，而在每一瞬间转变的大小等于在联盟为其支付进行最优化下，联盟的瞬时支付的现值与联盟中每个城市成员的状态的最优变化进展为联盟的价值函数的值所带来的转变之和。而联盟在合作计划结束时的价值函数则等于联盟的所有成员终点收益的现值的总和。

根据定理 7，用 $\psi_j^{(t_0)K^*}(t, x_K)$ 来表示在最优控制问题 $\bar{w}[K; t_0, x_K^0]$ 中，联盟中的城市 j 所采用的最优控制。在所有城市连成一线的情况下，即 $K = N$，每个城市都采用满足定理 6 的最优控制，即：

$$\psi_N^{(t_0)N^*}(s, x_N(s)) = [\psi_1^{(t_0)N^*}(s, x_N(s)), \psi_2^{(t_0)N^*}(s, x_N(s)), \cdots, \psi_N^{(t_0)N^*}(s, x_N(s))]$$

而城市总联盟的最优状态轨迹的进展变化则为：

$$\dot{x}_j(s) = f_j^N[s,\ x_N(s),\ \psi_j^{(t_0)N*}(s,\ x_N(s))],\ x_j(t_0) = x_j^0,\ j \in N \qquad (6)$$

或　　　　$$\dot{x}_N(s) = f^N[s,\ x_N(s),\ \psi_N^{(t_0)N*}(s,\ x_N(s))],\ 对于\ x_N(t_0) = x_N^0$$

令 $x_N^*(t) = [x_1^*(t),\ x_2^*(t),\ \cdots,\ x_n^*(t)]$ 为动态系统(6)的解法。那么，城市总联盟在合作期间的状态便构成了博弈的最优轨迹 $\{x_N^*(t)\}_{t=t_0}^T$。用 x_j^{t*} 来表示 $x_j^*(t)$ 在时间点 $t \in [t_0,\ T]$ 的值。

考虑开始时间和开始状态分别为 $\tau \in [t_0,\ T]$ 和 x_K^τ 的最优控制问题 $\bar{w}[K;\ \tau,\ x_K^\tau]$，引用定理7，不难发现对于 $t_0 \leqslant \tau \leqslant t \leqslant T$，以下的数学关系成立：

$$\exp\left[\int_\tau^t r(y)\mathrm{d}y\right] W^{(\tau)K}(t,\ x_K^t) = W^{(t)K}(t,\ x_K^t),\ \psi_K^{(\tau)K*}(t,\ x'_K) = \psi_K^{(t)K*}(t,\ x'_K) \quad (7)$$

这表示在同一时间和状态下，联盟在不同时间开始的最优控制问题中的最优合作策略都是一样的，而联盟在不同时间开始的最优控制问题中的价值函数在进行相应的贴现后也都是相等的。

在上述有关 n 个城市的动态合作决策情况中，每个城市 i 的状态不论是对城市本身的瞬时支付 $g^i[s,\ x_i,\ u_i]$ 还是对城市在合作计划所得到的终点支付 $q^i(x_i)$ 都有正面的影响。由于对于 $j \neq i$，$\partial f_i^K[s,\ x_K,\ u_i]/\partial x_j \geqslant 0$，因此，每个城市都能从其他联盟城市的发展中通过协同效应而得到好处。基于以上两点，城市联盟的收益函数是超可加的，也就是说，倘若联盟任意地分成两个小联盟，那么，这两个小联盟的收益函数的总和绝不大于联盟的收益函数。

三、动态沙普利值

考虑上述 n 个城市的经济合作计划，当中的所有城市都愿意共同最大化城市总联盟的整体利益，并按照沙普利值分配联盟的合作收益。在收益可转移的静态合作博弈中，沙普利值是一种最为广泛应用的分配机制。沙普利值不仅符合联盟的集体理性和个体理性，并且是必定存在和唯一的，而且沙普利值也十分易于计算。由于存在这些优点，沙普利值比其他合作解法，如核、核心、谈判集和稳定集等更为理想。根据沙普利值，在一个 n 个城市的经济合作计划中，每一个成员城市 i 所获得的分配为：

$$\varphi^i(v) = \sum_{K \subseteq N} \frac{(k-1)!\ (n-k)!}{n!}[v(K) - v(K \setminus i)],\ 对于\ i \in N \qquad (8)$$

其中，$K \setminus i$ 是城市 i 在城市联盟中的相对补余，$v(K)$ 是联盟的合作利润，而 $[v(K) - v(K \setminus i)]$ 则是博弈者 i 对联盟的边际贡献。

为了最大化城市总联盟的收益，每个城市将在时间区间 $[t_0,\ T]$ 中采取控制向量 $\{\varphi_N^{(t_0)N*}(t,\ x_N^t)\}_{t=t_0}^T$，而相应的最优状态轨迹则为动态系统(8)中的 $\{x_N^*(t)\}_{t=t_0}^T$。由于每个城市都同意按照沙普利值来分配联盟的合作支付，因此，在时间为 t_0 而状态为 x_N^0 时，城市 i 获得的收益为：

$$v^{(t_0)i}(t_0,\ x_N^0) = \sum_{K \subseteq N} \frac{(k-1)!\ (n-k)!}{n!}[W^{(t_0)K}(t_0,\ x_K^0) - W^{(t_0)K \setminus i}(t_0,\ x_{K \setminus i}^0)],$$
$$对于\ i \in N \qquad (9)$$

值得注意的是，在整个合作期间$[t_0, T]$，沙普利值都必须得到维持。因此，在沿着博弈的最优状态轨迹的每一个时间点$\tau \in [t_0, T]$，以下的分配原则也必须得到维持：

在时间点τ，对于$i \in N$并且$\tau \in [t_0, T]$，城市i的分得部分为

$$v^{(\tau)i}(\tau, x_N^{\tau *}) = \sum_{K \subseteq N} \frac{(k-1)! \, (n-k)!}{n!} [W^{(\tau)K}(\tau, x_K^{\tau *}) - W^{(\tau)K \backslash i}(\tau, x_{K \backslash i}^{\tau *})] \quad (10)$$

其中，$K \subseteq N$是一个包含城市i的非空联盟，$[W^{(\tau)K}(\tau, x_K^{\tau *}) - W^{(\tau)K \backslash i}(\tau, x_{K \backslash i}^{\tau *})]$表示城市$i$对于联盟的价值函数的边际贡献，$\dfrac{(k-1)! \, (n-k)!}{n!}$则表示有关联盟的加权因子。因此，根据式(10)，每个城市$i \in N$在时间点τ都将分得其在该时间点的沙普利值。通过维持条件(10)，博弈的最优共识原则解法，也就是以沙普利值分配合作支付，在沿着博弈的最优状态轨迹的每时每刻都会有效。那么，便没有一个城市愿意离开合作计划，从而达到时间一致性。

【例2】

三地基建合作模型

考虑三个邻近的城市：A城、B城和C城，其中，A城是一个国际金融中心，B城是一个工业城市，而C城则是一个以旅游业为主的城市，这三城都是沿海城市，并且有陆路相连。可是，基于地理环境关系，三地的陆路交通不甚方便，而航运又并不快捷，因而三地的交通网络并不完善。因此，如果三地能建立一个更紧密的交通网络，那么，三地的经济合作便会更为密切，并产生强大的协同效应。如果能兴建一道大桥连接三地，那么，往来三地交通时间将大大降低，这不但会促进地区旅游发展，也会令地区的物流网络变得更为完善，从而使出口和转口的成本大大减少。从上述的分析来看，建造一条连接三地的大桥是具有强大的经济效益的。

在这个决定性动态博弈中，有关三地建桥的任何合作安排都必须在整个合作过程的每时每刻满足三地的集体理性和个体理性。也就是说，任何一个建桥合作方案都必须在每时每刻确保合作计划的成果是帕累托最优的，并且保证每个参与城市在每时每刻都获得不少于在各自为政时的收益。如前所述，集体理性和个体理性是每个合作安排的基本条件，而三地的合作兴建大桥项目能否成功则取决于时间一致性或动态平稳。如果三地的合作兴建大桥项目的合作方案是动态平稳的，那么当合作计划沿着最优合作轨迹进行，在每时每刻，每个城市轨迹最初共同锁定的最优共识原则，都不愿意偏离一直采用的最优行为。下面，我们将为这三地的合作建桥计划提出一个时间一致的合作方案。

考虑上述有关三个沿海城市的基建合作的决策情况。如果三地合作兴建大桥，那么，大桥便会在时间点t_0开始动工，而在完工后，大桥可一直用到T年。明显地，这情况是一个三人微分动态合作博弈，而博弈的持续时间为$[t_0, T]$的所有得益的现值都可以表达为

$$\int_{t_0}^{T} \left[P_i [x_i(s)]^{1/2} - c_i u_i(s) \right] \exp[-r(s-t_0)] ds +$$
$$\exp[-r(T-t_0)] q_i [x_i(T)]^{1/2} \quad i \in N = \{1, 2, 3\} \quad (11)$$

其中，P_i、c_i 和 q_i 都是正常数，而 r 则是贴现率，也就是市场利率。$x_i(s) \in X_i \subset R^+$ 代表博弈的状态，也就是城市 i 在时间点 s 的交通网络，$u_i(s) \in U^i \subset R^+$ 代表城市 i 在时间点 s 对于交通网络的基建投资。那么，给定城市 i 在时间点 s 的交通网络为 $x_i(s)$，$P_i[x_i(s)]^{1/2}$ 则是城市 i 的交通网络的基础建设在时间点 T 的剩余价值。

另外，城市 i 的交通网络的进展变化如下：

$$\dot{x}_i(s) = [\alpha_i[u_i(s)x_i(s)]^{1/2} - \sigma x_i(s)], \ x_i(t_0) \in X_i, \ 对于 \ i \in N = \{1, 2, 3\} \quad (12)$$

其中，$\alpha_i[u_i(s)x_i(s)]^{1/2}$ 是城市 i 在时间点 s 的基建投资 $u_i(s)$ 所带来的交通网络设施，而 σ 则是交通网络设施的折旧率。

首先，我们考虑三地各自为政的情况。在此种情况下，三地将各自为自身的交通网络进行基建投资。引用贝尔曼的动态规划，便得到以下结果：

在各自为政的情况下，在开始时间和开始状态分别为 t_0 和 x_i 的博弈中，城市 $i \in \{1, 2, 3\}$ 的价值函数，也就是其在时区 $[t, T]$ 得到的所有得益的现值为

$$W^{(t_0)i}(t, x_i) = [\hat{A}_i^{[i]}(t)x_i^{1/2} + \hat{C}_i^{[i]}(t)]\exp[-r(t-t_0)], \ 对于 \ i \in \{1, 2, 3\} \quad (13)$$

其中，$\hat{A}_i^{[i]}(t)$ 的值取决于市场利率、折旧率、城市 i 的边际营运收入和终点支付等，而 $\hat{C}_i^{[i]}(t)$ 的值则取决于市场利率、交通网络投资的边际效果和成本，以及 $\hat{A}_i^{[i]}(t)$ 等。

$\hat{A}_i^{[i]}(t)$ 和 $\hat{C}_i^{[i]}(t)$ 所依赖的动态系统和边际条件的表达式如下：

$$\frac{d\hat{A}_i^{[i]}(t)}{dt} = \left(r + \frac{\delta}{2}\right)\hat{A}_i^{[i]}(t) - P_i \qquad \frac{d\hat{C}_i^{[i]}(t)}{dt} = r\hat{C}_i^{[i]}(t) - \frac{\alpha_i^2}{16c_i}[\hat{A}_i^{[i]}(t)]^2$$

$$\hat{A}_i^{[i]}(T) = q_i \qquad \hat{C}_i^{[i]}(T) = 0$$

根据式(7)，不难求出在时间点 $\tau \in [t_0, T]$，城市 i 在时间点 τ 的价值函数为

$$W^{(\tau)i}(t, x_i) = [\hat{A}_i^{[i]}(t)x_i^{1/2} + \hat{C}_i^{[i]}(t)]\exp[-r(t-\tau)],$$
$$对于 \ i \in \{1, 2, 3\} \ 和 \ \tau \in [t_0, T]$$

现在我们考虑三地都参与基建合作的情况。在这种情况下，上述的三个城市将共同建造一条连接三地的大桥，并按照条件(10)所指定的动态沙普利值分配合作的所得。在三地共同合作的协同效应下，城市 $i \in \{1, 2, 3\}$ 的交通网络的进展变化，将变为

$$\dot{x}_i(s) = \{\alpha_i[u_i(s)x_i(s)]^{1/2} + b_j^{[j, i]}[x_j(s)x_i(s)]^{1/2} + b_k^{[k, i]}[x_k(s)x_i(s)]^{1/2} - \sigma x_i(s)\},$$
$$x_i(t_0) = x_i^0 \in X_i, \ 对于 \ i, j, k \in N = \{1, 2, 3\} \ 和 \ i \neq j \neq k \quad (14)$$

其中，$b_j^{[j, i]}$ 和 $b_k^{[k, i]}$ 都是非负常数，而 $b_j^{[j, i]}[x_j(s)x_i(s)]^{1/2}$ 则代表在协同效应下，城市 j 对于城市 i 的交通网络的正面影响。

当共同工作的情况下，合作计划的整体利润等于三地的合作收益的总和：

$$\int_{t_0}^{T} \sum_{j=1}^{3} \{P_j[x_j(s)]^{1/2} - c_j u_j(s)\}\exp[-r(s-t_0)]ds + \sum_{j=1}^{3}\exp[-r(T-t_0)]q_j[x_j(T)]^{1/2}$$

$$(15)$$

受制于动态系统(14)。

在合作计划下，三地联手最大化整体的利润。引用贝尔曼的动态规划，便得出以下

结果：

总联盟 $\{1, 2, 3\}$ 在 t_0 开始的合作计划中，当时间和状态分别为 t 和 (x_1, x_2, x_3) 时，在时区 $[t, T]$ 中所得的支付的现值，即其价值函数为

$$W^{(t_0)\{1, 2, 3\}}(t, x_1, x_2, x_3) =$$

$$[\hat{A}_1^{\{1, 2, 3\}}(t)x_1^{1/2} + \hat{A}_2^{\{1, 2, 3\}}(t)x_2^{1/2} + \hat{A}_3^{\{1, 2, 3\}}(t)x_3^{1/2} + \hat{C}^{\{1, 2, 3\}}(t)]\exp[-r(t - t_0)]$$

$$(16)$$

其中，$\hat{A}_1^{\{1, 2, 3\}}(t)$，$i \in \{1, 2, 3\}$ 的值，取决于市场利率、折旧率、城市 i 的终点支付和边际营运收入，以及城市 i 加在另外两个城市的正面影响等，而 $\hat{C}^{\{1, 2, 3\}}$ 的值取决于市场利率、交通网络投资的边际效果和成本，以及 $\hat{A}_1^{\{1, 2, 3\}}$，$i \in \{1, 2, 3\}$ 等。

$\hat{A}_1^{\{1, 2, 3\}}$，$i \in \{1, 2, 3\}$ 和 $\hat{C}^{\{1, 2, 3\}}$ 所依赖的动态系统和边际条件的表达式如下：

$$\frac{\mathrm{d}\hat{A}_i^{\{1, 2, 3\}}(t)}{\mathrm{d}t} = \left(r + \frac{\delta}{2}\right)\hat{A}_i^{\{1, 2, 3\}}(t) - \frac{b_i^{[i, j]}}{2}\hat{A}_j^{\{1, 2, 3\}} - \frac{b_i^{[i, k]}}{2}\hat{A}_k^{\{1, 2, 3\}} - P_i$$

$$\frac{\mathrm{d}\hat{C}_i^{\{1, 2, 3\}}(t)}{\mathrm{d}t} = r\hat{C}_i^{\{1, 2, 3\}}(t) - \sum_{i=1}^{3}\frac{\alpha_i^2}{16c_i}[\hat{A}_i^{\{1, 2, 3\}}(t)]^2$$

$$\hat{A}_i^{\{1, 2, 3\}}(T) = q_i \qquad \hat{C}_i^{\{1, 2, 3\}}(T) = 0$$

在合作计划中，城市 $i \in \{1, 2, 3\}$ 的投资策略为

$$\psi_i^{\{1, 2, 3\}}(t, x) = \frac{\alpha_i^2}{16(c_i)^2}[\hat{A}_i^{\{1, 2, 3\}}(t)]，对于 i \in \{1, 2, 3\} \qquad (17)$$

而相应的最优状态轨迹的动态系统则为

$$\{x_1^*(t), x_2^*(t), x_3^*(t)\}_{t=t_0}^{T} = \{[y_1^*(t)]^2, [y_2^*(t)]^2, [y_3^*(t)]^2\}_{t=t_0}^{T} \qquad (18)$$

其中，$[y_i^*(t)]^2$，$i \in \{1, 2, 3\}$ 的值取决于合作计划中各城市的交通网络的发展变化，这是因为函数 $y_i(t)$ 是由城市 i 的状态 $x_i(t)$ 变换求得的。

为简单起见，以下将交替使用 $x_i^*(t)$ 和 x_i^{t*}，不难发现以下的数学关系成立：

$$W^{(t_0)\{1, 2, 3\}}(t, x_1^{t*}, x_2^{t*}, x_3^{t*}) = W^{(t)\{1, 2, 3\}}(t, x_1^{t*}, x_2^{t*}, x_3^{t*})\exp[-r(t - t_0)]$$

和

$$\psi_i^{(t_0)\{1, 2, 3\}*}(t, x_1^{t*}, x_2^{t*}, x_3^{t*}) = \psi_i^{(t)\{1, 2, 3\}*}(t, x_1^{t*}, x_2^{t*}, x_3^{t*}) \qquad (19)$$

这表明沿着最优合作状态轨迹，在同一时间和状态下，城市 i 在联盟中所采用的最优投资策略都是一样的，而城市总联盟的价值函数在不同时间开始的合作计划中，进行贴现后都是一样的。

为了计算出动态的沙普利值，我们需考虑只有两个城市参与建桥合作计划的情况，并求出由该两地组成的联盟的合作利润。与三地组成总联盟的情况相似，任何两地合作建桥的整体利润等于该两地从开始到结束，在每一时间点的瞬时利润的现值，与该两地的交通网络设施在时间点 T 的剩余价值的现值之和，而在两地合作下，交通网络的发展的协同效应将比三地一同合作时小，但比各自为政时大。

根据上述条件，便能求得联盟 $\{i, j\}$ 的价值函数为

$$W^{(t_0)\{i,\,j\}}(t,\,x_i,\,x_j) = [\hat{A}_i^{\{i,\,j\}}(t)x_i^{1/2} + \hat{A}_j^{\{i,\,j\}}(t)x_i^{1/2} + \hat{C}^{\{i,\,j\}}(t)]\exp[-r(t-t_0)],$$

对于 $i,\,j \in \{1,\,2,\,3\}$ 并且 $i \neq j$

$$(20)$$

其中，$\hat{A}_i^{\{i,\,j\}}(t)$ 和 $\hat{A}_j^{\{i,\,j\}}(t)$ 的值与在式(13)中的 $\hat{A}_i^{\{1,\,2,\,3\}}(t)$，$i \in \{1,\,2,\,3\}$ 类似，取决于市场利率、折旧率、城市 i 的终点支付和边际运营收入，以及城市 i 加在另外一个城市的正面影响等，而 $\hat{C}^{\{i,\,j\}}(t)$ 也与 $\hat{C}^{\{1,\,2,\,3\}}(t)$ 相似，取决于市场利率、交通网络投资的边际效用和成本，以及 $\hat{A}_i^{\{i,\,j\}}(t)$ 和 $\hat{A}_j^{\{i,\,j\}}(t)$ 等。

$\hat{A}_i^{\{i,\,j\}}(t)$、$\hat{A}_j^{\{i,\,j\}}(t)$ 和 $\hat{C}^{\{i,\,j\}}(t)$ 所依赖的动态系统和边际条件的表达式如下：

$$\frac{\mathrm{d}\hat{A}_i^{\{1,\,2\}}(t)}{\mathrm{d}t} = \left(r + \frac{\delta}{2}\right)\hat{A}_i^{\{1,\,2\}}(t) - \frac{b_i^{[i,\,j]}}{2}\hat{A}_j^{\{1,\,2\}} - P_i \qquad \hat{A}_i^{\{1,\,2\}}(T) = q_i$$

对于 $i,\,j \in \{1,\,2,\,3\}$，并且 $i \neq j$

$$\frac{\mathrm{d}\hat{C}_i^{\{1,\,2,\,3\}}(t)}{\mathrm{d}t} = r\hat{C}_i^{\{1,\,2,\,3\}}(t) - \sum_{i=1}^{2}\frac{\alpha_i^2}{16c_i}[\hat{A}_i^{\{1,\,2\}}(t)]^2 \qquad \hat{C}_i^{\{1,\,2\}}(T) = 0$$

在本章中，我们介绍了在时间不间断的决定性动态环境下的合作博弈，而且介绍了成功的合作所取决的动态平稳或时间一致性。现时很多的国际及地区合作，如京都协定书、世界贸易组织、亚太经贸合作等都忽略了时间一致性这个数学要求。任何时间不一致的合作方案都是处于一个动态不平稳的状况，而不是建立在一个稳健的合作基础上，因而不能奢望这些方案必定成功。就中国这个正在崛起的大国而言，与世界各经济体之间不可避免地会产生合作与冲突问题，因此，运用合作博弈的思想与方法，正确认识博弈中既有斗争，又有合作的特性，采取适当的合作与稳定策略，化解各经济体之间的冲突与摩擦，这对于改善国内企业、区域之间的经济合作，实现中国经济的可持续发展具有重要的现实意义。

第十章　演化博弈理论

第一节　有限理性与演化博弈理论

传统的微观经济理论以静态和比较静态分析，研究在供求均衡状态下市场的运行及其效率。其基本理论基于完全市场竞争和理性经济人假说，即对于市场中任何主体而言，价格是给定的，市场主体不能影响市场价格，每个主体都在给定市场价格的基础上做出其最优决策，主体之间的决策互不相关。"理性经济人"包括两个方面的内涵：一是"自利性"，即追求自身利益是经济人进行市场活动的根本动机；二是"理性行为"，即经济人以追求利润最大化作为其行为的唯一目标，以最优化决策来指导自己的行动。

非合作博弈理论对博弈主体理性的要求也是理性经济人假说，即博弈者在复杂的博弈环境中，对于博弈的信息和知识结构等有准确的认识、分析和判断能力，具备博弈规则及收益函数等"理性共同知识"，均衡是博弈者分析和反省的结果，在复杂且多层次的交互推理中，博弈者不会犯错误，不会怀疑对方的理性、能力和信任，在此完全信息基础上能够准确地进行推理，这就是经济学上的完全理性(Full Rationality)。显然，这些前提和假设与现实经济活动的环境有很大的不一致，现实中博弈主体只有有限理性，博弈主体的有限理性及能力上的任何缺陷，都可能导致纳什均衡不能实现。因此，寻求基于有限理性(Bounded Rationality)要求，通过某种演化机制如复制、学习或演化过程达到纳什均衡的理论就格外有价值。

演化博弈理论是以有限理性假设为基础，结合生态学、社会学、心理学及经济学的最新发展成果，在假定博弈的主体具有有限理性的前提下，分析博弈者的资源配置行为以及对所处的博弈进行策略选择，它分析的是有限理性博弈者的博弈均衡问题。

有限理性是指博弈者有一定的统计分析能力和对不同策略下相关得益的事后判断能力，但缺乏事前的预见、预测和判断能力。有限理性这一概念最早由西蒙(Simon)在研究决策问题时提出，西蒙认为人只有有限的知识水平、有限的推理能力、有限的信息收集及处理能力，即有限理性，人的决策行为受到其所处的环境、个人经历、日常惯例等因素的影响，只可能通过模仿、学习等方法来进行决策。威廉姆森(Williamson)在研究影响交易费用的因素时，对有限理性的问题进行了归纳，概括出人的有限理性主要由两方面的原因引起：一是由于人的感知认识能力限制，包括个人在获取、储存、追溯和使用信息的过程中不可能做到准确无误；二是来自语言上的限制，因为个人在以别人能够理解的方式通过语句、数字或图表来表达自己的知识或感情时是有限制的，不管多么努力，人们都将发现，语言上的限制会使他们在行动中感到挫折。从这两个方面而言，完全理性的人根本就不可能存在。

由于有限理性的影响，博弈者的有限理性意味着博弈方不会马上就能通过最优化算法找到最优策略，而是在此过程中博弈者会受到其所处环境中各种确定性或随机性因素影响，需要经历一个适应性的调整过程，在博弈中借助博弈学习，通过试错寻找到理想的策略。这意味着演化博弈下的均衡不是一次性选择的结果，而是需要通过不断地动态调整和改进才能实现，而且即使达到了均衡也可能再次偏离。

传统的博弈理论假定博弈者是完全理性的，其从完全理性的博弈者出发，利用纳什均衡来预测博弈者在完全信息条件下的策略选择行为。然而，在现实中经济生活中的人并不是完全理性的，博弈者的完全理性与完全信息的条件难以实现。如在企业的合作竞争中，博弈者之间是有差别的，经济环境与博弈问题本身的复杂性所导致的信息不完全和博弈者的有限理性是显而易见的。大量的心理学实验和经济学实验表明，人类在作出经济决策时往往存在着系统的推理误差，而这些误差产生的原因大多来自诸如信息成本、思考成本、激动和经验等因素的影响。此外，传统博弈理论中，当系统存在多重纳什均衡时，传统的博弈理论也无法给出令人满意的答案。而且，传统的博弈理论尽管把博弈者之间行为的互动关系纳入到了分析之中，但由于其对完全理性的要求，使得该理论与现实相差太远。

与传统博弈理论不同，演化博弈理论则一反常规，既不要求博弈者是完全理性的，也不要求完全信息的条件，从一种全新的视角来考察经济及社会问题。它从有限理性的博弈者出发，利用动态分析方法来考察系统达到均衡的过程，并利用一个新的均衡概念——演化稳定均衡来预测博弈者的群体行为。由于演化博弈所提供的局部动态研究方法是从更现实的社会人出发，把其所考察的问题都置于一定的环境中进行更全面的分析，因而其结论更接近于现实且具有较强的说服力。在许多情况下，演化博弈理论比经典博弈理论能够更好地预测博弈者的行为。

不过，虽然这两个理论存在着重大的区别，但如果用演化博弈理论中博弈者群体来代替经典博弈论中的博弈者个人，用群体中选择不同纯策略的个体占群体个体总数的百分比来代替非合作博弈理论中的混合策略，那么这两种理论就达到了形式上的统一。

一般认为，演化博弈理论的形成和发展大致经历三个阶段：首先，当博弈论在经济学中广泛运用时，生物学家们从中获得启示，尝试运用博弈论中策略互动的思想，建构各种生物竞争演化模型，给达尔文的自然选择过程提供数理基础，如动物竞争、性别分配以及植物的成长和发展等。这就是人们常说的演化博弈论是源于进化生物学，并相当成功地解释了生物化过程中的某些现象；在研究生物进化的过程中，生物学家们发现，不同的种群在同一个生存环境中竞争同一种生存资源时，只有那些获得较高适应度（如较高的后代成活率）的种群生存下来，那些得到较低适应度的种群在竞争中被淘汰掉；在演化过程中个体常常会发生突变、迁移、死亡，同时自然环境条件也会发生剧烈变化等，这些都会对生物演化过程产生影响，因而要对种群进化进行比较完整的分析就需要建立一些能够综合考虑这些因素影响的模型。20 世纪 60 年代生态学家 Lewontin 开始运用演化博弈理论的思想来研究生态问题。于是，生物学家根据生物演化自身的规律，对传统博弈论进行改造，将传统博弈论中得益函数转化为生物适应度函数（Fitness Function）、引入突变机制将传统的纳什均衡精练为演化稳定均衡（Evolutionarily Stable Equilibrium）以及引入选择机制建构复制者动态(Replicator Dynamics)模型。这个阶段是演化博弈正式形成阶段。最后，鉴于演化博弈对传统博弈一些条件的放松，经济学家又反过来借鉴生物学家的研究成果，将演化博弈运用到经济学中，这又进一步推动演化博弈的发展，包括从演化稳定均衡发展到随机稳定均衡(Stochastically Stable Equilibrium)，从确定性的复制者动态模型到随机的个体学习动态模型等。然而，演化博弈理论应用于研究经济问题在学术界曾经引起极大的争议，争论的焦点在于对理性的假定。由于理性概念在经济学界已经根深蒂固，许多经济学家认为用研究生态演化的演化博弈理论来研究博弈者的经济行为是不合适的。因为动植物行为是完全由其基因所决定的，而经济问题则涉及具有逻辑思维及学习、模仿能力的理性博弈者的行为。但随着心理学研究的发展及有限理性概念的提出，越来越多的经济学家应用演化博弈理论来解释经济现象并获得了巨大的成功。

演化博弈理论能够在各个不同的领域得到极大的发展应归功于梅纳德(Maynard Smith)与普瑞斯(Price)提出的演化博弈理论中的基本概念——演化稳定策略(Evolutionary Stable Strategy)。梅纳德和普瑞斯的工作把人们的注意力从博弈论的理性陷阱中解脱出来，从另一个角度为博弈理论的研究寻找到可能的突破口。自此以后，演化博弈论迅速发展起来。

演化稳定策略及复制者动态的提出，使得演化博弈理论开始被广泛地应用于经济学、生物学、社会学等领域，从而得到了越来越多的经济学家、制度经济学家、社会学家、生态学家的重视。演化稳定策略与复制者动态一起构成了演化博弈理论最核心的一对基本概念，它们分别表征演化博弈的稳定状态和向这种稳定状态的动态收敛过程，演化稳定策略概念的拓展和动态化构成了演化博弈论发展的主要内容。可见，演化博弈理论是结合非合作与合作博弈理论及生态理论研究成果，以有限理性的博弈者群体为研究对象，利用动态分析方法把影响博弈者行为的各种因素纳入分析之中，在一个动态过程中描述博弈者如何在一个博弈的重复较量过程中调整他们的行为以重新适应，以系统论的观点来考察群体行为的演化趋势的博弈理论。

演化博弈论是把博弈理论分析和动态演化过程分析结合起来的一种理论，是经济学研究方法的一次创新，属于经济学的前沿理论。演化博弈理论是在对已有经济理论的质疑和改造中发展起来的，在方法论上，它不同于博弈论将重点放在静态均衡和比较静态均衡上，强调的是一种动态的均衡。20世纪80年代，随着对演化博弈论研究的深入，许多经济学家把演化博弈理论引入到经济学领域，用于分析社会制度变迁、产业演化以及股票市场等，同时对演化博弈理论的研究也开始由对称博弈向非对称博弈深入，并取得了一定的成果。该理论从其理论框架建立到现在虽然只有二三十年的历史，但其在经济学、制度经济学、社会学、生态学等领域却得到了广泛的应用，并在分析社会习惯、规范、制度或体制形成的影响因素及其自发形成过程中，取得了一些重大的进展。近年来已经成为主流经济的重要研究方法和经济学的新领域。

进入21世纪以来，国内的学者也开始关注演化博弈论。如谢识予、张良桥、陈学彬、肖条军、盛昭瀚和蒋德鹏等人介绍了演化博弈理论的一些基本概念和相关内容，并且应用演化博弈论探讨了经济学领域中的很多问题。

演化博弈理论的基本理论体系虽然已经基本形成但还是比较粗糙。因此，仍然处于不断发展和完善的阶段。由于该理论提供了比经典博弈理论更具现实性且能够更准确地解释并预测主体行为的研究方法，因此得到了越来越多的经济学家、社会学家、生态学家的重视。

第二节　两个演化博弈的例子

为了后面论述的方便，这里先给出演化博弈理论中两个经典性的例子，在此基础上再进一步给出演化博弈理论的基本内容及其研究方法的基本特点。

【例1】

鹰鸽(Hawk-Dove)博弈

鹰鸽博弈是研究动物群体和人类社会普遍存在的竞争和冲突现象的一个经典博弈。

假定一个生态环境中有老鹰与鸽子两种动物，它们为了生存需要争夺有限食物或生存空间资源而竞争。老鹰的特点凶悍，鸽子的特点是比较温驯，在强敌面前常常退缩。竞争中获胜者得到了生存资源就可以更好地繁衍后代，斗败者则会失去一些生存资源不利于其后代生长，导致后代的数量减少。如果群体中老鹰与鸽子相遇并竞争资源，那么老鹰就会轻而易举地获得全部资源，而鸽子由于害怕强敌退出争夺，从而不能获得任何资源；如果群体中两个鸽子相遇并竞争生存资源，由于它们均胆小怕事不愿意战斗，结果平分资源；如果群体中两个老鹰相遇并竞争有限的生存资源，由于它们都非常勇猛而相互残杀，直到双方受到重伤而精疲力竭，结果虽然双方都获得部分生存资源但损失惨重，入不敷出。假定竞争中得到的全部资源为50个单位；得不到资源则表示其适应度为零；双方重伤则用-50来表示。于是老鹰、鸽子两种动物进行的资源争夺可以用下述博弈来描述，博弈的得益矩阵见图10.1。

	鹰(H)	鸽(D)
鹰(H)	-25, -25	50, 0
鸽(D)	0, 50	25, 25

图 10.1

老鹰与鸽子博弈并不是说老鹰与鸽子两种动物之间进行博弈，它们只是代表两种不同策略，其中"鹰"和"鸽"分别是指"攻击型"和"和平型"策略。它揭示的是同一物种、种群内部竞争和冲突中的策略和均衡问题。此博弈属于完全信息静态博弈，共有三个纳什均衡：两个纯策略纳什均衡和一个混合策略纳什均衡，即(老鹰，鸽子)、(鸽子，老鹰)及(1/2 老鹰，1/2 鸽子)。显然，依据纳什均衡无法得出该博弈最终会选择哪一个均衡。为此，演化博弈理论通过引入突变因素的影响来很好地解释了这一点。

假定在该生态环境中，初始时只有鸽子，只要动物是单亲繁殖，那么群体将会保持这种状态并持续下去。现在假定由于某种因素的影响而在该群体中来了一个突变者老鹰。开始时整个群体中鸽子数量占多数，因此，老鹰与鸽子见面的机会多且在每次竞争中都能够获得较多的资源而拥有较高的适应度，而老鹰的后代数目以较快的速度增长。随着时间的推移，老鹰的数量越来越多，鸽子在竞争中所获得的资源就越来越少，其数量不断地下降。但如果整个群体都由老鹰组成，那么由于老鹰与老鹰之间常常发生斗争，其数量也会不断地减少。如果在老鹰群体进入鸽子，那么突变者鸽子的数量就会不断地增加。因此，老鹰与鸽子群体唯一的稳定状态就是一半为老鹰一半为鸽子。

鹰鸽博弈的演化博弈分析可以揭示人类社会或动物世界发生战争或激烈冲突的可能性及其频率、国际关系中霸道和软弱、侵略和反抗、威胁和妥协等共存的原因等现实社会和经济生活中的大量问题。

【例 2】

配对选择博弈

下面分析一个有 10 个学生选择不同计算机操作系统的博弈。假定有两种可供选择的计算机操作系统 s_1，s_2，任何两个学生随机配对合作完成某项工作。假定使用不同操作系统的两个学生无法进行合作一起完成工作。进一步，假定操作系统 s_1 优于操作系统 s_2，得到图 10.2 所示的得益矩阵。

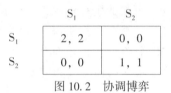

	S_1	S_2
S_1	2, 2	0, 0
S_2	0, 0	1, 1

图 10.2　协调博弈

显然，该博弈有两个纯策略纳什均衡 (s_1, s_1)，(s_2, s_2) 和混合策略纳什均衡 $(1/3 s_1, 2/3 s_2)$。其中，(s_1, s_1) 是帕累托效率最优纳什均衡。根据非合作博弈理论我们无法知道该博弈最终的均衡将会是哪一个，但如果使用演化博弈理论能够得出明确的结果。

由得益矩阵可知，如果 10 个学生中有超过 1/3 的学生使用操作系统 s_1，那么随机配对博弈的最优反应策略就是选择操作系统 s_1。假定学生存在改变操作系统的倾向，同时假定学生只关心眼前利益，只要有机会调整自己的计算机操作系统，那么他就会选择相对于现行总体策略分布的最优反应策略。这 10 个学生都会选择相对于总体策略分布的最优反应策略。在这种情况下，显然 10 个学生最终会使用哪一种操作依赖于该群体的初始状态。如果初始时有多于 4 人使用操作系统 s_1，那么所有学生最终都会使用该操作系统 s_1；否则会使用操作系统 s_2。

第三节　演化稳定策略

演化博弈一般分为两个层次进行探讨：一种是由较快学习能力的小群体成员的反复博弈，相应的动态机制称为"最优反应动态"(Best-Response Dynamics)；另一种是学习速度很慢的成员组成的大群体随机配对的反复博弈，策略调整用生物学进化的"复制动态"(Replicator Dynamic)机制模拟。这两种情况都有很大的代表性，特别是"复制动态"，由于它对理性的要求不高，因此对我们理解演化博弈的意义有很大的帮助。复制动态又可以分为对称博弈和非对称博弈。

一、演化博弈理论基本模型分类

1. 演化博弈理论的基本模型

按其所考察的群体数目可分为单群体模型(Monomorphic Population Model)与多群体模型(Polymorphic Populations Model)。单群体模型直接来源于生态学的研究，在研究生态现象时，生态学家常常把同一个生态环境中所有种群看作一个大群体，由于生物的行为是由其基因唯一确定的，因而可以把生态环境中每一个种群都程式化为一个特定的纯策略。经过这样处理以后，整个群体就相当于一个选择不同纯策略的个体。群体中随机抽取的个体两两进行的都是对称博弈，这类模型叫作对称模型(Symmetry Model)。严格地说，单群体时个体进行的并不是真正意义上的博弈，博弈是在个体与群体分布所代表的虚拟博弈者之间进行。如老鹰鸽子博弈，该生态环境中有两个种群老鹰与鸽子，它们代表两个不同的纯策略，用进化方法进行处理时认为该生态群体中每个个体都有两种可供选择策略即老鹰策略与鸽子策略，此时的博弈并不是在随机抽取的两个个体之间进行，而是每个个体都观察群体状态(选择老鹰策略与鸽子策略个体数在群体中所占的比例)，给定此状态它就可以计算自己选择不同策略所得的期望得益，进而确定选择哪一个策略不选择哪一个策略，对物种而言这就意味着种群数量的增加或减少。

多群体模型是由泽尔腾(Selten) 1980 年首次提出并进行研究的，他在单群体生态进化模型中通过引入角色限制行为(Role Conditioned Behavior)而把对称模型变为了非对称模型。在非对称博弈个体之间有角色区分，此时可以从大群体中分出许多不同的小群体，群体在规模上存在差异，群体中随机抽取的个体之间进行真正意义上的两两配对重复、匿名非对称博弈；或者小群体来自不同的其他大群体，这些小群体之间存在较大的差异性，是非对称的，因此又称之为非对称模型(Asymmetry Model)。显然，非对称博弈模型不是对单群体博弈模型的简单改进，由单群体到多群体涉及一系列的如均衡及稳定性等问题的变化。泽尔腾证明了"在多群体博弈中演化稳定均衡都是严格纳什均衡"的结论，这说明在多群体博弈中，传统的演化稳定均衡概念有较大的局限性。同时，在模仿者动态下，同一博弈在单群体与多群体时也会有不同的演化稳定均衡。

2. 确定性动态模型和随机性动态模型

按照群体在演化中所受到的影响因素是确定性还是随机性的，演化博弈模型可分为确定性动态模型和随机性动态模型。确定性模型一般比较简单，并且能够较好地描述系统的演化趋势，因而研究较多。随机性模型需要考虑许多随机因素对动态系统的影响，比较复杂，但该类模型却能够更准确地描述系统的真实行为。

二、演化博弈理论基本均衡概念——演化稳定策略

1. 演化稳定均衡基本思想

演化博弈理论的一个基本概念就是演化稳定策略(Evolutionary Stable Strategy, ESS)，它源于生物进化论中的自然选择原理，由梅纳德(Maynard Smith)1973年提出。所谓演化稳定策略是指，如果群体中所有的成员都采取这种策略，那么在自然选择的影响下，将没有突变策略侵犯这个群体。也就是在重复博弈中，仅仅具备有限信息的个体根据其现有利益不断地在边际上对其策略进行调整以追求自身利益的改善，最终达到一种动态平衡状态，在这种平衡状态中，任何一个个体不再愿意单方面改变其策略，称这种平衡状态下的策略为演化稳定策略，并称这样的博弈过程为演化博弈。

演化稳定策略在生物中意味着凡是影响到群体中个体生存和繁殖的遗传差异都要受到自然的选择。假设存在一个由全部选择某一特定策略的大群体和选择不同策略的突变小群体构成的系统，突变小群体进入到大群体而形成一个混合系统，如果突变小群体在混合系统中博弈所得到的得益大于原群体中个体在混合系统中博弈所得到的得益，那么小群体就能够侵入大群体，反之就不能够侵入大群体并在演化过程中消失。如果一个系统能够消除任何小突变群体的侵入，那么就称该系统达到了一种演化稳定状态，此时该群体所选择的策略就是演化稳定策略。例如，某种遗传突变增加了个体感染的危害，或者个体对危害不知道闪避，这一突变不会在该物种之中普及。反之，该基因就很有可能会在基因库中传播、扩散。这意味着演化稳定策略必然能够抵御其他策略的扰动，这些策略在物种中未被当前采用，但可能以突变的形式出现。如果一个群体的行为模式能够消除任何小的突变群体，那么这种行为模式一定能够获得比突变群体高的得益，随着时间的演化突变者群体最后会从原群体中消失，原群体所选择的策略就是演化稳定策略，选择演化稳定策略时所处的状态即是演化稳定状态，此时的动态均衡就是演化稳定均衡。

一个演化稳定策略具有这样的特点：一旦被接受，它将能抵制任何变异的干扰。换言之，演化稳定策略在所定义的策略集中具有更大的稳定性。

演化稳定策略具有以下几个方面的重要性质：

(1)由演化稳定策略组成的策略组合是严格的、对称的、严格完美的均衡。

(2)演化稳定策略是静态的概念，并不探讨均衡是如何获得，在某些情况下可以从博弈的得益矩阵中直接判断出演化稳定策略。

(3)演化稳定策略必须是纳什均衡，而纳什均衡不一定是演化稳定策略，严格纳什均衡一定是演化稳定策略，演化稳定策略是纳什均衡的一种精练。

(4)如果一个对称的策略组合是均衡策略，那么它是演化稳定策略，但逆命题不成立。

(5)演化稳定策略是离散型的纯策略，群体是无限大，而且博弈中的支付直接等同于策略的适应度。

2. 演化稳定均衡定义

演化稳定策略是在研究生态现象时提出来的，生态学中每一个种群的行为都可以程式化为一个策略，所以在一个生态环境中所有种群就可以看作一个大群体，群体中个体之间进行的是对称博弈。下面以对称博弈为例来介绍演化稳定策略的定义。

下面给出梅纳德和普瑞斯对演化稳定策略的定义，用符号表示如下：

演化稳定策略的定义 1：如果 $\forall y \in S$，$y \neq x$，存在一个 $\overline{\varepsilon}_y \in (0, 1)$，不等式 $u[x, sy+(1-s)x] > u[y, sy+(1-s)x]$ 对任意 $\varepsilon \in (0, \overline{\varepsilon}_y)$ 都成立，那么，$x \in A$ 是演化稳定策略。

其中 S 是群体中个体博弈时的策略集；y 表示突变策略；$\overline{\varepsilon}_y$ 是一个与突变策略 y 有关的常数，称之为正的入侵阻碍（Invasion Barriers）；$sy+(1-s)x$ 表示选择演化稳定策略群体与选择突变策略群体所组成的混合系统。实际上 $1-\overline{\varepsilon}_y \in (0, 1)$ 相当于该吸引子对应吸引域的半径，也就是说演化稳定策略考察的是系统落于该均衡的吸引域范围之内的动态性质，而落于吸引域范围之外是不考虑的，所以说它描述的是系统的局部动态性质。至于系统是如何进入吸引域的，演化稳定策略定义没有给予阐释。

3. 演化稳定策略的性质

设进行对称博弈的两个博弈者 1 和博弈者 2 各有两个策略 s_1、s_2，当双方的策略组合为 (s_1, s_2) 时，得益分别为 $u_1(s_1, s_2)$，$u_2(s_2, s_1)$。策略 s_1 可以理解为博弈者的行动而策略 s_2 则理解为突变体的行动。

假如双方采用突变者的策略 s_2 的概率均为 ε，则任何一方采用策略 s_2 和 s_1 的期望得益分别为：

$$(1-\varepsilon)u_i(s_2, s_1)+\varepsilon u_i(s_2, s_2)$$
$$(1-\varepsilon)u_i(s_1, s_1)+\varepsilon u_i(s_1, s_2)$$

为了将所有的突变者驱逐出种群，根据演化稳定策略的要求，必须使任一个突变者的期望得益小于正常生物体的期望得益：

$$(1-\varepsilon)u_i(s_1, s_1)+\varepsilon u_i(s_1, s_2) > (1-\varepsilon)u_i(s_2, s_1)+\varepsilon u_i(s_2, s_2) \tag{1}$$

于是有下列的引理：

引理 1：若存在 $\overline{\varepsilon}>0$，对于所有的 $\varepsilon<\overline{\varepsilon}$ 式（1）成立，则策略组合 (s_1, s_1) 是纳什均衡。

证明（反证法）：若不然，则有

$$u_i(s_2, s_1) > u_i(s_1, s_1)$$

于是当 $\varepsilon = 0$ 时，（1）式严格不成立，因此对于充分小的正数 ε，（1）式也不成立，矛盾。

引理 2：策略 s^* 是演化稳定的充分条件为策略组合 (s^*, s^*) 是严格纳什均衡。

证明：如果 (s^*, s^*) 是严格纳什均衡，那么对所有的 s_2，有 $u_i(s_2, s^*) < u_i(s^*, s^*)$，从而（1）对 $\varepsilon = 0$ 成立，从而对充分小的正数 ε 也成立。

若 (s^*, s^*) 是纳什均衡但不是严格的，则存在一个不等于 s^* 的 s_2，使得

$$u_i(s_2, s^*) = u_i(s^*, s^*)$$

于是，（1）就简化为 $u_i(s^*, s_2)>u_i(s_2, s_2)$。

这样由上面的引理我们有下面的定理。

定理 1：策略 s^* 是演化稳定的充分必要条件为：① (s^*, s^*) 是纳什均衡；② $u_i(s^*, s_2)>u_i(s_2, s_2)$ 对每一个 $s_2 \neq s^*$ 是 s^* 的最优反应。

定理的直观含义是，为了使突变行为消失，必须满足：①在遇上一个采用 s^* 的生物体时，突变者采取其他行动的得益不多于采取 s^* 所能得到的得益；②对于任何能够使突变者取得与策略 s^* 同样得益的其他策略 s_2，使用策略 s_2 的突变者在遭遇相同策略的突变者时所获得的得益小于它遭遇采取策略 s^* 的生物体时所获得的得益。

由演化稳定策略的定义，可以得到其如下的 3 条性质。

性质 1：如果策略 s 是演化稳定策略，那么对任何 $s' \in S$ 都有 $u(s, s) \geqslant u(s', s)$。

证明（反证法）：如果策略 s 对其自身不是最优的，那么必定存在另一个能得到更高收益的策略 s'，满足 $u(s, s)<u(s', s)$，因此，如果这个变异策略 s' 在总体中的比例 k 足够小，那么 s' 针对总体混合 $s_o=(1-u)s+us'$ 将得到的收益比 s 得到的收益高，此时，演化将会选择变异策略以获得更高的收益，从而 s 不是演化稳定的策略。这与条件矛盾，所以对任何 $s' \in S$ 都有 $u(s, s) \geqslant u(s', s)$。

显然，性质 1 与引理 1 的结论是完全一致的。性质（1）说明策略 s 是相对于其自身的最优反应策略之一。如果策略 s 是演化稳定策略，那么选择突变策略的个体与选择策略 s 的个体博弈时就会得到较少的支付，不能侵入到选择演化稳定策略的群体中，只能从群体中"被驱逐"。

性质 2：如果策略 s 是演化稳定策略，且对任何策略 s' 满足 $u(s, s)=u(s', s)$，那么必有 $u(s, s')>u(s', s')$。

证明（反证）：假定 $u(s, s') \leqslant u(s', s')$，这与条件 $u(s, s)=u(s', s)$ 一起，可导出对任何 $k \in (0, 1)$，有 $u(s, s_0) \leqslant u(s', s_0)$。因此，策略 s 并不满足演化稳定的假定，即策略 s 并不是演化稳定策略，这就得出了矛盾。

这一性质又被称为演化稳定策略的弱概念，因为 $u(s, s)=u(s', s)$ 允许入侵者做得和群体一样好，这时入侵者不会被驱逐，但也不会增长。但 $u(s, s')>u(s', s')$ 说明，选择演化稳定策略的群体可以侵入到突变者群体中，从而使得选择突变策略者在演化过程中从群体中"被驱逐"。

性质 3：如果策略 $s \in S$ 满足

（1）对任何 $s' \neq s$ 且 $s' \in S$，有 $u(s, s) \geqslant u(s', s)$

（2）$u(s, s)=u(s', s)$ 隐含了 $u(s, s)>u(s', s)$

那么策略 s 是演化稳定策略。

性质 3 的两个条件合起来刻画了演化稳定性，这也是演化稳定策略最初的定义。此后许多有关演化博弈的理论把此性质作为对演化稳定策略的正式定义。从性质 3 我们可以得到如下结果：如果 (s, s) 是一个严格的纳什均衡，那么 s 是演化稳定的，从而不存在另外的最优反应。

为了说明选择突变策略者在演化过程中从群体中"被驱逐"的意思，我们以下面这个例子来进行分析。

【例1】

生物配对博弈

设某生物群体的配对成员之间进行的博弈如图 10.3 所示：

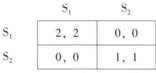

图 10.3　生物配对博弈

生物种群分为两部分：正常生物体（采取策略 X）和突变者（采取策略 Y），设突变者所占的比例为 ε。

设想有一个种群，它们最初采用共同的策略 X。然后，某一个时刻种群内发生了变异，使得种群中有比例为 ε 的个体采取策略 Y。这样对于任意一个个体，它遇见普通生物的概率为 $1-\varepsilon$，遇见突变者的概率为 ε。如果存在一个正数 ε，使得一个突变者在种群中与其他个体的博弈过程中其期望得益小于正常生物体的期望得益，那么这种变异便不会在种群蔓延开来，这时就称策略 X 的演化稳定的。反之，对于任意的正数 ε，如果一个突变者在种群中与其他个体的博弈过程中其期望得益大于正常生物体的期望得益，那么这种变异就会在种群蔓延开来，这时策略 X 就不是演化稳定的。

正常生物体采取策略 X 的期望得益为：

$$2(1-\varepsilon)+0\cdot\varepsilon=2(1-\varepsilon)$$

而突变者采用策略 Y 的期望得益为：

$$0(1-\varepsilon)+1\cdot\varepsilon=\varepsilon$$

演化稳定策略要求：
$$2(1-\varepsilon)>\varepsilon$$

即，当 $\varepsilon<2/3$ 时，正常生物体在种群中的得益比突变者的得益要大。

如果正常生物体采取策略 Y 而突变者采取策略 X，并且突变者所占的比例仍为 ε，则正常生物体与突变者的期望得益分别为 $1-\varepsilon$ 与 2ε。依据演化稳定策略要求，当 $\varepsilon<1/3$ 时，正常生物体在种群中的得益比突变者的得益要大。

由于得益可以理解为健康后代的期望数量，因此一个正常生物体的后代期望数量为 $2(1-\varepsilon)$，由于原来正常生物体在种群中的比例为 $1-\varepsilon$，因此正常生物体在下一代中的期望数量为 $2N(1-\varepsilon)^2$，其中 N 为原种群的规模。同理，在下一代中突变体的期望数量为 $N\varepsilon^2$，于是正常生物体在下一代种群中的比例为：

$$p_1=\frac{2p_0^2}{3p_0^2-2p_0+1}\text{其中 }p_0=1-\varepsilon$$

因此，第 n 代种群中正常生物体的期望数量为：

$$p_n = \frac{2p_{n-1}}{3p_n^2 - 2p_{n-1} + 1} p_{n-1} \tag{2}$$

上面的迭代式有三个不动点 1，0，1/3。设：

$$f(p) = \frac{2p}{3p^2 - 2p + 1}$$

则
$$f'(p) = \frac{2(1 - 3p^2)}{(3p^2 - 2p + 1)^2} \tag{3}$$

得到驻点 $p_0 = \sqrt{3}/3$。由稳定性分析知，$f(p)$ 在 $[0, \sqrt{3}/3]$ 内单调增，在 $[\sqrt{3}/3, 1]$ 内单调减，由于 $f(1) = f(1/3) = 1$，又 $1/3 \in [0, \sqrt{3}/3]$，因此，当 $p < 1/3$ 时 $f(p) < 1$。于是，由（1）式，若 $\varepsilon > 2/3$，则 $p_0 = 1 - \varepsilon < 1/3$，且 $p_n = f(p_{n-1})p_{n-1} < p_{n-1}$，即由（1）定义的数列递减并收敛于 0。当 $p \in (1/3, 1)$ 时 $f(p) > 1$，于是，由（1）式，若 $\varepsilon < 2/3$，则 $p_0 = 1 - \varepsilon > 1/3$，且 $p_n = f(p_{n-1})p_{n-1} > p_{n-1}$，即由（1）式定义的数列递增并收敛于 1。因此：

（1）当突变率 $\varepsilon < 2/3$ 时，策略 X 的演化稳定的。

（2）当 $\varepsilon > \frac{2}{3}$ 时，由（2）式定义的数列递增并收敛于 0，也就是说突变者将正常生物体驱逐出了种群。

（3）当 $\varepsilon = 2/3$ 时，正常生物体与突变者将维持在 1：2 的比例。但是该比例并不稳定，因为一旦某个随机因素使得某种生物的数量增加，那么，根据上面的讨论，整个种群中两种生物的数量将朝着有利于该种生物体的方向演化，直至将另一种生物体被完全驱逐。

三、对称群体中的演化稳定策略

下面首先以对称博弈为例来介绍演化稳定策略。

所谓对称是指下式成立：

$$u_1(s_1, s_2) = u_2(s_2, s_1)$$

即策略组合 (s_1, s_2) 对于博弈者 1 的得益与策略组合 (s_2, s_1) 对于博弈者 2 的得益是一样的。

【例 2】

鹰 鸽 博 弈

再回到鹰鸽博弈的例子。这里把前面鹰鸽博弈的情况一般化。同一种类的两个动物竞争同一种资源（例如食物，或一个好的巢穴），这一资源的价值（以适应度为单位）为 $v > 0$（也就是说，v 用来测度受资源约束的期望后代数量的增长）。每个动物或者是攻击性的（Aggressive）或者是消极的（Passive）。若两个动物都是攻击性的，它们将互相打斗直到一个受到严重伤害；胜者不受任何伤害完全占有资源，而失败者损失 c。每个动物都有相同的可能性会赢，所以每个动物的期望得益是 $(v - c)/2$。若两个动物都是消极性的，那么它们之间不打斗，可以 1/2 的概率获得资源。最后，若一个动物是攻击性的而另一个动物消极的，那么攻击者不须经过打斗便可获得资源。具体得益矩阵见图 10.4。

	鹰（H）	鸽（D）
鹰（H）	$(v-c)/2,\ (v-c)/2$	$v,\ 0$
鸽（D）	$0,\ v$	$v/2,\ v/2$

图 10.4

从得益矩阵可知：

（1）若 $v>c$，则该博弈有唯一的纳什均衡（鹰，鹰），由于它是严格的，故"鹰"是唯一的演化稳定行动；

（2）若 $v=c$，则博弈有唯一的纳什均衡（鹰，鹰），但它不是严格的，因为此时 $u_i(D,H)=u_i(H,H)=0$，但是由于 $u_i(D,D)<u_i(H,D)$，由定理 1，"鹰"仍然是唯一的演化稳定行动；

（3）若 $v<c$，则该博弈没有纳什均衡，故也没有演化稳定均衡。

在前两种情形下，消极博弈者的种群会被富有攻击性的博弈者侵入，当对手是消极的，那么富有攻击性的突变者要比消极博弈者做得更好，并且当它的对手是攻击性的时候，它至少和消极博弈者一样的好。

以上讨论的是对称博弈并且只考虑了纯策略的情形。下面我们放松这些要求，一是考虑生物体可以使用混合策略；另一是允许几种不同的行为以一定的概率并存于一个种群中；三是考虑非对称均衡的解释。

假定纯策略和混合策略都可以经父母传递给后代，并且可能被突变者抛弃，则有如下演化稳定（混合）策略（Evolutionary Stable（Mixed）Strategy）的概念。

演化稳定（混合）策略定义：对称两人博弈的混合策略 s_0 是演化稳定策略，如果：

（1）$(s^*,\ s^*)$ 是纳什均衡；

（2）$u_i(s_0,\ s_0)<u_i(s^*,\ s_0)$ 对每个 $s_0\neq s^*$ 是 s^* 的最优反应成立。

注意：若 s^* 是演化稳定行动，则 $(s^*,\ s^*)$ 是纳什均衡，但其不一定是演化稳定均衡，即 $u_i(s^*,\ s^*)>u_i(s,\ s)$ 对每一个行动 $s\neq s^*$ 是 s 的最优反应成立，但是对于一切混合策略 s_0 不一定成立 $u_i(s_0,\ s_0)<u_i(s^*,\ s_0)$。

【例3】

演化稳定行动不是 ESS 的例子（见图 10.5）

	X	Y	Z
X	2, 2	1, 2	1, 2
Y	2, 1	0, 0	3, 3
Z	2, 1	3, 3	0, 0

图 10.5　演化稳定行动不是 ESS 的例子

由于(1)(X，X)是纳什均衡，并且(2)对于 X 的最优行动 Y，Z 满足 $u(Y，Y)=0<1=u(X，Y)$ 且 $u(Z，Z)=0<1=u(X，Z)$ 所以 $(X，X)$ 是演化稳定行动。

设混合策略 s_0 为：以概率 0.5 采取行动 Y，以概率 0.5 采取行动 Z，则有 $u(X，s_0)=1<3/2=u(s_0，s_0)$。两个博弈者都采取 s_0 的结果是，各以 1/4 的概率采取(Y，Y)，(Y，Z)，(Z，Y)，(Z，Z)，故(X，X)不是演化稳定策略，即赋予行动 X 概率 1 的混合策略 s_0 不是演化稳定策略。

以上结果的直观解释是，即使采用 s^* 的种群不会被任何采取纯策略的突变者入侵，它也可能会被采取混合策略 s_0 的突变者入侵，原因在于 Y 类型彼此间合作毫无效率，Z 类型也是如此，但是 Y 与 Z 配对却会产生高效率。另外，假如所有突变者总是选择 Y 或总是选择 Z，那么当他们彼此相遇时结果很糟糕。不过如果所有突变者都遵循赋予 Y、Z 相同概率的混合策略，那么两个不同类型的突变者就以 1/2 的概率相遇，从而产生非常高的效率。

一个混合演化稳定策略对应一个单一稳定状态，在这种稳定状态下，博弈中每个生物体按混合策略中的概率任意选择一个行动。我们也可以换一个角度来解释，一个混合演化稳定策略对应于一个多态稳定状态，在此状态下，种群中的生物体采取多个纯策略，采取每个纯策略的生物体所占种群的比例等于混合策略中赋予该策略的概率。泽尔腾论证了演化稳定策略定义中的条件对状态的稳定是充分必要的：突变改变了种群采取每个纯策略的生物体的比例，进而产生了得益的变化，并引导它逐步返回到种群中采取每个纯策略的生物体的比例的均衡值。

【例 4】

演化稳定混合策略

设某一种同质种群的成员任意配对博弈，得益矩阵如图 10.6 所示，试分析其演化稳定策略。

	L	D
L	0, 0	2, 1
D	1, 2	0, 0

图 10.6

该博弈没有对称纯策略均衡，它有唯一的混合策略均衡，每个博弈者的策略 s^* 赋予 L 的概率为 2/3。设 $s_0=(p，1-p)$ 是一个混合策略，则

$$u_i(s_0，s^*)=0\times\frac{2}{3}p+2\times\frac{1}{3}p+1\times\frac{2}{3}(1-p)+0\times\frac{1}{3}(1-p)=\frac{2}{3}=u_i(s^*，s^*)$$

即赋正概率给同一纯策略的任意混合策略都是 s^* 的最优策略。又

$$u_i(s^*, s_0) = 0 \times \frac{2}{3}p + 2 \times \frac{2}{3}(1-p) + 1 \times \frac{1}{3}p + 0 \times \frac{1}{3}(1-p) = \frac{4}{3} - p$$

$$u_i(s_0, s_0) = 3p(1-p)$$

因此，要使 s^* 成为 ESS，必须对所有的 $p \neq 2/3$，成立 $3p(1-p) < 4/3 - p$，而这等价于 $(p-2/3)^2 > 0$，显然成立。所以，策略 $s^* = (2/3, 1/3)$ 为 ESS。

【例 5】

无演化稳定策略的协调博弈(见图 10.7)

	X	Y
X	2, 2	0, 0
Y	0, 0	1, 1

图 10.7 协调博弈

该博弈有一个对称的混合策略 $s^* = (1/3, 2/3)$。对于每个混合策略 $s_0 = (p, 1-p)$

$$u_i(s_0, s^*) = 2 \times \frac{1}{3}p + 0 \times \frac{1}{3}(1-p) + 0 \times \frac{2}{3}p + 1 \times \frac{2}{3}(1-p) = \frac{2}{3} = u_i(s^*, s^*)$$

即赋正概率给同一纯策略的任意混合策略都是 s^* 的最优策略。又：

$$u_i(s^*, s_0) = 2 \times \frac{1}{3}p + 0 \times \frac{2}{3}p + 0 \times \frac{1}{3}(1-p) + 1 \times \frac{2}{3}(1-p) = \frac{2}{3}$$

$$u_i(s_0, s_0) = 2p^2 + (1-p)^2 = 3p^2 - 2p + 1$$

若取 $p = 1$，则

$$u_i(s_0, s_0) = 2 > u_i(s^*, s_0)$$

因此，该博弈没有 ESS。

【例 6】

鹰鸽博弈中的混合策略

再次考虑图 10.8 所示的鹰鸽博弈。

	鹰(H)	鸽(D)
鹰(H)	$(v-c)/2$, $(v-c)/2$	v, 0
鸽(D)	0, v	$v/2$, $v/2$

图 10.8 鹰鸽博弈

若 $v > c$，那么唯一的对称纳什均衡策略为 (H, H) 且它是严格的，所以它是唯一的 ESS。

若 $v \leqslant c$，那么有唯一的对称混合策略纳什均衡，其中每个博弈者的混合策略为 $s^* = (v/c, 1-v/c)$。经计算可得：

$$u_i(s^*, s_0) - u_i(s_0, s_0) = \frac{1}{2}c \ (v/c-p)^2$$

上式在 $p \neq v/c$ 时为正。因此，对任意的 $s_0 \neq s^*$ 有 $u_i(s_0, s_0) < u_i(s^*, s_0)$。于是，若 $v \leqslant c$，博弈有唯一的 ESS，即混合策略 $s^* = (v/c, 1-v/c)$。

因此，若采取"鹰"的攻击性策略遭到的损失和获胜得到的资源价值相比不是很大，即 $c \leqslant v$，那么仅有攻击才能存活。在这种情况下，采取"鸽"的消极性策略的生物体将会灭绝。若受伤的成本大于资源的价值，即 $v < c$，那么在 ESS 中攻击不再普遍。在这种情况下，仅包含采取"鹰"的种群不是演化稳定的，因为"鸽"的赢利要好于遇上"鹰"时的"鹰"的赢利。同时，仅包含"鸽"的种群也不是演化稳定的，因为"鸽"遇上"鸽"的赢利要差于"鹰"遇上"鸽"的赢利。唯一的 ESS 是混合策略，它可以解释为这样的情形：v/c 的生物体是"鹰"，$1-v/c$ 是"鸽"。随着受伤成本的增加，"鹰"的比例减少，打斗的频率减少，并且相遇时不战斗的数量增加。

四、非对称群体中的 ESS 概念

在现实中，如生态学、经济学和其他行为科学中的许多策略互动行为可能发生于两个或多个群体中的个体之间，个体之间进行的是非对称博弈，单一群体对称博弈的演化稳定策略在处理多群体非对称博弈时不再有效。需要把静态的单群体演化稳定标准拓展到多群体情形。在单群体中，所有的个体都被程式化为一个纯策略，个体之间进行的是重复博弈；并且在单群体中，规模很小的突变因素对群体产生的影响可以忽略，因此，非纳什均衡策略不可能侵入到最优反应的严格纳什均衡策略群体之中。在多群体中，突变因素可能来自各个群体，突变策略者的互动行为会对群体行为产生不可忽略的影响。此时，单一群体对称博弈的演化稳定标准不能运用于解释多群体情形。

演化稳定策略是一个静态概念，虽然能够描述系统的局部动态性质，但在非对称博弈中，单一群体对称博弈的演化稳定均衡与动态演化过程极限结果之间的对应关系却不明显。因此，要研究非对称博弈的动态稳定性就必须通过考察系统的动态演化过程来寻求能够适应于对称博弈与非对称博弈的稳定性概念。为了能够更精确地描述非对称博弈，泽尔腾通过引入角色限制行为(Role Conditioned Behavior)而提出了适应于非对称博弈的演化稳定策略概念。

演化稳定策略定义 2：在有角色限制的博弈 **G** 中，一个行为策略 $s = (s^1, s^2)$ 称为演化稳定策略，如果：

(1) 对任何的 $s^* \in S \times S$，有 $u(s, s) \geqslant u(s', s)$；

(2) 如果 $u(s, s) = u(s', s)$，那么对任意的 $s' \neq s$ 有 $u(s, s) > u(s', s)$。

然而，上述演化稳定策略只能描述系统的局部动态性质，而且该定义并不能够显示出均衡概念与动态演化过程极限结果之间的关系。因此，要更好地描述非对称博弈均衡，就必须正确处理好均衡概念与动态演化过程均衡结果之间的关系。

Swinkels 认为，演化稳定标准不对突变策略组合给予限制与实际差距较大。特别是一些经济问题，突变策略可能来自博弈者或者企业的创新、试验等活动，这些突变策略组合本身可能会影响系统的稳定性。因此，考察相对于后进入突变群体最优反应策略组合的稳定性可能会更合理。于是他定义均衡演化稳定（Equilibrium Evolutionarily Stable，EES）概念：

定义：称集合 $X \in \Theta$ 是均衡演化稳定的，如果它是相对于下面性质的最小集：X 是纳什均衡策略集合 Θ 的一个非空闭子集，存在 $\bar{\varepsilon} \in (0, 1)$，如 $x \in X$，$y \in \Theta$，$\varepsilon \in (0, \bar{\varepsilon}_y)$，$y \in \bar{\beta}[(1-\varepsilon)x + \varepsilon y]$，那么 $(1-\varepsilon)x + \varepsilon y \in X$。

可见，演化稳定策略集是纳什均衡策略集的最小闭集，它能够保证任何小规模的均衡进入突变者不可能使得群体离开演化稳定均衡的吸引域。也就是说，演化稳定策略 ESS 通过 EES 有效地缩小了均衡集合。

五、演化稳定均衡与纳什均衡之间的关系

经典博弈理论中的核心概念纳什均衡即是指一种策略组合，在该策略组合下任何个人单独偏离都不会变得比不偏离好。纳什均衡是一个静态概念，不能描述系统的动态性质，用数学语言来说它是动态系统的不动点，纳什的成功就是在于他应用拓扑学的不动点定理证明了纳什均衡的存在性。演化稳定策略必定是纳什均衡策略，它是纳什均衡的精练。

如果策略 s 是演化稳定策略，那么它一定是纳什均衡策略，演化稳定均衡必定是纳什均衡，所以演化稳定均衡是纳什均衡的精练。弱劣的纳什均衡策略并不一定是演化稳定策略，即并非所有的纳什均衡策略都是演化稳定策略。

六、演化动态与动态博弈的异同

动态概念在演化博弈理论与经典博弈理论中都占有相当重要的地位，但它们却存在着根本的区别。演化动态把博弈者行为演化过程看作一个时间演化系统，重点研究博弈者行为的调整过程。经典博弈的动态是以博弈者行动所传递的信息为依据，重点研究博弈者在预期信息下的决策结果。具体地说，有下列三点不同。

1. 理论基础不同

经典博弈理论的动态概念是建立在古典经济学理性人假定的基础上，通过引入博弈者的互动行为而提出来的。经典博弈理论认为，理性人能够对环境的任何变化作出快速、准确的反应，只要拥有决策所需的信息，系统就会迅速到达均衡。所谓的动态是建立在博弈者行动次序基础上，认为后行动者可以通过观察先行动者的行动来获得有关后者的偏好、得益函数等方面的信息来修正自己的信念，选择自己的最优行动；先行动者也会预测到自己的行动将暴露自己偏好、得益等方面的信息，并预测其影响以最优化自己的决策。

演化博弈理论是建立在有限理性博弈者假定的基础之上，认为现实中博弈者并不能免费获得决策所需要的信息，也不具有无限的信息处理能力，所以博弈者并不满足理性要求。现实中博弈者需要经过非常复杂的模仿、试验、学习及创新等过程来作出决策，最优化计算只是影响决策因素之一。

2. 对动态的理解不同

经典博弈理论与古典经济学理论一样，认为理性博弈者具有无限的计算能力，在给定信息下，不经搜索就能迅速地计算出最优决策，因而这种最优化结果只与外界的条件有关而与时间是无关的，不需要对系统达到均衡的过程进行分析，只要通过对不同均衡的静态比较来达到发现经济运行规律的目的，进而预测并指导博弈者行动。即使是动态博弈也只是博弈者策略调整的最优反应动态，根本不需要把时间作为一个变量纳入到其模型之中，仅仅在博弈者的策略互动过程中加入折现因子来考察博弈者的最优反应。

演化博弈理论认为有限理性的博弈者并不能对环境变化作出迅速、准确的反应，而是通过试验、模仿及学习等过程而选择、决策，其决策受其所处环境的影响。系统达到均衡是一个复杂的渐进过程，一次性过程不能达到均衡，重点强调系统达到均衡的渐进过程，认为系统一旦达到某一个均衡就可能被"锁定"在该均衡状态，只有受到外部强大的冲击才能使系统离开均衡。

3. 动态均衡概念不同

经典博弈理论的基本均衡概念纳什均衡主要针对的是完全信息静态博弈，这个定义考虑的是其他博弈者的决策对自己策略选择的影响而没有考虑自己的决策对其他人的影响。现实中博弈者的行动有先后顺序，后行动者自然会根据先行动者的选择所传递的信息来调整自己的选择；先行动者自然也会理性地意识到自己的行动会传递自己有关信息，于是提出了动态博弈的基本均衡概念——子博弈精练纳什均衡。子博弈精练纳什均衡虽然可以剔除静态博弈中不可置信的威胁，但不能够从根本上解决博弈中的多重均衡问题，其最大的缺陷在于对博弈者理性的要求太高。

演化博弈理论重点研究群体行为的动态调整过程，与动态系统的渐近稳定性及吸引子有相似的性质，主要描述系统局部的动态性质，因而可以把影响均衡过程的各种因素纳入到其动态模型之中。

第四节　模仿者动态模型

一、模仿者动态模型的形式

一般而言，演化博弈模型主要是基于选择机制（Selection Mechanism）和突变机制（Mutation Mechanism）这两个方面而建立起来的。选择机制是指本期中能够获得较高得益的策略在下期被后代或竞争对手通过学习与模仿等方式而被更多的博弈者采用；突变是指群中的某些个体以随机（无目的性）的方式选择策略，因此突变策略可能获得较高得益也可能获得较低得益，那些获得更高支付的变异策略经过选择后将变得流行，那些获得更低支付的变异策略则自然消亡。突变一般很少发生。新的突变也必须经过选择，并且只有获得较高得益的策略才能生存（Survive）下来。演化博弈模型的选择形成机制有三种含义：生态学意义上的适应度、个体意义上的反应变化（如试验、刺激反应等）和社会意义上的策略变更（如学习与模仿等）。无论是哪种情形，演化博弈的基本思想是适应性调整、不断演进，即"好"策略变得更加流行。

　　演化博弈理论需要解决的关键问题就是如何描述群体行为的这种选择机制和突变机制。模仿者动态(Replicator Dynamics)模型是一种典型的基于选择机制的确定性和非线性的演化博弈模型。模仿者动态是演化博弈理论的基本动态,它能较好地描绘出有限理性个体的群体行为变化趋势,在此模型的基础上加入个体的策略随机变动行为,就构成了一个包含选择机制和变异机制的综合演化博弈模型,由此得出的结论能够比较准确地预测个体的群体行为,因而受到演化博弈论者的高度重视。所谓模仿者动态是指使用某一策略人数的增长率等于使用该策略时所得的得益与平均得益之差。下面我们来导出模仿者动态模型的表述形式。

　　考虑在某时点上某种群中各个不同的群体准备分别选择不同的策略进行博弈。为了研究这些群体的演化,假定只有适应性最强的群体才能生存下来,如果某个群体的得益水平超过了种群的平均水平,那么该群体中的个体数量就会增加。如果该群体的得益水平低于平均水平,那么它在整个种群中的比重就会下降,直至最终"被淘汰"出局。

　　为了表述上的方便,博弈者的纯策略被限定为两个：s 和 s'。在此基础上可以直接拓展至多博弈策略的情形。

　　复制者动态存在两种类型：离散模型和连续模型。前者用差分方程建模,后者用微分方程建模。

　　令 n_t 和 n'_t 分别代表在 t 时点按一定程序规划选择策略 s 和策略 s' 的博弈者的数量,令 N_t 表示总的博弈者数量,$u_t(s)$ 是其得益函数,S 表示策略集合。

　　对于离散模型有：

$$n_{t+1}(s) = n_t(1 + u_t(s)) \tag{1}$$

　　对于连续模型有：

$$\dot{n}_t(s) = n_t u_t(s) \tag{2}$$

　　令 $x_t(s)$ 为 t 时刻选择策略 s 的博弈者在总体中的比重：

$$x_t(s) = \frac{n_t}{N_t} \tag{3}$$

准备选择策略 s 的博弈者的期望支付为：

$$u_t(s) = x_t(s)u_t(s, s) + x_t(s')u_t(s, s') \tag{4}$$

这样,所有博弈者的平均支付为：

$$\bar{u}_t(s) = x_t(s)u_t(s) + x_t(s')u_t(s') \tag{5}$$

将(3)、(4)、(5)代入(1)和(2),得到

$$x_{t+1}(s) = x_t(s)\frac{1 + u_t(s)}{1 + \bar{u}_t(s)} \tag{6}$$

$$\frac{dx_i}{dt} = F(x_i) = [(u(s_i, x) - \bar{u}(x, x)]x_i \tag{7}$$

　　方程(6)和方程(7)分别表示离散的和连续的模仿者动态方程。其中 $u(s_i, x)$ 表示群体中个体进行随机匹配匿名博弈时,群体中选择纯策略 s_i 的个体所得的期望得益。$\bar{u}(x, x) = \sum x_i u(s_i, x)$ 表示群体平均期望得益。上式表明,如果一个选择纯策略 s_i 的个体得到的得益少于群体平均得益,那么选择纯策略 s_i 的个体数增长率为负；如果一个选择策略 s_i

的个体得到的得益多于群体平均得益，那么选择策略 s_i 的个体数增长率为正；如果个体选择纯策略 s_i 所得的得益恰好等群体平均得益，则选择纯策略的个体数增长率为零。

　　复制动态推广到 n 人博弈的情况，可以看成是来自 n 种群中的个体随机地以 n 类型配对，其中每一个博弈者的地位状况正如纳什所给出的群体行为解释的那样。

二、单群体确定性模仿者动态

　　按所研究的群体数目不同，演化博弈动态模型可分为两大类：单群体（Monomorphic Population）动态模型与多群体（Polymorphic Populations）动态模型。单群体动态模型是指所考察的对象只含有一个群体，并且群体中个体都有相同的纯策略集，个体与虚拟的博弈者进行对称博弈。多群体动态模型是指所考察的对象中含有多个群体，不同群体个体可能有不同的纯策略集，不同群体个体之间进行的是非对称博弈。博弈中个体选择纯策略所得的得益不仅随其所在群体的状态变化而变化，而且也随其他群体状态的变化而变化。下面主要介绍单群体与多群体动态模仿者动态模型。

　　假定群体中每一个个体在任何时候只选择一个纯策略，比如，第 i 个个体在某时刻选择纯策略 s_i。$s_k = \{s_1, s_2, \cdots, s_n\}$ 表示群体中各个体可供选择的纯策略集；N 表示群体中个体总数；$n_i(t)$ 表示在时刻 t 选择纯策略 i 的个体数。$x_k = \{x_1, x_2, \cdots, x_n\}$ 表示群体在时刻 t 所处的状态，其中 x_i 表示在该时刻选择纯策略 i 的人数在群体中所占的比例，即：

$$x_i = n_i(t)/n$$

$u(s_i, x)$ 表示群体中个体进行随机配对匿名博弈时，群体中选择纯策略 s_i 的个体所得的期望得益。$\bar{u}(x, x) = \sum x_i u(s_i, x)$ 表示群体平均期望得益。

　　下面给出连续时间模仿者动态公式，此时动态系统的演化过程可以用微分方程来表示。

　　在对称博弈中每一个个体都认为其对手来自状态为 x 的群体。事实上，每个个体所面对的是代表群体状态的虚拟个体。

　　假定选择纯策略 s_i 的个体数的增长率等于 $u(s_i, x)$，那么可以得到如下的等式：

$$dn_i/dt = n_i(t)u(s_i, x)$$

由定义可知 $n_i(t) = x_i N$，两边对 t 微分可得：

$$n\left(\frac{dx_i}{dt}\right) = \frac{dn_i(t)}{dt} - x_i \sum_{i=1}^{k} dn_i(t)/dt$$

两边同时除以 n 得到：

$$dx_i(t)/dt = [u(s_i, x) - \bar{u}(x, x)]$$

上式就是对称博弈模型中模仿者动态公式的微分形式。可以看出，如果一个选择纯策略 s_i 的个体得到的得益少于群体平均得益，那么选择纯策略 s_i 的个体在群体中所占比例将会随着时间的演化而不断减少；如果一个选择策略 s_i 的个体得到的得益多于群体平均得益，那么选择策略 s_i 的个体在群体中所占比例将会随着时间的演化而不断地增加；如果个体选择纯策略 s_i 所得的得益恰好等群体平均得益，则选择该纯策略的个体在群体中所占比例不变。

另外，由此还可以求出 x_i，$x_j > 0$ 的两个种群相对增长率：

$$\frac{\mathrm{d}\left[\frac{x_i}{x_j}\right]}{\mathrm{d}t} = \frac{x_i}{x_j}\left[u(s_i, x) - u(s_j, x)\right]$$

上式说明：个体博弈时，获得相对较多得益的群体具有更高的增长率。从上面的公式推导过程可以看出，模仿者动态仅仅考虑到纯策略的继承性，而没有考虑到混合策略的可继承性。Bomze 证明了，如果允许混合策略也可以被继承，那么在模仿者动态下，演化稳定策略等价于渐近稳定性。

【例1】

随机配对博弈

我们考虑在一个大群体的成员间随机配对进行博弈(见图10.9)。

	策略 1	策略 2
策略 1	a, a	b, c
策略 2	c, b	d, d

图 10.9 一般 2×2 对称博弈

假设在该群体中，比例为 x 的博弈方采用策略 1，比例 $1-x$ 的博弈方采用策略 2。那么，采用两种策略博弈方的期望得益和群体平均期望得益分别为：

$$u_1 = x \cdot a + (1-x) \cdot b$$
$$u_2 = x \cdot c + (1-x) \cdot d$$
$$\bar{u} = x \cdot u_1 + (1-x) \cdot u_2$$

把演化博弈有限理性分析的复制动态模型用到这个一般的 2×2 对称博弈中，根据上述得益得到复制动态方程

$$\frac{\mathrm{d}x}{\mathrm{d}t} = x(u_1 - \bar{u})$$
$$= x[u_1 - xu_1 - (1-x) \cdot u_2]$$
$$= x(1-x)(u_1 - u_2)$$
$$= x(1-x)[x(a-c) + (1-x)(b-d)]$$

当给定 a、b、c、d 的数值时，$\mathrm{d}x/\mathrm{d}t$ 为 x 的单元函数。为清楚起见，我们这里给出一个具体的得益矩阵，如图 10.10 所示。

		博弈方 2	
		策略 1	策略 2
博弈方 1	策略 1	50, 50	49, 0
	策略 2	0, 49	60, 60

图 10.10　协调博弈

很显然，该博弈就是一个标准的 2×2 对称博弈。因为前面已经得到一般 2×2 对称博弈复制动态方程的一般公式。因此我们直接把 $a=50$、$b=49$、$c=0$、$d=60$ 代入该一般复制动态方程，得到

$$\frac{\mathrm{d}x}{\mathrm{d}t}=F(x)=x(1-x)\left[x(a-c)+(1-x)(b-d)\right]$$
$$=x(1-x)(61x-11)$$

令 $F(x)=0$ 可解出三个稳定状态，分别为 $x^*=0$、$x^*=1$ 和 $x^*=11/61$。并且不难验证，$F'(0)<0$，$F'(1)<0$，而 $F'(11/61)>0$。根据前述微分方程稳定性定理，可知 $x^*=0$，$x^*=1$ 都是该博弈的进化稳定策略，而 $x^*=11/61$ 则不是本博弈的进化稳定策略。上述复制动态方程的相位图如图 10.11 所示。从图中也可以看出 $x^*=0$ 和 $x^*=1$ 是该博弈的 ESS，$x^*=11/61$ 不是该博弈的 ESS。

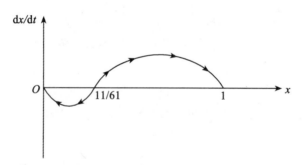

图 10.11　协调博弈复制动态方程相位图

根据上述复制动态相位图我们进一步可以看出结论，那就是当初始的 x 水平落在区间 $(0，11/61)$ 时，复制动态会趋向于稳定状态 $x^*=0$，所有博弈方都采用策略 2。当初始的 x 水平落在区间 $(11/61，1)$ 时，复制动态会趋向于 $x^*=1$，即所有博弈方都采用策略 1。由于所有博弈方都采用策略 2 的均衡是两个均衡中效率较高的，每个博弈方都能得到 60 个单位得益，而所有博弈方都采用策略 1 的均衡每个博弈方只能得到 50 个单位得益，因此前一种情况代表更有理想的结果。但按照上述分析我们知道，如要初次进行这个博弈时群体成员采用两种策略的比例落在 [0，1] 区间任一点的概率相同，那么通过复制动态最终实现前一种更高效率进化稳定策略均衡的机会是 11/61，实现后一种相对较差进化稳定策略均衡机会却有 50/61，后者明显大于前者。

【例2】

鹰鸽博弈的复制动态模型

这里我们再来分析一下"鹰鸽博弈"的复制动态模型。鹰鸽博弈如图10.12。

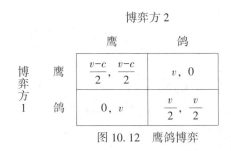

博弈方2

		鹰	鸽
博弈方1	鹰	$\frac{v-c}{2}, \frac{v-c}{2}$	$v, 0$
	鸽	$0, v$	$\frac{v}{2}, \frac{v}{2}$

图 10.12 鹰鸽博弈

上述得益矩阵各个得益的意义如下：v 代表双方争夺的利益(可以是军事利益、经济利益或政治利益，也可以是动物的领地和增殖机会)，c 是争夺中失败一方的损失。如果双方都采用攻击策略，那么双方获胜和失败的概率都是 $1/2$，因此各自的期望利益都是 $(v-c)/2$。如果双方都采用和平策略，那么双方能够分享目标利益，各得 $v/2$ 单位的利益。如果和平策略遇到攻击策略，那么采用攻击策略者获得利益 v，采用和平策略得不到任何利益，但也没有损失。该博弈的纳什均衡取决于 v 和 c 的具体数值，v 和 c 未知时则不清楚。

现在我们考虑有限理性博弈的复制动态和进化稳定策略。首先，因为这个博弈也是一个 2×2 对称博弈，因此可以直接运用 2×2 对称博弈复制动态的一般公式。我们用 x 表示采用"鹰"策略博弈方的比例，把 $a=(v-c)/2$，$b=v$，$c=0$，$d=v/2$ 代入，可得采用"鹰"策略博弈方比例的复制动态方程为

$$\frac{\mathrm{d}x}{\mathrm{d}t} = F(x) = x(1-x)\left[\frac{x(v-c)}{2} - \frac{(1-x)v}{2}\right]$$

为了直观起见，我们这里给出 v 和 c 的一组具体数值，如 $v=2$，$c=12$(注意通过战争、激烈冲突获得的利益常常是低于因此造成的损失的，特别是对其中失败的一方，因此假设的两个相对数值水平是有现实根据的)，那么复制动态方程就为

$$\frac{\mathrm{d}x}{\mathrm{d}t} = F(x) = x(1-x)(1-6x)$$

根据该复制动态方程，不难解出复制动态的三个稳定状态分别为 $x^*=0$，$x^*=1$ 和 $x^*=1/6$。进一步容易证明，在这三个均衡点中只有 $x^*=1/6$ 是进化稳定策略，因为 $F'(0)>0$，$F'(1)>0$，而 $F'(1/6)<0$。其实根据图 10.13 中复制动态方程的相位图，也可看出只有 $x^*=1/6$ 是真正稳定的进化稳定策略。

上述进化博弈分析结论的现实意义是：当人们争夺、竞争的利益和严重冲突的后果损失符合上述设定时，在较大规模群体的长期进化中，采取攻击型策略的博弈方的数量最终会稳定在 1/6 左右的水平，大多数人(5/6)会采用比较和平的策略。这意味着发生严重战

争的机会虽然存在，但可能性比较小（大约 1/36），相互间和平的可能性最大（约占 25/36），比较忍让的一方受到比较霸道一方欺负的机会居中（约占 10/36）。这是比较稳定的状态，实际情况通常会在该水平上下波动。这样的格局与国际政治、军事关系的实际情况还是很相似的。

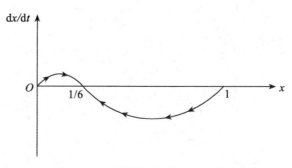

图 10.13　鹰鸽博弈复制动态相位图

【例 3】

市场竞争博弈的复制动态模型

前面所述的两人对称合作博弈的均衡稳定性分析对两人非对称博弈也同样适用。下面我们用一个例子来说明这种适用性。

假设有一水平差异化产品的市场竞争博弈，有两类博弈者，实力较强的企业 1 和实力较弱的企业 2。企业 1 的市场竞争能力强，因而拥有较大的市场份额，企业 2 的市场竞争能力弱，市场份额相对较低。在本模型中，两类企业合作意味着双方维持正常的价格销售产品，不合作意味着该企业通过降低产品销售价格进行恶意竞争。见图 10.14。

	合作	不合作
合作	10, 2	0, 5
不合作	17, 0	-2, 10

图 10.14

这是一种典型的非对称博弈，对该博弈构造如下支付结构：假设企业 1 类型的群体中，采用合作策略的比例为 x，那么采用不合作策略的比例为 $1-x$；假设企业 2 类型的群体中，采用合作策略的比例为 y，不合作策略的比例为 $1-y$。于是，企业 1 类型的博弈者的收益为：

$$\pi_1^c = 10y$$
$$\pi_1^d = 19y - 2$$
$$\pi_1 = x \cdot \pi_1^c + (1-x) \cdot \pi_1^d = -9xy + 2x + 19y - 2$$

企业 2 类型的博弈者的收益为：

$$\pi_2^c = 2x$$

$$\pi_2^d = 15x - 10$$

$$\pi_2 = x \cdot \pi_2^c + (1-x) \cdot \pi_2^d = -13xy + 15x + 10y - 10$$

两类博弈者的复制动态方程分别为：

$$\frac{\mathrm{d}x}{\mathrm{d}t} = x(x-1)(9y-2)$$

$$\frac{\mathrm{d}y}{\mathrm{d}t} = y(y-1)(13x-10)$$

我们首先对企业 1 类型的博弈者群体的复制动态方程进行分析。

当 $y = 2/9$ 时，$\frac{\mathrm{d}x}{\mathrm{d}t} = 0$，也就是说所有的 x 都是稳定状态；当 $y > 2/9$ 时，$x_1 = 0$ 与 $x_2 = 1$ 是两个稳定状态，其中，$x_2 = 1$ 是演化稳定的策略；当 $y < 2/9$ 时，稳定状态仍是 $x_1 = 0$ 与 $x_2 = 1$，其中，$x_1 = 0$ 是演化稳定的策略。

同样地，对企业 2 类型的博弈者群体，当 $x = 10/13$ 时，$\frac{\mathrm{d}x}{\mathrm{d}t} = 0$，即所有的 y 都是稳定状态，当 $x > 10/13$ 时，$y_1 = 0$ 与 $y_2 = 1$ 是两个稳定状态，其中，$y_2 = 1$ 是演化稳定的；当 $x < 10/13$ 时；稳定状态仍是 $y_1 = 0$ 与 $y_2 = 1$，其中，$y_1 = 0$ 是演化稳定的。

把上述两个类型的博弈者合作竞争的复制动态关系用图 10.15 表示。

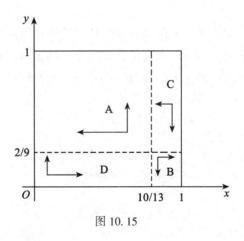

图 10.15

从图 10.15 中我们不难看出，在差异化产品市场的合作竞争博弈中，(1，0) 和 (0，1) 都是这个博弈的演化稳定策略，最终收敛到哪个策略要看系统的初始状态。当初始状态落在区域 A 中时，系统将会收敛到 (0，1)，即企业 1 类型的群体将会采用不合作的策略，企业 2 类型的群体将会采用合作的策略；当初始状态落在区域 B 中时，系统将会收敛到 (1，0)，即企业 1 类型的群体将会采用合作的策略，企业 2 类型的群体将会采用不合作的策略；当初始状态落在区域 C、D 中时系统演化的方向是不确定的，有可能进入 A 区域而收敛到(0，1)，也有可能进入 B 区域而收敛到(1，0)，这反映了市场竞争策略多样性的现实。从上面的分析我们可以看到，该系统具有复杂系统的演化特征，$x = 10/13$ 与 $y = 2/9$ 是系统演化特性改变的阈值，当系统的初始状态在这两个值附近时，初始状态的微小变化将影响到系统演化的最终结果，这是系统对初始条件的敏感性，当系统的初始状态落在 A、B 中时，系统演化的最终状态是确定的，这又表现出系统演化的结果对初始条件的依赖性。

三、多群体模仿者动态模型

泽尔腾通过引入角色限制行为把群体分为单群体与多群体，不同群体根据个体可供选择的纯策略集不同来划分。在多群体中，不同群体中的个体有不同的纯策略集、不同的群体平均得益及不同的群体演化速度。多群体模仿者动态连续微分方程为：

$$\frac{dx_i^j}{dt} = [u(s_i^j, x) - \bar{u}(x^j, x^{-j})]x_i^j$$

其中，符号 $j(j = 1, 2, \cdots, k)$ 表示第 j 个群体，k 表示有 k 个群体；x_i^j 表示第 j 个群体中选择第 $i(i = 1, 2, \cdots, n_j)$ 个纯策略的个体数占该群体总数的百分比；x^j 表示群体 j 在某时刻所处的状态，x^{-j} 表示第 j 个群体以外的其他群体在 t 时刻所处的状态；s_i^j 表示群体 j 中个体行为集中的第 i 个纯策略；x 表示混合群体的混合策略组合，$u(s_i^j, x)$ 表示混合群体状态为 x 时群体 j 中个体选择策略 s_i^j 时所能得到的期望得益；$u(x^j, x^{-j})$ 表示混合群体的平均得益。

多群体模型并不是单群体模型的简单相加，从单群体过渡到多群体涉及一系列的诸如均衡及稳定性等问题的变化。同时，在模仿者动态下，同一博弈在单群体与多群体中也会有不同的演化稳定均衡。泽尔腾认为在多群体博弈中演化稳定均衡都是严格纳什均衡，这一结论说明在多群体博弈中，传统的演化稳定均衡概念具有较大的局限性。

【例 4】

电价竞价策略模型

在我国的电力市场交易中，上网电价采取的是报价制，即发电企业首先在不同时段向交易中心报价，然后交易中心根据电力负荷预测和评价这些报价，最后采用低价先调的原则选择各发电企业上网电量。由于各发电企业的竞价过程是在一个具有不确定性和有限理性的报价系统中进行的，且企业之间的策略又是相互依存和相互影响的，因此可以运用演化博弈模型来分析发电企业竞价过程中竞价策略的演化形成过程。

我们将参与竞价的发电机组根据机组性能分成两类，每一类作为一个群体与其他群体进行博弈，其得益矩阵如图 10.16 所示。

<table>
<tr><td></td><td>B$_1$(q)</td><td>B$_2$($1-q$)</td></tr>
<tr><td>A$_1$(p)</td><td>a_{11}, b_{11}</td><td>a_{12}, b_{12}</td></tr>
<tr><td>A$_2$($1-p$)</td><td>a_{21}, b_{21}</td><td>a_{22}, b_{22}</td></tr>
</table>

图 10.16

其中，p 和 $1-p$ 分别表示发电商 A 在一次博弈中采取策略 A$_1$ 和 A$_2$ 的概率，q 和 $1-q$ 分别表示发电商 B 采取策略 B$_1$ 和 B$_2$ 的概率(概率也可以解释为群体博弈中选取某策略的发电商比例)。

其中：a_{ij}(i, $j=1$, 2)表示发电商 A 中的个体得益；b_{ij}(i, $j=1$, 2)表示发电商 B 中的个体得益。

假设发电商的理性层次较低、学习速度较慢，它们只是简单地依据过去多次博弈的结果来调整各自对两种策略的选择概率，这种动态调节机制类似于生物进化中生物性状和行为特征的动态演化过程的"复制动态"，于是 A、B 对 p 和 q 的调整方程为：

$$\mathrm{d}p/\mathrm{d}t=p(1-p)\left[(a_{12}-a_{22})-(a_{12}-a_{11}+a_{21}-a_{22})q\right]$$
$$\mathrm{d}q/\mathrm{d}t=q(1-q)\left[(b_{12}-b_{22})-(b_{12}-b_{11}+b_{21}-b_{22})p\right]$$

令 $a_1=a_{12}-a_{22}$，$a_2=a_{21}-a_{11}$，$b_1=b_{12}-b_{22}$，$b_2=b_{21}-b_{11}$ 则得到如下式所示的动态系统：

$$\mathrm{d}p/\mathrm{d}t=p(1-p)\left[a_1-(a_1+a_2)q\right] \tag{8}$$
$$\mathrm{d}q/\mathrm{d}t=q(1-q)\left[b_1-(b_1+b_2)p\right] \tag{9}$$

我们称由(8)、(9)构成的系统为动态复制系统。该动态系统有 5 个均衡点，即：$E_1(0,0)$，$E_2(1,0)$，$E_3(0,1)$，$E_4(1,1)$，$E_5(a_1/(a_1+a_2)$，$b_1/(b_1+b_2))$。

现设市场中有 6 个有限理性的发电商，对容量不同的两类发电机组进行竞价。设市场中交易电价的上限价格为 300 元/MWh，下限价格为 100 元/MWh，发电商上网报价最多可分为 5 个阶段进行，中标的发电商按照其报价进行结算。机组 i 的报价策略可以转化成求下列收益最大化的问题：

目标函数：$\max U_i=R\cdot P_i-C_iP_i$　　($i=1$, 2, $\cdots$, 5)

式中：U_i 为机组 i 的收益函数；R 为市场出清价格(单位：元)；P_i 为发电厂 i 的发电量(单位：MW)；C_iP_i 为发电厂 i 的成本函数(单位：元/h)。

约束条件：　　　　$B_i(S_i, P_i)=R$　　　($i=1$, 2, $\cdots$, 5)

式中：$B_i(S_i, P_i)$ 为每个发电商向交易中心提供的报价曲线函数；S_i 为机组 i 的报价策略向量；Q 为市场需求(单位：MW)。

设第一类发电机组竞价容量段为[200 MW，500 MW]，发电成本函数为：

$$C_i(P_i)=8150+92.13P_i+0.176P_i^2 \quad (i=1, 2, \cdots, 5)$$

此时，发电商采取方案 A 和方案 B 两种报价方案，如图 10.17 和图 10.18 所示(单位：容量段/MW，价格/(元/h))。

方案 A

容量段	[200, 260]	(260, 320]	(320, 380]	(380, 440]	(440, 500]
价格	204	209	214	220	225

图 10.17　发电商 A 报价策略

方案 B

容量段	[200, 260]	(260, 320]	(320, 380]	(380, 440]	(440, 500]
价格	198	202	208	212	219

图 10.18　发电商 B 报价策略

设第二类发电机组竞价容量段为[80 MW，220 MW]，发电成本函数为：
$$C_i(P_i) = 9255.18 + 104.72P_i + 0.204P_i^2 \quad (i=1, 2, \cdots, 5)$$

此时，发电商采取方案 C 和方案 D 两种报价方案，如图 10.19 和图 10.20 所示(单位：容量段/MW，价格/(元/h))。

方案 C

容量段	[80, 108]	(108, 136]	(136, 164]	(164, 192]	(192, 220]
价格	214	217	221	225	230

图 10.19　发电商 C 报价策略

方案 D

容量段	[80, 108]	(108, 136]	(136, 164]	(164, 192]	(192, 220]
价格	202	206	213	217	220

图 10.20　发电商 D 报价策略

得益矩阵如图 10.21 所示：

	方案 C	方案 D
方案 A	11 256.34, 5 623.4	5 197.5, 7 564.9
方案 B	6 231.27, 3 348.8	5 645.3, 1 267.6

图 10.21

设第一类发电商中采用报价方案 A 的机组比例为 p，则采用报价方案 B 的机组比例为

$1-p$；设第二类发电商中采用报价方案 C 的机组比例为 q，则采用报价方案 D 的机组比例为 $1-q$。对于第一类发电商来说，在采用两种不同报价方案的发电商期望得益 u_{11}，u_{12} 及第一类发电商的平均得益 u_1 为：

$$u_1^1 = 11\,256.34q + 5\,197.5(1-q)$$
$$u_1^2 = 6\,231.27q + 5\,645.3(1-q)$$
$$\bar{u}_1 = u_1^1 p + u_1^2 (1-p)$$

于是可知第一类发电商的复制动态方程为：

$$dp/dt = p(u_1^1 - \bar{u}_1) = p(1-p)(5\,472.87q - 447.8) \tag{10}$$

对于式（10）来说，当 $q=0.082$ 时，复制动态方程始终为 0，即博弈处于稳定状态。而当 $q \neq 0.082$ 时，有 $p=0$ 和 $p=1$ 两个稳定状态。图 10.22 中的三个相位图分别给出了上述三种情况下 p 的动态趋势及稳定性。

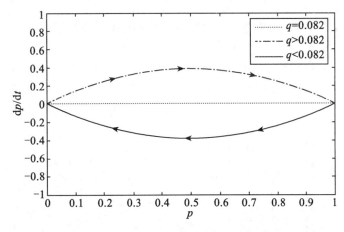

图 10.22　第一类发电商的复制动态相位图

同理可得第二类发电商的复制动态方程为：

$$dq/dt = q(u_1^2 - \bar{u}_1) = q(1-q)(1\,081.2 - 4\,022.7p) \tag{11}$$

对于式（11）来说，当 $p=0.269$ 时，复制动态方程始终为零，即博弈处于稳定状态；而当 $p \neq 0.269$ 时，有 $q=0$ 和 $q=1$ 两个稳定状态。图 10.23 中的 3 个相位图分别给出了上述 3 种情况下 q 的动态趋势及稳定性。

对于上述两类发电商群体类型比例变化的复制动态关系用一个坐标平面图表示，如图 10.24 所示。由图中的箭头方向可以看出，（$p=0.269$，$q=0$）和（$p=0.269$，$q=1$）分别是此博弈的演化稳定策略。当初始情况位于 A、B 区时，博弈将收敛至（$p=0.269$，$q=1$）；当初始情况位于 C、D 区时，博弈将收敛至（$p=0.269$，$q=0$）。

发电商采用多群体复制动态模型进行分析，通过对竞价历史数据的统计分析，可以定量地计算出市场中的竞争对手的策略走向，从而可以调整自身的报价策略以寻求利益最大化。

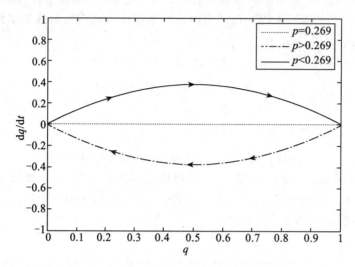

图 10.23   第二类发电商的复制动态相位图

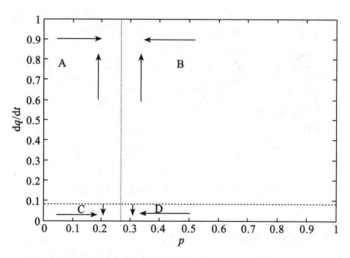

图 10.24   两类发电商竞价的复制动态过程及稳定性示意图

四、单群体与多群体的区别

考察图 10.25 的得益矩阵所示的对称博弈：

	A	B
A	0, 0	1, 1
B	1, 1	0, 0

图 10.25

其中行代表虚拟博弈者，也就是群体状态，列代表个体。由经典博弈理论知道，这个博弈有两个非对称纳什均衡(A，B)、(B，A)和一个混合策略纳什均衡(A/2，B/2)。由于这里仅考察单一群体情形，即群体中个体无角色区分，因此不可能分离出两类个体，所以这个系统不可能收敛到非对称纳什均衡(A，B)、(B，A)。在模仿者动态下，尽管没有单个个体选择混合策略，但这个混合策略纳什均衡却是该动态系统唯一演化稳定均衡且是渐近稳定均衡，下面证明它的渐近稳定性。

令 $P_t(A)$ 表示在时刻 t 群体中选择策略 A 的个体所占比例，那么此时群体中选择策略 B 的个体所占的比例为 $1-P_t(A)$，选择策略 A 所得的期望得益为 $1-V_t(A)$，而选择策略 B 所得的期望得益为 $V_t(A)$，群体平均期望得益为 $2V_t(A)(1-V_t(A))$。于是，就可以得到如下一维模仿者动态方程：

$$\mathrm{d}V_t(A)/\mathrm{d}t = V_t(A)\left[1-3V_t(A)+2V_t^2(A)\right]$$

从微分方程可以得出，当 $V_t(A)<1/2$ 时，如果群体中选择纯策略 A 的个体数少于一半时，选择 A 的个体数就会增加；当 $V_t(A)=1/2$ 时，群体中选择纯策略 A 个体数保持不变；当 $V_t(A)>1/2$ 时，如果群体中选择纯策略 A 的个体数大于一半时，选择策略 A 的个体数就会减少。也就是说，只要群体中偏离一半选 A，一半选 B，系统就会自动回复到混合策略均衡(A/2，B/2)。因此，混合策略纳什均衡是渐近稳定的。

如果引入个体角色区分继续分析上面的博弈，在单群体时由于群体中个体无角色区分，因而无法分离出不同群体的个体，但由于引入个体角色区分，在多群体时不同角色的个体就可以从群体中分离出来。

此时，该博弈有两个非对称的纳什均衡(A，B)、(B，A)和一个混合策略纳什均衡(A/2，B/2)。单群体时，博弈不可能收敛到两个非对称纳什均衡；多群体时，由于个体之间有角色区分，因而群体可以分离出不同角色的个体，这样就不能排除两个非对称纳什均衡。在单群体中混合策略是渐近稳定的，但在这里混合策略纳什均衡却不满足稳定性条件。该动态有五个平衡点(0，0)、(1，1)、(1，0)、(0，1)、(1/2，1/2)，依系统稳定性条件可以判断出：平衡点(0，0)、(1，1)是系统的源(Source)；平衡点(0，1)、(1，0)是系统的汇(Sink)；平衡点(1/2，1/2)是系统的鞍点(Saddle Point)。显然，混合策略纳什均衡不是渐近稳定的，也不是演化稳定策略。在模仿者动态下，同一博弈在单群体与多群体时也会有不同的演化稳定均衡。

五、随机动态模仿者模型

演化博弈理论用系统论观点来看待群体行为的调整过程，主要研究群体行为演化系统的变化。如何描述动态系统的状态变化是演化博弈理论的关键。根据动态系统达到均衡的过程是受到确定性因素影响还是受到随机性因素影响，可以把系统分为确定性动态系统(Deterministic Dynamics)和随机性动态系统(Stochastic Dynamics)。

确定性动态系统是指受到确定性因素影响，或者受到可以忽略的随机因素影响且按照一种确定的方式进行行为调整的系统，如模仿者动态所描述的系统。随机性动态是指把系统向均衡演化过程中受到不可忽略的随机冲击影响考虑进去的系统。从理论意义上说，在确定性动态下，所有纳什均衡都是动态系统的不动点，并且所有严格纳什均衡都是渐近稳定的不动点，因此不利于系统在严格纳什均衡之间的选择。

在现实中，经济系统常常会受到许多随机冲击的影响，环境的不断变化、个体的试验及新旧更替等都会对群体行为产生随机影响，仅用确定性模仿者动态来描述系统行为的变化显然是不够的。要更准确地描绘一个系统的动态变化，就必须对随机动态系统进行研究。随机性动态是指把在系统向均衡演化过程中受到的不可忽略的随机冲击影响纳入动态模型的动态。随机动态系统一般利用维纳过程（Weiner Process）来描述系统所受随机因素的影响，并且把它直接加在确定性模仿者动态上。与确定性动态相比，随机性动态系统能够更真实地反映系统的行为演化。

第十一章 博弈实验

从前面几章关于博弈论内容的介绍与分析中，我们知道，标准博弈论的形成是一个历史的过程，从静态博弈到动态博弈、从完全信息博弈到不完全信息博弈、从一次性博弈到重复博弈、从非合作博弈到合作博弈，以及演化博弈，目前已形成一套完整的理论体系。不过，建立在完全理性和严密数理推理基础上的标准博弈论，存在严重的缺陷，与现实人们的理性表现差异太大，不可避免地受到了人们的质疑。随着实验经济学的发展，在不断发展博弈理论的同时，人们也展开博弈实验（Game Experiment）的分析，博弈理论与博弈实验并行展开，用博弈实验来检验和完善博弈理论。

在 20 世纪 50 年代，国外开始出现一些将实验方法用于个体决策、产业组织以及博弈论的研究成果，经过几十年的发展，今天实验方法已经在经济学、管理学、社会学、行政管理、政治学等社会科学领域研究中已经得到广泛应用。2002 年诺贝尔经济学奖颁给实验经济学家史密斯（Vernon Smith）和卡恩曼（Daniel Kahneman），标志着实验分析已经成为社会科学研究的主流方法，社会科学家也可以像自然科学家那样通过做实验的方法来研究社会问题。

标准博弈论假定博弈的博弈者具备超理性、超智慧等特征，这些要求显然与实际不符，现实中，人在决策时并非是完全理性的，决策环境、信息条件、个人情绪、人的认知能力等都可能影响人的决策，这常常导致基于博弈理论得到的预测结果与实际之间存在较大的出入。在这一背景下，博弈论实验应运而生。实际上，利用实验方法研究博弈问题在博弈论发展的初期就开始了。1950 年弗鲁德和德雷希尔曾做过一个关于"囚徒困境"博弈的实验，该实验重复了 100 次，仅 16 次出现（坦白，坦白）纳什均衡，而出现（抗拒，抗拒）的情况有 60 次之多。这虽然是由于重复博弈增加了博弈双方合作的可能性，但也反映出标准博弈论的结论与实际结果的不一致性。此后，也有其他人对"囚徒困境"博弈进行过多次实验，发现纳什均衡策略出现的情况仍然很少。

本章在这里首先对博弈实验的产生及其发展历程进行回顾，然后论述博弈实验的特征及其意义，再通过具体案例介绍博弈实验的具体应用，最后对博弈实验研究进行展望。

第一节 博弈实验的产生与发展历程

一、博弈实验及其产生的原因

博弈实验是准确研究博弈理论在何种情形下好、在何种情况下不好的研究方法，目的是为了分析与特定偏好对应的相关策略行为的一般原理。狭义上的博弈实验指的是通过精心设计、用货币诱发真人进行博弈的可控实验室方法，其通常是复制真实的现场博弈环境，直接对有效决策的策略博弈行为的结果进行检验。广义的博弈实验则不仅包括现场博弈实验，还包括博弈仿真实验，二者都是为了对标准博弈均衡策略进行检验或者验证。

博弈论是研究理性人互动的理论，或者说是交互决策的理论。如今，博弈论已发展成为一门具有完善理论体系且具有工具性质的演绎性学科，其对社会经济中的诸多现象都具有良好的解释性。正是由于博弈论具备这种强大的解释力，在很多时候其往往被神圣化，似乎它成为解决理论所能映射到的决策问题的万能钥匙。然而，人们在研究中发现，在很多情况下通过博弈模型得到的预测结果和现实情况有很大的差别，一度使人们对博弈论的科学合理性产生了质疑。博弈论学者们为了解释和解决这个问题，做了一系列的研究，其中博弈实验就是最重要也是最常用的方法。实际上，博弈实验的产生既是博弈论研究发展的需要，也是由于博弈实验自身具备方法论价值。关于博弈论实验的产生，归结起来主要有以下四个方面的原因：

第一，博弈实验的产生源于博弈论自身理论上存在的缺陷。博弈论的价值在于它理论的普适性和数理的精确性，能够推论出所有博弈者均接受的均衡解，在均衡解下，只要各博弈者都按均衡解行动，那么博弈者的任何背离均不会带来额外的收益。然而，在现实中这样的预测是难以实现的，因为人们总是有限理性的，人们在现实环境中的行为并不总是严格按照理论预测来进行。这就需要一种超出传统理论分析的方法通过证据来实现对理论的支持，这种既可验证理论又可分析改进理论的方法就是实验方法。通过实验可以给博弈论的理论研究提供大量的信息、数据证据，研究观察人们在现实环境中如何真正进行选择，不仅可以检验已有理论是否正确，还可能发现已有理论尚未讨论过的新的关系进而催生新的理论，这些正是对博弈论的进一步检验和深化。

第二，从科学方法论看，任何一个理论都遵循一个历史发展的规律，从不完善到完善，从理论到验证，最终服务于实践。而实验是验证理论、寻找问题、改善理论或者证伪理论的重要手段。博弈实验也是如此。这一规律是任何科学，即使是数学这样的基础学科都必须遵循的规律。利用实验方法研究博弈问题早在博弈论发展初期就已存在，只是当时研究者的实验更多的是科学确证导向，希望通过实验来验证理论，但得到的实验结果往往与博弈论的预测相悖。因此，后来的实验不仅用于验证博弈理论，也希望通过博弈实验来发现新的理论内容和影响因素。

第三，实验自身具有其他方法所无法替代的优势。所谓实验是对某种现象的仔细计划和完全可复制的观察。实验的目的是作为理论的试验台。博弈实验就是相对于特定的性能，为学习掌握博弈策略一般原则的研究方法，这种研究方法往往是通过精心设计的用货币诱发真人被试的可控实验室实验。其尽可能复制真实的现场环境，从而直接检验受试者如何进行有效决策。在实际实验中，实验对象会根据他们的表现获得货币或筹码奖励，这就使得研究者可以通过人为的方式控制待检验的博弈影响因素，直接检测最核心的博弈影响因子。

第四，博弈论研究者自身的渴望和需求也是博弈实验产生的重要原因。对一个理论的认可，是对理论研究者的最大褒奖。如果一个理论被怀疑、被证伪，终究会被淘汰，因此，不管是为了验证理论、改进理论，还是为了面对现实的质疑，这时就需要借助实验，通过实验给出的结论对理论具有很好的验证，也是对质疑最好的说服。也只有在证据面前，理论才更具有说服力和解释力。

二、博弈实验的发展历程

最早的博弈实验产生于经济学实验。而最早的真正意义上的博弈实验则产生于 20 世纪 50 年代。1950 年，约翰·纳什（John Nash）利用不动点定理证明了均衡点的存在，并将博弈论引入到议价行为模型中，进行了纯议价博弈实验。随后，Mosteller 和 Nogee（1951）通过实验研究了不确定条件下的个人偏好选择问题。1952 年，美尔文·爵烁和莫莱尔·弗莱尔（Melvin Dresher and Merrill Flood）进行了著名的"囚徒困境"实验。1957 年，托马斯·谢林（Thomas Schelling）进行了信息对称下的博弈实验，发现暗示可能对协商的重要因素产生影响。

20 世纪 60 年代，Suppes and Arkigson 进行了一系列的博弈实验。他们的实验不是直接去检验博弈论的假定，而是对策略的环境进行研究，以验证在博弈情形下简单学习理论的预期力量。其中，比较有代表性的是 1962 年拉弗（Lave）、1965 年拉伯帕特（Rapuport）和查姆（Chammab）进行的实验。拉弗等人的实验研究发现，在"囚徒困境"的一次性实验（非重复性实验）中，存在一定程度合作的稳定性，而且这种合作稳定性的概率在[0，1]之间。事实上，很多博弈实验是用来解析对合作稳定性产生影响的因素。

到了 20 世纪 80 年代，实验博弈论自身开始慢慢得到更多研究者的重视。这一时期，考尔曼（A. Coleman）则对一次性"囚徒困境"博弈实验提出质疑，认为许多被人们当作一次性博弈而进行分析的实验，本质上都是各种类型的重复性博弈（非一次性博弈），然而人们常常运用一次性博弈规则来对有关问题进行解释。因此，考尔曼曾于 1983 年列举了多达 1500 项博弈实验工作，结果是多数情况下证实了纳什均衡策略行为的存在，尤其是单一纳什均衡在单阶段标准型博弈中呈现出良好的解释作用。

20 世纪 90 年代，公共地悲剧博弈的实验研究得到实质发展。1990 年，Gardner 等人为讨论公共地悲剧问题设计了一种共享机制进行多时段（20～30 时段）的实验。其间，道斯（R. Dawes）则对公共地悲剧和公共利益捐助问题进行了 N 个人的囚徒困境的实验室模拟，也得到了与考尔曼类似的结果。

可以说博弈实验从产生至今，已取得了丰富的成果，对博弈论的研究起了重要的推动作用。它的产生对博弈论而言，具有重要的方法论意义。

第二节　博弈实验的特征及其价值

一、博弈实验的基本特征

博弈实验的基本特征主要包括可控制性和可复制性，可控制性和可复制性也是现场博弈实验和博弈仿真实验的共有特征。

可控制性是指对实验条件的操纵，是对复杂博弈模型的高度简化。实验研究者可以有意识地投入某些刺激变量或改变变量间的组合，使得对博弈者的行为特征及其结果的精确测量成为可能，进而对相关的博弈理论或背景做出有效验证和评估。博弈论是基于严格的假定条件，采用的又是简化的博弈模型结构，人们会质疑这些假定是否合理、是否可靠，如何检验这些假定和博弈模型的预测结果；当实际结果与理论分析不一致时，如何评价理论的价值；是哪些因素在影响博弈的结果，这些因素之间的关系如何，等等。回答这些问题需要将其中所有的影响因素抽象为变量，进而控制这些变量，建立实验模型，通过控制实验过程及其实验结果来验证回答上述问题。实验的可控制性是实验能否成功的关键。

可复制性是指其他研究者是否能够重新进行本实验同样的过程，并由此证实某个单独发现。实验设计和实验数据都是透明的，往往都具有相对固定的模式和程序，任何人都可以重复类似的实验。同时可以根据需要改进某些实验细节或变量，在原来的实验基础上寻求新的发现。这些实验所得数据都是高度可比较的。如果某种结果或者结论可以在各个独立的实验中反复得到，那么这种结论相对就是可靠的，在这种结论之上的理论会让我们更有信心。

二、博弈实验的价值

博弈实验对博弈论的研究而言具有重要的价值。这一方面得益于博弈实验自身具备特定的优势，另一方面也是由于博弈论自身存在一定的局限性。

运用博弈实验具有三个显著优势：一是可以用最简单的博弈形式来检验最为核心的理论问题。这种简化看似简单，往往只需假定规则就可以做出预测，但这种抽象简化，提取的假定、变量都是明确的。一旦预测有误，就能够知道哪些假定不符，而结果通常会为研究者提供一个能使预测更准确的替代性变量或假定。

二是实验为博弈论提供了一个检验场所，是检验理论预言是否有效及其有效性范围的工具。为检验理论和发展新理论提供了有用的信息资料和数据。我们知道，标准博弈论主要以数理演绎为研究方法，基于个体的同质性假设，不考虑个体的差异性，不同的学者提出了多个均衡解的概念，如非合作博弈的纳什均衡、精炼纳什均衡、贝叶斯纳什均衡，合作博弈中的核、分配、值，由此产生出非合作博弈"均衡精练"、合作博弈的"解概念"精练等问题，即众多的解概念与均衡概念在分析时如何选择，它们各自的适用情形是什么，等等。这些问题无法在标准博弈论框架内得到解决，需要借助框架之外的检验，这就需要博弈实验。博弈实验研究表明，标准博弈论的个体同质性假设条件太强，绝大多数情况下都不成立，即使是同一个决策情景，不同个体的决策也可能不同，表现出对应于合作博弈中的解、非合作博弈中的均衡可以有多个，这给实际的博弈策略选择带来了困难。

三是运用实验方法不仅可以回答"是什么"的问题，还能回答"为什么"的问题。博弈实验是可以设计的，我们可以根据要解答的问题，设计适当的博弈模型，进行相应的模型实验。可以通过变量控制，来分析影响博弈的因素及其相互关系。

博弈论自身的缺陷及其传统研究方法的不足，使得博弈论研究方法必须有所改进和发展。从科学的意义上讲，博弈实验正是这样一种通过有目的地调整变量、动因及其组合，以研究博弈论的方法，对博弈论具有重要价值。这种方法论上的价值主要体现在其特有的实验优势上。而这些优势主要来源于其自身的实验特征，这些特征是其他任何研究方法所不具备的。此外，博弈研究者可以通过对博弈模型的简化和纯化处理，用可以控制的方式来仿真博弈环境，研究人们的决策行为。通过博弈实验，可以进行理论检验，检测观察值与理论预期值的符合情况，同时保证结果的普适应，寻找博弈论预测失败的原因及其影响因素和解决的办法，建立检验性的规律作为博弈论新理论的基础。同时，可以进行环境比较，通过改变实验的环境，观察改变前后的结果，比较不同环境对结果的影响。使研究者在相当广泛的范围内取得对个体决策行为特征的精确把握，获得诸多假定的有效检验，在多种变量间寻求经验规律，在博弈理论与现实之间的鸿沟上架起一座可靠的桥梁。因此，博弈实验对博弈论来讲，具有其他的研究方法无法超越的意义。

博弈实验的结果不仅对博弈理论提出了挑战，实验本身也为博弈理论提供了检验和完善的平台。博弈实验不仅为检验博弈理论及发展新理论提供有用的数据，也是检验博弈论预测结果是否有效及其有效性范围的工具。作为一种科学研究方法，博弈实验具有其他任何研究方法都无法取代的方法论地位。在世界、理论和实验之间，理论总是渴望能够正确描述世界，世界也渴望能够通过理论来推动人类的认识，而实验正是联结两者的途径和桥梁。尽管实验不是真实的世界，也不可能做到完全复制真实世界，但是实验结果却能帮助研究者逼近世界的最真实状态。这些博弈实验的贡献和作用已经从取得的成果中得到肯定。

博弈论不仅需要实验，更需要由实验提供的完整的方法论体系。实验是一个累积的过程。开始时是由研究者针对某个特定的问题进行的独立实验，之后是效仿者进行的一系列类似的实验，由此会出现针对各种问题的实验系列。这些实验类型和实验系列之间错综交叉，彼此联系，各个实验的证据彼此辅证。作为博弈论研究者，要想深入地探讨博弈论问题，实验是必需的研究方法和手段。同时，对实验的研究，最终的目的是实现对博弈理论的完美解释。而达到这个目标的必经之路必定是理论与实验的完美结合。因此，对博弈研究者来说，不管是印证某些理论或否定某些结论，还是最终承认其局限性，博弈实验都是极有价值的研究方法和手段。

三、博弈实验的有限性

尽管博弈实验具有上述显而易见的作用，但对于博弈实验的结果，我们也要客观对待，不能夸大其价值，博弈论实验也存在很大的有限性。由于博弈个体异质性的客观存在，除了比较简单的博弈情景外，越复杂、不确定性越大的博弈情景，个体异质性的表现就越突出，因此，对于博弈实验结果，往往只能够结合博弈情景给出具体结论，这样结论的价值也是比较有限的。比如对于这样的博弈情景，多大比例的个体会以多大的概率做出某种策略选择或行为。

此外，博弈实验存在所得到的规律性预测的效度问题。从统计学看，根据样本推断总体只有一定程度的信度(可靠性)和效度(有效性)，因此实验研究方法在"并行"外推时存在犯错的可能，实验规律不是百分之百可靠，而是一种统计规律。博弈实验所得结果与规律就其本质而言，是对统计意义上生理、心理指标处于正常范围内的人群对特定情景反应行为及其策略选择的抽样调查与经验总结。因此，将实验结果应用于现实博弈中时，需要明确博弈实验拓展的现实情景与博弈实验情景的主要变量一致、变量之间作用机制是逻辑同构的，博弈实验的结论不宜过度拓展，否则博弈实验的预测效度会大打折扣，甚至带来谬误。

第三节　博弈实验应用案例分析

实验经济学的发展是博弈实验得以迅速发展的重要前提，博弈研究实验的主要观点几乎都是在大量实验的基础上提出来的。博弈实验研究的起点就是进行博弈实验，将实验结果与标准博弈论的预测进行比较，并使用不同方法分析差异存在的原因，为进一步构建正式模型提供现实依据。其中，最后通牒博弈(Ultimatum Bargaining Games)、"选美比赛"竞猜博弈("Beauty Contest" Guessing Games)以及"大陆分水岭"协调博弈("Continental Divide" Coordinating Game)等博弈实验在现场博弈实验中具有一定的代表性，同时，本章也列举了包括囚徒困境博弈、公共品博弈等在内的博弈仿真实验。

一、现场博弈实验

1. "最后通牒"博弈实验

在博弈实验中，真正对理性人假定提出挑战的是"最后通牒"博弈及其实验。最早的实验始于德国柏林洪堡大学，经济学家 Güth 等人提出并设计了最后通牒博弈实验。该博弈实验的内容是：让两个实验对象分 100 美元，随机决定由其中一个人分配，如果另一个人接受，就按照第一个人的方案分配；如果另一个人拒绝，则两个人的所得收益均为 0。实验过程中必须杜绝实验对象的"串谋"。另外，还必须反复向被实验对象说明，实验"仅此一次"，不存在双方的"讨价还价"，这也是该实验被称作"最后通牒"的原因。

按照标准博弈论，由于博弈者都是理性自利的，有收益总是比没有收益好，因此，只要博弈者 1 分配给博弈者 2 的收益大于 0，理性的博弈者 2 都会接受。如果博弈者 1 预料到理性的博弈者 2 的反应，那么他(她)的"最优"方案就应该是(99 美元，1 美元)，即"自己拿 99 美元，给对方 1 美元"，(99 美元，1 美元)这样的组合是一个标准纳什均衡，而事实上，这样的博弈结果极不公平。

反复的实验表明，上述(99 美元，1 美元)这样不公平的"理性"行为结果几乎不会在现实中出现。上述博弈实验的结果显示，博弈者的平均出价大致是 40 美元或 50 美元，并且相差往往不大。50% 的回应者都拒绝了 20 美元以下的出价，回应者认为过分低于总收益一半的出价极不公平，因此，采取拒绝的方式惩罚对方，结果双方的收益都为 0。无数学者将这个实验做了上百次，得到比较稳定的结果是：出价低于总收益 20% 的要约有 40%~60% 的概率被拒绝。

对"最后通牒"博弈实验结果公认的解释是：博弈者都有其默认的公平交易点(如 50%)，并且有要求受到公平待遇的偏好。博弈者对低于其公平交易点的要约的拒绝是一种"报复性回报"，即宁愿牺牲自身的利益去惩罚那些未公平对待他们的出价者。那么，这种要求公平的偏好又从何而来呢？一种解释认为，人类的进化过程使人脑、认知和情感反应机制能够作出适应性调整，即当被欺侮时，上述反应机制会使人愤怒，而这种愤怒在进化过程中是作为一种生存优势保留下来的(Frank, 1988)。另一种解释认为，不同的文化观使人具有不同的公平标准，这种文化标准观主要来自于美国桑塔菲研究所 Boyd 等 10

余位人类学家历时十年的研究，这项研究指出社会文化、传统习俗等非经济因素对"最后通牒"博弈实验结果的影响很大。1988 年，为了进一步区分提议者慷慨方案背后的动机是担心被拒绝还是纯粹的利他主义，Forsythe 等人也进行了实验，只是对"最后通牒"博弈的分配规则做了一个变化。随后在 1994 年，Forsythe 等人在他们原有实验基础上又进一步做了独裁者博弈实验。同年，Hoffman 等人进行了双向蒙蔽实验，证明了独裁者在蒙蔽的条件下分出的钱更少。此后，许多学者对此都相继做了实验研究，在这方面的实验研究成果相当丰富，但是无一例外的是，实验的结果都不完全符合理论解。最后通牒博弈实验显示博弈者并不是追求利益最大化的绝对理性者。

需要说明的是，"最后通牒"博弈实验中的拒绝并不意味着博弈者没有意识到标准博弈论中的最优策略，他们明白使自己经济利益最大化的策略是什么，只是他们宁愿牺牲经济利益来追求包括其他满意的理性（如尊重、公平、好名声等）。并且，不同的博弈博弈者各自的追求标的和理性边界受到个体生理进化反应机制和所处群体社会文化特征的显著影响。

"最后通牒"博弈实验证明绝大多数行为人固有的生理进化机制和社会文化特征为行为人的理性发挥划定了不同的边界，说明了行为人理性状态与经济理性假设之间的差距。

2. "选美比赛"竞猜博弈实验

另一个较有代表性的博弈实验是"选美博弈"竞猜实验。尽管此类博弈实验的研究出现较晚，但也在实验博弈论中占有重要的位置。其思想来源于 1936 年凯恩斯（Keynes）对股票市场所做的一种类比。凯恩斯在《就业利息与货币通论》中有一段关于选美比赛的叙述："报纸上发表一百张照片，要参加竞猜者选出其中最美的六个，谁的结果与全体竞赛的平均爱好者最接近，谁就得奖。在这种情况下，每一参加竞猜者都不选他自己认为最美的六个，而选他认为别人认为最美的六个"，这就是所谓"选美比赛"竞猜博弈的基本思想。后来 Nagel 等将其设计成一个简单的"选美比赛"博弈：让每个博弈者去猜谁会是选美比赛中的最后得主，最后得主由所有博弈者的平均看法决定，这时每个博弈者既不是选择自己认为最漂亮的也不是选出所有人一致认为最漂亮的，而是要去思考所有博弈者对平均看法的平均预期。一个典型的"选美比赛"博弈过程是这样的：N 个博弈者同时在 $[0, 100]$ 选择一个数字 X_i，计算所有数字的平均数再乘以一个小于 1 的系数，比如说 0.7，将得到的数值（平均数的 70%）与每个博弈者的选择相比，最接近的就获得一笔得益。要选出一个最接近的数是一个不断推理的过程，有很多步。

下面我们来模拟一下博弈的过程：假设平均数是 50，那么应该选择 35（50×0.7），但是若你想得再深入一些，如果所有其他博弈者和你一样也想到了这一点，那么平均数就变成了 35，这时你的选择应该是 24.5（35×0.7）；如果想得再深入一些，如果所有其他博弈者也想到了这一步，你就应该选择 17.15（24.5×0.7）……标准博弈论中的博弈者会重复这个推理过程直到均衡点。但是，稍有数学知识的人都知道，每个博弈者都选择平均数的 70%，最终的解只能是 0，实际上就是解这样一个方程：$x = 0.7x$，$x = 0$ 就是这个博弈唯一的纳什均衡。1998 年，Ho、凯莫勒与维格尔特等也做了类似的实验。他们的实验结果显示，大多数博弈者估计的平均数是 50，因而会选择 35，又或者估计其他人也会考虑到这一步而选择 24.5。他们的实验结果与 Nagel 等人的实验结果一致，均偏离了博弈论的预测解。"选美博弈"的实验结果从另一个层面否定了绝对理性假定，说明博弈者并不具备无限的推理能力，而且博弈结构及博弈者的理性也并不是博弈者之间的公共知识(Common Knowledge)。

按照标准博弈的分析这是一个占优策略博弈，因为它可以通过反复削去劣策略就得出唯一的均衡解。这一过程如下：选择 70 以上的数字就是劣策略，因为平均数的 70%(目标值)最高也只能是 70，所以选择任何低于 70 的数字都能使你情况改善。如果每个人都是这么做的，那么最高的目标值就变成 49(70 的 70%)，这样选择 49 到 70 之间的数字又变成劣策略。依次类推，通过反复削去劣策略最后只能得出 0 这唯一的均衡解。

在实际生活中，很少有人可以这样思考问题，因为人脑的即时记忆是有限的，而纳什均衡的一致预测性要求你相信其他人也是这样思考同时他们还认为你也是这样思考。Camerer 曾经在 Caltech 董事会上让一位董事(一位著名的金融学博士)做出他的选择，他选择 18.1。他解释说，他知道这个博弈的均衡解是 0，但是他估计 Caltech 董事会的成员的平均水平可以推理出两步，平均值就是 25，所以应该选择 17.5，但考虑到可能有极少数人会选择更高的数字而使平均值上升，同时不想和选择 17.5 和 18 的人得分相同，所以又加了 0.6 最后选了 18.1。

有研究在上述博弈实验的基础上，统计了不同实验次数下博弈者选择的平均数以及博弈者选择某一范围平均数的频率。结果表明，博弈者选择的平均数集中在 21—40，博弈者平均来说只进行了 1 到 2 步的反复剔除，也就是说，大多数的博弈者估计平均数是 50 而选择 35，或者估计其他人也会考虑到这一步而选择 25，也很少有人选择 0，当然他们也不应该选择 0。从以上分析不难发现，要想在"选美比赛"竞猜博弈中胜出，只需比其他博弈者的平均水平再进一层，再多想一步而已，多想和少想一样无效。当然，尽管最初选择 0 的均衡解并不是一个好的策略，但随着博弈次数的增加，所有博弈者认识都在不断深化，博弈者的选择平均值慢慢向标准博弈解 0 靠拢。

"选美比赛"博弈实验打破了经济理性与最优化目标之间的必然联系，说明现实约束中即使有特定的行为人达到经济理性，也无法获得与其理性相匹配的最大化收益。因此，行为博弈论提出利用有限重复推理来理解博弈者的初次选择，用认知的深化来解释博弈者选择的变化。即在进行此类博弈时，应该考虑到其他博弈者的认识能力和推理能力，作为行为人，博弈者的知识和推理能力都是有限的，所以初次博弈时考虑到这一点就不需要想得过于深入，但要注意，随着博弈次数的增加博弈者的认识和推理也在不断变化，博弈者应该适应这种变化随之调整自己的策略，不管何时都要比其他博弈者的平均水平前进一步同时也只能是前进一步。

3. "大陆分水岭"协调博弈实验

协调博弈，顾名思义就是在博弈中博弈者都希望自己的行动和其他博弈者的行动取得某种一致性(尽管他们可能在最佳选择的一致性上存在分歧)。对此，行为经济学家(Van，等，1997)设计了这样的博弈实验模型：每个博弈者选择一个数字而他们各自的收益决定于他选择的数字与其他博弈者所选数字之间的关系。具体情况如表 11.1 所示。

表 11.1　　　　　　　　　　　"大陆分水岭"协调博弈收益分布表

Choice（选择）	Median choice（中数）													
	1	2	3	4	5	6	7	8	9	10	11	12	13	14
1	45	49	52	55	56	55	46	−59	−88	−105	−117	−127	−135	−142
2	48	53	58	62	65	66	61	−27	−52	−67	−77	−86	−92	−98
3	48	54	60	66	70	74	72	1	−20	−32	−41	−48	−53	−58
4	43	51	58	65	71	77	80	26	8	−2	−9	−14	−19	−22
5	35	44	52	60	69	77	83	46	32	25	19	15	12	10
6	23	33	42	52	62	72	82	62	53	47	43	41	39	38
7	7	18	28	40	51	64	78	75	69	66	64	63	62	62
8	−13	−1	11	23	37	51	69	83	81	80	80	80	81	82
9	−37	−24	−11	3	18	35	57	88	89	91	92	94	96	98
10	−65	−51	−37	−21	−4	15	40	89	94	98	101	104	107	110
11	−97	−82	−66	−49	−31	−9	20	85	94	100	105	110	114	119
12	−133	−117	−100	−82	−61	−37	−5	78	91	99	106	112	118	123
13	−173	−156	−137	−118	−96	−69	−33	67	83	94	103	110	117	123
14	−217	−198	−179	−158	−134	−105	−65	52	72	85	95	104	112	120

　　表 11.1 反映的是博弈者获得收益的分布情况。左边第一列代表每个博弈者可能的选择，表中第二行代表所有博弈者的选择可能形成的中数（表示为 M），博弈者从 1 到 14 中任选一个数字，矩阵中的每一个数字代表的是一组中每一个博弈者选择的数字与该组所有博弈者选择的数字的中数形成的组合所对应的该博弈者的收益，举个例子，如果你选择了 4 而你这一组的中数 M 是 5，那么你就获得 71 美分的正收益，而如果中数 M 是 12 那么你就要对外得益 14 美分。简单来看，表 11.1 中的收益分布表明，若你认为其他人会选择较小的数字，你就应该选择较小的数字；若你认为其他人会选择较大的数字，你就应该选择较大的数字；若你不能确定其他人的选择，那么你应该选择 6。

　　在这个实验中，博弈者 7 人一组，每组总共有 15 次选择机会。每次选择完毕之后，你都会知道中数和你的收益（依赖于你选择的数字和整组的中数），然后再继续选择。这个博弈看似有些复杂，其实还是有一定的规律可循，仔细观察就会发现表 11.1 中的收益矩阵具有这样的特点：①当 $3 < M \leqslant 7$ 或者 $12 < M \leqslant 14$ 时，博弈者选择比 M 稍小的数字，可以获得更多的收益，比如说，博弈者猜测 $M = 7$，那么他选择 5 可以获得 83 美分（中数为 7 时的最高收益），若猜测中数是 14，那么选择 12 或 13 可以获得 123 美分（中数为 14 时的最高收益），因此可以推知，前次博弈形成的中数在这两个区间则会促使博弈者在其后的每一次博弈中选择较前一次中数更低的数字；②当 $1 \leqslant M < 3$ 或者 $8 \leqslant M < 12$ 时，博弈者选择比中数稍大的数字，可以获得更多的收益，比如说，中数为 9 博弈者选择

10 或 11，博弈者均能获得 94 美分的收益，而中数为 1 博弈者选择 2 或 3，博弈者均能获得 48 美分的收益，同样可以推知，如果前一次博弈形成的中数在这两个区间则会促使博弈者在其后的每一次博弈中选择较前一次中数更高的数字。结果，在初次博弈形成的中数 $M \leq 7$ 的情况下，当所有博弈者都选择 3 时，不会再有人愿意改变，因此（3，3）构成一个纳什均衡。在初次博弈形成的中数 $M \geq 8$ 的情况下，当所有博弈者都选择 12 时，没有人愿意再改变选择，所以（12，12）也构成一个纳什均衡，这就是一个协调博弈，均衡时每个博弈者选择的策略相同。

　　Colin 称上述博弈为"大陆分水岭"（这是由于 7 和 8 仿佛是作为分水岭的山脉，想象一下，站在这样的山脉顶上，滴下一滴水，这一滴水会分成两个方向分别流向分水岭所分割的两个水系，而在这个博弈中，从 7 和 8 出发，最后会分别往高、低两个方向汇集，形成（3，3）以及（12，12）这样两个均衡）博弈，7 以下的中数形成了一个类似盆地的情形，最终汇集到均衡点 3，而 8 以上的中数则汇集到均衡点 12。7 和 8 将整个博弈分解为两个区域分别在 3 和 12 形成均衡。到底最后在哪一个点形成均衡有着重要的意义，若在 12 形成均衡，每个博弈者可以获得 1.12 美元的得益；若在 3 形成均衡，每个博弈者只能获得 0.60 美元的得益。图 11.1 是 Camerer 根据 Van 等（1997）的实验结果绘制的"大陆分水岭"博弈实验结果图。

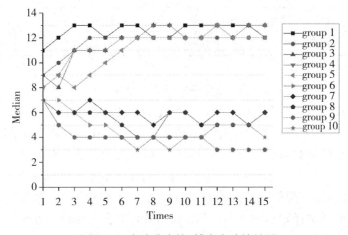

图 11.1　"大陆分水岭"博弈实验结果图

　　图 11.1 反映了 10 个实验小组的博弈结果，有 5 组从小于等于 7 的数字开始最终在低收益点 3 形成均衡；而另 5 组从大于等于 8 的数字开始最终在高收益点 12 形成均衡。这个博弈实验有两个重要的发现，第一，博弈者并不都受高收益均衡点的吸引，即使高均衡点的收益是低均衡点的近两倍；第二，历史趋向影响重大，即后续发展对最初的情形非常敏感。博弈者发现所在小组有几个人选择了 7 于是跟进结果却卷进最终到达低均衡点的旋涡；而最初中数为 8 以上的小组结果却获得高收益。标准博弈论只能预测会出现两个均衡却无法解释为什么有的小组在 3 均衡而有的却在 12 均衡。

　　但是，从行为的观点来看就很简单了，社会习俗、相互的交流、博弈呈现的不同方式、博弈者曾有的类似经历以及自己的幸运数字都会影响均衡的形成。也许某个社会的习俗对数字的选择有其传统的方式，比如说习惯选择较大的数或较小的数，或者某些数字在该社会中有特殊的含义，比如在中国，8 就代表顺利和如意，但对西方来说并没有什么特别，而对中国 3 没有特殊的含义但在西方 3 就是最不吉利的数字，以中国人作为博弈者的小组博弈中，8 就为大家带来了好运。或者博弈者仔细研究收益分布图后发现两个均衡的存在，为了获得高收益私下进行了协商。或者同样类型的博弈以一种博弈者更容易明白的方式出现和以一种更复杂的方式出现，结果可能也会不同。或者有几个博弈者曾做过这样的博弈测试，那么他们就可以带领整组成员获得较高的收益。

以上我们列举了三个博弈论实验的例子，说明标准博弈论在一些情况下的预测结果与实际情况并不一致，或者标准博弈论很多时候难以对博弈实验得到的结果进行合理的解释。其主要原因是标准博弈论的假定要求过高，对局中人的要求近于苛刻，如超理性假设明显与实际不符，其实人是很复杂的，并非纯利己，虽然"舍己为人"或"纯粹利他"并不是人人都能做得到的，但放弃自己少量利益以增加他人利益而不求回报的事（如为陌生人带路、在公交车上让座等）还是经常发生的。人在决策时不仅仅只关心自己的收益，诸如决策环境、个人情绪等因素也可能会对决策者的行为造成影响。人并非超智慧的，"选美比赛"竞猜博弈说明博弈者在三步决策上都有问题，更不用说一些在逻辑上需要很多步决策的情形了。

二、博弈仿真实验

1. 基于双重度偏好社团网络的囚徒困境博弈仿真实验

囚徒困境是经典的博弈论模型，该模型的得益矩阵如表 11.2 所示，其中 C 表示博弈主体采取合作策略；D 表示采取背叛策略，参数满足 $T>R>P>S$ 和 $2R>T+S$。

表 11.2　　　　　　　　　　　　囚徒困境博弈得益矩阵

	C	D
C	R, R	S, T
D	T, S	P, P

在囚徒困境博弈中，如果博弈双方都采取合作策略，则双方均能获得收益 R；如果一方选择合作，另一方选择背叛，则合作者获得收益 S，背叛者获得收益 T；如果博弈双方均采用背叛策略，则双方获得的收益都为 P。实际上，在很多演化博弈实验中，为了简化计算与分析，都会采用弱囚徒困境博弈模型。弱囚徒困境博弈是囚徒困境博弈的简化模型，因只包含一个自由变量，能够极大地简化模型分析。该模型中各参数设定为：$2 \geqslant T = b>1$，$R=1$，$S=P=0$，b 称为背叛诱惑值。

在科研合作网中，跨学科研究人员更有意愿学习未知领域的知识，他们具有较强的合作欲望，同样，在朋友网中亦是如此，拥有不同社团间联系的人更容易与形形色色的人交朋友，因此，社团间的偏好连接具有现实背景。为了研究社团网络"社团结构"特性，范如国等(2018)采用基于社团内节点度和社团间节点度的偏好连接形成的社团网络，来研究网络上的囚徒困境演化博弈。实验详细说明了社团网络结构的构建方法并考虑静态和动态两种情况下社团网络结构的演化规则，具体的实验过程可参考文献(范如国等，2018)中相应部分的内容。

该实验设定双重度偏好社团网络的规模 $N=500$，社团个数 $M=5$，初始全耦合网络 $m_0=3$，新节点与同社团的连边数目 $m=2$，新节点与不同社团的连边数目 n 和概率 α 为可变参数，策略更新规则采用费米函数。合作涌现通过合作水平来衡量，其反映的是群体中采取合作策略的比例，可用 f_c（fraction of cooperators）表示。系统演化总时长设定为 $T=5000$ 步，取最后 500 步稳定状态的合作频率的均值作为合作水平。

(1)连接密度对合作涌现的影响分析

通过调节可变参数 n，α，可生成不同内、外部连接密度的社团网络，以此来分析社团网络中连接密度对合作涌现的影响。仿真实验步骤：构建 $(n=1,\ \alpha=0)$、$(n=1,\ \alpha=0.5)$、$(n=1,\ \alpha=1)$ 和 $(n=2,\ \alpha=1)$ 四种参数情境下的双重度偏好社团网络，网络总的初始合作水平 $f_c=50\%$；每演化时间步，个体与相邻节点同时进行"弱囚徒困境"博弈，并根据博弈收益结果进行策略更新，策略更新中的环境噪声 k 取 0.1；重复实验 100 次，并取其平均值作为最终结果(下同)。仿真结果如图 11.2 所示。

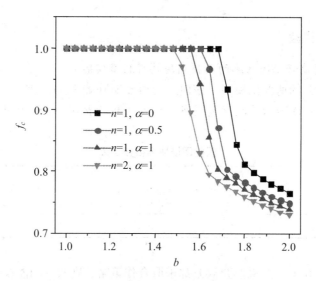

图 11.2 连接密度对合作涌现的影响

从图 11.2 合作水平 f_c 的总体趋势来看，合作水平随背叛诱惑值 b 的增加先保持不变，当 b 超过各自的阈值后，合作水平逐步下降，且连接密度较大的社团网络的合作水平下降速度相对越快。当 $1\leqslant b\leqslant 1.48$，无论社团网络的连接密度如何，系统总是处于全局合作状态，而当 $1.48<b\leqslant 2$，开始出现背叛者入侵合作者的情形，呈现合作者与背叛者共存的状态，致使总合作水平下降，且社团内以及社团间的连接密度越大 $(n=2,\ \alpha=1)$，合作水平下降越快且幅度越大。

（2）策略与结构共演化对合作涌现的影响分析

选取 $n=1$、$\alpha=0.5$ 所形成的双重度偏好社团网络，用来对比分析静态社团网络和动态社团网络的差异以及策略与结构共演化机制对合作涌现的影响，仿真结果如图11.3所示。

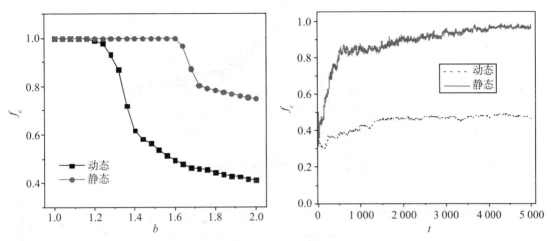

（a）不同背叛诱惑值下静、动态社团网络的合作水平　　（b）不同背叛诱惑值下静、动态社团网络的时间演化图
图11.3　不同背叛诱惑值下静、动态社团网络的合作水平及其随时间演化图

从图11.3可以看出，随着背叛诱惑值 b 的增大，动态社团网络的合作水平 f_c 总体上低于静态社团网络，且当 $b>1.6$ 时，动态社团网络的总体合作水平 $f_c<0.5$，即社团群体中的大多数人选择成为背叛者，而一旦群体中背叛者占多数的现象发生意味着群体合作的困境将会产生。为何在断开与背叛者连接并寻找更优连接的策略与结构共演化机制下，社团网络的整体合作水平反而比没有这种机制条件下的静态社团网络更低呢？为了揭示策略与结构共演化对合作涌现的影响机制，进一步从共演化时间尺度的角度来系统分析和阐释。

同样，基于 $n=1$、$\alpha=0.5$ 参数情景下形成的双重度偏好社团网络，来进一步分析动态社团结构策略与结构共演化机制下时间尺度 S 对合作涌现的影响。策略与结构共演化的时间尺度取 $S=5$、$S=10$、$S=20$、$S=30$、$S=50$ 五种不同情况，取 $S=5000$ 的静态社团网络，作为动态社团网络的基准对比；对于不同的背叛诱惑值，根据节点演化稳定后采取的策略，将节点分为三类：纯合作者（Pure Cooperators，PC），即最后500步均采用合作策略；纯背叛者（Pure Defectors，PD），即最后500步均采用背叛策略；不断改变策略的骑墙者（Fluctuating），并将节点最后一步采取的策略赋予骑墙者，纯合作者、纯背叛者以及骑墙者占全部节点的比例，分别用 p_c、p_d、f_l 表示，仿真结果如图11.4和图11.5所示。

从图11.4可以看出：动态社团网络下的合作水平 f_c 对背叛诱惑值 b 的敏感程度高于静态社团网络，随着 b 的增大，均呈现先迅速下降后逐渐平稳的态势。当 $b>1.2$ 左右时，动态社团网络的合作水平开始下降，且时间尺度越小其受背叛诱惑值的阈值越低，而只有当 $b>1.6$ 左右时，静态社团网络才开始出现合作水平的下降，且其下降幅度很快就趋于平

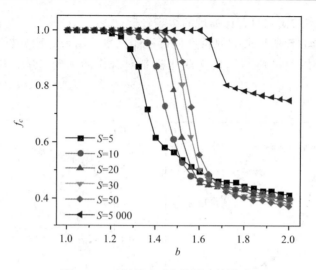

图 11.4　时间尺度对合作涌现的影响

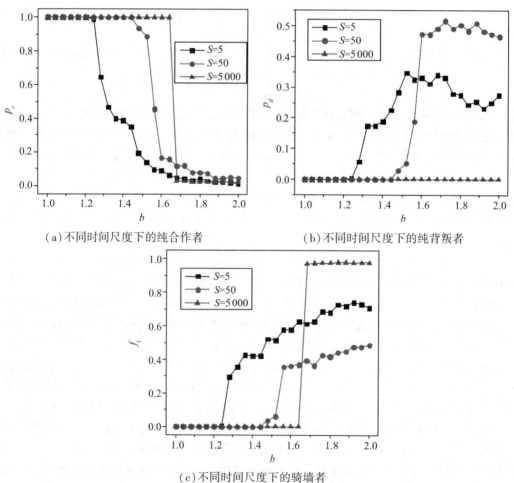

（a）不同时间尺度下的纯合作者　　　　　　（b）不同时间尺度下的纯背叛者

（c）不同时间尺度下的骑墙者

图 11.5　不同时间尺度下的策略稳定性

缓。动态网络中策略与结构共演化的时间尺度对合作涌现的影响是由背叛诱惑值和时间尺度来共同决定的，当 $b<1.6$ 左右时，时间尺度越大合作水平越高，而当 $b>1.6$ 左右时，时间尺度越小越有利于合作。

从策略的稳定性来看(如图11.5所示)，在静态社团网络中，随着 b 的增大，纯合作者占比逐渐减小，纯背叛者几乎不存在，取而代之的是大量骑墙者。而在动态社团网络中，随着 b 的增大，纯合作者、纯背叛者和骑墙者三者共存，且骑墙者远低于静态社团网络，而纯合作者又高于静态社团网络。综合来看，尽管动态社团网络的合作水平低于静态社团网络，但其中的策略稳定性要强于相应的静态社团网络。从不同时间尺度下策略稳定性来看，当 $b<1.6$ 时，时间尺度较小($S=5$)时纯合作者较少，且纯背叛者和骑墙者的数量远多于时间尺度较大($S=50$)的情形，因而其策略的稳定性要弱于 $S=50$ 的情形，使得其合作水平在较低的背叛诱惑值下处于较低水平；而当 $b>1.6$ 左右时，时间尺度较小($S=5$)情形下的纯背叛者远少于时间尺度较大($S=50$)的情形，使得其合作水平在较大的背叛诱惑值下又有可能高于时间尺度较大的情形。

(3)噪声对合作涌现的影响分析

策略更新过程中的噪声对合作涌现的影响分析是复杂社会网络演化博弈中的重要问题，具有较高的理论价值和实践指导意义，主要是分析个体的非理性程度是如何影响合作行为及其演化过程。该实验进一步地从噪声角度系统地分析静态社团网络和动态社团网络的合作演化过程，仿真结果如图11.6所示。

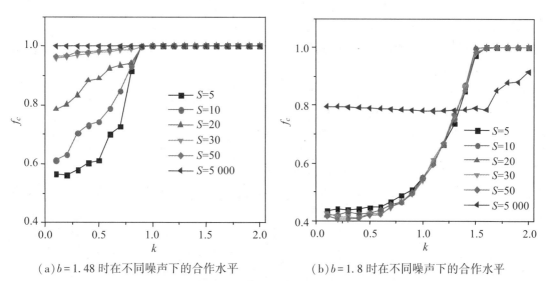

(a)$b=1.48$时在不同噪声下的合作水平   (b)$b=1.8$时在不同噪声下的合作水平

图11.6　不同噪声下静态、动态社团网络的合作水平

从图11.6可以看出，除了在低背叛诱惑值 $b=1.48$ 下静态社团网络一直维持在最高合作水平外，噪声对静态和动态社团网络合作涌现的影响是单调的，且适度引入噪声能够显著提高合作水平。进一步地，当背叛诱惑值 $b=1.8$ 且噪声较小时，静态社团网络的合作水平高于动态社团网络，而在噪声较大时，动态社团网络的合作水平超过了静态社团

网络。

该实验的结果显示，连接密度对合作涌现的效率具有负向影响，社团间外部连接的增多，反而会降低社团内节点间的紧密度，不利于演化过程中合作簇的形成；尽管静态社团网络合作水平在数值上明显高于动态社团网络，但二者合作演化的策略构成、策略稳定性及其演化动态性存在显著差异。静态社团网络中存在大量的骑墙者且纯合作者较少，而动态社团网络中呈现纯合作者、纯背叛者和骑墙者共存的演化结果，且骑墙者数量远远小于静态社团网络，表明动态社团网络中策略稳定性要强于相应的静态社团网络；动态社团网络中策略与结构共演化的时间尺度对合作涌现的影响呈现复杂的、相对优劣互转的变化趋势，具体表现为在低背叛诱惑值下时间尺度越小越不利于合作，而在高背叛诱惑值下时间尺度越小越有利于合作，策略更新过程中噪声对静态和动态社团网络合作涌现的影响是单调的，且引入适度的噪声能够显著提高合作水平。

2. 基于投资和收益分配异质性的空间公共品博弈仿真实验

公共品博弈（Public Good Game）也是经典的博弈论模型。该博弈如下：假设共有 n 个人参加实验，给予每个人初始 y 个筹码的禀赋，所有人同时向公共池中投进 g 个筹码，g_i 表示第 i 个人投入的筹码量，该轮投入完毕后，从公共池中把总的捐献数乘以一个增益系数 γ 后再分给所有参与博弈的人，无论该博弈者有没有进行捐献。这样每个人得到的物质效用就是个体原来的筹码数减去投进公共池中的筹码再加上从公共池中得到的回报。我们可以通过图 11.7 来简要说明公共品博弈模型。在这个公共品博弈中，前三个博弈者选择贡献 20 美元，而第四个博弈者选择贡献 0 美元，假定增益系数为 1.2，前三个博弈者的贡献总额 60 美元乘以 1.2 倍，由此产生的 72 美元在四个博弈者之间平均分配。显然，第四个博弈者没有任何"付出"，却能获得和其他博弈者一样的收益，这就容易引发"搭便车"等"不劳而获"行为。

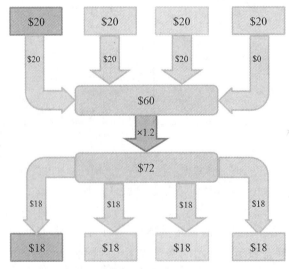

图 11.7 公共品博弈示意图

　　下面我们从个体行为的角度出发，将异质投入和收益分配纳入典型的公共品博弈（PGG）模型中，对经典的 PGG 模型进行扩展，基于复杂社会网络及公共品博弈理论，以研究群体合作过程中容易出现的合作惰性、"搭便车"等行为所引发的社会合作困境问题。为了准确描述和刻画个体与个体之间的博弈关系，该实验首先引入"多劳多得""互动反馈"的利益分配机制，其中个体的收益与个体的投入是相互影响的互动和反馈过程，从而有效遏制了"不劳而获"或"搭便车"的行为发生，进一步保障贡献者的利益。其次，通过构建多群体的空间社会关系，描述和刻画了个体与周围邻居之间进行的多群体利益博弈过程，具体可通过图 11.8 来表示。对于图 11.8 中的个体 1，其社会关系是多群体的，不仅能参与到以自身为中心的群体利益博弈，还参与到以其他个体为中心的群体利益博弈，体现了个体博弈关系的多样性和复杂性。最后，该实验从财富偏好机制（Wealth-Preference Mechanism）、社会自我偏好机制（Social-Self-Preference Mechanism）以及混合偏好机制（the Mixed-Preference Mechanism）来分析了不同机制对于群体合作以及平均收益的影响。在该实验中，用参数 w 来实现不同的反馈机制，其中 $w=0$ 表示财富偏好机制，$w=0.5$ 表示混合偏好机制，$w=1$ 表示社会自我偏好机制。此外，可调参数 α 被用来调整投入或者收益分配。关于该实验的详细实验过程，具体可参考文献（Fan 等，2017）中相应部分的内容。

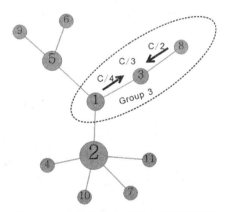

图 11.8　多群体的空间社会关系示意图

　　图 11.9 刻画了上述三种不同反馈机制作用下，在增益系数 r 取不同值时，合作者比例 f_c 关于可调参数 α 的变化情况。在财富偏好机制（图 11.9a）作用下，不管 α 如何变化，不同的增益系数（除了 $r=1.5$）下 f_c 均能够达到最大值。在社会自我偏好机制作用下（图 11.9c），随着 α 的增大，f_c 逐渐减小。在混合偏好机制（图 11.9b）作用下 f_c 最终处于财富偏好机制以及社会自我偏好机制之间。

　　图 11.10 为三种不同反馈机制作用下，在可调参数 α 取不同值时，合作者比例 f_c 关于增益系数 r 的变化仿真结果。可以看出，随着 r 的增大，f_c 也在增大。根据图 11.9 和图 11.10，对于不同的 r 和 α，财富偏好机制及社会自我偏好机制下 f_c 均能取得最大值这一结果表明，如果不考虑博弈者的社会特征，全员合作似乎很容易达成。但是，现实中的博弈结果并非总是如此。为了对这一现象进行解释，该实验进一步分析了不同机制作用下，具

有不同节点度的博弈者(即小度博弈者和大度博弈者)的平均收益情况,仿真结果如图
11.11所示。可以看到,不同机制作用下,f_c呈现不同的演化规律,这一结果主要来自两
个方面的原因:三种机制的内在差异和个体策略学习过程。

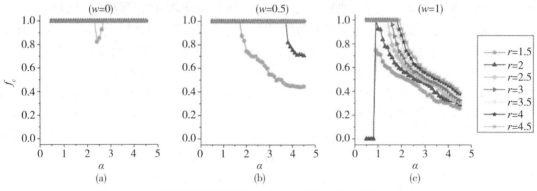

图11.9　三种不同机制及增益系数下,可调参数对合作水平的影响

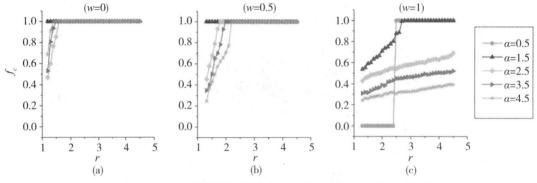

图11.10　三种不同机制及可调参数下,增益系数对合作水平的影响

(1)财富偏好机制的作用分析

首先,我们探讨财富偏好机制的结果,如图11.11a所示。对于财富偏好机制而言,
博弈方以当前的投入作为收益分配的基本依据,同时参考之前的收益进行未来的投入决
策。换言之,在PGG群体博弈中个体收益的分配与其投入情况成正比,但与个人社会地
位无关。如图11.11所示,PGG群体博弈中小度博弈方博弈的次数少于大度博弈方,使
得在任何PGG群体中小度博弈方的投入总是比大度博弈方的投入大。因此,小度博弈方
总能比大度博弈方获得更多的收益。此外,α的值越大,小度博弈方的获利能力越强。

根据图11.11a,当$r=1.5$时,由于小度博弈方具有投入优势以及合作倾向,他们总
是能够获得更多的收益。随着α的增大,他们合作的意愿在投入和收益反馈机制作用下
进一步得到强化。但对于大度博弈方来说,却呈现出了两极分化的结果。可以清楚地看
到,当$\alpha>1.5$左右时,大度博弈方可能会亏损,此时一些无利可图的个体将转变为背叛
者,随着α的增大,它们的数量也在增大。然而,只有存在大量的背叛者才能对合作的

演化产生决定性的影响，因为背叛者数量不多时，合作者最终会占据整个群体。因此，当 $\alpha \leqslant 2.3$ 时，最终会形成全员合作，因为背叛者数量太少不足以影响合作的最终演化结果。但是当 $\alpha = 2.5$ 时，将近40%的个体成为背叛者，大度博弈方及他们邻居的收益差距并不明显。根据个体学习机制，并非所有的背叛者均容易受到合作者的影响而改变他们的策略，此时 f_c 仅略有下降(当 $\alpha = 2.5$ 时，$f_c = 0.85$，见图11.9a)。当 α 继续增大($\alpha \geqslant 2.7$)，大度博弈方与其邻居之间的收益差距越来越大，这进一步提升了邻居学习大度博弈方策略的可能性。因此，图11.9a呈现了一个合作得到促进且达到局部最小值的结果。综合图11.9a、图11.10a和图11.11a的结果，我们可以发现尽管 f_c 总体上较高，但大度博弈方很可能产生损失，表明这并非一种有效的合作。

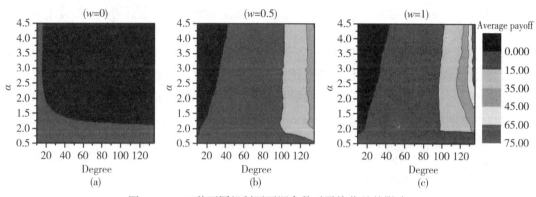

图11.11　三种不同机制下可调参数对平均收益的影响

（2）社会自我偏好机制的作用分析

其次，我们对社会自我偏好机制作用的结果(如图11.11c所示)进行分析。可以清楚地看到一个与财富偏好机制截然不同的结果，即"富者愈富"现象。根据社会自我偏好机制，个体的度值或社会地位是博弈方进行投入及获得收益的主导因素，即大度博弈方愿意投入更多进而能够获得更多的收益。相反，小度博弈方只会将一小部分收益用于投入，因此他们更有可能成为背叛者。但是，就个体策略学习过程而言，只有少量的大度博弈方有足够的能力来控制他们周围的小度博弈方的学习过程。因此，由于集中控制权过度集中，大度博弈方的策略传播范围非常有限。此外，随着 α 的增加，"富者愈富"的现象变得越来越突出，小度博弈方由于减少投入导致 f_c 下降(见图11.11c)。因此，这种机制通过牺牲众多小度博弈方的利益，可以显著地提升大度博弈方的收益，对于大的 α，这一结果更加明显。因此，在某种程度，这也并非是一个能够激励所有博弈者进行合作的良好机制。

（3）混合偏好机制的作用分析

最后，根据图11.11b，在混合偏好机制的作用下，无利可图困境被打破，"富者愈富"现象得到缓解(见图11.11c)，这是财富偏好机制和社会自我偏好机制共同作用的结果。对于混合偏好机制，博弈方不仅会考虑之前的收益，还会考虑自身的社会地位以进行异质性投入，从而确保投入的效率和质量。同时，将个体当前的投入状况和社会地位纳入到收益分配方案中，确保了合作的获利能力和激励作用。具体而言，一方面，小度博弈方的投入优势可能会被因投入及社会地位所形成的投入期望机制所削弱，另一方面，由于大度博弈方的广泛社会关系这一优势会部分地被分散投入所带来的不良影响所抵消，因而他们的获利能力可能会下降。尽管如此，由于受益于度分布的幂律特征，社会自我偏好机制作用下的效果超过了财富偏好机制。因此，小度博弈方的获利能力仍然比大度博弈方弱。虽然图 11.11b 中显示还存在大量亏损的小度博弈方，但是图 11.9b 和图 11.9c 显示财富偏好机制作用下 f_c 高于社会自我偏好机制。这是因为随着"富者愈富"现象的缓解，大度博弈方的控制能力不断增大，反过来促使更多的小度博弈方学习他们的策略。然而，尽管合作者的数量有所提升，但仍然很难覆盖他们周围的所有小度博弈方，毕竟，大度博弈方和小度博弈方在数量上存在很大差距。

从该实验研究得到的结果来看，在财富偏好机制下，尽管群体的合作水平能够达到最大，但平均收益水平却很低，说明仅仅从投入或收益的单方面来进行利益分配或下期投入的决策会导致一种合作繁荣的假象。这主要是由于在复杂社会网络中，大多数个体的社会关系较少，其参与的博弈群体就越少，能够获得的利益反馈就越高，其更能够让更多的个体学习到其合作策略，但对于核心节点而言，其合作的收益水平往往较低；而在社会自我偏好机制下，尽管平均收益水平呈现出明显的阶层区分，社会关系越多的核心个体获益越高，但正是这种"富者愈富"效应的存在，使得核心节点能够成为网络中的少数获益人群，使得群体的合作水平不是很高；综合来看，在混合偏好机制下，群体的合作水平以及平均收益水平能够达到相对满意的结果，既不会出现合作繁荣假象，又不会呈现贫富差距较大的局面，这表明在合作不仅需要关注数量，同时还需强调合作的质量。

3. 基于动态关系偏好学习机制的空间囚徒困境博弈仿真实验

在空间演化博弈研究中，空间结构种群的异质性通常被认为是一种有效的合作机制，对合作的形成具有显著的促进作用。目前，除了人口结构外，学者们通过理论和实验研究中提出了一系列能够解释合作存在性和可持续性的机制。比如，学者诺瓦克提出了五条合作演化规则（即亲缘选择、直接互惠、间接互惠、网络互惠与群体选择）。此外，形象评分、教学行为、奖惩分明以及偏好学习等机制也得到了广泛的研究。尽管已有研究在解决合作难题方面取得了很大进展，但仍存在一个关键缺陷。众所周知，在现实世界中，社会系统大多属于加权网络系统，并且社交网络中个体之间的联系往往是异质的，因此，在非加权网络中分析社会困境模型是不恰当的。中国有句古语"近朱者赤，近墨者黑"，意思是在现实世界中，个体往往存在学习偏好，更倾向于向关系更为"亲密"的个体学习，而这种"亲密"关系又往往是动态变化的。鉴于此，有学者试图在加权网络的视角下，从个体偏好的角度出发，运用复杂网络与演化博弈的相关理论，通过构建二维方格网络上的囚徒困境博弈模型，来研究基于动态关系的偏好学习行为对群体合作涌现的影响。其中，用敏感因子 α 来控制个体之间的关系强度，用偏好强度 β 表示个体的策略被其邻居学习的概率。关于该实验的详细论述，可参考 Sun 等（2018）的研究。

（1）敏感因子对合作演化的影响

图 11.12 显示了稳定状态时，不同背叛诱惑下合作者比例 f_c 关于敏感因子 α 的变化情况。直观地说，在偏好学习机制下，敏感因子对于囚徒困境演化博弈具有多重影响。在图 11.12a 中，偏好强度为 $\beta = 0.2$，可以发现随着敏感因子的增加，f_c 显著下降，意味着自适

应关系会阻碍合作行为的扩散。相比之下，当背叛诱惑足够大（$b=2$）时，敏感因子 α 越大，f_c 越高，表明当自私行为被允许时，合作由于个体关系的有效调整而得以增强。而对于较大范围的背叛诱惑值，α 的急剧上升，却会导致 f_c 逐步下降，这意味着适当的 α 才有助于合作。然而，不管背叛诱惑值如何变化，当 $\alpha=1$ 时，稳定状态下的 f_c 都接近初始水平。由于个体对相互作用非常敏感（$\alpha=1$），合作者与其采取合作策略的邻居之间形成较强的关系，但和采取背叛策略的邻居建立较弱的关系。在偏好学习机制下，合作者一般不会学习与他们关系极弱的背叛者的策略。因此，合作水平几乎保持在初始状态。为了比较，图 11.12b 呈现了偏好强度为 1 时，f_c 随着 α 变化的结果。图 11.12b 中结果显示，f_c 的拐点向左移动了，说明 α 受到了 β 的影响。

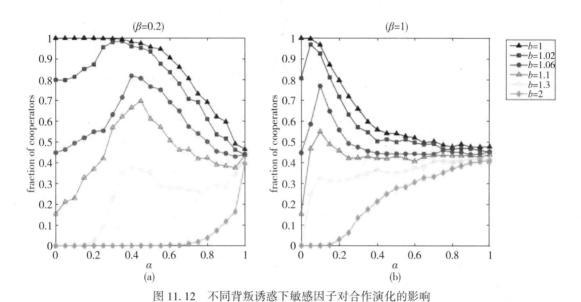

图 11.12　不同背叛诱惑下敏感因子对合作演化的影响

（2）偏好强度对合作演化的影响

图 11.13 呈现了稳定状态时，不同背叛诱惑下合作者比例 f_c 关于背叛诱惑 b 的变化情况。其中，图 11.13a 和图 11.13b 分别为 $\alpha=0.1$ 和 $\alpha=0.5$ 的结果。可以看到，不管偏好强度 β 如何变化，均衡状态下 f_c 均随着 b 的增大而减小。当 $\beta=0$ 时，f_c 最初较大，但随着 b 的增大，合作水平逐步减小，当 b 大约为 1.2 时，合作几乎消失。对于大的 β，f_c 最初都会减小但是减小速度在变慢。而在 β 非常大（$\beta=100$）时，尽管 b 在增大，但是 f_c 几乎保持不变。这是由于个体更倾向于向关系更为"亲密"的朋友学习，他们必然会学习最邻近的邻居的策略，这使得其他个体策略无法入侵。这就是尽管 b 不断增大但 f_c 几乎不变的原因。就这一点而言，个体只会学习好朋友的策略，合作能够维持但无法扩散。

为了更好地理解偏好强度的影响，图 11.14 呈现了稳定状态时，不同背叛诱惑下合作者比例 f_c 关于偏好强度 β 的变化情况。其中，β 的取值在 $[0,2]$ 之间。由图 11.14 可以发现，和 α 类似，β 也对合作演化有多重影响。当 $b=1$ 时，随着 β 的增大，f_c 逐渐减小，表明强的偏好关系会阻碍合作行为的扩散。当背叛诱惑 $b=2$ 时，f_c 随着 β 的增大而单调递增，意味着当背叛行为被允许时，增强学习偏好能够促进合作。然而，在图 11.14a 和图 11.14b 中，当 $b=0.8$ 和 $b=0.1$ 时会最优合作水平。同时也可以发现，对于中等程度的背叛诱惑，偏好强度太小难以保护合作者免于受到背叛者的入侵，而偏好强度太大又会阻碍合作的扩散。除了上述多重影响外，通过比较图 11.14a 和图 11.14b，我们还可以发现 β 与 α 有关。

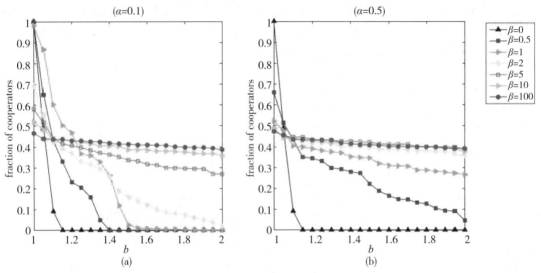

图 11.13　不同偏好强度下背叛诱惑对合作演化的影响

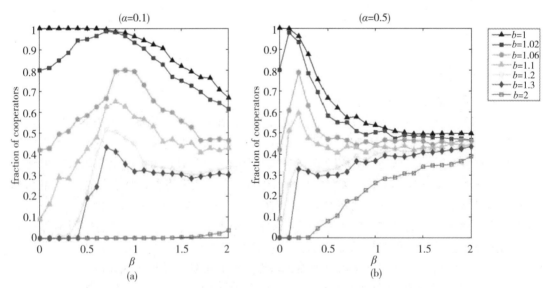

图 11.14　不同背叛诱惑下偏好强度对合作演化的影响

（3）敏感因子和偏好强度对合作演化的共同影响

根据上述分析，关于敏感因子和偏好强度对合作演化的共同影响有待进一步研究。因此，该实验探讨了不同背叛诱惑下，合作者比例 f_c 关于敏感因子 α 以及偏好强度 β 的变化情况，结果见图 11.15。根据图 11.15a，当 $b=1$ 时，f_c 随着 β 以及 α 的增大而减小。而当 $b=1.03$ 时，图 11.15b 呈现一个明显的"月牙"型特征，其中 f_c 较大。对于这一"月牙"型特征，当 β 相对较大且 α 相对较小或者 β 相对较小且 α 相对较大时，f_c 相对较大，意味着 β 与 α 对于合作演化的共同影响存在一种折中作用。和传统情形相比，偏好学习机制作用下更容易形成紧凑的合作簇和背叛簇，且簇的紧凑程度和 β 及 α 呈现正相关关系。当合作簇的紧凑程度适中且存在背叛诱惑值适中时，合作得以维持并被扩散。因此，"月牙"型区域中的 f_c 相对较高。自然地，随着 b 的增大，"月牙"型区域的面积变得越来越小且这一区域的 f_c 越来越低（图 11.15c）。此外，进一步增大 b，"月牙"型区域几乎消失（图 11.15d）。当 b 足够大（图 11.15e 和图 11.15f）时，"月牙"型区域彻底消失且 f_c 随着 β 及 α 的增大而增大，这和图 11.15a 中 $b=1$ 时的结果形成鲜明的对比。因此，当背叛诱惑较小时，增大偏好强度及敏感因子，会阻碍合作的扩散，即中等程度的偏好强度及敏感因子才能够极大地促进合作；当背叛诱惑足够大时，需要足够大的偏好强度及敏感因子才能维持合作。

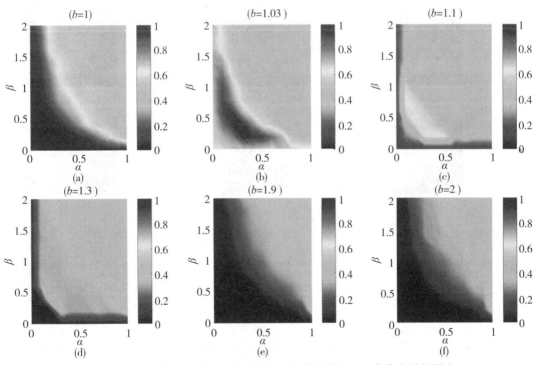

图 11.15 不同背叛诱惑下，敏感因子 α 与偏好强度 β 对合作水平的影响

为了验证上述结果的鲁棒性，该实验分别在随机网络、小世界网络以及无标度网络上探查了敏感因子和偏好强度对合作演化的共同影响，结果见图 11.16。显然，在图 11.16b、图 11.16e、图 11.16h、图 11.16l 中均呈现了"月牙"型特征。表明不管是何种网络，偏好强度 β 与敏感因子 α 对合作演化的共同影响存在一种折中作用。同时，由于节点

度存在异质性，在方格网络、随机网络、小世界网络及无标度网络中得到的结果也极为不同。随机网络中"月牙"型区域的面积比方格网络以及小世界网络中要大，表明随机网络中合作水平较高。值得注意的是，当背叛诱惑 $b=2$ 时，无标度网络中呈现一个显著的"月牙"型区域，而在其他三类网络中"月牙"型区域并不明显，这主要是由于无标度网络节点的度具有异质性。由于强异质性带来的有效的网络互惠性，即使在 $b=2$ 的情况下，合作仍然能够维持在较高的水平。并且，网络互惠的影响强于偏好学习，因此"月牙"型区域并不明显。根据以上分析，我们认为不管是在同质网络还是在异质网络，偏好强度与敏感因子对于合作演化的共同影响存在一种折中作用。

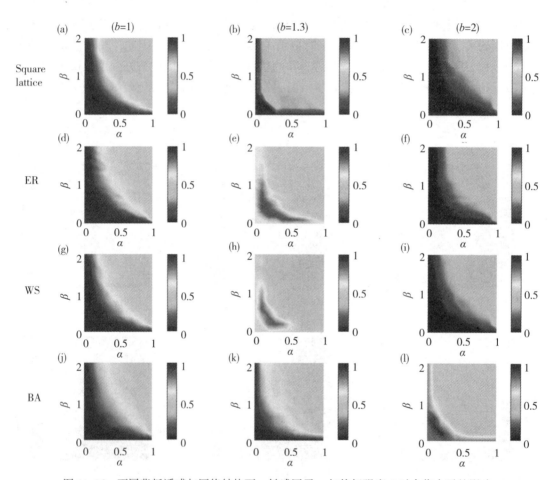

图 11.16　不同背叛诱惑与网络结构下，敏感因子 α 与偏好强度 β 对合作水平的影响

　　该实验研究结果表明，在演化囚徒困境博弈模型中引入偏好学习机制会对群体最终合作水平产生多方面影响，且这些影响和背叛诱惑的大小有关。具体而言，偏好学习行为对群体合作的涌现影响是一把"双刃剑"，当背叛诱惑较大时，偏好学习行为能够促进合作涌现；而当背叛诱惑较小时，偏好学习行为反而会抑制合作。此外，不管是在方格网络、随机网络、小世界网络还是无标度网络，也就是不管是同质网络和异质网络，偏好强度与

敏感因子对于合作演化的共同影响均存在一种折中作用，说明偏好学习机制对于合作涌现的影响具有普适性。因而，将动态的偏好学习机制引入到群体合作行为的研究中，有助于对现实社会中的合作机制形成更进一步的认识，具有重要的现实意义。

第四节　博弈实验研究展望

我们通过以上几个博弈论实验的应用案例，一定程度上阐明了标准博弈论的均衡结果与现实情况之间的差异，应该通过博弈实验方法来充实和完善标准博弈论。博弈实验和标准博弈理论之间是互补关系，理论提供了理解博弈者行为的经验性信息框架，实验则可以用来说明在对博弈者行为预测中哪部分理论是正确的，哪部分必须改进，同时可能给出理论中没有明确给出的行为参数。

从本质上说，博弈实验是对博弈理论进行拓展，博弈理论的研究总是从简单的情况出发，但现实中存在诸如博弈者的决策方法、信息的获取时间及方式等各种不确定因素，均会对博弈的结果造成不同程度的影响，通过设计合理的博弈实验就可以发现并对博弈理论的不足进行完善；博弈实验是对传统博弈研究中的假设提出质疑(理性人假设除外)，博弈理论的研究总是建立在一系列假设的基础之上的，这些假设常常与博弈实验所得到的结果大相径庭，因而需要博弈实验来对假设进行检验；博弈实验中可以更好地考察博弈者的经历、文化背景、情绪、适应性等影响因素，这在某种程度上突破了博弈研究中的理性人假设这一瓶颈。因此，博弈论的实验研究可成为联系博弈理论和人类行为研究的桥梁，是当今博弈论发展的一个重要方向。

上世纪末，国内外学者对博弈实验展开了较为广泛的研究，且积累了较为丰富的研究成果。尽管如此，就目前而言，博弈实验的发展还存在很大的局限性，需要从三个方面进行拓展：

首先，博弈理论需要进一步完善。学者们纷纷设计博弈实验来证明实验结果与纳什均衡的偏离，却很少有学者指出如何通过博弈论的原理或完善博弈论的原理来解释这些偏离。例如，怎样把博弈者的情绪纳入博弈模型中，从而完善博弈实验？如何把心理学更好地和博弈实验结合起来？因此，博弈实验和基础的博弈理论需要相辅相成的发展。

其次，博弈实验的研究方法需要进一步创新。博弈论本身是一门交叉学科，博弈实验更是融入了实验的因素。不同学科在此交叉，有不少研究方法尚待探索。

最后，博弈实验的应用领域也需要不断拓展，因为只有当博弈论的应用范围越来越大时，其所发挥的价值才会越来越大。当我们把博弈的思想引入到更多的领域中时，它所面对的争论通常需要强有力的实验去支持，这也是博弈实验本身的意义之所在。

主要参考文献

［1］FUDENBERG DREW, TIROLE J. Game Theory. MIT Press，1991.

［2］GIBBONS R. Game Theory for Applied Economists. Princeton University Press，1992.

［3］H. Scott B H，Louis F. Game Theory with Economic Applications. Addision-Welsley,1998.

［4］AUMANN R J，SHAPLY L S. Values of Non-Atomic Games. Princeton：Princeton University Press，1974.

［5］Aumann R J. The Core of A Cooperative Game without Side Payments. Transaction of the American Mathematical Society，1961，98：539-552.

［6］Aumann R J，Dreze J H. Cooperative Games with Coalition Structures. International Journal of Games Theory，1974，3：217-237.

［7］Chang C，Kan C Y. The kernel，the Bargaining Set and the Reduced Game. International Journal of Games Theory，1992，21：75-83.

［8］Chang C，Tseng Y C. On the Coincidence of the Shaply Value and the Nucleolus. Working Paper，2008.

［9］Chun Y. A New Axiomatization of the Shaply Value. Games and Economic Behavior，1989，1：119-130.

［10］Curiel I J. Cooperative Game Theory and Applications-Cooperative Games Arising from Combinatorial Optimization Problems. Kluwer Academic Publishers，1997.

［11］Davis M，Maschler M. The Kernel of a Cooperative Game. Naval Research Logistics Quarterly，1965，12：223-259.

［12］Espinosa M，Rhee C. Efficient Wage Bargaining as A Repeated Games. Quarterly Journal of Economics，1989，104：556-588.

［13］Friedman J W. Game Theory with Application to Economics. Oxford：Oxford University Press，1986.

［14］Basar T. On the Existence and Uniqueness of Closed-Loop Sampled-Data Nash Controls in Linear-Quadratic Stochastic Differential Games. In：Iracki，K. and et al. Optimization Techniques，Lecture Notes in Control and Information Science. Springer-Verlag，New York，1980，22：193-203.

［15］Case J H. Equilibrium Points of N-Person Differential Game. University of Michigan，Ann Arbor，MI，Department of Industrial Engineering，Tech. Report No. 1967-1.

［16］Case J H. Toward a Theory of Many Player Differential Games. SIAM Journal on Control and Optimization，1969，7：179-197.

［17］Fleing W H. Optimal Continuous-Parameter Stochastic Control. SIAM Review, 1969, 11: 470-509.

［18］Petrosyan L A, Zaccour G. Time-Consistent Shaply Value Allocation of Pollution Cost Reduction. Journal of Economic Dynamics and Control, 2003, 27: 381-398.

［19］Pontyagin L S. On the Theory of Differential Games. Uspekhi Mat. Nauk, 1966, 21: 219-274.

［20］Pontyagin L S, Boltyanskii V G, Gamkrelidze R V, Mishchenko E F. The Mathematical Theory of Optimal Processes. Interscience Publishers, New York.

［21］Scarf H E. The Core of N-Person Game. Econometrica, 1967, 35: 50-69.

［22］Notes on the N-Person Game: Some Variants of the Von-Neumann-Morgenstern Definition of Solution. Rand Corporation Research Memorandum, 1952, RM-817.

［23］Shaply L S. On Balanced Sets and Cores. Naval Research Logistics Quarterly, 1967, 14: 453-460.

［24］Yeung D W K. On Differential Games with a Feedback Nash Equilibrium. Journal of Optimization Theory and Applications, 1994, 82: 181-188.

［25］Foster D, Young P. Stochastic Evolutionary Game Dynamics. Theoretical Population Biology, 1990, 38: 219-232.

［26］Fudenberg D, Harris C. Evolutionary Dynamics with Aggregate Shocks. Journal of Economic Theory, 1992, 57: 420-441.

［27］Kandori M, Mailath G. Rob R. Learning, Mutation, and Long-run Equilibria in Games. Econometrica, 1993, 61: 29-56.

［28］Kreps, Wilson. Sequential Equilibrium. Econometrica, 1982.

［29］Lewontin R C. Evolution and the Theory of Games. Journal of Theoretical Biology, 1960, 1: 382-403.

［30］Maynard Smith J, Price G R. The Logic of Animal Conflicts. Nature, 1973, 246: 15-18.

［31］Selten R. A Note on Evolutionarily Stable Stratifies in Asymmetric Animal Conflicts. Theoret. Biol, 1980, 84: 93-101.

［32］Selten R. Spieltheoretische Behandlung Eines Pligopolmodells Mit Nachfagetragheit. Zeitschrift fur die gesamte Staatswissenschaft, 1965, 12: 301-324.

［33］Taylor P D, Jonker L. B. Evolutionarily Stable Strategy and Game Dynamics. Math Biosci, 1978, 40: 145-156.

［34］Börgers T, Sarin R. Learning Through Reinforcement and Replicator Dynamics. Journal of Economic Theory, 1997, 77: 1-14.

［35］罗伯特·吉本斯. 博弈论基础. 高峰, 译. 北京: 中国社会科学出版社, 1999.

［36］谢识予. 经济博弈论. 第二版. 上海: 复旦大学出版社, 2002.

［37］施锡铨. 博弈论. 上海: 上海财经大学出版社, 2003.

［38］陈禹. 信息经济学教程. 北京: 清华大学出版社, 1998.

［39］潘天群. 博弈生存. 北京: 中央编译出版社, 2002.

[40]万宝珍. 环境保护与效率优先的博弈分析. 企业经济，2004(6).

[41]郭晓曦，等. 技术创新的博弈分析. 上海管理科学，2004(1).

[42]王则柯，等. 博弈论教程. 北京：中国人民大学出版社，2004.

[43]赵文荣. 拍卖理论：走出象牙塔的博弈论. 中华工商时报，2009-5-27.

[44]谭庆美，赵黎明. 信息不对称下企业并购信号传递博弈研究. 甘肃科学学报，2006，18(1).

[45]黄仙，王占华. 多群体复制动态模型下发电商竞价策略的分析. 电力系统保护与控制，2009(6).

[46]张良桥. 进化稳定均衡与纳什均衡：兼谈进化博弈理论的发展. 经济科学，2001(3).

[47]董保民，王运通，郭桂霞. 合作博弈论——解与成本分摊. 北京：中国市场出版社，2008.

[48]汪贤裕，肖玉明. 博弈论及其应用. 北京：科学出版社，2008.

[49]杨荣基，彼得罗相，李颂志. 动态合作——尖端博弈论. 北京：中国市场出版社，2007.

[50]袁晓李. 罗伯特·奥曼和托马斯·谢林的博弈论思想. 高等函授学报：哲学社会科学版，2006(10).

[51]郭其友，李宝良. 冲突与合作：博弈理论的扩展与应用. 外国经济与管理，2005(11).

[52]温思美，谭砚文. 冲突与合作：博弈论在社会经济问题中的应用与发展. 学术研究，2005(11).

[53]陈太明. 基于博弈论视角的冲突与合作——奥曼与谢林的学术贡献评介. 天津商学院学报，2006(11).

[54]章平. 信念调整、学习行为和均衡收敛的博弈模型研究进展. 南京社会科学，2009(1).

[55]杨胜刚，吴立源. 实验经济学的新视野：行为博弈论述评. 财经理论与实践，2004，25(2)：2-7.

[56]高鸿桢. 博弈论为什么需要实验——关于实验博弈论研究(之一). 中国经济问题，2008(5)：16-22.

[57]刘晓丽. 博弈实验对博弈论的方法论意义. 学术探索，2013(3)：24-28.

[58]王若平. 实验博弈论的新发展. 江苏商论，2004(10)：117-119.

[59]袁艺，李宗卉. 博弈论的新发展：行为博弈论. 生产力研究，2009(2)：7-9.

[60]王兆冬，周华. 实验博弈研究发展综述. 消费导刊，2009(23)：208-209.

[61]Plott C R. An updated review of industrial organization：applications of experimental methods. Handbook of Industrial Organization，1989，2：1109-1176.

[62]Camerer C F. Behavioral game theory：Experiments in strategic interaction. Princeton University Press，2011.

[63]葛新权，王国成. 实验经济学引论：原理·方法·应用. 北京：社会科学文献出版社，2006.